JN280072

曼荼羅都市

ヒンドゥー都市の空間理念とその変容

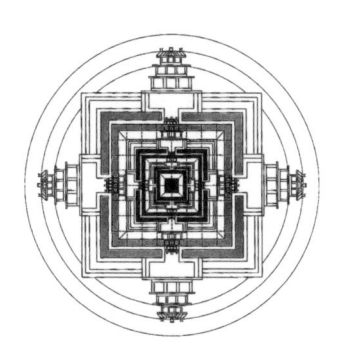

Shuji Funo
布野修司 ［著］

京都大学学術出版会

口絵1 ● ミーナクシー寺院北ゴープラムへ向かうメラ・パタマー通り　マドゥライ

口絵2 ● ミーナクシー寺院　金色のドームがスンダレーシュワラ寺院　マドゥライ

口絵3 ● ミーナークシー・スンダレーシュワラ寺院　北から南を望む　マドゥライ

口絵4 ●南アヴァニムーラ通り　マドゥライ

口絵5 ●ティルマライ・ナーヤカ宮殿　マドゥライ

口絵6 ●ナガラハル・フォートから東南を望む　ジャイプル

口絵7（左）●ジャイプル王宮　ジャイプル
口絵8（右）●ジョハリ・バーザール　ジャイプル

口絵9●ハヴェリの街並み　ジャイプル

口絵 10 ●プラ・メールの塔　チャクラヌガラ

口絵11 ●マルガ・ダサ　チャクラヌガラ

口絵12 ●プラ・マユラからプラ・メールを望む　チャクラヌガラ

口絵13 ●プラ・メールに並ぶ各カランの祠　チャクラヌガラ

口絵14 ●プカランガンの屋敷神　チャクラヌガラ

はじめに

1
チャクラヌガラとの出会い

　本書は，日本陸軍参謀本部陸地測量部作製 (1942年1月発行) の1枚の地図 (図0-1-1) を出発点としている．オランダが作製したものを基にした地図で，右肩にマル秘の印が押してある．インドネシアのロンボク Lombok 島の連続する6枚の地図の1枚で，その右上に実に整然とした格子状の都市が描かれていた．

　見た瞬間，そのグリッド・パターン (格子状区画) の綺麗さに眼を奪われた．

　それは，チャクラヌガラ Cakranegara という名の都市であった．サンスクリット語のチャクラ cakra とは，一般には，インドの神秘的身体論において，脊椎に沿って幾つか存在する生命エネルギーともいうべきものの集積所[1]をいうが，字義通りには「円」，「輪」，「円輪」[2]を意味する．ヌガラ (ナガラ) negara/nagara とは，「町」，「都市」あるいは「国」のことである．チャクラヌガラとは，直訳すれば「円輪都市」ということになる．

　サンスクリット語でダルマチャクラ Dharma-cakra というと，「法」を説くことを言い，「法輪」と漢訳されるが，ダルマすなわち法 (法則，原理，規範) はチャクラ (円輪) で象徴されるのである[3]．仏教の開祖ゴータマ・シッダールタ Gotama Siddhārtha (釈尊[4]) の「初転法輪」(法輪の初回転) の地サールナート (鹿野園) にアショーカ Ashok 王が建てた石柱の最上部に，その早い例が見られる．「転輪」とは，すなわち「輪」を転がすように法を説くことをいう．古代インドの理想的帝王を「転輪聖王 (てんりんじょうおう)[5]，チャクラヴァルティン Cakravartin あるいはチャクラヴァルティラージャ Cakravartirāja) という．この王が世に現われるときには天のチャクラ (車輪) が出現し，王はそれを転がすことによって武力を用いずに，すな

はじめに

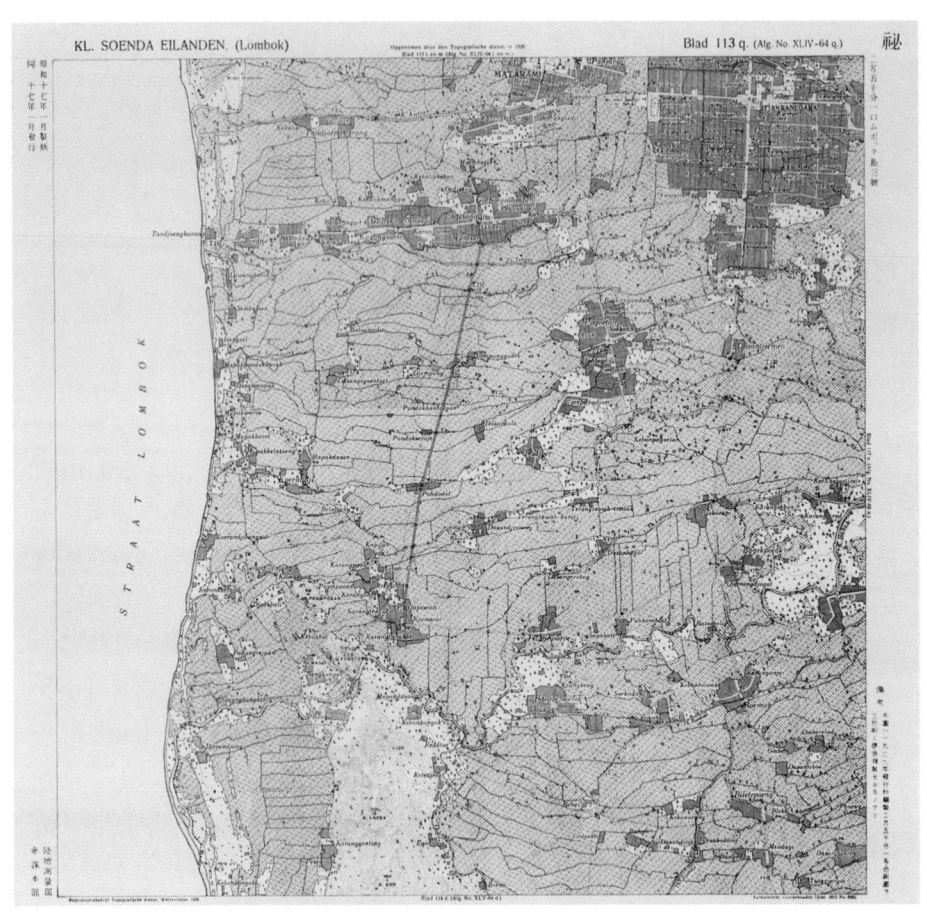

図0-1-1 ●チャクラヌガラ：二万五千分一ロムボック島三号　日本陸軍参謀本部陸地測量部作製（1942年1月発行）KL. SSOENDA EILANDEN (Lombok) Blad Blad 113q. 京都大学地理学教室

わち法という武器によって，全世界を平定するという．「転輪聖王」は，七宝[6]を有し，32相を備えているとされる．32相と言えば釈尊がそうであったとされるが，その誕生に際し，出家すれば仏となり，俗世にあれば「転輪聖王」になるという予言を受けたという話はよく知られているところである．

　チャクラヌガラとは，「転輪聖王」が作った都市ということである．

　インドネシアのカンポン kampung に通い出したのは1979年であるが，ようやく

その成果を『インドネシアにおける居住環境の変容とその整備手法に関する研究——ハウジング計画論に関する方法論的考察』(1987)にまとめ,『カンポンの世界』(1991)を書いて一般に問うたばかりの頃である．大都市の喧噪にいささか疲れていたのかもしれない．少し，田舎のことを研究したいと思って，ヒンドゥーとイスラームの都市構成原理の比較という大それたテーマを口実に，バリ Bali の影響を受けてヒンドゥー化された西部とインドネシアでもイスラームの強い東部が対峙する，ロンボク島を対象地域に選んだのが運命であった．

京都大学地理学教室が所蔵するその地図を入手して，チャクラヌガラという都市を知ってしまったのである．結果として，1991年12月に最初にロンボクの土を踏んで以来，何度も通うことになった．本書は，このチャクラヌガラという都市の「発見」を基にしている．すなわち，無名だけれど，何か由緒ありそうな名前を持った都市の空間構造の解明が第一のテーマである．

2
「チャクラヌガラ」はどこから来たか？

チャクラヌガラという都市については今日でも日本ではまったく知られていないだろう．インドネシアでも知る人は少ないと思う．数度の調査を基にして書いた論文がライデン大学の人類学講座の P. J. M. ナス教授の眼に止まり，教授が編集する『インドネシア都市再訪』"Indonesian town revisited" に「チャクラヌガラ(ロンボク)の空間構成」[7]と題する論文として収められることになったのであるが，それは，おそらく欧文でチャクラヌガラの都市計画を問題にした初めての論文である．

チャクラヌガラは，調べて見ると，18世紀前半にバリのカランガスム Karangasem 王国の植民都市として建設された都市であった．その中心寺院であるプラ・メール Pura Meru が建設されたのが 1720 年，同じく王宮に隣接するプラ・マユラ Pura Mayura が建設されたのが 1744 年である．プラ pura は，サンスクリット語では「城」「町」「都市」を意味する[8]が，バリ，ロンボクでは「寺」を意味する．プラ・メールはメール山(須弥山)寺院，プラ・マユラはマウリヤ Maurya (孔雀)寺院ということである．中心にメール寺院を置くのは，いかにもインド的

である．チャクラヌガラでは，通りをマルガ marga というが，サンスクリット語で「道」，「街路」という意味で，そのまま用いられている．

街路は，マルガ・サンガ marga sanga (中心大通り)，マルガ・ダサ marga dasa (大路)，マルガ (小路) の三つのレヴェルからなり，マルガ・ダサで囲まれたブロックを街区単位としている．ブロックは南北に走る3本のマルガで四つのサブ・ブロックに分けられ，それぞれのサブ・ブロックは，背割りの形で南北10づつ計20のプカランガン pekarangan (屋敷地) に区画される．マルガを挟んで計20のプカランガンのまとまりを同じくマルガといい，2マルガで1クリアン kriang，さらに2クリアンをカラン karang という．この街区構成は，しかし，インドというより，「四行八門」[9]制をとる京都 (平安京) に似ている．

チャクラヌガラは「一体どこから来た？」のであろうか，この「空間構成原理は何に由来するのであろうか？」，以降，私にとっての大きなテーマとなった．

まず第一に考えられるのは，バリ・カランガスム王国との関係である．植民都市として新たに設計計画されているのであるから，そこには何らかの形でバリ・ヒンドゥーの都市理念が反映されているのではないか，ということである．まずは，カランガスムと直接比べて見る必要がある．また，バリの諸都市と比べる必要がある．

チャクラヌガラを調べ出してすぐさま興味深い事実を知った．ロンタル椰子の葉に書かれたジャワ Jawa の古文書，マジャパヒト Majapahit 王国の14世紀の年代記『ナーガラクルターガマ Nāgarakertāgama』[10] (ライデン大学図書館所蔵) が，言語学者，J. ブランデス Brandes 博士によって発見されたのは，チャクラヌガラの王宮からなのであった．1894年11月18日のことである．その後，1979年にバリで異本が発見され，『デーシャワルナナ Deśawarnana』[11]として公刊された．「デーシャワルナナ」とは「地方の描写」という意味であり，もともと『ナーガラクルターガマ』も本文に明記されている名前は『デーシャワルナナ』である．

『ナーガラクルターガマ』(『デーシャワルナナ』) の，特に2章に書かれた首都のあり方が，チャクラヌガラの建設に当たって参照されたことはまず間違いない．ジャワのマジャパヒト王国の首都が置かれていたのは，スラバヤ Surabaya の南西約70キロメートルに位置する現在のトロウラン Trowulan である．現在も発掘が行なわれつつあるが，その全体像は不明である．マジャパヒト王国がイスラーム

に追われてバリへ移動し，その一王国であるカランガスム王国の植民都市としてチャクラヌガラが建設された．その経緯を追う必要がある．チャクラヌガラの解明は，マジャパヒト王国の首都を復元する大きな手掛かりを与えてくれるのではないか．

　第二に，街区における宅地割は，むしろ日本の都城に似ており，中国的都城との比較が必要であるように思える．マジャパヒト王国の首都に，すでにチャイニーズがかなり多く居住していたことは明らかになっている．また，カランガスムにも，ロンボク島にも，少なからぬチャイニーズが居住していたことははっきりしている．

　第三に，インドの都城との比較がもちろん必要となる．チャクラヌガラが建設された18世紀前半，まったく同じ時期に，一つの都市がインドで建設されている．現在のラージャスターン Rajasthan 州の州都ジャイプル Jaipur である．

　そこで，チャクラヌガラとロンボク島に一区切りをつけて，次にターゲットとしたのはジャイプルであった．チャクラヌガラは，18世紀前半，バリ・ヒンドゥー王国の植民都市として建設されたのであるが，まったくの同時代にヒンドゥーの都市理念に基づいて建設されたのがジャイプルである．18世紀のヒンドゥー世界の東端と西端を代表する都市がチャクラヌガラとジャイプルと言ってよい．

　極めて整然とした格子状の街路パターンをしたジャイプルは，インドでも珍しい計画都市として広く知られている．その計画理念，構成原理をめぐっては諸説があるが，基本的にヒンドゥー的な都市理念に基づいて計画されたと考えられている．一説には，『マーナサーラ Mānasāra』[12] の村落・都市類型に言う「プラスタラ prastara」に基づいている，という．『マーナサーラ』とは，インド古来の『シルパ・シャーストラ Silpasāstra（諸技芸の書）』の一つである．

　1994年から96年にかけての臨地調査の過程で，1925年から1928年にかけてインド調査局によって作製された，旧市街全体をカヴァーする都市地図 (1/1000) 43葉（市域40葉　市外3葉）を入手することができた．その都市地図には，建築物の外形とともに階数が記載されており，現在と比較することによって，70年間の変化を明らかにすることができる．都市地図は，ジャイプル市の改革に伴って作製されたものであり，それ以前の諸制度に基づく都市計画の到達点を克明に記す貴

重なものである．その都市地図には，宗教施設，路上のチャイティヤ chaitya（聖祠），井戸などがプロットされている．第III章で見るように，それぞれのチョウクリ Chowkri（街区）から選んだ地区でチェックしてみると，驚くべきことに，あるいは当然のように，宗教施設についてはほぼすべてが同じ位置に存在することが明らかになった．そのかつての姿を明らかにする大きな手掛かりである．

3
ヒンドゥーの都市理念

　そもそも，ヒンドゥーの都市理念とは何か．ヒンドゥーの理想都市のあり方を記した書物として，マウリヤ朝を創始したチャンドラグプタ Chandragupta 王（紀元前317〜293年頃）を助けた名宰相カウティリヤ Kautilya が書いたとされる『アルタシャーストラ Arthasāstra（実利論）』[13]がある．その内容を検討する必要がある．また，『マーナサーラ』をはじめとする書物群を検討する必要がある．こうして，チャクラヌガラ，ジャイプルを通じて大きなテーマとなるのがヒンドゥーの都市理念である．

　一般には，宇宙の構造を具象化したものが理想的な都市だとされる．また，ヴァーストゥ・プルシャ・マンダラ Vāstu Pursha Mandala と呼ばれる「原人プルシャ」の配置に従って計画されるという．すなわち，宇宙（マクロコスモス）と身体（ミクロコスモス）の照応する構造に合致するのが都市（メソコスモス）と考えられる．マンダラとは，一般に「マンダラ【曼荼羅・曼陀羅】〔仏〕（梵語 mandala：輪円具足・道場・壇・本質などと訳す）諸尊の悟りの世界を象徴するものとして，一定の方式に基づいて，諸仏・菩薩および神々を網羅して描いた図．四種曼荼羅・両界曼荼羅など多くの種類がある．もともと密教のものであるが，浄土曼荼羅や垂迹曼荼羅，日蓮宗の十界曼荼羅のように，他にも転用される．」[14]と説明されるが，そもそも，「円」，「円輪」を意味する．チャクラである．

　語基のマンダ manda は「心髄」「本質」を意味し，接尾語のラ la は「得る」の意味を有する．マンダラすなわち「本質を得る」とは最高の悟りを得ることであり，この真理を表現したのがマンダラである．マンダラが，円，輪，球であるとされるのは，完全な形態と考えられるからである．最高の悟りの境地は，円輪のように過

不足なく充実した境地であるため,「円輪具足」と訳されるのである[15].『アルタシャーストラ』でも,第六書は「基本としての輪円(マンダラ)」と題され,第七書「六計について」第一章の冒頭は「諸構成要素(プラクリテイ prakrti)と輪円(マンダラ)は六計の母胎である」と始められている[16]. 外交政策論の要諦を述べた章節であるが,マンダラとはまさに「円輪具足」という意味である.

『アルタシャーストラ』あるいは『マーナサーラ』が理念化する都市の構造としてはっきりしているのは,中央に神域(ブラーフマン Brahumā(梵)区画)を置き,それを順次,ダイヴァカ Daivaka(神々)区画,マーヌシャ Mānusha(人間)区画,パイーサチャ Paiśācha(鬼神)区画で取囲む,同心方格囲帯状の構成である.

しかし,チャクラヌガラもジャイプルも,必ずしも明確に同心方格囲帯状の空間構造を示していない.そもそも,インドに『アルタシャーストラ』が描くような理想都市を実現した例があるのか.理念は理念であって,実際建設するとなるとその通りにいくとは限らない.仮に理念通りに実現したとしても,時代を経るに従って,すなわち,人々に生きられることによって変化していく.長安にしても,平安京にしても,極めて理念的に計画され建設されるが,まもなく右京が廃れたことが知られている.また,そのままの理念が必要とされるのは,その文明の中核よりも周縁においてである.ヒンドゥー都市の理念を忠実に実現しようとしたように思われるのは,東南アジアのアンコール・トム Angkor Thom のような都市である.

インダス Indus 文明の崩壊以後,13世紀のイスラーム王権成立まで,インド世界における都市形態の展開をたどることはできない.そうした中でヒンドゥーの都市理念を具体化した都市として浮かび上がるのが,同心方格囲帯状の形態をとる,南インドの寺院都市シュリーランガム Srirangam,そしてマドゥライ Maduraiである.シュリーランガムについては,故小倉泰の『インド世界の空間構造——ヒンドゥー寺院のシンボリズム』[17](1999年)がある.そこで,マドゥライを第二のターゲットととすることになった.

こうして,本書は,ヒンドゥーの都市理念に密接に関わる3都市の形態分析,空間構造とその変容を扱っている.大きく視野を広げているのはインド世界,すなわち,インド亜大陸と「インド化 indianization」された周辺地域,具体的に東南アジア地域を含む都市である.そして,ヒンドゥー都市の理念とその広がりを見極

めることがテーマである.

4
都市のかたちと王権

　ヒンドゥー都市の形態,その空間構造の解読が,ヒンドゥーの社会や国家のかたち,その王権のあり方についての論考と密接に関わることは言うまでもない.第一に挙げるべきは,C. ギアツの『ヌガラ　19世紀バリの劇場国家』[18]である.チャクラヌガラはバリのヌガラ,カランガスム王国の植民都市として建設されたのであるから,ギアツのヌガラ＝「劇場国家」論はチャクラヌガラの解読に直接関わっている.また,ギアツの一連の著作,とりわけインドネシアの都市に関する論考[19]は本書の前提である.

　ギアツは,幾つかの留保をしながらも[20],バリのヌガラという国家,政治体系の解明,そのモデル化が,①伝統的インドネシアにその名を知られた強大な国家——マタラム Mataram,マジャパヒト,シュリーヴィジャヤ Srivijaya,さらには②「東南アジアのインド的国家」全般——ビルマ,タイ,カンボジア,南ベトナム Vietnam,マレー——の理解に繋がるという構えをとっている[21].

　ヌガラ（ナガラ,ナガリ nagari,ヌグリ negeri）は,インドネシア語で,もともと「町 town」の他「宮殿 palace」「都 capital」「国家 state」「王国 realm」を意味する[22].『ナーガラクルターガマ（デーシャワルナナ）』の中で多用されているが,最も広くは,ヌガラは「文明」,都市文化と都市に中心を置く上部政治権威体系を意味する.ヌガラの反対がデサ desa である.同じようにサンスクリット語源であるが,「村落部 countryside」「領域 region」「村 village」「場所 place」,そして「従属 dependency」,「統治地域 governed area」を意味する.最も広い意味で,農村世界,「民衆」の世界を意味するのがデサである.インド的[23]宇宙観の大陸からの移植という大きな脈絡において,このヌガラとデサという対比的世界の間に発達してきたのがバリの政治体系であり,それを「劇場国家」とギアツは呼ぶのである.すなわち,支配,公権力,暴力の独占といった統治を目的とするのではなく,地位,威厳,その秩序を表現する集団（国家）儀礼そのものを目的とするのが「劇場国家」（王と君主が興行主,僧侶が監督,農民が脇役と舞台装置係と観客）である.そこで

「王宮＝都」は,「超自然的秩序の小宇宙」であると同時に「政治秩序の有形的具現」である.「王宮＝都」は,「国家の模範的中心」であり,宮廷の儀礼生活,そしてその生活全般が,単に社会秩序を反映するばかりでなく,その範例となる.宮廷生活が反映するのは超自然的秩序であり,人がそこに定められる地位に厳密に則ってその生を形づくるべき「神々の超時間的インド世界」である.ギアツは,『ヌガラ』の中で（第四章 政治的言述—演出と式典—寺院としての宮殿）,クルンクン Kulungkun の王宮の空間構造分析を具体的に行なっている.本書が『ヌガラ』を第一の参照文献とする理由は明らかであろう.

インド,そして東南アジア諸地域における国家,あるいは王制のあり方をめぐって,ギアツに先だって枠組みを与えてきたのは,ヒンドゥー教的・仏教的宇宙論の東南アジアの国家への影響を論じ,国家＝首都が小宇宙の中心として大宇宙と同じ構造を持つことを説いたハイネ＝ゲルデルン[24]であり,「インド化 indianized」という概念によって東南アジアの歴史を大きく区分した G. セデス[25]である.ギアツの場合,インドにおける諸制度の直接の移植,あるいは伝搬という見方はとらない.東南アジアにおけるインドの影響は政治的経済的社会的であるより,圧倒的に宗教的美学的であったとして,「インド化」という強い概念を避け,「インド的 indic」あるいは「インド的となった indicized」という語を用いる.そして,バリ,そして東南アジアの王制をインドとは異なるものとして位置付けた.

東南アジアの「インド的王制」の際立った特徴とされるのは,「神王（デーヴァラージャ devarajas）思想」である.東南アジアにおける王は,信仰の擁護者でも神の代理者でも天の委託する統治者でもなく,「神聖さ」そのものの具現物であり,ラージャ rajas（王）やマハーラージャ Mahārāja（大王）,ラージャディラージャ rajadiraja（王中王）やデーヴァラージャ等々はすべて「神聖顕現（ヒエロファニー）」であり,ストゥーパ Stūpa やマンダラのように神聖さを直接示す聖物である,とギアツいう.バリ,そして東南アジアにおける王そのものが世界の神霊的中心である王制は,王自身が最高祭司であり,その儀礼活動の呪術的力によって王国が維持される古代官僚制国家（エジプト,中国,シュメール Sumer）の王制＝王は本来の意味での宗教機能を持たず,王は僧侶,宰相を介して他界,人界（社会）に結びつけられるインドにおける王制とは区別されるのである.

「曼荼羅都市」と題する本書がもう一つ想起しておくべきは,O. W. ウォルター

スの「マンダラ論」[26]である．ギアツの「劇場国家」論においては，国家儀礼そのもの，演劇行為そのものが焦点であり，「王宮＝都」のかたち，その空間構造は，あくまでその舞台，劇場の形式にすぎない．しかし，それでは何故，ボロブドゥール Borobudor やアンコール・ワット Angkor Wat など巨大なモニュメントが建ち並ぶ都城が建設されるのか．専制権力の巨大なシステムが巨大なモニュメントを要求するのではなく，逆に支配のシステムが未成熟であるが故に巨大なモニュメントによって力を誇示し，人々を威圧するカリスマ的王が必要とされた．ウォルタースが説くのは弱く流動的な王権像である．双系制社会を基盤とすることによって社会的地位は血筋だけでは決まらず，家系，王の系譜は不安定とならざるを得ない．法制，官僚制，軍隊組織などは未整備であり，王の支配は基本的に一代限りで，その範囲もその力に応じて伸縮を繰り返す．王は自らの行動によってカリスマ性を示すことで支配の根拠を得るしかない．前王たちより優れたモニュメントを作ってみせること，他よりも大規模な寄進を行ない続けること，それが王である条件である．そして，さらに王に要求されるのが「神聖性」である．土着の神々や外来のヒンドゥー教の神格が王のカリスマに結びつけられる．東南アジアの歴史を振り返ると，一人の王を中心とする王権が浮き沈みするのを見ることができる．ウォルタースは，そうした王権のあり方をマンダラと呼ぶのである[27]．

5
曼荼羅都市

　本書を書き始めて，ミャンマー（ビルマ）の諸都市，ヤンゴン Yangon，ペグー Pegu（バゴー Bago），パガン Pagan（バガン Bagan），インワ Inwa（アヴァ Ava），アマラプラ Amarapura，マンダレー Mandalay というかつての王都を巡る機会を得た．かつてのダゴン Dagon が首都にまで成長したヤンゴンと最後の王朝の首都であったマンダレーを除くと，いずれも往時の姿はない．しかし，「曼荼羅都市」の系譜がごく最近まで生きてきたことを実感することはできる．

　第一に強烈な印象を受けたのは，現在もパガンからマンダレーにかけて，エーヤーワディ Ayeraraway（イラワジ）川流域に見られるカヤイン kaing と呼ばれる「四角い村」の伝統である．南方上座部仏教を生活の中心に生き続けている人々の

はじめに

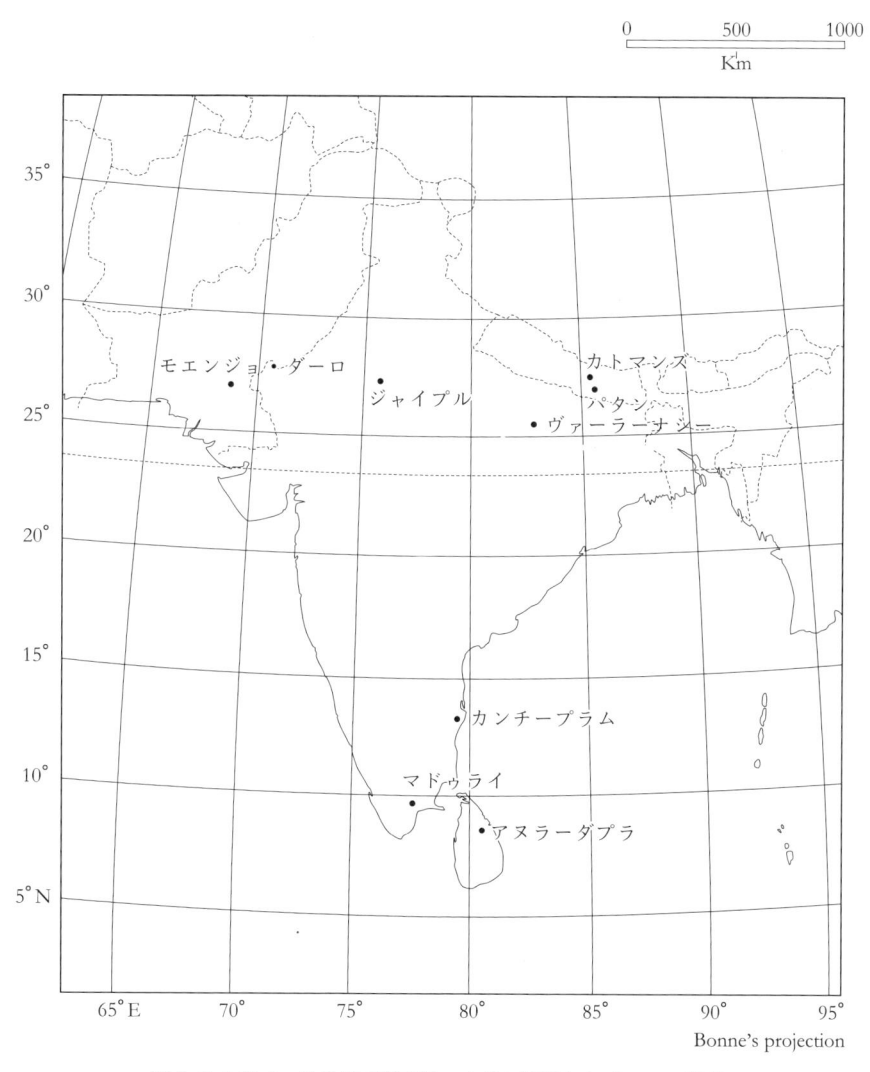

図 0-5-1 ● インド世界の都市①　本書に関連したインドの都市

暮らしは「四角い村」という形態に表現され続けているのである.
　第二に貴重であったのは,マンダレー,アマラプラという二つの都市を肌で体験したことである.アマラプラは,チャクラヌガラージャイプルに少し遅れて建設され,マンダレーに引き継がれる.この二つの都市の形態はまるで教科書その

はじめに

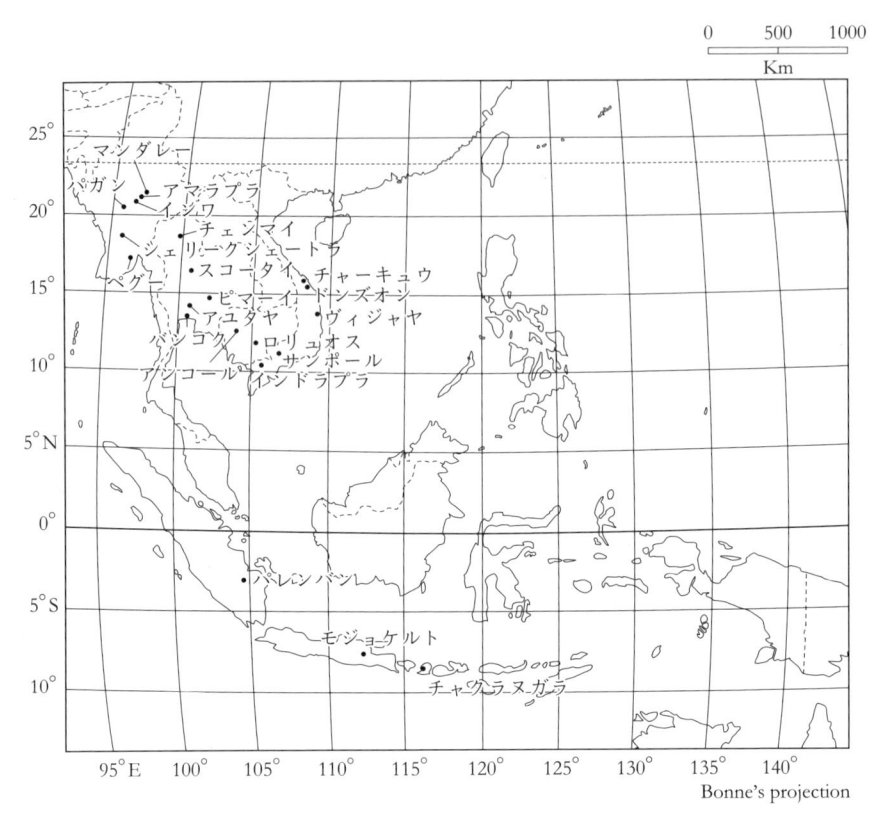

図 0-5-2 ● インド世界の都市②　本書に関連した東南アジアの都市

ものである．

　コンバウン朝前期の諸王，とりわけ，アラウンパヤー Alaungpaya（在位 1752-60），シンビューシン Hsinbyushin（在位 1763-76），ボードーパヤー Bodowpaya（在位 1782-1819）の各王は，自ら「転輪聖王」であることを標榜し，周辺諸地域との抗争を繰り返した．そして，「転輪聖王」に相応しい王都を建設しようとした．アマラプラを建設したのはボードーパヤーであり，マンダレーに遷都したのはミンドン・ミン Mindon Min 王（在位 1853-78）である．

　そして，マンダレーとは「曼荼羅」という意味である．

　アマラプラもマンダレーもいずれも現在は軍事関連施設として利用されており，隈無く歩き回るわけにはいかなかったが，そのスケールを体感できたのは大

xx

きい．2キロメートル四方の都城というのは，かなり巨大である．ジャイプルもチャクラヌガラも，マドゥライも，その都市核についてはほぼ同程度の規模である．そうして見ると，アンコールにおける約4キロメートル四方のヤショーダラプラ Yaśodarapura はかなりの規模である．もっとも，長安のような巨大な都市の例もある．平安京も，考えてみると相当の規模である．

　ミャンマーを歩いて，もう一つ否応なく意識させられたのが，インド的都城と中国的都城の近さである．中央に宮殿を配するアマラプラ，マンダレーは，まるで中国都城の理念そのものである．『周礼』考工記をまるでそのまま実現したかのようである．例えば，ボードーパヤーは，中国皇帝を「東方において傘さす大国の王すべてを支配する朋友であり，黄金宮の主」とし，自らは「西方において傘さす大国の王すべてを支配する王」として，ジャンブ・ドヴィーパ Jambūdvīpa（瞻部州，閻浮提）を二分する存在と位置付けていた．応地利明に依れば[28]，「中央宮闕」か「中央神域」か，が中国都城とインド都城を分ける大きなポイントである．それに従えば，アマラプラ，マンダレーは中国的都城となる．王権の中心と宗教的中心の関係は，本書で扱う三つの都市でも中心テーマとなる．

　アンコールは，シェムリアップ周辺だけは見て歩いたことがある．しかし，遺跡だけを見て歩いても，居住の形態はピンと来ない．アマラプラ，マンダレーを見ると，なんとなく想像できるようになる．もっとも，ヒンドゥー教は13世紀以降東南アジアにおいて急速に力を失う．スコータイ Sukhothai，チェンマイ Chiang Mai，アユタヤ Ayuttaya といったタイの王都，ビルマ（ミャンマー）の諸都市の理念を支えたのは上座部仏教である．

　そういう意味で興味深いのが，タイの東北部，かつてアンコールの周辺にあったピマーイ Phimai である．中心寺院はほとんどが東を向くアンコールの核心域とは異なり，ピマーイの都市軸は南北（20度北西，東南にずれる）となっている．

　本書はあくまでヒンドゥー都市の空間理念と変容を問題とするのであるが，中国都城との関係が以上のようにすぐさま問題となる．アジアにおけるコスモロジーと都市形態を巡るより大きなテーマが次に見えている．

　臨地調査は，チャクラヌガラ→ジャイプル→マドゥライとインド世界の周縁から中心へ向かったが，本書では，逆に，まず，インド世界の都市を概観し，ヒンドゥー都市の空間理念を検討した上で，マドゥライ→ジャイプル→チャクラヌガ

ラという順に,「インド化」の流れに沿って,その理念と変容を比較考察する構え
をとった.

　三つの「曼荼羅都市」を比べてみると,その全体の形態,空間構造はそれぞれ異
なる.むしろ,「曼荼羅都市」の3類型と言ってよいと思う.しかし,それぞれは
『マーナサーラ』が区別する八つの村落類型と都市類型のどれかに当てはまるわけ
ではない.そうした意味では,古代に歴史をさかのぼるマドゥライが,同心方
格囲帯状の典型的な空間構造をとる「曼荼羅都市」の代表である.チャクラヌガ
ラージャイプルはともに18世紀前半の建設であり,その都市計画には別の要素を
認めることができる.

　そして,注目すべきは,それぞれの「曼荼羅都市」がその理想形を実現している
のではなく,何らかの変異,変容を示していることである.それぞれ都市形態を
読み解く上で謎がある.その謎をすべて明らかにした自信はないが,読解そのも
のは楽しい作業である.

　さらに,三つの「曼荼羅都市」がそれぞれに固有の住居形式を持っていること
を明らかにした点は,本書のユニークな点であろう.

　具体的な調査データは,現状を記録する上で必要最小限にとどめたつもりであ
るが,なおいささか微に入った記述もあるかもしれない.全体の位置付けを見失
わないように各章ごとに都市の位置付けとまとめを付した.

曼荼羅都市
目次

目次

口絵　i

はじめに　ix

凡例　xxviii

第Ⅰ章
インド世界の都市　1

1　古代インドの都市　3

1—1　インダス文明　3

1—2　インダス文明の諸都市　6

1—3　アーリヤ民族の登場　14

2　インド都城の理念　19

2—1　インド的宇宙観　19

2—2　アルタシャーストラの都城論　27

3　ヒンドゥー都市の空間構造　44

3—1　ヴァーストゥ・シャーストラ　44

3—2　マーナサーラ　46

3—3　シュリーランガム―ヒンドゥー都市の設計原理　87

4　東南アジアのヒンドゥー都市―インド的都城の展開　100

4—1　海域沿岸部：フナンとチャンパー　104

4—2　メコン河流域・カンボジア平原：クメール　108

4—3　チャオプラヤー河流域・中央タイ段丘・コーラート高原：タイ　122

4—4　エーヤーワディ河流域・ビルマ平原　143

4—5　中東部ジャワ盆地　165

第Ⅱ章
マドゥライ　　　　　　　　　　　　　　　　　　　　　　　173

1　マドゥライの都市形成　179

　1―1　ドラヴィダの世界―タミル王国　179
　1―2　マドゥライの発展　183

2　マドゥライの空間構造　191

　2―1　プラーナの中の都市　191
　2―2　都市のかたち　200
　2―3　都市と祭礼　205
　2―4　王宮と寺院　209

3　カーストと棲み分けの構造　216

　3―1　商業施設の分布　216
　3―2　カーストの分布　218

4　居住空間の変容　226

　4―1　プラーナの中の住居　226
　4―2　住居の基本型　228
　4―3　住居の変化型―街区特性　230

5　曼荼羅都市・マドゥライ　248

第Ⅲ章
ジャイプル　　　　　　　　　　　　　　　　　　　　　　　253

1　ジャイプルの都市形成　260

　1―1　ジャイ・シンⅡ世　260

1－2　ジャイプルの建設過程　262
　　　1－3　ジャイプルの発展　266

　2　ジャイプルの空間構造　272

　　　2－1　都市のかたち　272
　　　2－2　都市計画理念を巡る諸説　274
　　　2－3　都市地図（1925－28年）の分析　277

　3　ジャイプルの住居と住区構成　287

　　　3－1　ジャイプルの住居　287
　　　3－2　住区構成　293

　4　住区の変容　301

　　　4－1　地区特性　301
　　　4－2　住区の変容　304
　　　4－3　プラニ・バスティの変容　305

　5　曼荼羅都市・ジャイプル　309

第IV章
チャクラヌガラ　　　　　　　　　　　　　　　　　　　　　313

　1　ロンボク島とチャクラヌガラ　316

　　　1－1　ロンボク島の生態　316
　　　1－2　ロンボク島の歴史―チャクラヌガラとバリ・カランガスム　318
　　　1－3　ロンボク島の諸民族と集落　321

　2　チャクラヌガラの空間構造　325

　　　2－1　街路体系と宅地割　325
　　　2－2　住区単位―カラン　330

2—3　祭祀施設と住区構成　331

3　棲み分けの構造　342

  3—1　ロンボク島の社会と住居　342
  3—2　チャクラヌガラの住民構成　347
  3—3　棲み分けの構図　350

4　マジャパヒト王国の首都　357

  4—1　マジャパヒト王国　357
  4—2　首都の復元　359

5　曼荼羅都市・チャクラヌガラ　376

おわりに　381
註　387
主要参考文献　413
索　引　433

凡　例

■都市・地域名，人名およびその他の重要事項・概念は，原則として本文の初出に原語のアルファベット表記を添えた．また，本文中で参照した文献類の著者名については，そのアルファベット表記を原則として註に表示している．

■ただし，現代（および歴史上）の主要国家名やその首都などになっている主要都市／地域名は原則としてカナのみの表示とし，また，世界史上有名な人名についてはカナ表記のみとした場合もある．

■また，人名から派生した地名などにも，その都度アルファベット表記を併記したため，一部，読者にはやや煩雑に思われる向きもあるかもしれない．その点はご寛恕いただきたい．

■地名や人名の表記については，いつの時代のどの言語による呼称を採用するかが問題になる．本書では，原則的には現代において一般的に用いられている欧文表記を用い，必要と思われるものについては他の表記を併記することで，歴史研究としてのバランスをとることとした．

■掲載図版の出典に関わって，記号は以下の機関を示す．

　　ASI　　：Archaeological Survey of India（インド考古調査局）
　　KITLV：Koninklijk Instituut voor Taal-, Land-en Volkenkunde（王立民族文化研究所）
　　NNA　：Netherlands National Archives（オランダ国立古文書館）
　　RKD　：Rijksbureah Kunsthistorische Dokumentatie, Den Haag（王立歴史文化文書館）
　　R.M.　：Rijksmuseum Amsterdam（アムステルダム国立博物館）
　　VOC　：Vereenighde Oost Indische Compagnie（オランダ東インド会社）

曼荼羅都市

ヒンドゥー都市の空間理念とその変容

布野修司

［著］

Chapter I

第 I 章

インド世界の都市

The Cities in the Indian World

1　古代インドの都市
　1-1　インダス文明
　1-2　インダス文明の諸都市
　1-3　アーリヤ民族の登場

2　インド都城の理念
　2-1　インド的宇宙観
　2-2　アルタシャーストラ の都城論

3　ヒンドゥー都市の空間構造
　3-1　ヴァーストゥ・シャーストラ
　3-2　マーナサーラ
　3-3　シュリーランガム——ヒンドゥー都市の設計原理

4　東南アジアのヒンドゥー都市——インド的都城の展開
　4-1　海域沿岸部：フナンとチャンパー
　4-2　メコン河流域・カンボジア平原：クメール
　4-3　チャオプラヤー河流域・中央タイ段丘・コーラート高原：タイ
　4-4　エーヤーワディ河流域・ビルマ平原
　4-5　中東部ジャワ盆地

第 I 章
インド世界の都市

インドという呼称は，インダス川に由来している．インダス川のことをサンスクリット語でシンド Sindhu と言い，ペルシア Persia 語でヒンドゥー Hindu と言った．それぞれ，インダス川の流域の人々をも意味した．また，当の地域ではインドゥ Indu が一般に用いられた．それが，ギリシア語でインドス Indos となり，インド India というヨーロッパ諸国語の起源となる．

インドとは，古代ギリシア人にとって世界の東端に位置し，怪物が跋扈する世界であった．クニドスの出身で，医師としてペルシア王アルタクセルクセス II 世に仕えたクテシアス Ktēsias[29]の『インド誌 Indika』，あるいはメガステネス Medasthenēs[30]の『インド誌』や大プリニウス Gaius Plinius Secundus[31]の『博物誌 Naturalis historia』には，一本足のスキアポデス（影足人）やキュノケパロイ（犬頭人）など不思議な動物が住む世界としてインドが描かれている．

漢字では，「身毒（しんどく）」「賢豆（けんず）」「天篤（てんとく）」などが音訳として当てられた．日本で専ら用いられた「天竺（てんじく）」は，中国で3世紀以降に多く用いられたが，「天竺」は「身毒」の音が転じて「天篤」となり，さらに篤の語が転じて竺となったとみる説がある．玄奘は正音に従って「印度」というべきことを述べており，中国では，唐代以後は主として「印度」の名称が用いられた．

インド，すなわち，今日のインド大陸が一つの世界として認識されだすのは紀元前3世紀頃だという．古くはリグ・ヴェーダ Ṛgveda に見える最も有力な部族，バーラタ Bharata 族の領土＝バーラタヴァルシャ Bharatavarṣa と呼ばれた．仏教では，ジャンブ・ドヴィーパ（贍部州）あるいはチャクラヴァルティン（転輪聖王）の国土である．

1
古代インドの都市

1-1 インダス文明

　インド世界における都市形成はインダス文明にはじまる．その代表的都市がモエンジョ・ダーロ Mohenjo dāro でありハラッパー Harappā である．

　インダス川流域を中心に栄えたインダス文明が「発見」されたのは，D. R. サハニ Sahani がハラッパー，次いで R. D. バネルジー Banerji がモエンジョ・ダーロの都市遺構を発掘した 1921〜22 年のことである[32]．続いて，1922〜27 年に J. マーシャル Marshall が，27〜31 年に E. J. H. マッケイ Mackay がモエンジョ・ダーロを，また 33〜34 年に M. S. ヴァッツ Vats がハラッパーを発掘することによって，その存在は揺るぎなきものとなった[33]．

　その後相次いで発掘されたインダス文明の遺構は，東はデリー Delhi 付近，西はアラビア海沿岸のイラン・アフガニスタン国境，南はムンバイの北，北はシムラ丘陵南端に及ぶ．東西 1600 キロメートル南北 1400 キロメートルの範囲に約 1500 の大小の遺跡が知られる．遺跡は，大きく見ると，シンド地方，パーンジャブおよび北ラージャスターン，そしてグジャラート Gujarat の 3 地域に集中しており，それぞれの地方に 2 ないし 3 の都市遺跡があり，それを後背地として支えていた多数の村落遺跡がある．都市遺跡と考えられるのは，モエンジョ・ダーロ，ハラッパーの他，カーリーバンガン Kalibangan，バナーワリー Banawali，ガンウェーリーワーラー Ganweriwara，チャヌフ＝ダーロ Chanhudaro，ドーラヴィーラー Dholavira，スールコータダー Surkotada，ロータル Lohtal などである（図 I-1-1）．

　印章や護符などに刻されたインダス文字が知られるが未解読であり[34]，インダ

第Ⅰ章
インド世界の都市

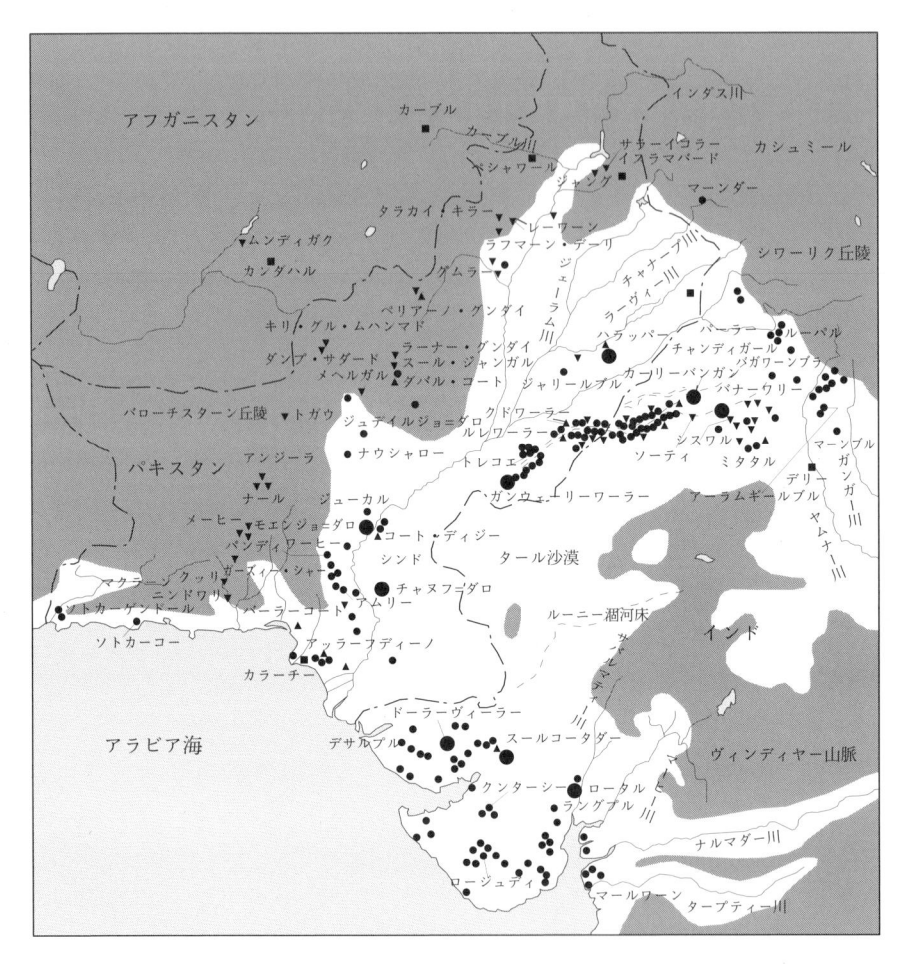

▼ 先ハラッパー期/バローチスターン諸文化の遺跡
▲ 先〜真ハラッパー期の遺跡
● ハラッパー期の遺跡
⬤ インダス文明の都市遺跡
■ 現代の都市
▨ 標高400m以上の地

図 I-1-1 ⬤インダス文明の都市遺構：小西正捷,「インダス文明論」(『岩波講座　世界歴史6　南アジア世界・東南アジア世界の形成と展開』,岩波書店,1999年　所収), Allchin et al (2001) などをもとに作製（高橋俊也作図）

ス文明の年代を特定できる文献資料はない．しかし，紀元前2350年のメソポタミア・アッカド Akkad の碑文にインダス川流域にあると思われる「メルッハ」という国ないし地方の名が最初に現われ，前1800年頃まで楔形文字で書かれた交易文書の中で度々触れられることから，また遺構のC^{14}年代測定から，インダス文明の最盛期は，紀元前2600～1800年頃と考えられている．

　このインダス文明成立の主要因については，西アジアの農耕・牧畜文化の伝播を基盤とするメソポタミア・シュメールの都市文明の波及によるとする見方が発掘当初から支配的である[35]．インダス文明とメソポタミア文明との間に，オマーン Oman 湾，バーレーン Baharain を中継基地として海上交易が行なわれていたことは，碑文のみならず，印章や紅玉髄などメソポタミアで出土したインダス文明の遺物から分かっている．ロータルやマクラーン Makran 沿岸の港市遺跡が窓口であったと考えられている．紀元前2400年頃，オマーン半島の西岸，アブダビ AbūZabī のウンム・アン・ナール Umm An Nar 島が交易都市として栄えていた（マガン国，ウンム・アン・ナール文明）ことが知られるが，この島ではメソポタミア，インダス両文明の土器が出土する．また，紀元前2100年頃，交易拠点はバーレーン（ディルムン国，バールバール文明）に移ったことが知られるが，同じように両文明の土器が出土している．イラン高原と境を接するバルーチスターン Baluchistan 地方がいち早く西方から農耕・牧畜文化の影響を受けてきたことも明らかになっている．

　一方，インダス文明に先だって紀元前3000年紀にさかのぼる幾つかの集落遺構が発掘され，インダス文明に直接繋がる初期ハラッパー（インダス）文化の存在が明らかにされてきた．バルーチスターン地方は，紀元前2500年頃を境にして，ハラッパー文化にとって代わられるか，併合されたとされる．また，インダス文明の諸都市は，メソポタミアの都市国家のように壮大な神殿を持たず，規模も小さい，ことが指摘される．最大のモエンジョ・ダーロやハラッパーも16キロメートル四方程度である[36]（図I-1-2）．インダス川流域における農耕の起源は紀元前7000年にさかのぼり，紀元前3000年紀までに農村集落が各地域に成立し，さらにそれを統合する形で都市が成立する[37]．ただ，紀元前3000年から2600年の間に何が起こったのか，その過程は必ずしも明らかになっていない．モエンジョ・ダーロの下層により古い都市遺跡が存在することが知られるが，地下水位の上昇など

第Ⅰ章
インド世界の都市

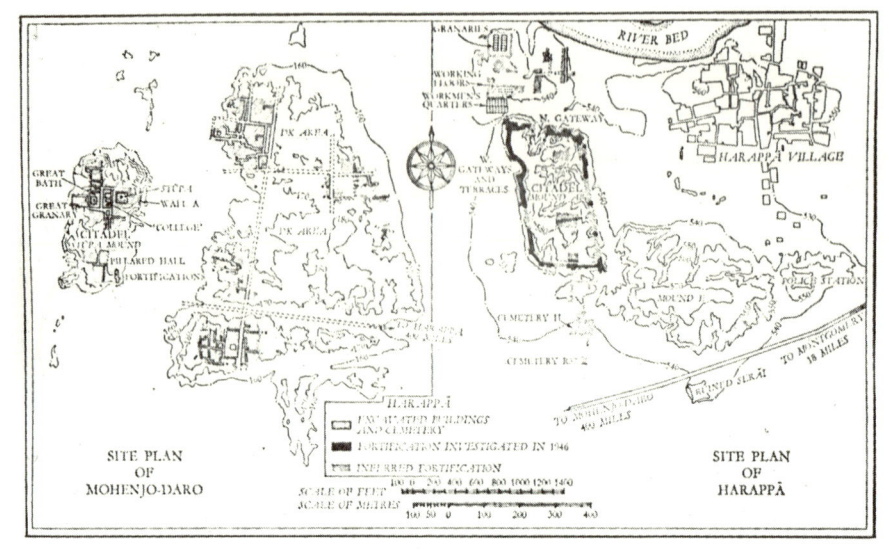

図 I-1-2 ● モエンジョ・ダーロとハラッパーの敷地図：ASI

のため発掘に手がつけられない状況にある．

1-2 インダス文明の諸都市

　インダス文明の諸都市の特質として指摘されるのは，第一に，いずれも河川や内湾に面して立地することである．水上交通による物資の輸送，交易が重視されていたことが明らかである．ドーラヴィーラー，スールコータダー，クンターシー，ロージュディ，ロータルなどグジャラート地域はインダス川から離れているのであるが，かつてサラスヴァティー Sarasvati と呼ばれた涸川（ガッガル・ハークラー川）が存在していたことが知られている．また，アラビア海を介してメソポタミアに直接繋がる地域である．

　また，第二の特質は，これらの都市が，城塞と市街地との二つを区分する二重構造をとっていることである．興味深いのは，より高所を占める城砦が西に，より低所の市街地が東に位置することが多いことである．これを「西高東低」の都市構成と呼ぶ．モエンジョ・ダーロ，ハラッパー，カーリーバンガンが典型的で，

規模の小さいバナーワリー，ロータル，ドーラヴィーラーなどは，全体が市壁で囲われた中に，城塞部と市街地が区分されている．

　この城郭の二重構造については，時代はやや下るが，中国の古代都市についても指摘される．「紙上考古学」と称して，文献を基に，山城式→城主郭従式→内城外郭式→城従郭主式→城壁（城郭一体）式という都市の発展過程を推定したのは宮崎市定[38]である．この図式によって，古代のギリシャ・ローマの都市形成と中国の都市形成の共通性が強調されるが，興味深いのは城郭の分離連結という形態である．発掘遺構を基にして，楊寛[39]は，西周から東周（春秋戦国）にかけての時代（紀元前11～3世紀）に，従来の囲壁を持つ「城」の中に王宮と市民たちの居住地がともに並存していた段階から「郭」が新たに形成され，この「城」と「郭」とが連結する構造へと変化する，という．その出現は，紀元前8世紀の周公による東都成周の建設に始まる．成周では，西方に王宮を持つ小「城」つまり城砦が，また東方には国人たちの居住空間である大「郭」つまり市街地が連接して存在した．インダス文明都市と同じ「西高東低」の都市構成である．紀元前9世紀の斉の国都であった臨淄は，西南に小「城」が，東北に大「郭」が連結する構成を示している．小「城」には，桓公台を中心に王宮があり，囲壁の北と東の門を通じて大「郭」と結ばれていた．注目されるのは，王権の所在地である小「城」が西南に位置していることである．楊寛は，古代中国では，西とりわけ西南が尊者の場所とされたことを，『論衡』「四諱篇」の「西南隅，これを隩（アウ）という．尊長の処なればなり」を引いて強調する．これを「座西朝東」（「西に座して東に面す」）と呼んでいる．「座北朝南」，すなわち，「君子南面す」という方位観へ転換するのは，前漢から後漢にかけてのことである．

　第三に，インダス文明の諸都市の特質として指摘されるのは，グリッド・パターンに似た街路形態を持つ点である．すなわち，都市全体が，ある寸法体系に基づいて予め計画設計されている点である．チグリス・ユーフラテスの下流域で覇を競っていたシュメールの都市国家群の中に，都市全体が計画，設計されている類例はないのである．

　モエンジョ・ダーロは，未だ15パーセント程度しか発掘されていないが，実に整然とした町割りがなされている．インダス文明の諸都市の計画性を裏付けるのは，そこで用いられている尺度，度量衡の統一である．モエンジョ・ダーロ，ハ

ラッパーなどでは焼成煉瓦を使ったが，煉瓦の縦横，厚さの比は4：2：1に統一されている．通常は，28×14×7センチメートルのものが多い．また，道幅などが一定のモデュールに基づいていることが明らかになっている．

　長さの基本単位としては，約33センチメートルと約52センチメートルが併用されている．モエンジョ・ダーロで，0.67センチメートル毎に目盛りが刻まれた貝に刻まれた物差しが出土している．目盛りには五つ目ごとに別の印が付けられており，33.5ミリメートルが単位とされていたことが分かる．ハラッパーでも青銅の物差しが見つかっており，四つの印の間隔は平均0.934センチメートルである．さらに，ロータルでも象牙の物差しが見つかっている．L. ラジュとV. B. マインカール[40]によれば，モエンジョ・ダーロで用いられた基本単位は33.4ミリメートルだという．基準単位として身体寸法が用いられるのは世界中で一般的だが，これは，英米の「フット ft」，日本の「尺」のスケールである．52センチメートルというのはキュービット＝肘尺(腕尺)(腕の肘から中指の先まで)であろう．後に見るように，インドで後の時代に用いられるのは，アングラ angura，ハスタ hasta，ダンダ danda，ラジュ raju といった長さの体系である．この寸法体系は，インドの都市計画の広がりを解く重要な鍵になる．

　インダス文明の諸都市の概要は以下のようである[41]．

モエンジョ・ダーロ(図I-1-3～6)：西の台地(人工築壇)に城塞が築かれ，東の平地に市街地が展開する，西高東低の配置である．4万人程度の人口が居住していたと考えられている．城塞内には，大沐浴場，小沐浴場，集会場，穀物倉など公共施設，および神官層の住居が建てられていた．大沐浴場は煉瓦造で，東西9メートル×南北12メートル，深さ2.4～2.5メートルのプールと周囲の小部屋からなる．穀物倉は，礎石が残るのみであるが，木造と考えられ，東西45メートル×南北22.5メートルの規模である．市街地は，幅約10メートルの大路が東西に2本，南北に3本走って，大きく約250メートル×400メートルの街区に区画され，幅約5～6メートルの小路で細分されている．さらに，幅2～3メートルの路地が分かれて，住居は路地に面して開かれている．陸屋根の中庭式住居であり，壁厚から2階以上のものが多かったと考えられる．また，敷地には大小があり，階層差が存在したと推定される．街路には上部を覆った幅30センチメートルほどの下水溝が設け

古代インドの都市

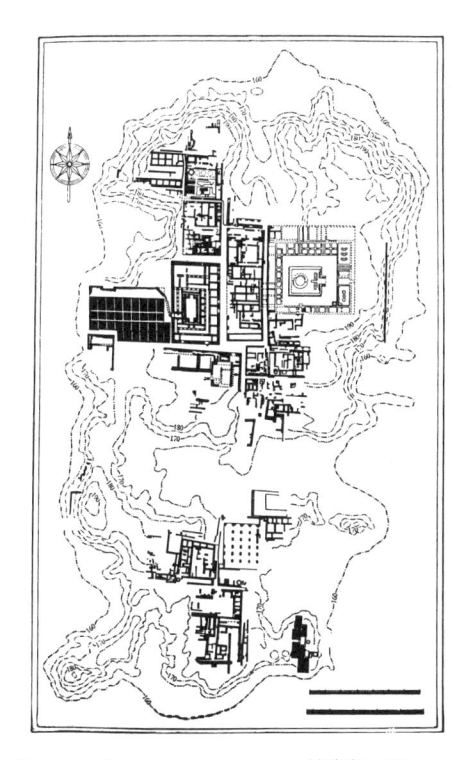

図 I-1-3 ● モエンジョ・ダーロ城塞部：Wheeler, R. E. M., 'The First Towns', Antiquity, 24, 1956

られ，排水溝を備えた住居の一画と直結して，雨水など下水を系統的に流すシステムが採られている．

　マーシャル[42]は，モエンジョ・ダーロの図面を1：250および1：732で起こしている．前述のように出土した物差しから33センチメートル程度が単位として知られるが，幾つか図面に当たってみると，実際にも一定の計画寸法が使われていることが分かる．後に用いられるダンダを考えると，約2メートル，すなわち33センチメートル×6＝198センチメートル〜52センチメートル×4＝208センチメートル程度が単位となっていることが推定できるが，我々の予備的検討によれば，もう少し短い192センチメートル程度を単位とすると，街路幅，街区規模などに合っている．実は，カトゥマンズ盆地においても，古来，ダンダあるいはその

9

第Ⅰ章
インド世界の都市

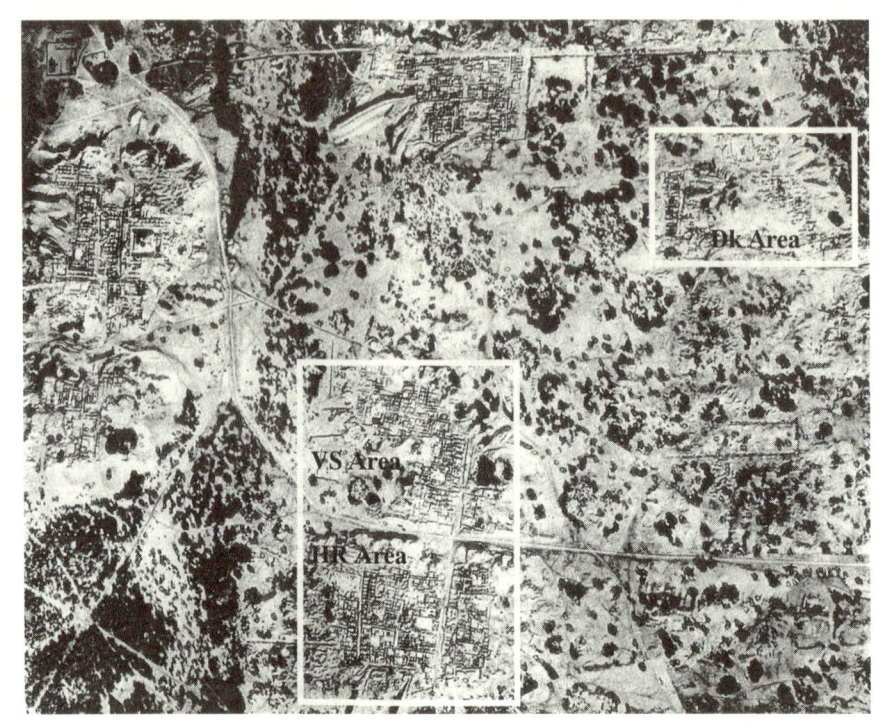

図Ⅰ-1-4 ● モエンジョ・ダーロ　航空写真：Ghosh, A., "Taxila (Sirkap)", 1944-45, Ancient India No. 4, 1948

10倍のラジュが用いられてきたことが知られている．そして，建物の柱など細かい寸法の検討から，1ハスタ=48センチメートル，1ダンダ= 1.92メートルが導き出された．そして，これはモエンジョ・ダーロにも当てはまりそうである[43]．

　HR地区を見ると，一見バラバラのように見えるが，四つのグリッドを区別することができる．すなわち，おそらくは建設時期を異にする四つの部分からなっていたことが分かる．中央通りは9.55メートル，ほぼ5ダンダ（2分の1ラジュ）である．また，ダンダを単位とする数値を幾つか見い出すことができる．VS地区，DK地区は，もう少し，単純なグリッドを認めることができる．すなわち，19.2メートルないし9.6メートルを単位とするブロックがある程度窺えるのである．

　インダス文明の都市で用いられていたものが，カトゥマンズ盆地まで伝わって，残されてきたのではないかというのが，我々の大胆な仮説である．もちろん，

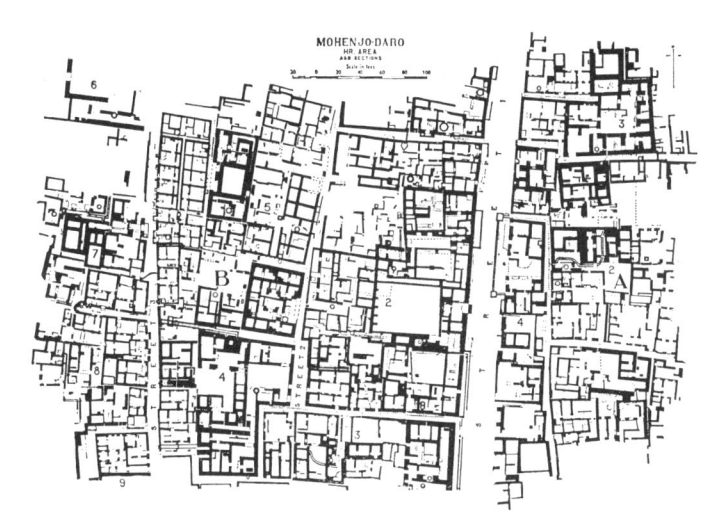

図 I-1-5 ●モエンジョ・ダーロ　HR 地区：ASI

1.92 メートルが単位として用いられているかどうかはさらに検討が必要である．しかし，単位の長さはどうあれ，ダンダ，ラジュなどを単位として計画されていることは，整然としたプランから明らかである．

ハラッパー（図 I-1-2）：西高東低の城郭連結の配置をとる．城塞は，東西約 200 メートル，南北約 400 メートルの平行四辺形をしており，基底部幅 14 メートルの厚い城壁で囲まれていた．城塞の北には，床下に換気口を持つ穀物倉や労働者長屋，円形作業場などが見られるが，19 世紀の鉄道建設工事で大量の煉瓦が持ち去られ，詳細は分かっていない．

カーリーバンガン（図 I-1-8, 9）：城塞と市街地のいずれにも囲壁を持ち，西高東低の形をとる．市壁は平行四辺形をなしており，市街地を貫通して南北に走る街路は市壁に対して斜走している．市門は西北角と東南角に置かれており，2 本の目抜き通りの一端は市門を起点としている．これに対して東西方向の街路は直線的に市街地を貫走することはなく，南北街路を部分的に直線でむすぶことに重点がおかれている．市街地は，邸宅区である北部と「水と火の祭儀場」のある南区に分

第 I 章
インド世界の都市

danda	1d	2d	3d	4d	5d (r/2)	6d	7d	8d	9d	10d (r)	11d	12d	13d	14d	15d
meter	1.92	3.84	5.76	7.68	9.60	11.52	13.44	15.36	17.28	19.20	21.12	23.04	24.96	26.88	28.8

図 I-1-6 ●モエンジョ・ダーロ VS 地区：Marshall, John, ed., "Mohenjodaro and Indus Civilization", Vol I − III, Arthur Probsthein, London, 1933（モハン・パント作図）

図 I-1-7 ● ドーラヴィーラー　復元 CG 図：Chakrabarti (2004)

かれるが，数十室もある住居もある．2階建ても多く，中庭式住居もある．例外なく入口は小路に開いている．カーリーバンガンの街路編成は明瞭なグリッド・パターンとは言い難いが，街路は直線で，ほぼ直交し，道路幅は，およそ1.8メートルを単位とし，その倍数に従っている．

ロータル (図 I-1-10)：東西約220メートル，南北約280メートルのやや歪んだ矩形の市壁で囲まれていた．城塞は，東南隅にあり，沐浴用室列と穀物倉が残っている．市街地より西側の一定の場所を墓地としていた．墓は長方形または楕円形の土壙で，多くは棺槨なしに直接頭を北に仰臥伸展ないし側臥屈葬としている．市街地の東側に，幅約37メートル×長さ約220メートル，深さ4.3メートルのドックがあり，運河によってサバルマティ川に繋がっていた．市街地は，ほぼ東西南北の街路によって区画されている．下水施設は，モエンジョ・ダーロより洗練されており，排水溝の他，逆流を防ぐための傾斜下水路，固形物を選別する木製の

第 I 章

インド世界の都市

図 I-1-8 ●カーリーバンガン　復元 CG 図：Chakrabarti（2004）

フィルター，汚物を沈殿するための溜桝が発掘されている．

ドーラヴィーラー（図 I-1-7）：1967 年に発見され，発掘が続けられるが，詳細はまだ分かっていない．城塞部は，主郭と外郭の二区に分けられ，外郭にビーズ工場が確認されている．また，西と南北に大規模な貯水施設が作られている．城壁の外，市街地との間に 350 メートル× 80 メートルもの儀式用広場があったことが知られる[44]．

1-3 アーリヤ民族の登場

インダス文明は，紀元前 2000 年頃から衰退し始め，前 1800 年頃には解体したとされる．衰退の理由として挙げられるのは，まず，インダス川の大氾濫，あるいは河口の隆起による異常氾濫，もしくは河川の流路変更などの自然条件である．また，モエンジョ・ダーロにおける「スラム」化など都市機能が麻痺したことによる都市内的要因である．その衰退は，徐々に進行したとされ，煉瓦を焼くための

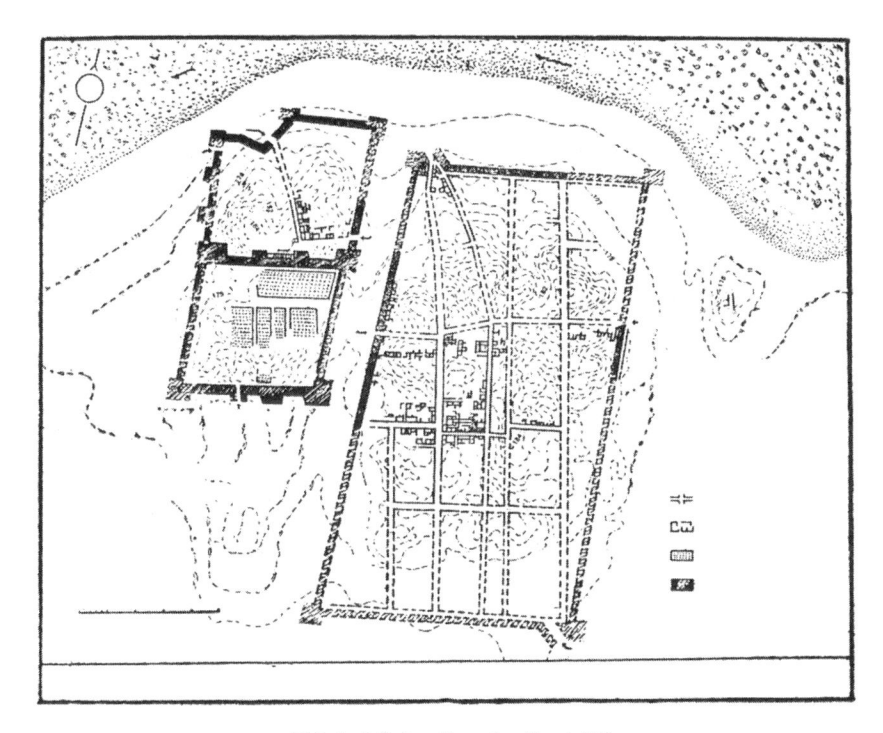

図 I-1-9 ● カーリーバンガン：ASI

森林の過剰伐採による気候変化（乾燥化），アーリヤ民族による破壊説については否定的な見解が多くなりつつある．

　アーリヤ民族以前に先住していたとされるドラヴィダ Dravida 民族の先祖たちは，言語学的な比較研究から，紀元前 3500 年頃にイラン東部の高原からインド亜大陸西北の平野部に進出してきたと考えられている[45]．未解読ではあるが，インダス文字はドラヴィダ語であるという説が有力である．ドラヴィダ祖語を話した人々はやがて分裂し，北部支派，中部支派，南部支派に分かれて移動する．この分裂は紀元前 1500 年以前であり，南部支派からテルグ Terug 語，タミル Tamil 語などが分かれるのは紀元前 1500～1000 年である．アーリヤ民族がパーンジャブ地方に進出してきた頃には，インダス文明は村落文化へ退行していた．すなわち，アーリヤ民族は，インダス文明の衰退と平行する形でインド北西部に侵入してきたと考えられる．黒海からカスピ海にかけての地域を原郷とし，中央アジアで遊

第1章
インド世界の都市

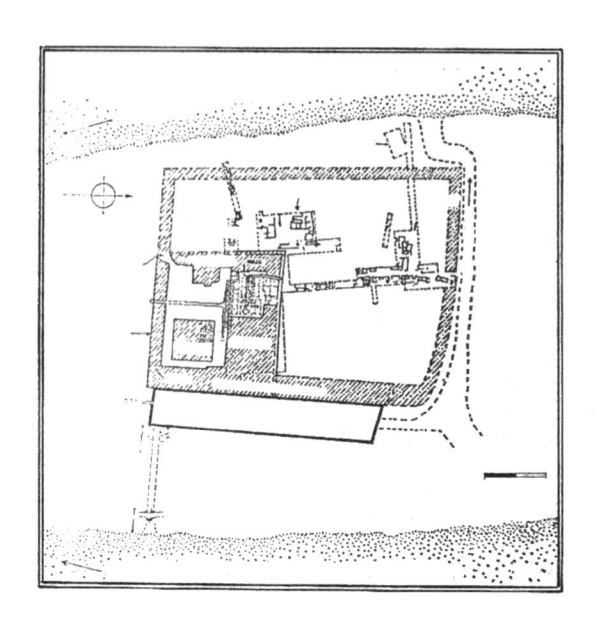

図I-1-10 ●ロータル：ASI

　牧生活をおこなっていたアーリヤ民族は，前2000年紀に入ると南に移動し始め，その一部はイラン北東部に進み，アフガニスタンをへて，前1500年頃にインド北西部に移住したというのが通説であるが，それ以前にアーリヤ民族が存在した考古資料が近年得られている．移動には幾つか波があり，一挙に行なわれたわけではないのである．アーリヤ民族の移動が収まったのは紀元前1000年を過ぎ，インド亜大陸に鉄がもたらされて以降である．

　インダス文明の解体によって広域的な統合が失われると，各地域において独自の文化形成が行なわれる．そして，北インドにおいて再び文化統合の動きが起こり，都市形成が行なわれるのは，紀元前1000年からゴータマ・シッダールタ（釈尊）やマハーヴィーラ Mahāvīra（大雄，ヴァルダマーナ）が活躍する紀元前5～4世紀にかけてのことである．鉄器による生産性の向上が都市形成の大きな要因である．また，インド・アーリヤ語系民族との接触が地域を流動化させ，また同化していったことも大きい．インド・アーリヤ語族がもたらしたヴェーダを聖典とするバラモン教は，長期にわたって北インド土着の宗教観念と融合し，極めて広範

に普及していくことになる.

　インダス文明に続く古代都市国家の都市については,しかし,発掘はすすんでいない.知られるように,釈尊の時代には北インドに16の国が存在し,それぞれ都を持っていたとされる.釈尊自身はコーサラ国のシュラーヴァスティ Śrāvastī(舎衛城)とマガタ国のラージャグリハ Rājagṛha(王舎城)の二つの都市を中心として活躍するが,この二つの都市を含めて,その具体的な形態,主要施設の配置,街路体系や街区構成はよく分かっていない.

　最初の統一王朝であるマウリヤ王朝の首都パータリプトラ Pātriputra[46](現ビハール州の州都パトナー)についても同様である.チャンドラグプタ王のとき,セレウコス朝の使節として駐在したメガステネスは,見聞記『インド誌』に,市の規模は15キロメートル×3キロメートルに及び,周囲を幅180メートルの濠と木の防塞で囲まれ,64の市門を擁すると述べているが,詳細は不明である[47].

　パータリプトラが栄えた時期にあたる都市遺跡としては,パキスタンのタキシラにあるシルカップ Sirkap が知られている(図I-1-11, 12).中央を幹線大路が南北に走り,それに直交して東西に小路を設けるフィッシュボーン(魚骨)型の街路構成をとる.シルカップは,ヘレニズム期に属し,ギリシア人の影響のもとに建設されたとされている.マーシャル[48]は,1:1000 の図をシルカップについて作っている.興味深いことに,フィッシュボーンの小路の間隔は,ほぼ20ダンダ＝2ラジュである.

　インド世界の都市については,シルカップ以降,発掘調査の遅れや文献の偏りもあって,13世紀に始まるムスリム支配期以前にさかのぼって都城の展開をたどることはできない[49].

図 I-1-11 ●タキシラ：ASI

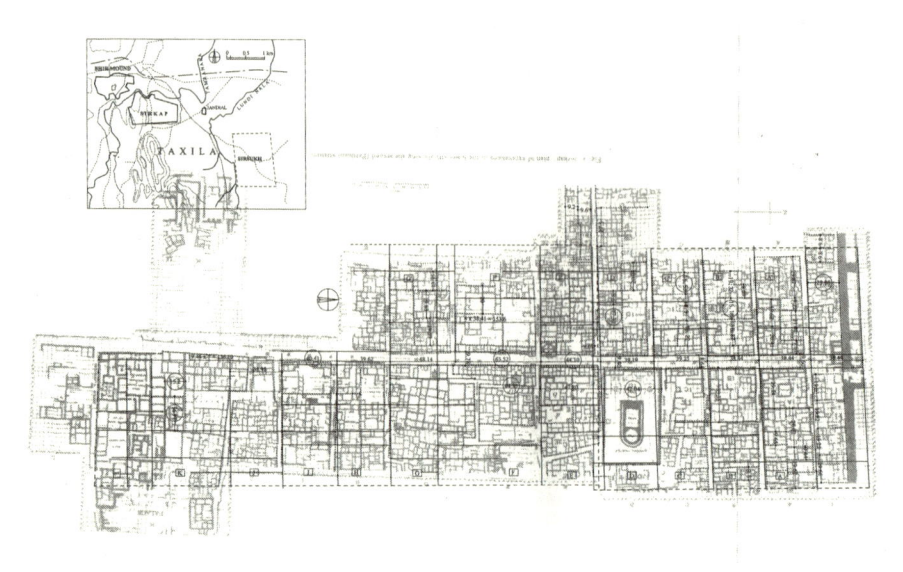

図 I-1-12 ●タキシラ：Marshall (1951)（モハン・パント作図）

2
インド都城の理念

2-1 インド的宇宙観

　ヒンドゥー教も，仏教も，人間の居住世界をジャンブ・ドヴィーパ（瞻部州）と呼んでいる．大地の中心にあるのはメール山（須弥山）を中心とする円盤であり，七つの大陸と七つの海を持つ（図I-2-1）．この大地がジャンブ・ドヴィーパである．ドヴィーパとは，島あるいは陸という意味である．そして，その重要な部分がバーラタヴァルシヤ（バーラタ族の国土），すなわちインドである．大地の下には地獄があり，大地の上には何層にもわたる神と聖人の世界がある．

　インドの宇宙観については，定方晟の『インド宇宙誌』があり，仏教（小乗，大乗），ヒンドゥー教（プラーナ，タントラ tantra）の宇宙観を一つの視野に収めて分かりやすく図解してくれている[50]．

　ヒンドゥー教では，宇宙の上半分と下半分とにそれぞれ七つの階層があり，両者の中間に大地がある[51]．大地の中心ジャンブ・ドヴィーパの直径は10万ヨージャナ yojana（由旬）[52]である．周囲を囲む陸と海の大きさもそれぞれヨージャナで示される．最後の輪となる大陸は黄金の土地である．

　黄金の山，メール山は，高さ8万4000ヨージャナで，頂部の直径は3万2000ヨージャナ，基部の直径は1万6000ヨージャナ，地表下の深さは1万6000ヨージャナに達するというから，円錐形を突き刺した形である．蓮の花托を表わしたものなど，その形状は「プラーナ Purāṇā（聖典）」[53]によって幾つかある．

　一般的には以下のようである．メール山の南と北，それぞれ東西に平行な三つの山脈が並び，山脈の間に国々がある．メール山の足下にはイラーブリタ国があ

19

第 I 章
インド世界の都市

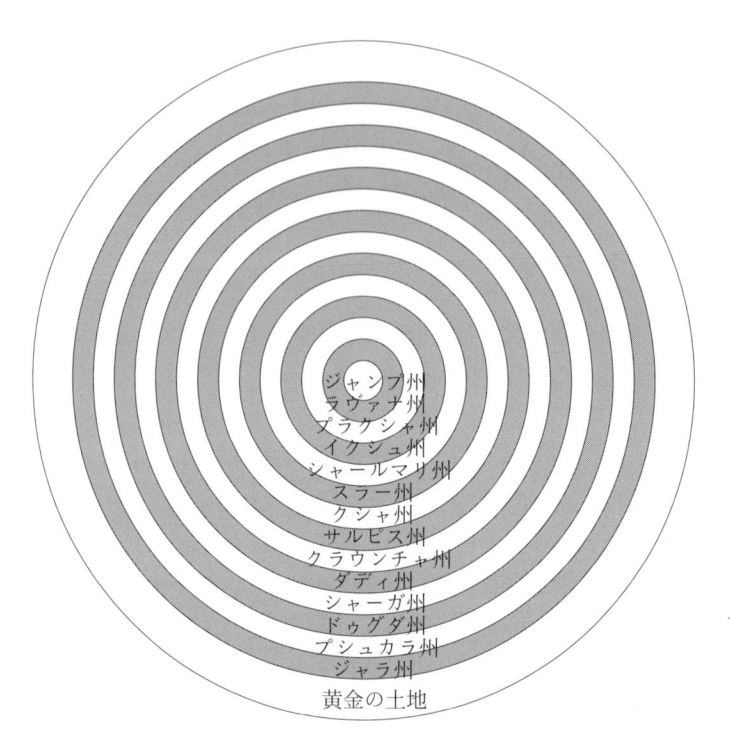

ジャンブ州
ラヴァナ州
プラクシャ州
イクシュ州
シャールマリ州
スラー州
クシャ州
サルビス州
クラウンチャ州
ダディ州
シャーガ州
ドゥグダ州
プシュカラ州
ジャラ州
黄金の土地

図 I-2-1 ●七州七海：定方晟 (1985)

り，四つの山がメール山を支えるように立っている．東の山がマンダラ山と呼ばれる（図 I-2-2）．

メール山の頂は平らな円形をなし，その円の中心に宇宙創造神ブラーフマン（梵天）の大都城がある．直径は 1 万 4000 ヨージャナである．このブラーフマン神の領域を取り巻いて東→東南→南…と右回りで続く 8 方向に，インドラ Indra 神（帝釈神），ヴィヴァスヴァト Vivasvat 神，ヤマ Yama 神（焔魔天），ソーマ Soma 神，ヴァルナ Varuna 神，アグニ Agni 神（火天），クヴェーラ Kubera 神，ヴァーユ Vāyu 神，世界を護る八大守護神（ローカパーラ）の領域，壮大な都城がある．このコスモロジーに基づく世界の構成が，マンダラの基本である．

仏教の宇宙観も，基本的にヒンドゥー教とよく似ている．

仏教の宇宙観は，上座部（小乗）仏教と大乗仏教のそれぞれ二つに分けることができる．前者は「須弥山宇宙観」と呼ばれ，基本的には素朴実在論的な立場から構

2　インド都城の理念

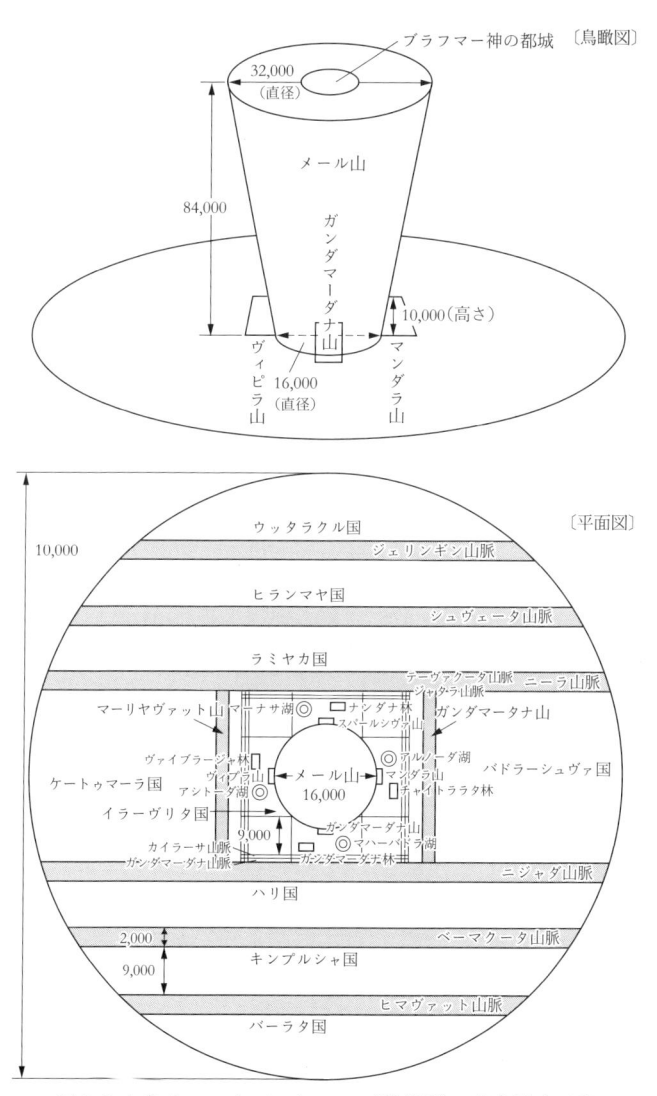

〔鳥瞰図〕

- ブラフマー神の都城
- 32,000（直径）
- メール山
- 84,000
- ガンダマーダナ山
- ヴィピラ山
- マンダラ山
- 10,000（高さ）
- 16,000（直径）

〔平面図〕

- 10,000
- ウッタラクル国
- ジェリンギン山脈
- ヒランマヤ国
- シュヴェータ山脈
- ラミヤカ国
- テーヴァクータ山脈
- ジャタラ山脈
- ニーラ山脈
- マーリヤヴァット山
- マーナサ湖
- ナンダナ林
- スバールシヴリ山
- ガンダマータナ山
- ヴァイブラージャ林
- アルノーダ湖
- バドラーシュヴァ国
- ケートゥマーラ国
- メール山 16,000
- マンダラ山
- アシュトーダ湖
- チャイトラタラ林
- イラーヴリタ国
- ガンダマーダナ山
- カイラーサ山脈
- マハーバドラ湖
- ガンダマーニダナ山
- ガンダマーダナ山脈
- ニシャダ山脈
- ハリ国
- 2,000
- ベーマクータ山脈
- 9,000
- キンプルシャ国
- ヒマヴァット山脈
- バーラタ国

図 I-2-2 ● ジャンブ・ドヴィーパ（贍部州）：定方晟（1985）

第Ⅰ章
インド世界の都市

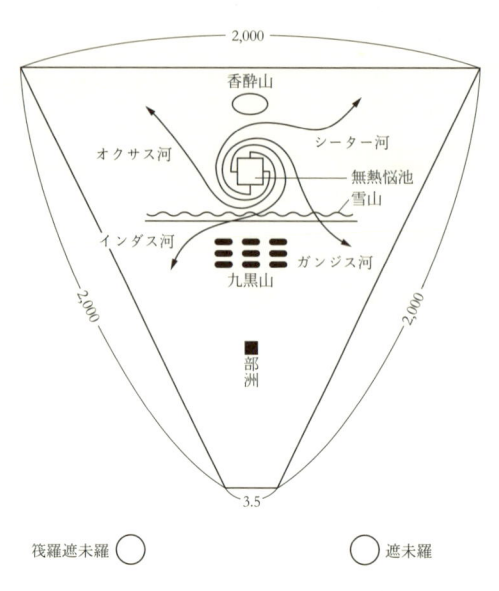

図Ⅰ-2-3 ●倶舎論の贍部州：定方晟（1985）

想されている．後者は存在論や認識論とも関わる哲学的な宇宙観である．すなわち，大乗的宇宙観は「須弥山，宇宙観」を大きく包みこんでいると考えられる．大乗的宇宙観は『華厳経』などに見られるが，ウパニシャッド Upaniṣad[54] の梵我一如[55]の思想に通じ，迷界と仏界を分けず，一切世界が仏の中にあると説く．

「須弥山宇宙観」は様々な経典に説かれているが，まとまった形で示されるのがヴァスヴァンドゥ＝世親（天親）の説一切有部（小乗）時代の著作『倶舎論』[56]である．『倶舎論』「世間品」によれば宇宙の構造は以下のようである[57]（図Ⅰ-2-3〜5）（表Ⅰ-2-1）．

①宇宙は大きく「器世間」（自然界）と「有情世間」（生物界）に分けられる．

②生き物が生息する大地を支えているのは「風輪」「水輪」「金輪」である．それらは虚空の中に浮かんでいる．「風輪」は厚さ160万ヨージャナ（由旬）[58]で二次元的には際限はない．「水輪」「金輪」は直径120万3450ヨージャナの円形をしており，厚さはそれぞれ，80万ヨージャナ，32万ヨージャナである．

③「金輪」の上に，人間の生息する大地と海がある．大地は，中心に位置する須

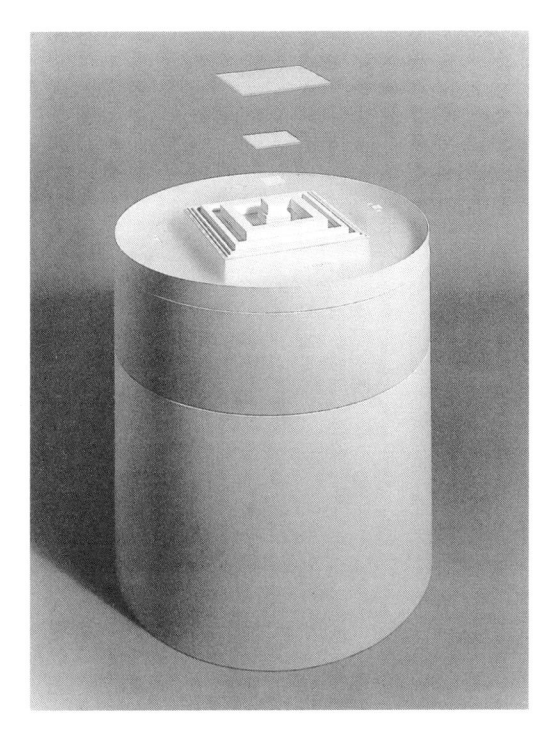

図 I-2-4 ●倶舎論の宇宙：Brauen (1997)

弥山（メール山）とそれを取り巻く八つの山と四つの大陸からなる．山と山の間には七つの海がある．金輪の上には水がたたえられ，大海を形成している．大海の中心に須弥山がそびえ，それを取囲んで同心状の山脈が七つ並ぶ．七つ目の山脈の外方，須弥山の四方にあたって，大陸（洲）が一つずつ存在する．東の勝身洲は半月形，南の瞻部洲は台形，西の牛貨洲は円形，北の抑盧洲は正方形である．南の瞻部洲が〈我々〉人類の住む大陸である．太陽と月は須弥山の中腹の高さにあり，四つの洲の上を巡る．したがって勝身洲が正午のとき，瞻部洲は日の出である．須弥山の4側面は金，銀，瑠璃（るり），玻璃（はり）ででき，南面は瑠璃でできているので，それを反映して空は青い．

④地上には人間と畜生と餓鬼が住む．瞻部州の地下には地獄（八つの熱地獄と八つの寒地獄）がある．

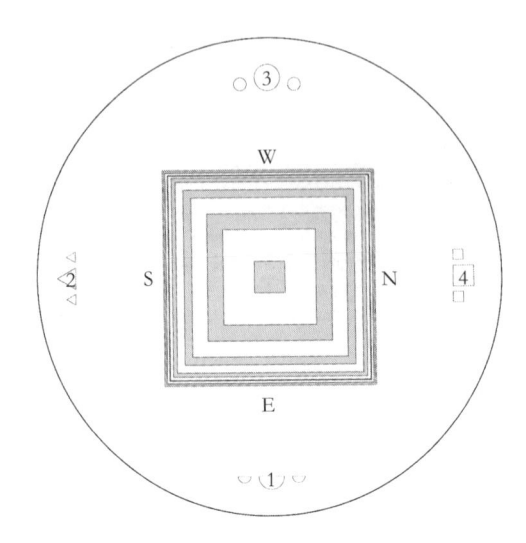

図Ⅰ-2-5 ●倶舎論の宇宙（平面図）：Brauen（1997）

⑤人間より一段と高い位置にあるのが天（デーヴァ deva）である．天は，地上に住む地居天と天空に住む空居天に分かれる．地居天とは，須弥山の中腹までに住む四大天王（時国，増長，広目，多聞）とその頂上に住む33天である．須弥山の頂上は正方形の広場になっており，そこに33天が住み，その主は中央の殊勝殿に住む帝釈天である．

⑥須弥山の頂上から無限の空間が広がる．そこには数多くの諸天が住む（表Ⅰ-2-1）．「空居天」は仏教の修行者が修行に応じて登る，いわば階段である．他化自在天より下は欲界（カーマ・ローカ）で，そこに住むものは欲望にとらわれているが，そこに住むものは，欲望は克服したものの，物質的条件はまだ克服していない．夜摩天より他化自在天に至る四天は欲界に属し，地上にある33天と四天王と合わせて六欲天と呼ぶ．

⑦梵衆天から色究竟天までの17天は色界（ルーパ・ローカ）に属する．色界の上に無色界（アルーカ・ローパ）が展開する．瞑想の深さに応じた四つの段階を含む．その中の最高処は非想非非想処で，完全に分別を脱した世界である．欲界，色界，無色界を合わせて三界と呼ぶ．三界を超越したところに仏界がある．

表 I-2-1 ●倶舎論の宇宙：三枝充悳,『世親』, 講談社学術文庫, 2004 年

有情世間		無色界	非想非非想処			
			無所有処			
			識無辺処			
			空無辺処			
		色界	第四禅			色究竟天
						善見天
						善現天
						無熱天
						無煩天
						広果天
						福生天
						無雲天
			第三禅			遍浄天
						無量浄天
						少浄天
			第二禅			極光浄天
						無量光天
						少光天
			初禅			大梵天
						梵輔天
						梵衆天
器世間		欲界	六欲天			他化自在天
						楽変化天
						覩史多天
						夜摩天
						須弥山頂上
						三十三天
						中腹
						四大王衆天（四天王）
			人	畜生	餓鬼	地表
						倶盧洲　牛貨洲　勝身洲, 瞻部洲
			地獄			地下
						等活地獄
						黒縄地獄
						衆合地獄
						叫喚地獄
						大叫地獄
						炎熱地獄
						大熱地獄
						無間（阿鼻）地獄
		金輪				
		水輪				
		風輪				

第 I 章
インド世界の都市

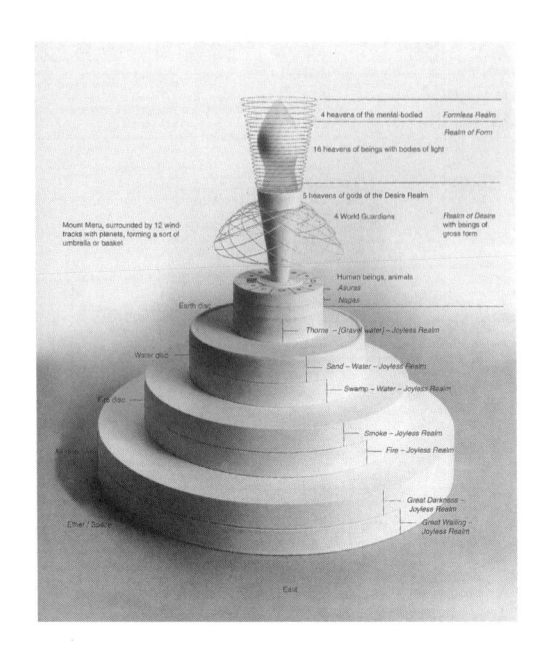

図 I-2-6 ● カーラチャクラの宇宙模型：Brauen (1997)

　この仏教の世界観は様々な形象として表現されてきた．一般に曼荼羅と呼ばれる図像，模型，いわゆる須弥山図がそうである．

　以上のように，ヒンドゥー教，仏教の宇宙観はよく似ているが，最大の相違点は，ヒンドゥー教では環状の大陸のみであるのに対して仏教の宇宙観では，最外周の大陸の外の海に，四つの海が想定されていることである．そして，ジャンブ・ドヴィーバ（瞻部州）は中心に位置するのではなく，南の大陸にあることである．

　インド仏教の末期になると，仏教とヒンドゥー教を総合するようなタントリズムが成立する．カーラチャクラ *Kālacakra*（時輪）・タントラである（図 I-2-6, 7）．その基本思想は，梵我一如を説くウパニシャッド哲学に極めて近い．カーラチャクラ・タントラは，第1章は世界を，第2章は個我を，第3章は灌頂を，第4章は成就を，第5章は知恵を説く[59]．その宇宙観は，カーラチャクラ・マンダラとして極めて精巧に描かれる．とりわけ興味深いのは，カーラチャクラ・マンダラとして

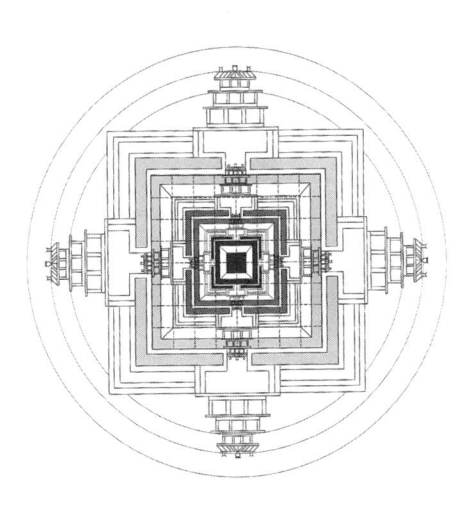

図I-2-7 ● カーラチャクラの宇宙平面・模型：Brauen（1997）

描かれる宮殿のプランである．その計画図は，ほとんどインド都城の理念型と考えることができるからである．

このカーラチャクラ・タントラの成立後まもなく，大乗仏教はインドから姿を消す．

2-2 アルタシャーストラの都城論

マウリヤ朝を創始したチャンドラグプタ王（紀元前317〜293年頃）を助けた名宰

相としてカウティリヤの名が知られる．別名チャーナキア Cānakya，あるいはヴィシュヌグプタ Visnugupta という．そのカウティリヤが書いたとされる書物が『アルタシャーストラ（実利論）』である．古来インドでは，ダルマ（法）とアルタ（実利），そしてカーマ Kāma（享楽）が人生の三大目的とされるが，そのアルタについてのシャーストラ，すなわち，「実利」についての科学，理論の書が『アルタシャーストラ』である．その『アルタシャーストラ』の中に，「城塞」あるいは「城塞都市」に関する詳しい記載がある．古代インドの都市，ひいてはインド世界における都市，すなわちヒンドゥー都市の理念を窺うのに極めて貴重な文献とされている．

『アルタシャーストラ』は，古来知られ，様々に文献に引用されてきたが，一般にその内容が利用可能となったのは，1904年にヤシの葉に書かれた完全原稿が発見され，R. シャマシャストリ Shamasastry によってサンスクリット原文（1909年）と英訳[60]（1915年）が出版されて以降である．その後，様々な注釈書やヒンディー語訳，ロシア語訳，ドイツ語訳などが出されるが，それらを集大成する形で英訳を行なったのが R. P. カングレー[61]である．日本語訳として上村勝彦訳[62]がある．また，近年，L. N. ランガラージャンによる新訳，新編纂書が出されている[63]．

『アルタシャーストラ』の成立年代については諸説がある．すなわち，紀元前4世紀にカウティリヤによって書かれたというのは極めて疑わしいとされている．カングレーは，カウティリヤの著書であること，すなわち紀元前4世紀に書かれたことを実証しようとするが，絹の産地としてチーナ Cīna（秦）という地名が出てくることから，紀元前4世紀にはさかのぼり得ない．一般には紀元後3, 4世紀頃であるとする説が有力である[64]．ただ，この書物が『マヌ法典』より先行することは確からしいことから，早ければ紀元前200年，遅くても紀元後200年には成立していたと上村勝彦は考えている．

『アルタシャーストラ』は，第1巻「修養」（第1～21章），第2巻「長官の活動」（第1～36章），第3巻「司法規定」（第1～20章），第4巻「棘の除去」（第1～13章），第5巻「秘密の行動」（第1～6章），第6巻「[六計の] 基本としての輪円（マンダラ）（外交政策序論）」（第1～2章），第7巻「六計について（外交政策本論）」（第1～18章），第8巻「災禍に関すること」（第1～5章），第9巻「出征する王の行動」（第1～7章），第10巻「戦闘に関すること」（第1～6章），第11巻「共同体（サンガ）に

関する政策」(第1章), 第12巻「弱小の王の行動」(第1～5章), 第13巻「城塞の攻略法」(第1～5章), 第14巻「秘法に関すること」(第1～4章) 第15巻「学術書の方法」(第1章) からなる. 都市について触れるのは, 主として第2巻第3章「城砦の建設」, 第4章「城砦都市の建設」である. 第3章では, 築城, 囲郭に関する記述がなされ, 第4章では, 住宅地 (市街) の区画について記述がなされている. ランガラージャンの再編集を見ると, その記述は大半が IV.i すなわち「IV 国家組織 i. 国土の基本構造の確立」に含められる. 以下の考察は, 上村勝彦訳になる岩波文庫版およびカングレー訳をベースとし, ランガラージャンによる整理と図を適宜加えている.

A, B, ①②などの番号と見出しは筆者が付したものである. 2-3-1 といった番号は原著の巻-章-節の番号である.「北微東」という表現は,「東の方角の少し北側の部分」[65] という意味である. 度量衡については, 第2巻第19章 (第37項目　秤と桝の標準), 第20章 (第38項目——空間と時間の尺度) にまとめた記述がある. 詳細は,『マーナサーラ』と比較しながら後述するが[66], 一般に使用される最小単位は中指の幅アングラである. そして, その倍数によってハスタが定義される. 24アングラ, 28アングラを1ハスタとする例が『アルタシャーストラ』には挙げられている. そして, 4ハスタが1ダンダで, 10ダンダが1ラジュである. 1ダンダは, 欧米では便宜的に, 約1.8メートル (6ft), 1ハスタは約45センチメートル (18 inch) とされるが, もともと幅がある. 計測を基に, 1アングラ＝17.86ミリメートル, 1ハスタ＝42.86ミリメートル (24アングラ), 50センチメートル (28アングラ) という説がある[67] が, 諸説には, 1ダンダは1711ミリメートル～2000ミリメートルの幅がある.

第2巻第3章 (第21項目——城塞の建設)

A① 選地：四方に, 自然の要害, すなわち, 水城, 山城, 砂漠城, 森林城を作り, 地方の中央に, 建築学者の推奨に従って, すなわち, 川の合流点や涸れることのない湖・池・貯水池の近くに, 陸路と水路を備えた中心都市 (スターニーヤ sthānīya[68]) を建設する. (2-3-1～3) 陸城, 水城, 山城のうち, 後のものほどすぐれている. (7-12-2)

A② 形態：地形に応じて, 円形か長方形か正方形である. (2-3-3)

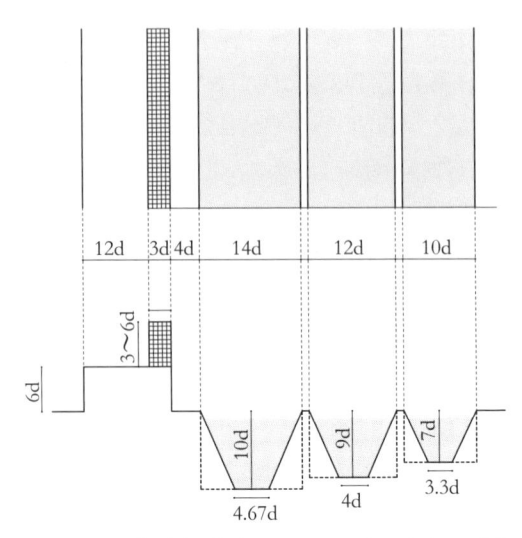

図 I-2-8 ●濠の幅, 断面：Rangarajan (1992) もほぼ同様である (布野修司, 中川雄輔作図).

　A③　濠：都市の周囲に, 1ダンダの間隔をおいて, 三つの濠を掘る. 幅は, 14, 12, 10ダンダであり, 深さは幅の4分の3あるいは2分の1とする. 底幅は上幅の3分の1とする. 床面あるいは側面を煉瓦貼とし, 水を湛える. そこには蓮が生じ, 鰐が生息する. (2-3-4)

　三重の濠の幅, 断面についての記述は分かりやすい. ただ, 幅の狭い濠を外側に置くランガラージャンなどの復元に対して, 一番外側の濠を最大にする復元もある. どちらが防御性が高いかは判断が分かれるが, 城壁に近い壕を幅広く, 深く作るのが普通であろう (図 I-2-8).

　A④　土台：濠から4ダンダ離して, 濠を掘った土で城壁の土台を象や牛に踏み固めさせて作る. 6ダンダの高さで幅はその2倍とする. 上面は平らとし, 側面は場合によって壺のように膨らませ, 荊棘や有毒の蔓草を植える. 残りの土で窪地や王宮の地面を埋める. (2-3-5〜6) ランガラージャンは城壁土台を斜面とするがそういう記述はない.

　A⑤　胸壁プラーカーラ prākāra：土台の上に高さが幅の2倍の胸壁を煉瓦造もしくは石造で作る. 木造は燃えるから避ける. 高さは12〜24ハスタで偶数でも奇

数でもよい．車が通る道を持ち，棕櫚（ターラ）の根の形[69]をしている．(2-3-7〜9) 車道があるというが，胸壁の幅が最低の場合だと 6 ハスタ＝ 1.5 ダンダであり，少し無理があるように思われる．

A⑥　小塔アターラカ attāraka・望楼プラトリー pratolī：高さと同じ長さの下降用階段が付いた正方形の小塔を 30 ダンダの間隔で作り，二つの小塔の中間に，2 階建てで高さが幅の 1.5 倍の望楼を設ける．小塔と望楼の間には銃丸を並べた 3 人の射手が籠もれる露台インドラコーシャ indrakośa を置く．建造物の間に幅 2 ハスタ，長さが 4 倍の神道デーヴァパタ devapatha を作る．また，1 あるいは 2 ダンダ幅の昇降用の通路カルヤー caryā を作り，敵に攻撃されない走路プラダーヴァニカー pradhāvanikā と退出口ニスキラヴァーラ niṣkiradvāra を作る．(2-3-10〜14)

30 ダンダ毎に小塔・望楼，その間 15 ダンダ毎に露台を設けることは明解であるが，神道その他の通路については必ずしもはっきりしない．しかし，城壁土台から胸壁上部へ幾つかの階段通路が設けられていたことは当然である．カングレーは，小塔は胸壁の幅の正方形，望楼は長さが幅の 1.5 倍の長方形とし，望楼は一階をピロティとする二階建てと考える．ランガラージャンも胸壁幅一杯に小塔・望楼を想定している．しかし，小塔が胸壁幅一杯に建てられているとすると，車の道は連続しないことになるから，場合によったら，小塔・望楼は胸壁から張り出す形で設けられていたと考えた方がよい．しかし，以下の A⑧に望楼の幅の 6 倍が 5〜8 ダンダというから，その規模ははっきりしており，幅，長さは 1〜2 ダンダである（図 I-2-9）．時代ははるかに下るが，インドに残された城壁の形態（図 I-2-10）からその形態をある程度イメージすることは可能である．

A⑦　秘密の道：濠の外側に通じる，様々な仕掛けで覆われた秘密の道を作る．(2-3-15)

A⑧　城門：胸壁の両側に 1 ダンダ半の「羊頭」を作り，望楼の幅の 6 倍（の幅）の城門を設置する．5 ダンダ四方から 8 ダンダ四方までの大きさとする．長さを 16 ないし 8 分の 1 ずつ増していく．高さは 15 ハスタから 18 ハスタまで 1 ハスタずつ増す．柱の円周［幅］は全長の 16 とし，地中にその 2 倍（3 分の 1）埋める．また，柱頭は 4 分の 1 とする．城門の 1 階には，ホール（兵器庫），井戸，境界の部屋が 5 分の 1，二つの門番小屋が 10 分の 1 を占める他，二つの小門と部屋がある．中 2 階および 2 階が設けられ，左右に階段（一方は秘密階段）がある．一対の門扉は門の広

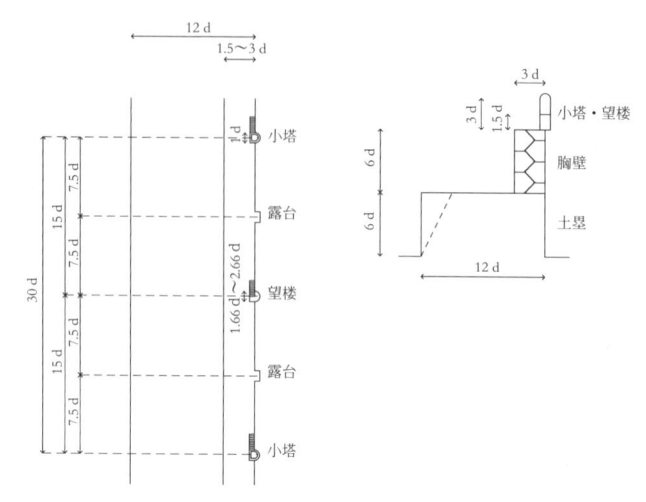

図 I-2-9 ●土塁・胸壁・小塔・望楼：（布野修司，中川雄輔作図）

図 I-2-10 ●グワリオール：Tadgel (1990)

さの5分の3を占める．小門の高さは5ハスタである．(2-3-16〜29) 許可無く城塞に入る場合罰金を科す．(4-10-7)

　城門の建築構造について詳述されるが，分かりにくい．「羊頭」というのは，両側に2本の角を持つ羊の頭のように門が建っているという解釈もあるし，二つの「羊頭」が胸壁の上に向かい合って置かれていたようにも解釈できる．上村勝彦はほとんどの記述を疑問としているが，胸壁の幅を3ダンダとし，内外に1.5ダンダの「羊頭」が張り出して建てられるとすると幅は6ダンダである．城門が5〜8ダ

ンダ四方というのとほぼ合っている．望楼の幅の6倍をカングレーは6本の梁と訳しており，梁間を5ハスタと解釈しているが，上のように素直に解して，正解である．

A⑨　橋：橋は入口と同じ幅で，木製の吊り上げ式である．水のない場合は土で作る．入口を設置した後，入手し得る材料を基にゴープラ(ム) gopura(m)（楼門）など門を建てる．(2-3-30～32)

A⑩　武器庫：武器を貯蔵する溝を作る．長さは幅より3分の1大きい．(2-3-33

第2巻第4章（第22項目――城塞都市の建設）

B①　街路：西から東に向う3本の王道，南から北へ向う3本の王道で市街地は区画され，計12の市門がある．井戸，水路，地下道を有する．(2-4-1～2)

B②　街路幅：王道以外の街路幅は4ダンダ，王道，村落の道路，墓地への道路などは8ダンダ，灌漑設備と森林の道路は4ダンダ，象の道，農道は2ダンダ，(田舎の)車道は5アラトニ aratnis[70]，家畜の道は4アラトニ，小家畜と人間の道は2アラトニである．(2-4-3～5)

B③　王宮：四姓がともに住む最良の住宅地にある．住宅地（市街）の中心から北方の9分の1（第九）区画に，東向きあるいは北向きに作られる．王宮の様式については，別の章(1-20-1～2)に記述されている．(2-4-6～7)

B④　諸施設と居住地の配置：王宮からの方向に応じて，次のように配置される．(2-4-8～16)

東：北微東：学匠・宮廷祭僧・顧問官の住宅，祭式の場所，貯水場．南微東：厨房，象舎，糧食庫．その彼方に，香・花環・飲料の商人，化粧品の職人，およびクシャトリヤ Kṣatriya が，東の方角に住む．

南：東微南：商品庫，記録会計所，および職人の居住区．西微南：林産物庫，武器庫．その彼方に，工場監督官，軍隊長官，穀物・調理食・酒・肉の商人，遊女，舞踏家，およびヴァイシャ Vaiśyas が，南の方角に住む．

西：南微西：ロバ・ラクダの小屋，作業場．北微西：乗物・戦車の車庫．その彼方に，羊毛・糸・竹・皮・甲冑・武器・盾の職人，およびシュードラ Śūdras が，西の方角に住む．

北：西微北：商品・医薬の貯蔵庫．東微北：宝庫，牛馬舎．その彼方に，都市・王の守護神，金属と宝石の職人，およびブラーフマン（梵天）が北の方角に住む．
　住宅がとぎれた空き地には職人組合（ギルド）と他国から来た商人が住む．

　B⑤　神殿（寺院）：都市の中央にアパラージタ Aparājita, アプラティハタ Apratihata, ジャヤンタ Jayanta, ヴァイジャヤンタ Vaijayanta などの神殿[71]がある．また，シヴァ Śiva, ヴァイシュラヴァナ Vaiśravana（クヴェーラ），アスヴィン Aśvins, シュリー（スリ）Śrī（ラクシュミー Lakṣmī），マディラー Madirā（カーリー Kālī）の神殿を建てる．(2-4-17)

　B⑥　門：それぞれの地域に応じて，住宅地の守護神を設置すべきである．ブラーフマンの門，インドラ（帝釈天）の門，ヤマ（閻魔）の門，セナーパティ Senāpati（スカンダ Skanda, 韋駄天）の門がある．(2-4-18〜19)

　B⑦　灌漑施設，聖域など：濠の外側 100 ダヌス dhanuses（ダンダ）離れたところに，聖域，聖場，森，灌漑施設を作り，それぞれの方角を守る方位神を置く．(2-4-20)

　B⑧　墓地：墓地（火葬場）の北あるいは東の区域は上位三ヴァルナのためのものであり，南側は最下層のシュードラのものである．違反した場合は罰金を科す．(2-4-21〜22)

　B⑨　異教徒・不可触民：異教徒とチャンダーラ Caṇḍālas（葬儀屋，不可触民の一つ）の住居は墓地の外れにある．仕事の分野に応じて，家住者の境界を定める．バーヒリカ bāhirikān（外来者）は都市に住まわせるべきではない．(2-4-23)

　B⑩　居住地・井戸：仕事の分野に応じて居住地の境界を定める．10 家族の囲い地に一つの井戸を設置する．(2-4-24〜26)

　B⑪　備蓄：あらゆるものを備蓄すべきである．(2-4-27〜28)

　B⑫　軍隊：象隊・騎兵・戦車・歩兵を複数の長のもとに配する．(2-4-29〜30)

　以上が，『アルタシャーストラ』の説く古代インドの城塞都市の構成である．B⑦〜⑨を基に都市周辺の状況をランガラージャンは図I-2-11のように描くが，記述自体極めておおまかである．

　上記の記述とともに参考となるのが，第1巻第20章「第17項目——王宮に関する規定」と第10巻第1章「第147項目　軍営の設置」である．ランガラージャンの

インド都城の理念

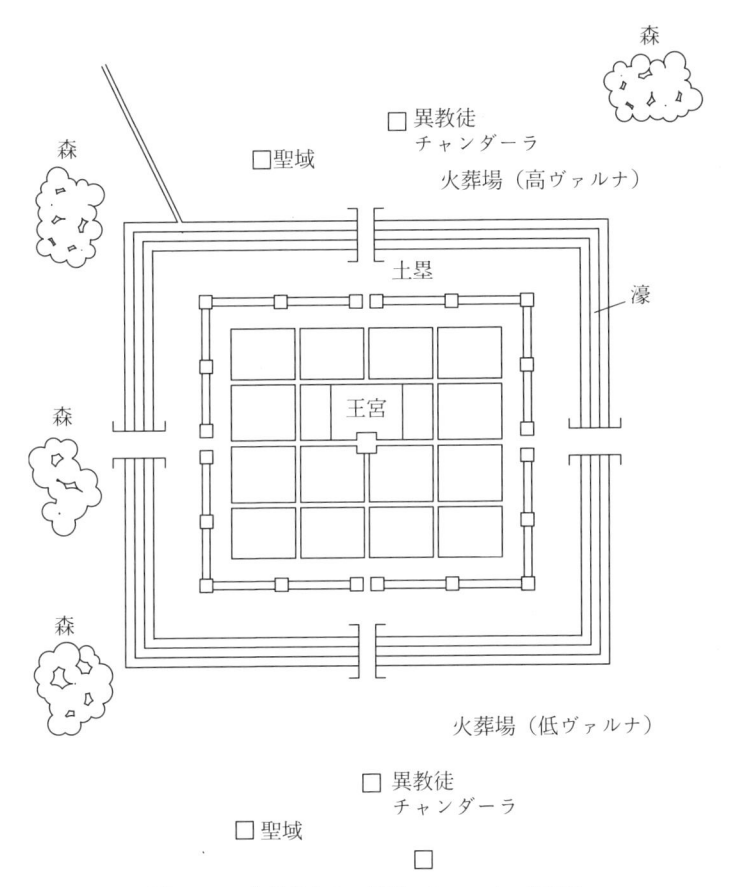

図I-2-11 ●都市とその周辺：Rangarajan (1992)

再編集では，それぞれ，「III　王　iv　王の安全」および「XI　防衛・戦闘　iv　軍営(ベース・キャンプ)」にまとめられて，それぞれ，図II-2-12, 13のように示している．王宮の地下は迷路のようになっており，秘密の抜け道があり，機械仕掛けで床が昇降するという．

軍営の場合は，東西南北の4門のみであり，よりシンプルなモデルと考えることができるだろう．

第 I 章
インド世界の都市

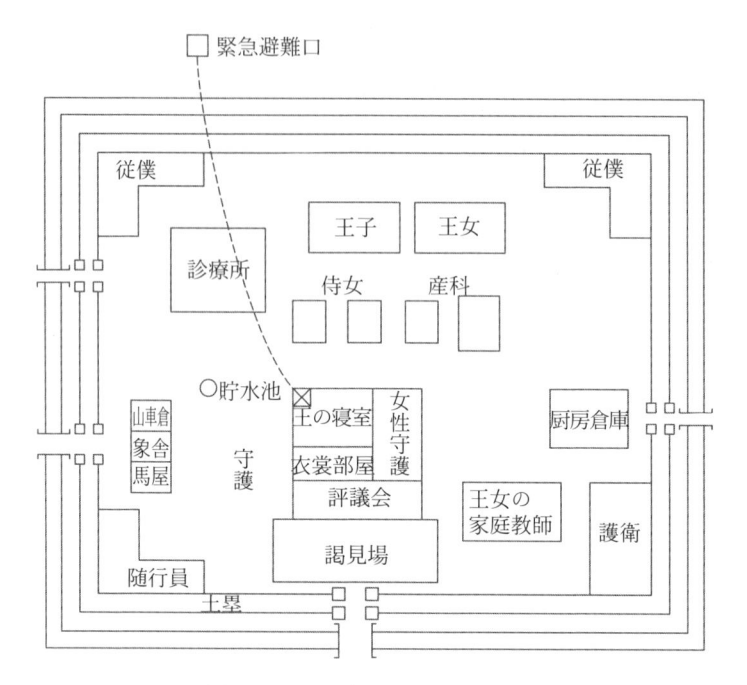

```
                 □ 緊急避難口
┌─────────────────┊──────────────────┐
│  ┌──────────────┊───────────────┐  │
│  │ ┌────────────┊─────────────┐ │  │
│  │ │ ┌──────┐   ┊     ┌──────┐│ │  │
│  │ │ │ 従僕 │         │ 従僕 ││ │  │
│  │ │ └──────┘         └──────┘│ │  │
│  │ │        ┌──┐  ┌──┐        │ │  │
│  │ │ ┌────┐ │王子││王女│       │ │  │
│  │ │ │診療所│└──┘ └──┘        │ │  │
│  │ │ │    │ ┌──┐ ┌──┐         │ │  │
│  │ │ └────┘ │侍女││産科│       │ │  │
│  │ │        └──┘ └──┘         │ │  │
│  │ │   ○貯水池  ⊠              │ │  │
│  │ │┌──┐┌──┐│王の寝室│女│     │ │  │
│  │ ││山車││      │性│         │ │  │
│  │ ││倉 ││守護 │衣裳部屋│守│   │ │  │
│  │ ││象舎││      │護│┌────┐ │ │  │
│  │ ││馬屋││   │評議会│ │厨房│ │ │  │
│  │ │└──┘└──┘          │倉庫│ │ │  │
│  │ │        ┌──────┐   └────┘│ │  │
│  │ │        │      │┌──┐     │ │  │
│  │ │ ┌────┐ │ 謁見場 ││王女の│  │ │  │
│  │ │ │随行員│ │      ││家庭教師│ │ │  │
│  │ │ └────┘ └──────┘└──┘┌──┐│ │  │
│  │ │          王塁         │護衛││ │  │
│  │ │                      └──┘│ │  │
│  │ └──────────────────────────┘ │  │
│  └──────────────────────────────┘  │
└────────────────────────────────────┘
```

図 I-2-12 ● 王宮：Rangarajan（1992）

第1巻第20章「第17項目——王宮に関する規定」（図 I-2-12）

C① 選地：建築学者に推奨された場所に，胸壁・濠・門を有し，多くの部屋を備えた王宮を建てる．（1-20-1）

C② 居間・迷宮：宝庫の建造法（「第2巻第5章 第23項目——守蔵官の収蔵事務」2-5-1〜7）に従って，秘密の壁に隠された迷宮の中央に居間を作る．付近のチャイティヤの木製神像の陰に出口を隠し，地下道をめぐらした上に宮殿を作る．秘密の壁に隠された階段か空洞の柱を通って退避する．機械仕掛けで床が昇降する．（1-20-1）

C③ 王宮の構成：居間の後方に，婦人部屋，産室・病室，樹木と水のある場所がある．その外部に王女と王子の住む一郭がある．前方に，化粧室，協議室，謁見室，王子係官の室がある．諸々の部屋の間の敷地に王宮守備兵が駐在する．（1-20-10〜13）

インド都城の理念

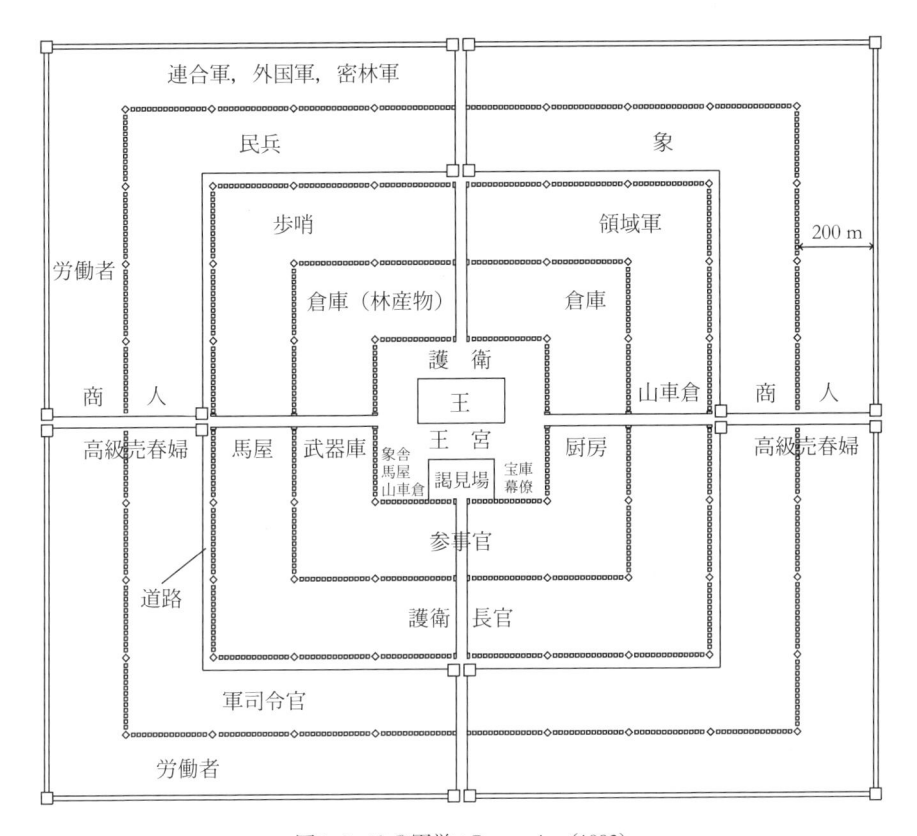

図 I-2-13 ●軍営：Rangarajan（1992）

第10巻第1章「第147項目——軍営の設置」（図 I-2-13）

D①　選地・形態・入口・濠等：建築学者に推奨された場所に軍営を設置する．円形か長方形か正方形か，あるいは地形に応じた形であり，四つの入口・6道・9区画を有し，濠・城壁・胸壁・城門・小塔を備える．（10-1-1）

D②　王の居住区：中心から北方の9分の1区画に王の居住区を設置する．長さ100ダヌスで幅は2分の1，西側半分が王宮である．前方に謁見場，右に宝庫・指令局・執務局，左に象・馬・戦車の置き場を設置する．（10-1-2～4）

D③　軍営の構成：その向うに互いに100ダヌス（ダンダ）の間隔を置いて，車両・茨濛・柱・胸壁よりなる四つの区画がある．第一の区画には，前方に顧問官

と宮廷祭僧，右側に糧食庫と厨房，左側に林産物庫と武器庫，第二の区画には，譜代の軍と傭兵，馬と戦車，将軍の居場所，第三の区画には，象，武士団，軍営長官，第四の区画には，労働者，司令官，友邦軍などが配される．商人や遊女は大通りに配される．軍営の外部には，猟師・犬飼，秘密警備員が配される．（10-1-5〜11）

D④　隠し井戸など：敵の進路には，隠し井戸，陥穽，有棘線を設ける．（10-1-5〜12）

　以上のような記載を基にして，どのような形態を復元できるかについては必ずしも定説はない．『アルタシャーストラ』を基に，古代インドの都城について述べた研究者は多数にのぼるが，その多くは単にその理念を解説するだけで，形態については具体的に語ることを避けてきた．そうした中で，まず形態復元の試案を提示したのが，W. カーク[72]であり，P. V. ベグデ[73]であった．

　カークの場合（図Ⅰ-2-14），正方形で城壁内を東西南北とも 3 本の王道で均等に分割し，4×4=16 の区画を示している．中央の 4 区画の北側 2 区画を王宮，南側 2 画を神殿（寺院）に当て，大まかに北をブラーフマン，東をクシャトリヤ，南をヴァイシャ，西をシュードラの居住区とするが，記載は，東北角に司祭，北微東に軍隊，クシャトリヤ，南微東に象舎，食庫，東微南，西微南にヴァイシャ，西微南に林産物庫，西南角に馬屋，南微西にシュードラ，北微西に職人と農夫，北西角井職人と病院，西微北に宝石，鉄製品の店，東微北に大臣とある．およそ，『アルタシャーストラ』の記述に従っているといってよいが，省かれている記述も少なくない．また，「その彼方に…住む」という記述が表現されていない．

　ベグデの復元案（図Ⅰ-2-15）は長方形で，城内は同じように 16 区画に分割されているが，各区画の面積は異なる．また，王宮を中央 4 区画の北東の一画として，神殿（寺院）はその北のブラーフマン居住区の一画に当てている．また，中央 4 区画西南の一画は庭園とする．中央 4 区画東南の一画は貴族の居住区，中央 4 区画の北西の一画は，織物工場，兵器工場とされる．東の 4 区画は北から，学僧・大臣・牛舎・馬屋，クシャトリヤ・香料穀物商人の居住区，宝物庫・財務局・小工房，象舎・倉庫に当てられている．ベグデの，他の周辺区画の割り当てについては省略するが，二つの復元案には相当の相違があり，『アルタシャーストラ』の記述を空間的に復元することは必ずしも容易ではないことが分かる．

2　インド都城の理念

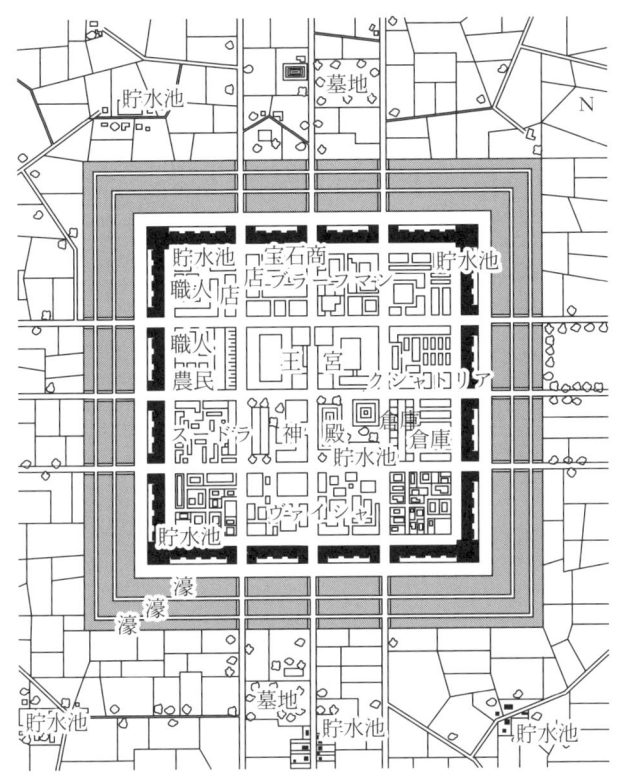

図 I-2-14 ● W. カークの復元案：W. Kirk: Town and country planning in ancient India according to Kautilya's Arthasastra, Scottish Geographical Magazine 94, 1978 （中川雄輔作図）

　『アルタシャーストラ』の記述をより忠実に復元しようとするランガラージャンは，カークと同様，正方形のモデルを採用するが，記載内容を漏らさず記入しようとして，16区画をさらに細分しているのが注目される（図 I-2-16）．また，四つの門を東西南北の中央に割り当てているのが特徴的である．(2-4-18〜19) ただ，理解できないのは，ベグデの復元案もそうであるが，都市の中央に神殿（寺院）(B⑤) を置いていないことである．いずれも中央北側のブラーフマン居住区に割り当てている．一つの問題は，「四姓がともに住む最良の住宅地にある．住宅地（市街）の中心から北方の9分の1（第9）区画に，東向きあるいは北向きに作られる．」(B④) という王宮の位置である．また，「彼方に住む」(B④) をうまく処理で

39

第 I 章
インド世界の都市

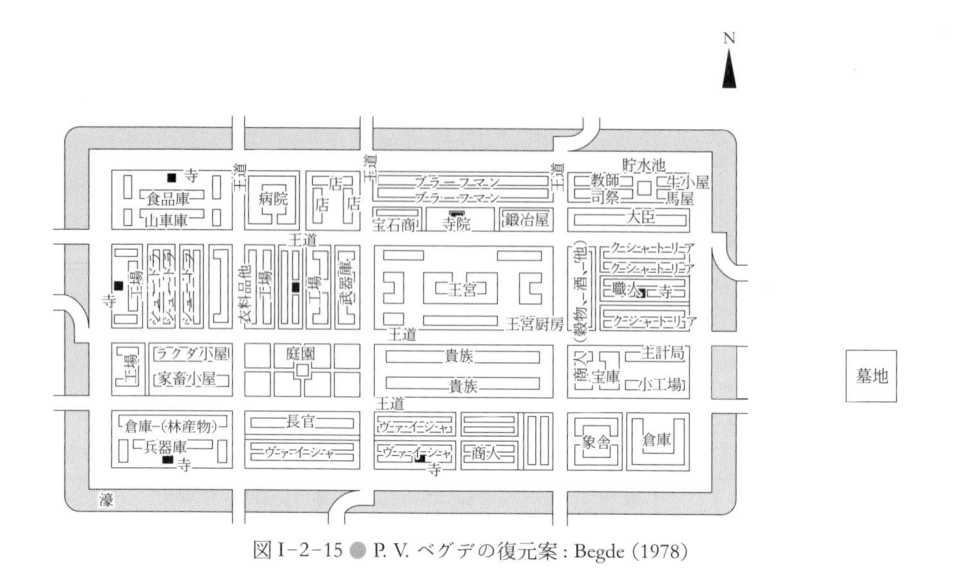

図 I-2-15 ● P. V. ベグデの復元案：Begde (1978)

きていないことである．

　以上のように，復元の試みが一定しない中で，極めて説得力を持った復元案を示すのが応地利明[74]である．応地は，「古代インドにおいて，都城は，ヒンドゥー的コスモロジーに基づく「地上に実現された宇宙（世界）の縮図」であった．したがって『アルタシャーストラ』の記載を基に，都城の形態と構成を復元していくにあたっても，この視点，すなわちコスモロジーとの対応という視点から出発しなければならない．」と言い，ヒンドゥー教の宇宙観を基に復元を試みる．具体的にベースマップとするのは，正方形を 8×8＝64 のブロックに分割したうえで，45 の神々の領域を定めたマンドゥーカ Mandūka（チャンディタ Chandita）・マンダラである．

　応地の復元の要点は以下のようである（図 I-2-17）．

　①濠：マンドゥーカ（チャンディタ）・マンダラをベースとすることにおいて，全体の外形はカークの復元案とほぼ同じとなる．ただ，三重の環濠の配列順序（A③）について，カークおよびランガラージャンと異なり，外から内に向かって濠の幅は小から大とする．防御のために最も効果的だからである，というのが理由

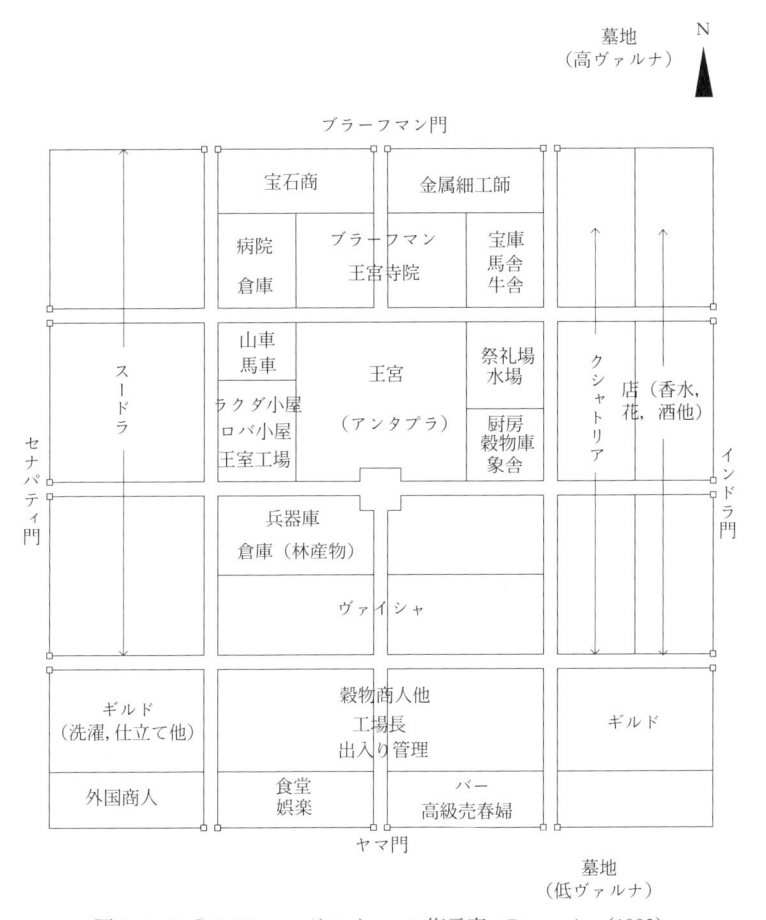

図 I-2-16 ● L. N. ランガラジャンの復元案：Rangarajan (1992)

である.

　②王道・門：王道，門の数をマンドゥーカ（チャンディタ）・マンダラに当てはめるのも容易で，カークの復元と同じく，全体は大きく16区画に分かれる.

　③中央・神殿（寺院）：中央の王道の交点を取り巻く四つのブロックは，マンドゥーカ（チャンディタ）・マンダラでは，宇宙創造神ブラーフマンの領域にあたる最も聖なる中心空間である．この聖なる中心空間に，「都市の中央」に位置する神殿（寺院）群を想定し得る．神殿群は四つの主要神殿からなっている（B⑤）．四

第Ⅰ章
インド世界の都市

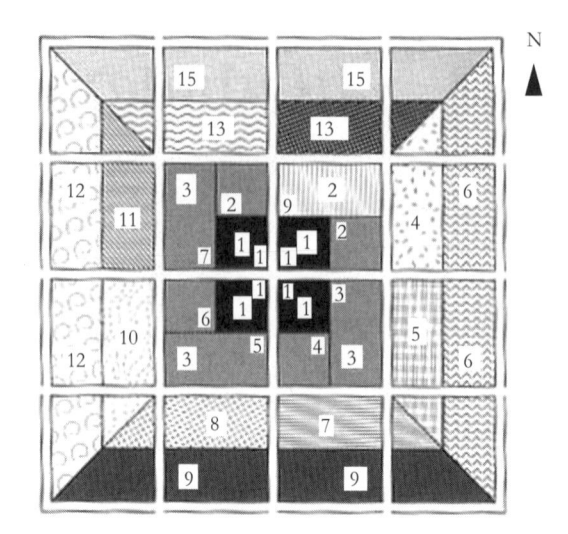

```
核　心　1神殿（寺院）群
内囲帯　2王宮　　　2・3最良の住宅地
中囲帯　4北微東　5南微東　7東微南　8西微南
　　　　10南微西　11北微西　13西微北　14東微北
外囲帯　6北微東と南微東の彼方　9東微南と西微南の彼方
　　　　12南微西と北微西の彼方　15西微北と東微北の彼方
```

図Ⅰ-2-17 ●応地利明の復元概念図：「アジアの都城とコスモロジー」、『アジア都市建築史』、布野修司編、昭和堂、2003年．応地利明、「南アジアの都城思想─理念と形態」、板垣雄三・後藤明編、『イスラームの都市性』、日本学術振興会、1993年

つの小ブロックから構成されている中心にそれぞれ神殿が建設されるとすると計4神殿となる．

　④北方の第九区画：神殿（寺院）群を第一区画として，そこから9番目のブロックということである．ヒンドゥー教では神殿（寺院）の本堂も表門も，ともに最も聖なる方位である東にむけて建設する．したがって，第二区画は，東面する表門を出たところに位置する区画となる．またヒンドゥー教では，神殿（寺院）内外の礼拝順路にしろ聖地の巡礼路にしろ，回路を時計回りにとる[75]から，この東面と右繞の二つを前提として，「中心から北方の第九区画」を確定することが可能となる．神殿（寺院）の表門外の第二区画から時計回りに区画を数えていくと，第九区

画は，神殿（寺院）群北東方の区画に該当する．そこは，「住宅地の中心から北方」にあるだけでなく，同ブロックの東と北は王道で画され，「東向きあるいは北向きに」王宮は作られるという記載（B③）を満足する．

⑤最良の住宅地：王宮の位置が確定できると，「最良の住宅地」（B③）は，王宮を含む神殿（寺院）群の外側の区画に該当するとできる．

⑥居住区：王宮からみた各方向に所在する諸施設と各ヴァルナ（四姓）の居住区についての記載（B④）は，統一された順序でなされている．王宮の東方を例にとると，「北微東」つまり北東方には学匠の住宅などが，「南微東」つまり南東方には厨房などが，そして「その彼方」つまり「北微東」と「南微東」とをあわせた部分の彼方には香の商人やクシャトリヤの居住区が各々所在するという順序で記載されている．王宮からの他の諸方向，すなわち南方，西方，北方についても，おなじ叙述方法で述べられている．それに従うと，諸施設と居住地の配置は容易に確定できる．

こうしてマンドゥーカ・マンダラをベースマップとして，テキストに即して『アルタシャーストラ』が述べる古代インド都城の形態復元が可能となる．その復元結果を全体としてみると，さらに興味ある体系的な構造が浮かび上がってくる．まず中央の核心に神殿（寺院）群があり，都城の要となる．それを取り巻く内囲帯には王宮および最良の住宅地（市街）が所在する．さらにそれらを取囲む中囲帯には，主として長官の管轄下にある諸公的施設や官庫などの官衙群が集中する．そして最も外縁の外囲帯には，性格を異にする二つの機能が集積している．一つは，各種の職人や商人の居住地，言い換えればバーザール bazaar である．他の一つは，各四姓の棲み分け的な住宅地である．古代インドの都城は神殿（寺院）を核として，それを取り巻く内→中→外の各囲帯が各々明瞭な機能分化を示しつつ配列する，という実に整然とした構造を示しているのである．

3
ヒンドゥー都市の空間構造

　インドには，古来，二つの知ヴィドヤ Vidya の体系，形而上学パラ・ヴィドヤ Para Vidya と自然学アパラ・ヴィドヤ Apara Vidya がある．後者の中に，絵画・彫刻から建築・都市計画までに及ぶ「シルパ（造形芸術）」を主題とする古代サンスクリット語の諸文献があり，それらは，シルパ・シャーストラと総称されている．インドにおける都市計画・設計の原理を探るためには，第一に，この一群の書物が参照されるべきである．シルパ・シャーストラの中で，建築や都市計画を扱う代表的な文献として挙げられる『マーナサーラ』および『マヤマタ Mayamata』を中心として，『アルタシャーストラ』の記載と比較しながらヒンドゥー都市の空間構造について検討しよう．

3-1 ヴァーストゥ・シャーストラ

　シルパ・シャーストラは工学の各分野を網羅するが，建築，都市計画に関わるものは，ヴァーストゥ vāstu・シャーストラと呼ばれる．「ヴァーストゥ」とは「居住」，「住宅」，「建築」を意味する．このヴァーストゥ・シャーストラには実に様々なものがある．誤解を恐れずに言えば，日本で言うと，『匠明』[76]に代表される，古来，棟梁が建築のノウハウを伝えてきたマニュアル，「木割書」のようなものである．インドでもスタパティ stapathi と呼ばれる棟梁やスートラグラヒ sūtragrahi と呼ばれる測量士が活躍してきたが，その知識，技能，技術をまとめたものである．紀元後5世紀から6世紀には集大成されたとされるが，成立年代は確定しているわけではない．

R. ラーズ[77]は,『マーナサーラ』『マヤマタ』の他に『カーシャパ Cāsyapa』,『ヴァイガーナサ Vayghānasa』,『サカラディカーラ Sacalādhicāra』,『ヴィスワカルミヤ Viswacarmiya』,『サナトクマーラ Sanatcumāra』,『サーラスワトヤム Sāraswatyam』,『パーンチャラトラム Pāncharatram』を挙げている.『マーナサーラ』を英訳した P. K. アチャルヤ Acharga[78]によれば類書は約 300 にも及ぶ. 他に注釈書があるものとして,『サマランガナスートラダーラ Samaranganasutradhara[79]』,『アパラジタプルチャ Aparajitaprccha[80]』がある.

べグデ[81]は,そのリストを幾つかに分類して掲げているが,まず,ヴィスマカルマ Vismakarma に属するもの(ナガラ建築スクール)21, マヤ Maya に属するもの(ドラヴィダ建築スクール)12 が挙げられている. ヴィスマカルマ,マヤは,トヴァスター Tvaster, マヌ Manu とともに創造主ブラーフマンの 4 面に対応させられ,4 人の天上の建築家とされる. 建築家の祖あるいは建築神である. ナガラは都市を意味し,ドラヴィダは民族名で,『マーナサーラ』などは建築様式の類型として言及する. すなわち,ナガラ式は北インドの,ドラヴィダ式は南インドの様式を指す[82]. 北インドと南インドの二つのスクール毎にヴァーストゥ・シャーストラは異なるのである. ヴィスマカルマに属すとされる前者には,ヴィスマカルマ・シルパ Vismakarma-Shilpa, ヴィスマカルマ・プラクサ Vismakarma-Prakasa, ヴィスマカルマ・ヴァーストゥ・シャーストラなどその名を冠した書がある.『マーナサーラ』は後者のスクールの第一,『マヤマタ』は第二に挙げられている. 導師(アチャルヤ acharya, 阿闍梨), 棟梁として挙げられるのは,ナガラ・北スクールが 7, ドラヴィダ・南スクールが 15 である. また,ナガラ・北スクールに属する『ヴァーストゥ・ヴィドヤ Vāstu Vidya』の中に 19 の名前が挙げられているという. さらに『マーナサーラ』は 32 の名を挙げる. 要するに,多くのヴァーストゥ・シャーストラがあり,導師・棟梁がいて,大きくは二つの系統があることが知られる.

数多くのヴァーストゥ・シャーストラの中で最もまとまっているのが『マーナサーラ』である.「マナ mana」は「寸法 Measurement」また「サラ sara」は「基準 essence」を意味し,「マーナサーラ」とは「寸法の基準 Essence of Measurement」を意味するという. また,建築家の名前だという説もある. 成立年代は諸説あるが,アチャルヤ は 6 世紀から 7 世紀にかけて南インドで書かれたものだとする.

『マーナサーラ』に続いて内容が知られるのが『マヤマタ』である.『マヤマタ』は,『マハーバーラタ』にも素晴らしい宮殿の建設者として登場するマヤが書いたとされるが, 内容的には『マーナサーラ』と構成はよく似ている. ただ, 以下に検討するように, 村落や都市の類型に関しては,『マヤマタ』の方がはるかにシステマティックである.『カーシャパ』は, カーシャパが書いたとされるが, より簡潔で, 神殿建築, 神像に詳しい. 全体は劇的に書かれ, 構成を少し異にする.『ヴァイガーナサ』も同名のヴィシュヌ Viṣṇu 派の司祭によって書かれたもので, 建築よりも宗教儀礼の記述が成されている. カーシャパをしばしば引用している『サカラディカーラ』は, かなり大部のものでアガスチャ Agastya によって書かれたという. かなりの部分が神像の彫刻に関している. 以上は, ラーズの評価であるが,『マーナサーラ』の記述に基づいて, 幾つかの村落モデルを最初に復元したのはラーズ[83]である. E. B. ハヴェル[84]も専らラーズの復元図を用いている. ただ, 記述も復元図も極めて簡略的である. 一般に用いられるベグデの復元図も, それを踏襲していて簡略的にすぎる. 建築的図面としては, インドの都市を総覧する J. ピーパー[85]がむしろ参考になる. 以下, アチャルヤの訳と図を検討しながら, いささか煩瑣になるが, 本書の内容に関わる範囲について,『マーナサーラ』の内容を確認しておきたい. アチャルヤの図にも不明の点が多々ある.

3-2 マーナサーラ

『マーナサーラ』は, 第Ⅰ章から第 LXX 章まで 70 章からなる. まずⅠ章(目次)で創造神ブラーフマンに対する祈りが捧げられ, 全体の内容が簡単に触れられる. 建築家の資格と寸法体系 (Ⅱ章), 建築の分類 (Ⅲ章), 敷地の選定 (Ⅳ章), 土壌検査 (Ⅴ章), 方位棒の建立 (Ⅵ章), 敷地計画 (Ⅶ章), 供犠供物 (Ⅷ章) と続く. Ⅸ章は村, Ⅹ章は都市と城塞, Ⅺ章から XVII 章は建築各部, XVIII 章から XXX 章までは 1 階建てから 12 階建ての建築が順次扱われる. XXXI 章は宮廷, 以下建築類型別の記述が XLII 章まで続く. XLII 章は車についてで, さらに, 家具, 神像の寸法にまで記述は及んでいる. 極めて総合的, 体系的である[86].

(1) 寸法体系

　第II章「建築家の資格および寸法体系」1-34 は，建築家の資格，階層（建築家，設計製図師，画家，大工指物師）を述べた上で，寸法の体系を明らかにする．8進法が用いられ，知覚可能な最小の単位はパラマーヌ paramānu（原子），その8倍がラタ・ドゥーリ ratha-dhūli（車塵，分子），その8倍がヴァーラーグラ vālāgra（髪の毛），さらにリクシャー likshā（シラミの卵），ユーカ yūka（シラミ），ヤヴァ yava（大麦の粒）となって指の幅アングラとなる．アングラには，大中小，8ヤヴァ，7ヤヴァ，6ヤヴァの3種がある．

　単位については，『アルタシャーストラ』(第2巻第20章) と少し異なって，ヴァーラーグラの段階が1段階多い[87]．また，アングラに3種あるとするのは『アルタシャーストラ』と異なっている．『アルタシャーストラ』では，1アングラ＝8ヤヴァ（マディヤ）yava (madhya) で，アーリヤヴァマディヤは，マド・ヤマヤヴァ madh yamayava「平均の大麦の粒」という意味で，『アルタシャーストラ』の時代においても指幅の大きさの違いは区別されていたことも考えられる．

　建築には，一般にアングラが最小単位として用いられるが，『マーナサーラ』は，その12倍をヴィタスティ vitasti（掌を拡げた親指と小指の間）とする．さらにその2倍をキシュク kishku，それに1アングラを足したものをパラージャパチャ parājāpatya として基本単位として用いる．一般にはハスタと呼ばれる．世界的には肘尺・腕尺（キュービット）である．しかし，24アングラもしくは25アングラが肘尺とされ複雑である．さらに，26, 27アングラをハスタとするのものもあってかなりの幅がある．26アングラをダヌルムシュティ dhanur-mushti，27アングラをダヌルグラハ dhanurgraha という．『マーナサーラ』では，アチャルヤの翻訳を読む限りにおいては，『アルタシャーストラ』で言及される肘尺ハスタ（アラトニ）は用いられず，24, 25, 26, 27アングラ，それぞれの単位についてキシュクなど四つの名が区別されているだけである．すなわち，以下のようである．

　1 hasta：1kishuku=24angura=2vistasti

　1 parājāpatya=26angura

　1 dhanur-mushti=27angura

　1 dhanurgraha=28angura

　『アルタシャーストラ』(第2巻第20章 (第38項　空間と時間の尺度)) では，2ヴィ

タスティ（=24 アングラ）を1ハスタ（あるいはアラトニ）とする．また，2ヴィタスティに1ダヌルグラハ＝4アングラを足したものも1ハスタ（28アングラ）とする．すなわち，ハスタには2種類ある．

『アルタシャーストラ』は，4アングラ＝1ダヌルグラハ，8アングラ＝1ダヌルムシュティとし，同じ名称が『マーナサーラ』とは異なる単位として使われている．また，別に，14アングラ＝1シャマ（シャラ，パダ）として，シャマなど別の単位を掲げている．さらに，2ヴィタスティに1ダヌルムシュティを加えた長さ，すなわち，32アングラを1キシュク kishuku（カムサ kamsa）ともする[88]．108アングラ（27アングラ×4）を1ダンダ（ダヌス）とするから，27アングラも単位とされていたことが分かる．さらに，両手を拡げた長さ「尋（ひろ）」は，1ヴィヤーマ viyama ＝84アングラとする．すなわち，『アルタシャーストラ』がより複雑である．また，様々な場合に応じて異なった単位，名称が用いられている．例えば，1キシュク＝42アングラとするものもあって，これは大工，木挽が用い，軍営・城塞・王の所有物のための尺度だという．また，54アングラは，森林で用いる1アスタだという．『マーナサーラ』は，複雑な尺度の体系を肘尺スケールで四つに整理したとみることができるだろう．

『マーナサーラ』では，キシュク（24アングラ）は広く一般的に用いられるが，主として車，パラージャパチャ（25アングラ）は住居，ダヌルムシュティ（26アングラ）は寺院などの建造物，ダヌルグラハ（27アングラ）は村落などに用いられる，という．

都市計画で用いられるのはダンダ[89]である．『マーナサーラ』は，1ダヌルムシュティ（26アングラ）の4倍を1ダンダ，さらに1ダンダの8倍をラジュとする．

10進法が併用される『アルタシャーストラ』では，4ハスタ（アラトニ＝24アングラ）を1d（ダヌス）とするが，上述のように，108アングラを道路と城壁を計る尺度とするから，27アングラも単位としていたことが分かる．また，6カンサ（キシュク）＝192ダンダをバラモンの土地を測るという記述もある．ラジュについては，10進法が用いられ，10ダンダを1ラジュとする[90]．

(2) 敷地割り——空間分割と神々の配置

建物の配置計画についてはIX章「村落」，X章「都市城塞」，XXXII章「寺院伽

藍」，XXXVI章「住宅」，XL章「王宮」に記述されるが，マンダラの配置を用いるのが共通である．そのマンダラのパターンを記述するのがVII章「敷地計画（基本平面）」1-271である．

VII章では，正方形を順次分割していくパターンが32種類挙げられ，それぞれ名前が付けられている（円，正三角形の分割も同様である）．すなわちサカラ Sakala（1×1=1），ペチャカ Pechaka（あるいはパイーサチャ）（2×2=4分割），ピータ Pītha（3×3=9分割），マハーピータ Mahāpītha（4×4=16分割），ウパピータ Upapītha（5×5=25分割），ウグラピータ Ugrapītha（6×6=36分割），スタンディラ Sthandila（7×7=49分割）…チャンラカンタ Chanrakanta（32×32=1024分割）の32種類である（VII-2～50）．

そしてこの分割パターンに，それぞれ神々が割り当てられていく．サカラは1区画であるが，東西南北の4方向，すなわち，東辺にアーディトヤ Āditya（太陽神），南辺にヤマ（閻魔，死神），西辺にヴァルナ（ジャレサ Jaleśa，水神），北辺にチャンドラ Chandra[91]（クシャパーハラ Kshapāara，月神）が割り当てられる．このサカラ・プランは，礼拝，供犠のための建物などに推奨される（VII-51～56）．

ペチャカは4区画（2×2）からなるが，8方向からなり，以上の神々に加えて，北東にイーサ Īśa（シヴァ），南東にアグニ（火神），南西にパヴァナ Pavana（風神），北東にガガナ Gagana（空神）が配される．このペチャカ・プランは一般の礼拝場，公衆浴場に推奨される（VII-57～59）．

9区画（3×3）からなるピータは，東西南北にアーディトヤ，ヤマ，ヴァルナ，ソーマ（酒神），各角，東南角からイーサ，南東アグニ，南西パヴァナ，北東ガガナが配され，中央にプリティヴィー Prithivi（地母神）が配される（VII-60）．

16区画からなるマハーピータは，中央にブラーフマンが配された後，その周囲を北東からアーパヴァトサ Āpavatsa，アーリヤ（カ）Ārya(ka)，サーヴィトラ Sāvitra（衝動神，太陽神），ヴィヴァスヴァト Vivasvat，インドラ（雷神），ミトラ（カ）Mitra(ka)（友愛神，太陽神），ルドラ Rudra（暴風神），ブーダラ Bhūdhara の8神が取囲み，さらにその周囲を北東からイーサ，ジャヤンタ，アーディトヤ，ブリシャ Bhuriṣa，クリシャーヌ Kriśānu（アグニ），ヴィタタ Vithata，ヤマ，ブリンガラージャ Bhṛingarāja，ピトリ Pitṛi，スグリーヴァ Sugrīva，ヴァルナ，ショーシャ Śosha，マールタ Māruta，ムクヤ Mukhuya，ソーマ，アディティ Aditi の16神が取囲む（VII-61～

68）．

　こうして，神々が次々に勧請されて，それぞれに場所が与えられる．すなわち，空間分割のパターンは，神々の布置を示すマンダラと考えられる．神々の布置としての宇宙を地面に投影し，さらに小宇宙の人体が重ね合わせられるが，原人プルシャを当てはめたものを「ヴァーストゥ・プルシャ・マンダラ」という．

　最も詳しく記述され，一般的に用いられるのはパラマシャーイカ Paramāśāyika（9×9=81 分割）もしくはチャンディタあるいはマンドゥーカ[92]（8×8=64 分割）である．マハーピータ，ウパピータ，ウグラピータ，スタンディラでは25神，チャンディタ（マンドゥーカ）とパラマシャーイカでは45神が配される．

　チャンディタ（マンドゥーカ）およびパラマシャーイカにおける神々の布置は，『マーナサーラ』によると図 I-3-1，2のようになる．中央東西南北のアーリヤ，ヴィヴァスヴァト，ミトラ，ブーダラ，さらに南東のサーヴィトラ，サヴィンドラ Savindra などは太陽の運航に関わる神とされる．東北角から主要8方向に置かれる，イーサ，アーディティヤ，アグニ，ヤマ，ピトリ，ヴァルナ，ヴァーユは8大守護神である．『マーナサーラ』が勧請する神々は，いわゆるヴェーダの神々，アーリヤ人たちの神々の賛歌集『リグ・ヴェーダ』，『ヤジュル・ヴェーダ』，『サーマ・ヴェーダ』，『アタルヴァ・ヴェーダ』に挙げられる神々である[93]．

　具体的な配置をめぐっては，1区画を2神で占める場合もあって異説もある[94]．『マーナサーラ』は，チャンディタ（VII-76～110）およびパラマシャーイカ（VII-111～154）にそれぞれ神々を割り当てた後，神々の図像，神像の特徴を順に記している．

　『マーナサーラ』の記述する神々のパンテオンは以上の通りであるが，紀元6世紀頃編纂された『ブリハット・サンヒターBṛhat-saṃhitā』以降，ほとんどのヴァーストゥ・シャーストラに，またプラーナやアーガマ āgama[95] 文献などにも記されている「ヴァーストゥ・プルシャ・マンダラ」というマンダラがある．'プルシャ'とはサンスクリット語で，普通名詞としては'男'とか'人間'といった意味で使われる言葉である．この「ヴァーストゥ・プルシャ・マンダラ」は，正方形をグリッドの区画に分割し，その上に神々の配置が描かれた図であり，実際に中世南インドにおいて，寺院本殿内部のレイアウト，寺院境内のレイアウト，さらには村落や都市のレイアウトについても「ヴァーストゥ・プルシャ・マンダ

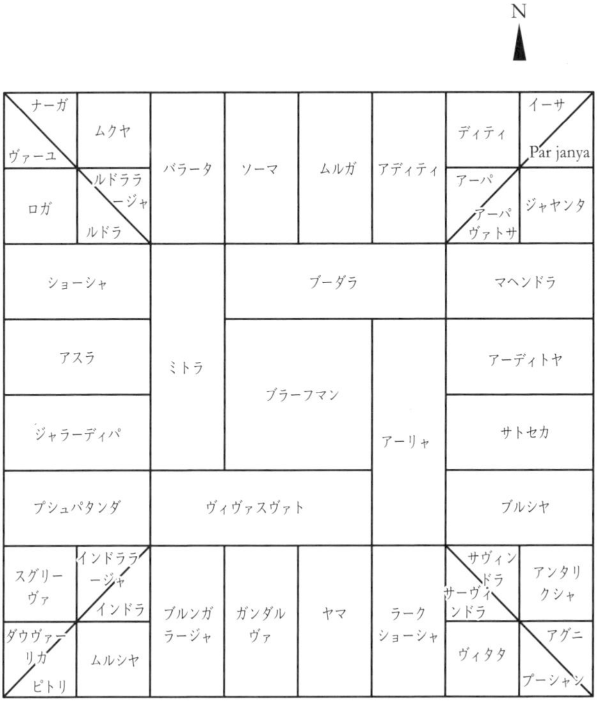

図 I-3-1 ●神々のパンテオン　チャンディタ（マンドゥーカ）

ラ」を用いて設計, 建設されたと考えられている.「ヴァーストゥ・プルシャ・マンダラ」はヒンドゥー教の建築・都市理念を考える上で, 最も重要なものと考えられてきた.

『ブリハット・サンヒター』には以下のように記されている.

「かつて天と地を身体で覆った魔物がいたという. それは神々の群によってたちまち捕らえられ, うつぶせに組み敷かれた. ある神が（魔物の身体の）ある部分を捕らえると, その神はその部分に降臨した. それ（魔物）を創造主は神的なヴァーストゥ・ナラ（ヴァーストゥ・プルシャ）とした.」

これから分かることは, まずヴァーストゥ・プルシャはもともと世界をその身体で覆いつくす魔物であったということである. そして「ヴァーストゥ・プル

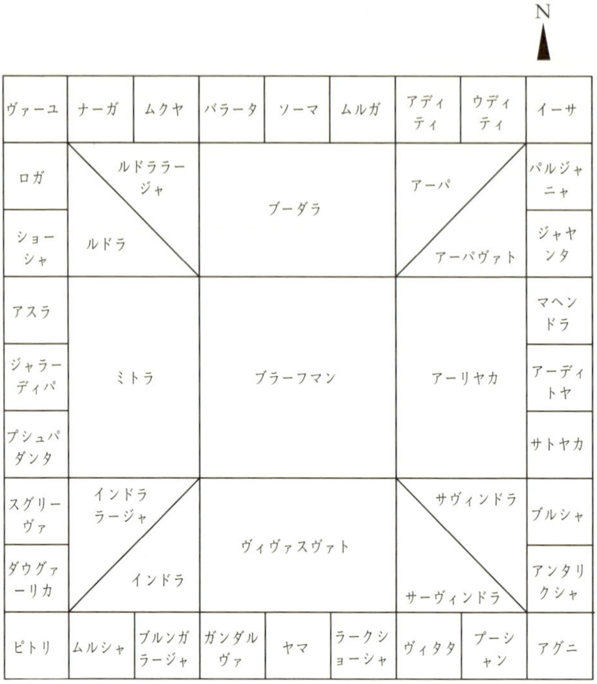

第 I 章
インド世界の都市

図 I-3-2 ●神々のパンテオン　パラマシャーイカ

シャ・マンダラ」に配置されている神々は，この魔物を捕らえて大地にうつぶせに押しつけ，その身体の上に乗って動けぬようにした神々であるということになる．創造主が魔物を「神的なヴァーストゥ・プルシャ」にしたというのは，この魔物に神的属性を与えたということである．実際の儀礼の中でも，ヴァーストゥ・プルシャは一種の精霊，土地の守護神として扱われている．

　一方，「ヴァーストゥ・プルシャ・マンダラ」は，カオスからコスモスへの転化の過程と，生成したコスモスの姿を同時に視覚化したものであると考えられてきた．マンダラは大宇宙の模式図であると考えられるが，「ヴァーストゥ・プルシャ・マンダラ」も同様である．さらに，「ヴァーストゥ・プルシャ」が人間の形をしていること，また，「ヴァーストゥ・プルシャ」の身体は施主の身体に対応する，という意味の記述が『ブリハット・サンヒター』に見られることから，「ヴァーストゥ・プルシャ・マンダラ」はミクロコスモスとしての人体の表象で

あるとも解釈されてきた．つまり，「ヴァーストゥ・プルシャ・マンダラ」は，神々の布置としてのマクロコスモスと人体としてのミクロコスモスを同時に表象している図であると言える．このことは，インド古代からの「梵我一如」の思想，つまり「大宇宙と小宇宙の相同性」という思想に結びつけて考えられてきたところである．

「ヴァーストゥ・プルシャ・マンダラ」が寺院本殿内部のレイアウト，寺院境内のレイアウト，さらには村落や都市のレイアウトにも用いられるということは，その土地をカオス（無秩序）からコスモス（秩序）に転化し，建築物，村落，都市の安寧を願う，という意味が込められていると考えられる．さらに「ヴァーストゥ・プルシャ・マンダラ」が大宇宙の縮図であるとすれば，建築物，村落，都市，それぞれの空間も大宇宙の縮図であるということになる．言い換えれば，儀礼空間，寺院空間，都市空間に至るすべての空間が，マンダラという表象を介して一種の入れ子構造的な相同関係を保ちながら，それぞれ宇宙的秩序を表現しているということになるのである．

(3) 村落類型

以上の分割パターンを基に，村落，都市，城塞，寺院，住宅が計画，設計されるが，村落計画について詳述されるのが第IX章「村落」1-538である．まず，IX章の冒頭（IX-2-4）で，村落形態の八つの類型が挙げられている．ダンダカ Dandaka，サルヴァトバドラ Sarvatobhadra，ナンディヤーヴァルタ Nandyāvarta，パドマ（カ）Padmaka，スワ（ヴァ）スティカ Svastika，プラスタラ，カールムカ Kārmuka，チャトゥールムカ Chaturmukha の8種である[96]．最初に測量を行ない，続いて基本計画が選択される．供犠が行なわれた後，村落計画が実施され，最後に住居が設計される（IX-5-8）というのが手順である．

寸法についてはダヌルグラハ（27アングラ）を単位とすると書かれる（IX-8-9）．これは『アルタシャーストラ』の記述と一致している．そして，各類型の規模がダンダによって記載される．最小規模のダンダカは25dから101dまでの幅で，長さは幅の2倍である．幅の増減は2dを単位とし，39種類となる．中規模のダンダカは，幅31〜107d，大規模なものは37〜125dと細かく規定されている（IX-10-24）．仮に1dを約2メートルとすると，最大は250メートル×500メートル程度の規模

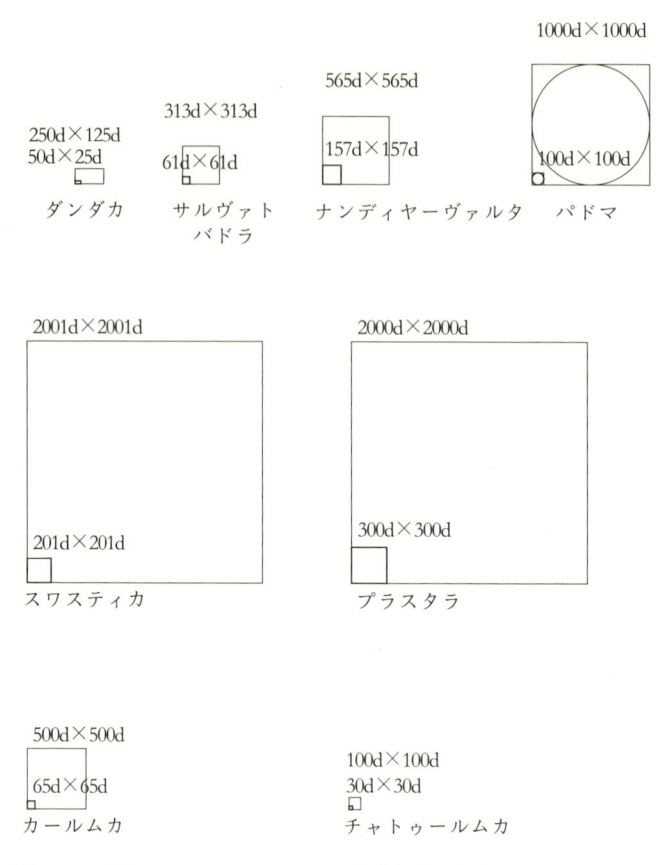

図 I-3-3 ●『マーナサーラ』における村落類型と規模　（布野修司作製）

である.『マーナサーラ』の都市村落パターンはその形態, 街区分割パターンのみが議論されるが, 規模が最初に示されていることは留意されてよい (図 I-3-3).

　以下, 各類型の最大規模のものを順に見ると, サルヴァトバドラが 313d × 313d, ナンディヤーヴァルタが 565d × 1130d, パドマ（カ）が 1000d × 1000d, スワスティカが 2001d × 2001d, プラスタラが 2000d × 2000d, カールムカが 500d × 1000d, チャトゥールムカが 100d × 200d である. (IX-8 〜 57) 規模から言えば, スワスティカ, プラスタラが最大で, その規模は 4 キロメートル四方程度ということである. パドマ（カ）, ナンディヤーヴァルタが中規模, その他が小規模となる.

アンコールのヤショーダラプラが約4キロメートル四方，アンコール・トムは約3キロメートル四方である．まるで『アルタシャーストラ』の理念型をそのまま実現したかのようなマンダレーは，2キロメートル四方である．本書で焦点を当てるジャイプル，マドゥライ，チャクラヌガラも1.5キロメートル〜2.5キロメートル四方に収まる．すなわち，村落といっても，都城の城郭程度の規模は含んでいるのである．

村の中で主要な中心となる住居の規模は，10dから100dの大きさで，やはり，2dずつ増減させるという(IX-58-62)．囲いを含み周りに間地があるとあるから土地の面積についての規定である．土地と宅地の規模がまず問題とされるのは，都市計画の前提である．

続いて，アヤAya（およびヴャヤVyaya，リクシャー，ヨニYoni，ヴァーラVāra，ティティTithi（アムシャAmśa））の公式と呼ばれる計算則が説明されている(IX-63-93)．長さ，幅，周囲（円周）の九つのタイプから一つを選ぶ方式がアヤに始まる九つの公式だという[97]．

この計算則とほぼ同じと思われる事例を今日のバリ島で見ることができる．ウンダギundagiと呼ばれる古老大工，棟梁へのヒヤリングによってそれを明らかにした[98]のであるが，屋敷地の中で各建物の位置関係を決めるために足長タンパックtampakおよび足幅ウリップurip（あるいはタンパック・ンガンダンtampak ngandang）を単位として8進法が用いられているのである．数は，スリ(1)，インドラ(2)，グル(3)，ヤマ(4)，ルドラ(5)，ブラーフマン(6)，カーラKala(7)，ウマUma(8)で一巡する．隣棟間隔はタンパックを基にして，場合によって微調整としてウリップが加えられるが，$(8 \times n + m) \times t$（n, m：整数，$n \geqq 0$ $8 \geqq m \geqq 0$，t = tampak ± 25〜28センチメートル）によって決められるのである（図I-3-4）．

この計算則の説明の後，順次各類型について記述されるが，選択肢の多い書き方のせいもあって，必ずしも明解に特定できるわけではない．ラーズ，ベグデ，アチャルヤなどによって図化されているが，相互に異なる点も少なくない．幾つかそれぞれの形態の主要な特徴を確認したい．以下の検討はすべてアチャルヤの訳文を基にしている．X-1-1などの番号は原文の番号，A1などは便宜的に付した整理番号である．

第I章
インド世界の都市

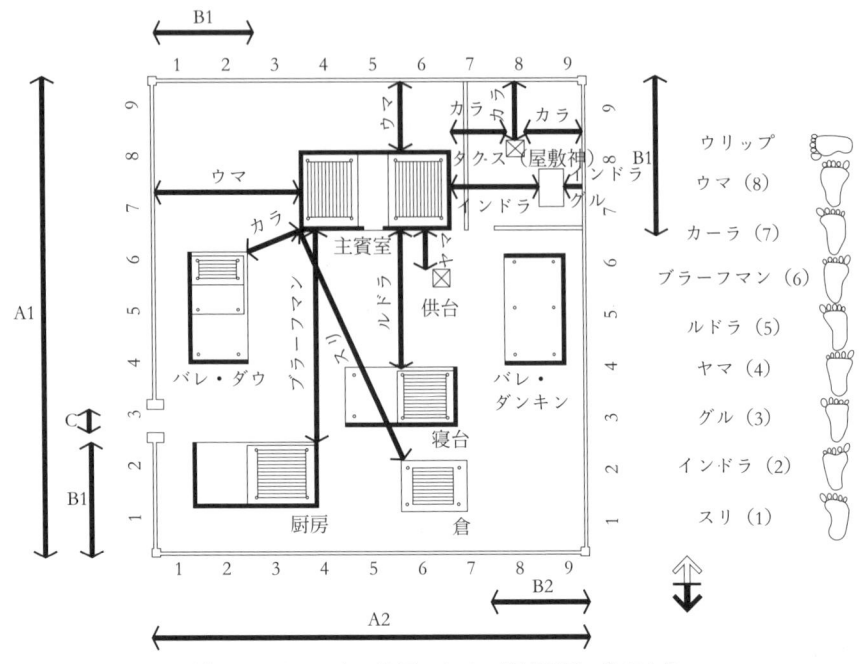

図I-3-4 ●バリ島の住居における隣棟間隔の決定方法

A　ダンダカ：

A1.　全体は長方形である（正方形ではない）(IX-95, 96)．

A2.　濠と塁壁で囲われ，4辺に一つずつ四つの門を持つ（小門も同様に設けられる）(IX-107-109)．

A3.　車道は（5本より）3本，他に小路がある（なくてもよい）．1本は中央を通る（通らなくてもよい）(IX-97-99)．車道には歩道がつき，幅は1, 2, 3, 4, 5dのいずれかである(IX-100)．二つの車道が（直交して）中央を走る．中央通りは二つの歩道を持つ(IX-103-104)．中央の車道を囲む小路は同じ幅である(IX-101)．

A4.　中央通りに面する建物は間口3d（～5d）とし，奥行は幅の2倍ないし3倍とする(IX-104-106)．

A5.　ヴィシュヌ寺院は，村の西郊外あるいは村内西部のヴァルナ神もしくはミトナ神の場所に建てられる．シヴァ寺院は，東北郊外かパルジャンヤ

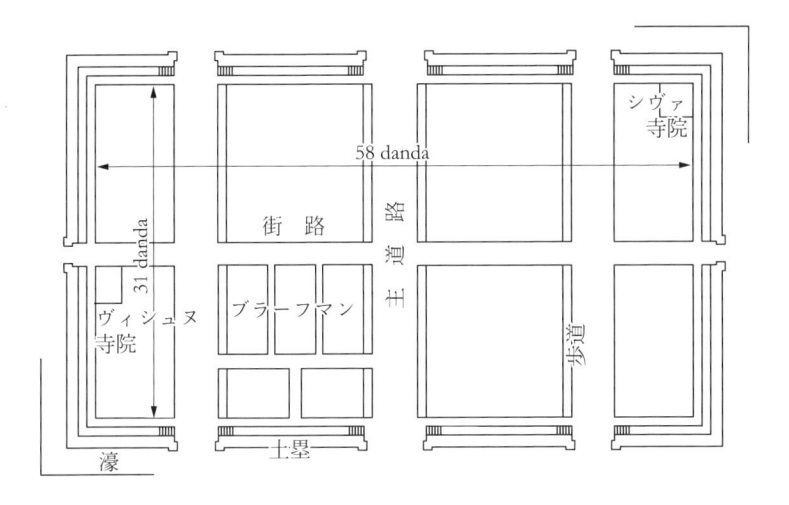

図 I-3-5 ●ダンダカ：Acharya（1934）

Parjanya 神もしくはウディタ（アディティ）神の場所に建てられる（IX-109-113）．

A6．最小のものは隠遁者，出家者のための村落に適する．森，峡谷，丘上に位置する．12, 24, 50, 108, 300 人のブラーフマンが住む．24 人の出家者が住む場合をグラーマ Grāma（村）という．川堤にあるものをプラという．50 人の出家者が住む場合をナガラ（町）という．58 人の場合をマンガラ Mangala, 100 人の場合をコシュタ Koshtha という．（IX-114-125）

小規模な村落の原型であり，東西南北の各辺中央に門を持ち，東西，南北の中央通りが基本になっていると考えてよいだろう．ただ，正方形ではない，ということから復元図は，ほとんど東西が長い長方形をベースとしている．『マヤマタ』は，ダンダカを正方形とし，四辺の中央に一つずつ門を持ち，東西南北の主要通りが中央で交差すると，一般にはそう理解されているが，その場合，3本（あるいは5本）という車道の数の解釈が問題となる．アチャルヤは，正方形ではないとはっきり言い，長方形とするから，車道3本は素直である．ただ，アチャルヤの図（図 I-3-5）は，小門の解釈によるが，門の数が多く A2 に合わない．ラーズの図（図 I-3-7）の方が素直であり，ベグデはそれに従っている．ただ，街区割りのパターンが明快ではない．

全体の規模が 25d × 50d 〜 125d × 250d であることと，記述 A4 を基にすると，

```
        52d
      ┌──────┐
  26d │ ▢▢▢▢ │
      └──────┘
    最小規模ダンダカ
```

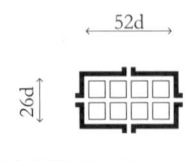

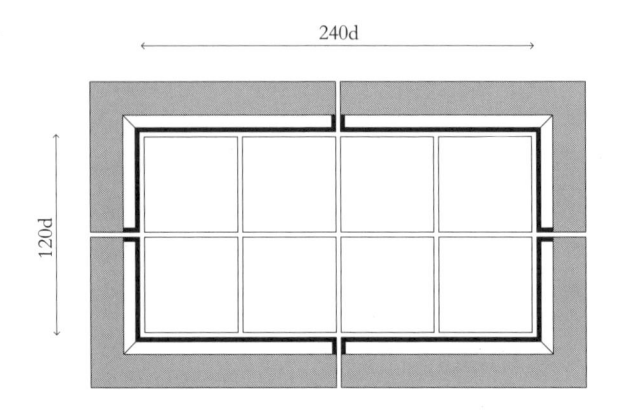

```
              240d
  ┌──────────────────────┐
  │  ▢ ▢ │ ▢ ▢          │
120d      │               │
  │  ▢ ▢ │ ▢ ▢          │
  └──────────────────────┘
        最大規模ダンダカ
```

図 I-3-6 ●ダンダカ：(布野修司, 中川雄輔作図)

街区割りをある程度特定できる．まず，宅地は，3d × 6d ないし 3d × 9d (あるいは 4d × 8d (12d), 5d × 10d (15d)) であるから，住区の最小単位は，正方形を前提とすると，6d × 6d (2宅地) はないとして，12d × 12d (8宅地) あるいは 24d × 24d (16宅地) と考えるのが自然である．街路幅 1 (〜5) d を考えると 25d × 25d が単位となって，最小規模のダンダカ 25d × 50d となるのである．他に最小住区単位としては，16d × 16d，18d × 18d，20d × 20d，30d × 30d，32d × 32d，36d × 36d，40d × 40d，48d × 48d，60d × 60d，64d × 64d などが想定されるが，最大規模のダンダカは，60d × 60d を単位として構成されるもの (120d × 240d) と考えることができる．以上をまとめると，図 I-3-6 のようになるであろう．

ダンダカについて，グラーマ(村)＜プラ＜ナガラ(町)＜マンガラ＜コシュタという規模による序列が想定されている[99](A6)が，ダンダカの規模は，上に見たよ

ヒンドゥー都市の空間構造

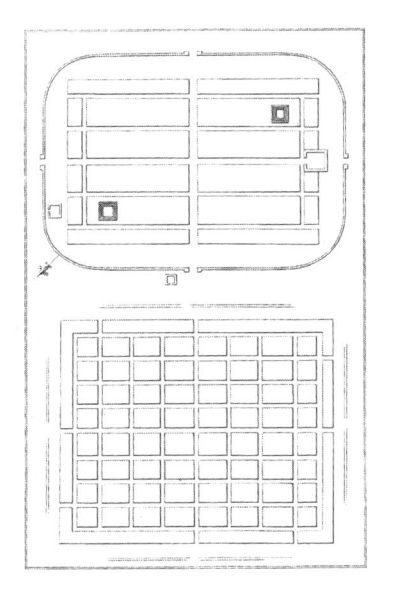

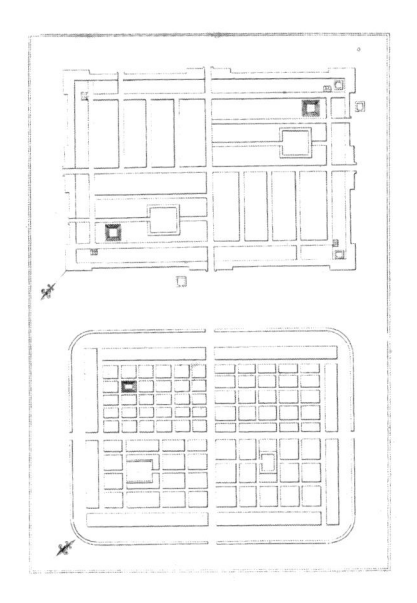

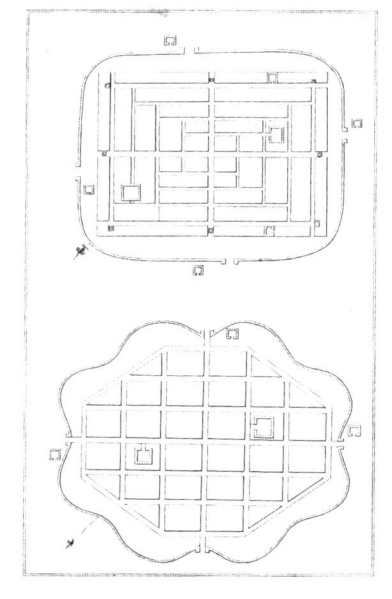

左上
　ダンダカ（上）
　サルヴァトバドラ（下）
右上
　スワスティカ（上）
　プラスタラ（下）
左下
　ナンディヤーヴァルタ（上）
　パドマ（下）

図 I-3-7 ● R. ラーズによるマーナサーラの村落パターン：Raz (1834)

うに，一辺250メートル～500メートル程度である．すなわち，都市では1街区程度である[100]．正方形（あるいは長方形）で，東西南北各辺に1門ずつ持ち，中央で東西，南北の主要道路が交差する，最小の村落の原型となるものをダンダカと考えてよいだろう．

　ここで各類型の最小規模のものを再確認すると，サルヴァトバドラが61d×61d，ナンディヤーヴァルタが157d×157d，パドマ（カ）が100d×100d，スワスティカが201d×201d，プラスタラが300d×300d，カールムカが65d×65d，チャトゥールムカが30d×30dである（IX-8～57）．ダンダカについて以上に考察したように，最小規模として示されるものを街区単位として，それぞれが構成されていると考えられるのではないか．最後にまとめるが，基本街区としては，最小宅地を3d×6dとすれば，最小基本街区は12d×12d（仮に街路幅を3dとすると芯々で15d×15d）と考えることができ，30d×30d，60d×60d，120d×120d…という系列，および45d×45d，90d×90d…という系列を考えればよい．

B　サルヴァトバドラ：

B1.　正方形で，マンドゥーカあるいはスタンディラ（7×7=49分割）による（IX-127-128）．

B2.　中心にブラーフマン，ヴィシュヌ，シヴァの神殿が建てられる（IX-128-129）．

B3.　1～5の車道と周回（環）道からなる．車道には歩道がある（中央通りは二つ）（IX-132-133）．その他小路が各区画を走る．パイーサチャ（外側の区画）は，すべての区画を通るやや小さい通りが走っている．この通りは両側に歩道を持つか，蛙の形（ナーニヤヴァルタ Nānyvarta）をしている（IX-134-137）．

B4.　村内四隅（北東，南東…）に僧院・寺院・旅屋がある．南東に水飲み場があり，その他公共施設が必要に応じて各所に設置される（IX-138-140）．

B5.　内部の車道の端部の四つ角には導師グルの僧院（回廊）マタ matha がある（IX-141）．

B6.　城壁と濠に囲われ，4方向に門を持つ．必要に応じて小門が設けられる（IX-142, 143）．

B7.　パイーサチャの外，北東の方角に大守護神の寺院が建てられる（IX-

134-137).

B8.　村には様々な出家者[101]，仏教徒やジャイナ Jain 教徒など異教徒，そして在家者も住む（IX-130-131）.

B9.　全職種の労働者住宅は車道沿いにある（IX-144）．南にはヴァイシャとシュードラが居住する（IX-145）．東と東南の間に搾乳者が居住し，その向うに牛舎がある（IX-146-147）．南と西の間には織工が住み，その向うに仕立屋と靴屋が住む（IX-148-149）．西と北西の間に鍛冶屋が住み，その向うに魚屋と肉屋が住む（IX-150-151）．北と北西の間に聖職者と内科医が住む（IX-152-153）．村落周辺部に鞣し工や油売りが住む（IX-154-155）．北郊外にヴィシュヌとチャームンダー Chāmunda の神殿がある（IX-156-157）．その彼方に死体埋葬者が住む（IX-158）．南，西，南西に水場が作られる（IX-160-161）．

ここでナーニヤヴァルタ「蛙の形」というのがどのような形なのか不明である．マンドゥーカも「蛙」という意味であるが，次のナンディヤーヴァルタという類型の名称も同じ「蛙」という意味である[102]．全体の形状をいうのか，あるいはパイーサチャの街路形状をいうのか，ここでは分からないが，ナンディヤーヴァルタの記述を見ると後者である（IX-181-182）．四隅，四つ角，四方向が強調されるから，同心方格，左右前後対称が意識されていると考えられる．四角の強調と言うことでは，ミャンマーのアマラプラがまさに四隅に僧院・寺院を持つ（B5）．

ラーズは，単純に 8 × 8 のグリッドを示すだけである（図 I-3-7）．そして，門を各辺に二つずつ設けるが，そういう記述は『マーナサーラ』にはない．アチャルヤは，東西，南北の中央通りを強調している（図 I-3-8）．また，棲み分けについて忠実に記載内容をプロットしている．この記述は『アルタシャーストラ』の記述（第 I 章 2-2）を思い起こさせるが，同じではない．第一にサルヴァトバドラは村落であるから王宮の記述はない．また，門の数も合わない．すなわち，5 本の車道のシステムは明解にここでは示されていない．棲み分けだけ（B9）に着目してみると，南にヴァイシャとシュードラが住む，というのは，南にヴァイシャ，西にシュードラが住む，という『アルタシャーストラ』の記述と矛盾はしない．北に聖職者，医者などが住む，というのもほぼ同じである．ただ，『マーナサーラ』の記述する職種は少なく，職種が正確に一致しているわけではない．

偶数分割であるマンドゥーカ（8×8）を用いるとして，中央の 4 区画は神殿域に

第 I 章

インド世界の都市

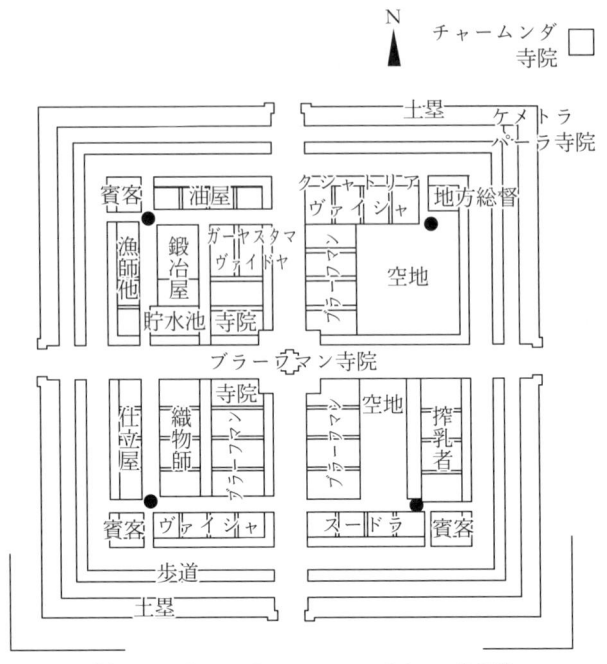

図 I-3-8 ● サルヴァトバドラ：Acharya（1934）

当てるべきであろう．パイーサチャが強調されており，外側から1本内側のグリッドラインを周回路とすれば，残りのグリッドラインは5本である．5本の通りというのは単純にそう解釈しておきたい．規模については，300d四方程度であるから，ダンダカとそう変わらない規模である．図 I-3-9 に復元試案を示す．東西南北各辺にそれぞれ門を持ち，中央神域の同心囲帯構造は，基本型をより具体的に示していると考えることができる．

C　ナンディヤーヴァルタ：

ナンディヤーヴァルタの記述は，八つの村落パターンの中で最も詳細な記述がなされる．項目ごとに考察したい．アチャルヤは，長方形パターンについて復元図示（図 I-3-10）するのであるが，ここでは正方形，チャンディタ（マンドゥーカ）分割を前提としたい．

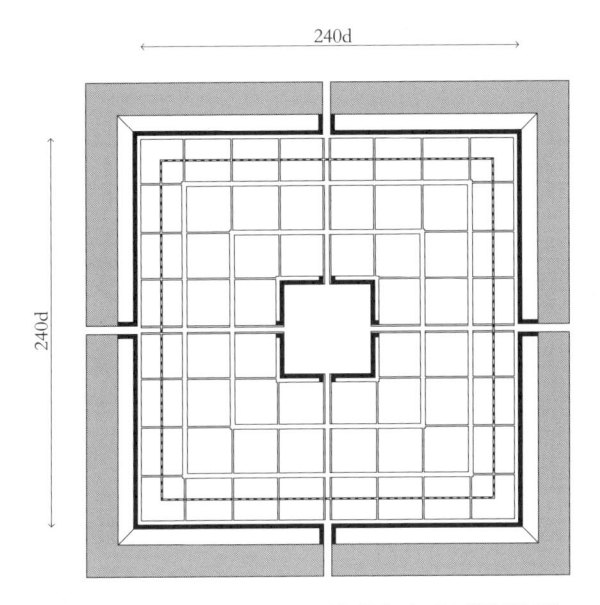

図 I-3-9 ●サルヴァトバドラ　(布野修司, 中川雄輔作図)

空間構造

C1. 村の敷地が正方形であれば, チャンディタ (マンドゥーカ) による. 長方形であれば, パラマシャーイカかスタンディラによる (IX-166-169).

C2. チャンディタ (マンドゥーカ) の場合, 中央の4区画はブラーフマンの区画で, その外周囲12の区画はダイヴァカ, さらにその外周囲20の区画はマーヌシャ, さらにその外周囲28区画はパイーサチャの区域である (IX-170-174). パラマシャーイカの場合, 中央の9区画がブラーフマン, その外周囲16区画がダイヴァカ, さらにその外周囲24区画がマーヌシャ, さらにその外周囲32区画がパイーサチャとなる (IX-174-177).

C3. スタンディラの場合, 中央の1区画のみブラーフマンの領域で, 以後, 8区画, 16区画, 24区画が同様に割り当てられる (IX-178-180).

以上から村落の空間構造は極めて明快である. すなわち, ブラーフマン (梵) の区画, ダイヴァカ (神々) の区画, マーヌシャ (人間) の区画, パイーサチャ (鬼

第 I 章
インド世界の都市

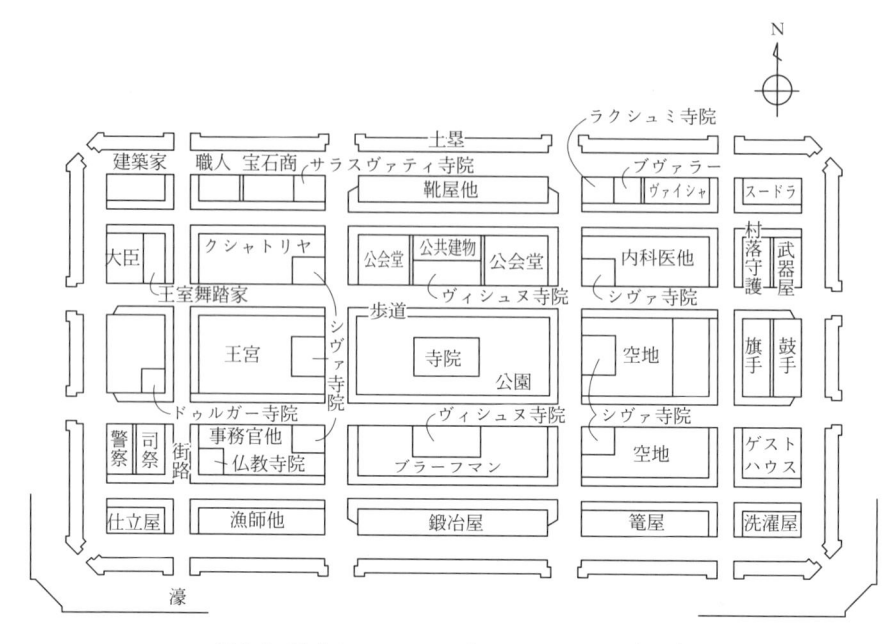

図 I-3-10 ● ナンディヤーヴァルタ：Acharya (1934)

神) の区画という同心方角の構造を採り，各囲帯の区画数も明確に示されている．後述するシュリーランガム (第 I 章 3-3)，マドゥライ (第 II 章) は，明らかにナンディヤーヴァルタの理念と関係していると考えられる．

街路パターン

C4. パイーサチャの区画はナンディヤーヴァルタ (蛙) の形を採る (IX-181-182). 東の車道は北から南，南の道は東から西，西の道は南から北，北の道は西から東へ走る (IX-183-186). 2本の東西通りと2本の南北通りは一つの歩道を持ち，残りの2本は二つの歩道を持つ (IX-188-190). パイーサチャには，2～7の道路がある (IX-220-221).

C5. 縦横にラトヤー rathyā[103] (大通り，車道) が走る．このうち，1 あるいは 3, 5, 7 のヴィーティー vīthī (大通り) は二つの歩道を持ち端部に発する (IX-192-195). (ヴィーティーの代わりに) 1 ないし 2, 3, 4, 5 のマルガ (小路) が作られるが，マルガには歩道がない (IX-196). マハー・マルガ mahā-mārga (大路) は，

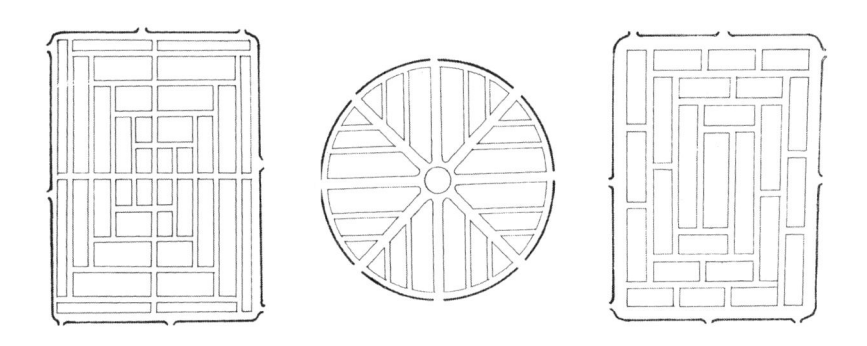

図 I-3-11 ●ナンディヤーヴァルタ：Begde (1978)

　ヴィーティー同様，石灰岩で舗装される (IX-197)．大通り，大路の間にはクシュードラ・マルガ kshudra- mārga（小道）が設けられる (IX-198)．ヴィーティーの幅は 3〜12d とする．マハー・マルガの幅はヴィーティーと同じか 4 分の 3 とする．マルガの幅は，マハー・マルガの 4 分の 3 か 2 分の 1 とする (IX-199-208)．

　街路パターンについて，パイーサチャ区画はナンディヤーヴァルタの形を採るというが，上述のように，具体的な形ははっきりしない．グリッド・パターンの街区で通常考えられるのは，大通りから路地が分岐するフィッシュボーン（魚骨）の形であるが，果たしてどうか．もう一つは街路パターンに関係しているとも考えられる．車道の方向の記述が特異であるが，ラーズ（図 I-3-7），ベグデ（図 I-3-11）が図示する通りである．このパターンは一般には後出のスワスティカ（卍パターン）と関係すると考えられるが，蛙の形がこのパターンを指すのかもしれない．

　ダンダカ，ナンディヤーヴァルタより幅員の大きな街路からなり (C5)，ヴィーティー，マハー・マルガ，マルガという，街路のヒエラルキーははっきりしている．このマルガ（マルグ marg）という語が，ジャイプルでも，インドを遥かに離れたインドネシア・ロンボク島のチャクラヌガラでも今日使われているのである．

棲み分け

C6. このナンディヤーヴァルタはブラーフマンが住むのに適している．ブラーフマン (58, 108, 300, 1008, 3000, 4000 人) のみが住む場合マンガラと呼ばれる (IX-210-214)．クシャトリヤやヴァイシャその他が住む場合プラと呼ばれる (IX-215)．ヴァイシャ，シュードラその他が住む場合，アグラハーラ Agrahāra と呼ばれる (IX-216)．

ここでナンディヤーヴァルタの類型が挙げられるが，上述のように，ダンダカについての記述と異なっている．ここでは規模や立地ではなく，住民のカースト caste (四姓) の違いによって分けられている．

C7. すべてのカーストが居住する場合，ブラーフマンはマーヌシャもしくはダイヴァカの部分に住む．王宮は，ダイヴァカ，マーヌシャ，パイーサチャに位置し，ヴァイシャ，シュードラその他はパイーサチャに住む (IX-217-219)．

C8. ヴァイシャは南の第一の通りに住む (IX-222)．ヴァルナ (西) の場所は王の場所に当てられ，王宮はミトラ (西)，ジャヤンタ (北東)，あるいはルドラジャヤ Rudrajaya (北西) に位置し，周辺に戦士が住む (IX-223-225)．南西に聖職者が住む (IX-226)．アスラ Asura とショーシャの場所 (西) に大臣や貴族が，ダウヴァーリカ Dauvārika，スグリーヴァの場所 (南西) に警察官が住む (IX-227-230)．ガンダルヴァ Gandharva，ロガ Roga，ショーシャの場所 (北西) に鼓手などが住み，舞踊場・音楽堂が建てられる (IX-231-232)．ヴァーユ (北西) あるいはナーガ (北東) の場所に建築家・工匠が，ナーガあるいはムクヤの場所 (北西) に眼鏡屋・宝石屋が住む (IX-233-234)．北に具足屋，アディティとウディタの場所 (北東) に内科医，ジャヤンタの場所 (北東) に夜警，マヘンドラ Mahendra (東) あるいはサチャカ Satyaka の場所 (東) に塵収集屋が住む (IX-235-238)．ブリサ Bhriśa あるいはアンタリクシャー Antariksha の場所 (東南) に旅館・応接所が設置される (IX-239)．以上が第一の囲帯である．

C9. 第二の囲帯には，東側に油屋・陶工，西に魚屋・肉屋，南に猟師，南東および北西に洗濯屋，南あるいは北に踊り子，北あるいは南西に仕立屋が住む (IX-240-247)．

C10. 第三の囲帯には,南に鍛冶屋,北あるいは南東に篭屋,西あるいは東に武器製造屋,北に皮革屋・靴屋が住む(IX-248-252).

C11. 村外1クロサ krośa[104] 離れた東あるいは北にチャンダーラ(葬儀屋)が居住し,その北に墓地がある.さらに外側に,プレタ,ブタ,アムサ,ダンダカなど悪霊が住む(IX-287-289).

神々の名とその位置は前項(第Ⅰ章3-2(2))でまとめた通りである(図Ⅰ-3-1, 2).『アルタシャーストラ』の記述は北東から右(時計)廻りに行なわれるのに対して,ここでは西(南西)から右廻りに行なわれる.また,後者は三つの囲帯を明確に区別して記述するのに対して,『アルタシャーストラ』の記述は大きく二つの囲帯を区別するだけである.ここに詳述される住民の棲み分けを『アルタシャーストラ』と比べると,まず王の場所を西とするのが異なっている.ただ,王宮の位置をジャヤンタ(北東)の位置ともしており,大きな矛盾はない.西に大臣,貴族,南西に警察官,北西に鼓手あるいは建築家・工匠,眼鏡屋,宝石屋が居住するのは王宮の位置を西としたことによっている.『アルタシャーストラ』の場合は,西に甲冑・楯などの職人が住むとされるが,ここでも武器製造屋は西(あるいは東)に住む(第三囲帯)とされる.しかし,塵収集屋などシュードラは西に居住するとされるが,ここでは東である.一般的には,個々の職種の居住する場所は『アルタシャーストラ』と異なっていると言ってよい.指摘すべきは,四姓が東西南北のそれぞれに結びつけられるのではなく,ブラーフマン-ダイヴァ-マーヌシャ-パイーサチャという囲帯構造に結びつけられていることである.また,職種ごとの棲み分けがはっきりと行なわれていることである.

寺院

寺院の位置と向きについてIX-254-289に記述される.中心をヴィシュヌ寺院が占め,シヴァ寺院が村の外へ向かって建てられること,東西南北および北東,南東,南西,北西の四つの角が重視されている.

C12. ヴィシュヌ寺院は,アーリヤ(東)など(中央の)4区画に4方向に向かって建てられる(IX-255-256).また,郊外にも建てられる(IX-257).さらに,

インドラ[105]など4区画に，ラークシャサ Rākshasa 部分と同様建設される（IX-258）．東にスリーダラ Sridhara（ヴィシュヌ）寺院，南にヴァーマナ Vāmana（ヴィシュヌ）寺院，西にヴァースデーヴァ Vāsudeva 寺院，アーディヴィシュヌ Ādivishnu 寺院あるいはジャナールダナ Janārdana 寺院，北にケシャヴァ Keśava 寺院あるいはナラーヤーナ Narāyana 寺院が置かれた寺院が建てられる．村内北東の方向にヴィシュヌ像，南西あるいは北東の角にナラシンハ Narisimha（人獅子）寺院，南東角にラーマ Rāma あるいはゴパーラ Gopāla 寺院が建てられる（IX-259-264）．ミトラの場所に建てられる寺院は3階建てで1階は立像，2階は座像，3階は立像とする（IX-265-267）．ヴィシュヌ寺院の主入口は村の方を向き，ナラシンハは村の反対を向くが，ラクシュミー寺院は村の方を向く（IX-268-270）．シヴァ寺院は村と反対を向き，ルドラ，ルドラジャヤ，インドラ，インドラジャヤ，アパヴァトシャ Apavatsya，サーヴィトラ，イーサ，ジャヤンタ，パルジャンヤの場所に建てられる．ただし，西あるいは東に建つ場合は村の方に向けられる．他の寺院の向きは任意の方向でよい（IX-271-276）．ダウヴァーリカの場所（南西）にスブラーマニャ Subrahmanya 寺院，ジャイナ教寺院，仏教寺院を建てる（IX-277-278）．ヴァイナーヤカ Vaināyaka（ガネシャ Ganeśa）寺院は4方向の中心（東西南北）もしくは中間（北東，北西，南東，南西）に建てられる（IX-279）．ガンダルヴァあるいはブリウガ・ラージャの場所にバールガ Bhārga（カーラ）寺院，ムクヤあるいはバーラタの場所にサラスヴァティー寺院，アディティあるいはムリガ Mṛiga の場所にラクシュミー寺院，ブヴァナー Bhuvanā 寺院を建てる．城門の外には守護神バイラヴァ Bhairava 寺院，ラークシャサ，プシュパダンタ Pushpa-danda の場所にドゥルガー Durgā 寺院，村外北にカーリー寺院を建てる（IX-280-286）．

城塞・濠・門

C13．村は濠と塁壁で囲われ，四方と四つ角（東西南北，北東，南東，南西，北西）に大門が設けられる．小門は，ナーガ，ムリガ，アディティ，……など4角からずれた位置に作られる．また，水門も同様である．寺院のパヴィリオンはブラーフマン，アグニ，ミトラの場所に，ブーダラ，アスラの場所に公会堂が建てられる．（IX-290-312）

ヒンドゥー都市の空間構造

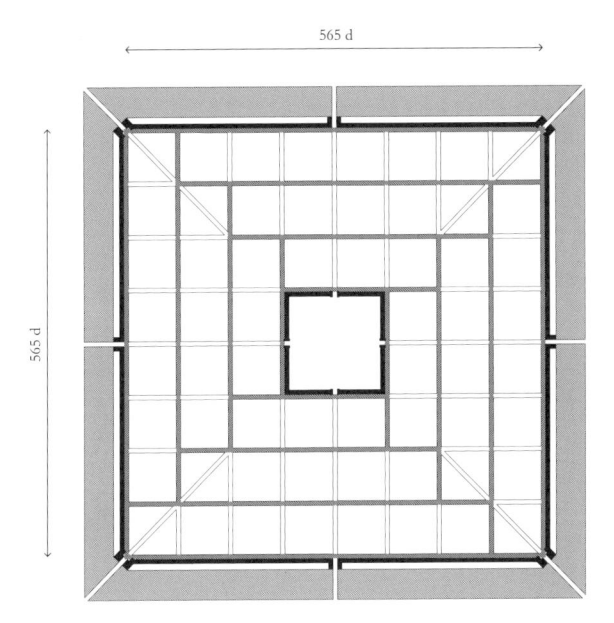

図 I-3-12 ●ナンディヤーヴァルタ （布野修司, 中川雄輔作図）

　ナンディヤーヴァルタは, 以上のように(C2, C7〜C10), 明快に同心方格状に四つの囲帯からなる. すなわち, ブラーフマン (梵) の区画, ダイヴァカ (神々) の区画, マーヌシャ (人間) の区画, パイーサチャ (鬼神) の区画である. アチャルヤの図は, 囲帯についての意識が希薄である. ラーズの図がまだ記述に忠実である. C3 の記述はラーズのように方向性を持ったものと理解しておきたい. またここで, ラトヤー, ヴィーティー, マルガあるいはマハー・マルガという, 少なくとも 3 段階の街路のヒエラルキーに, マルガという呼称とともに注目しておきたい. サルヴァトバドラより規模が大きく, 街路体系は複雑である.

D　パドマ：

D1.　幅長さは同じで, 外周壁は円形, 正方形, 六角形, 八角形である (IX-317-318).

D2.　チャンディタ (マンドゥーカ), スタンディラに基づいて配置される (IX-319).

D3. 住宅はそれぞれ斜線によって分割される六つの区画（の4角）に建てられる．寺院の集会堂（パヴィリオン）あるいは公会堂もそうした区画に建てられる（IX-320-321）．

D4. すべての車道は歩道を持つ．4, 5, 6, 7, 8 の通りからなる（IX-322-323）．中心をいかなる道も通らないが，門は東西南北4方向に向けて作られる（IX-324）．

記述は極めて簡素で，後は前述に従う（IX-325），という．パドマとは蓮のことである．蓮の形が意識されていることが指摘できる．ただ，城壁の形以外は，上述のA～Cのどれかと同じとも考えられる．ただ，中央を道路が走らないという点に注意が必要である．そういう意味では，ラーズの図（図I-1-7）は間違っている．チャンディタ，スタンディラにも基づいていない．ただ，蓮の形ということを考えれば，放射状の街路を想定することはできる．問題は，D3の記述であろう．アチャルヤは，二つの完全区画と四つの半分区画からなるという註を付して，斜めの線をスーラ śūla ということを指摘し，強調している（図I-3-13）．四つの正方形区画を45度の線で区画すれば二つの三角形と一つの正方形区画からなる敷地ができる．円形，多角形平面を採用すればこうした敷地が派生するということであろう．

E スワスティカ：

E1. パラマシャーイカに基づく（IX-327）．

E2. パイーサチャに環状の車道が設けられ（IX-328），中央に東西，南北の十字路が設けられる（IX-330-332）．

E3. 内部は，神秘の十字（まんじ）スワスティカの形に基づく（IX-329）．

E4. 東へ向かう通りは北から北東へ，南へ向かう通りは東から南東へ，西へ向かう通りは南から南西へ，北へ向かう通りは西から北西へ延びる（IX-333-336）．そして，この四つの通りの端部を結びつける周回路が作られる．こうして「鍬」のような形をしたスワスティカができる（IX-337-338）．村落の中央で二つの通りが交わり，さらに上部で二つ，下部で二つの通りが交わり，四つの方向（門）と四つの角を結びつける（IX-339-341）．

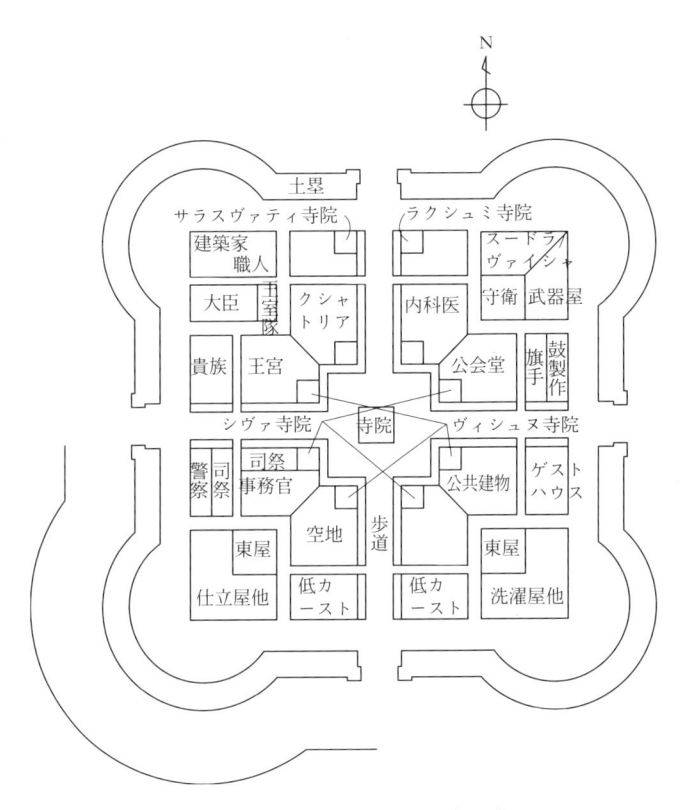

図 I-3-13 ● パドマ：Acharya（1934）

E5. 東から北東へ，そして北へ，さらに中央へ，北東[106]のブロックの中央を東から西へ走る通りが作られる（IX-342-343）. 同様の通りが，東南のブロックに，南から北へ，二つの線の中央を通って，一つは中央から東へ，もう一本は南東から南へ作られる（IX-344-345）. また同様に，南西のブロックの中央に，東から西へ向かう通りが，中央から南へ，そして南西へ，さらに西へという形で作られる（IX-346-342）. また同様に，北西ブロックの中央に，南から北へ向かう通りが，西→北西→北（→中央）という形で作られる（IX-348-349）. これらの通りは二つの歩道を持つが，中央通りは歩道を持たない．幅は両端に向かって細くなる（IX-350-352）.

E6. 塁壁と濠によって囲われる（IX-353）. 門は神秘の十字（スワスティカ）か

らそれぞれの方角に向かって設置される．各辺に二つずつ八つの大（主）門が作られる（IX-354-355）．また，ムリガ，アンタリクシャー，ブリンガラージャ，ムリサ Mṛisa，ショーシャ，ロガ，アディティ，ウディタの位置に小門が作られる（IX-356-358）．大門は鍬の形をしており，小門は両扉からなる（IX-359-360）．墾壁の上に城壁が築かれ，監視塔が要所に建てられる（IX-361）．

E7. スワスティカにはあらゆる人々が居住するが，王の居住に相応しい（IX-364）．

E8. スワスティカはスターニーヤ（11×11分割）他に基づいてもよい（IX-365）．王宮は中央のブラーフマン区画あるいはアーリヤなどに建てられる（IX-366-368）．王族アディラージャの宮殿は，デシャ Deśya（12×12分割）に基づく場合はヴァルナ（西）の位置，ウバヤ・チャンディタ Ubbaya-chandita（13×13分割）に基づく場合はヤマ（南）かソーマ（北）の位置，バドラ Bhadra（14×14分割）に基づく場合はインドラジャヤ（南西）の位置に建てられる（IX-369-371）．王族ナーレンドラ Narendra の宮殿は，デシャの場合はヴィヴァスヴァトとインドララージャの位置，ウバヤ・チャンディタの場合はソーマかインドララージャの位置，バドラの場合はアルカ Arka，インドラ，ルドラジャヤの位置，スターニーヤの場合はミトラ，ヴィヴァスヴァト，アーリヤの位置に建てられる（IX-372-377）．パールシュニカ Pārshnika など他の王族の宮殿はアーリヤの位置に建てられる（IX-378-380）．

E9. ヴィシュヌ寺院は，4種の分割とも，ミトラ，ヴァルナ，ヴィヴァスヴァト，インドラ，マヘンドラの位置に建てられる（IX-381-382）．シヴァ寺院は，インドラ，インドラジャヤ，ルドラ，ルドラジャヤ，アーパヴァトサ，ジャヤンタの位置に外向きに建てられる（IX-383-385）．仏教寺院はヴァーユ（北西），ジャイナ教寺院はナイリティ Naiṛ-riti（南西）に建てられる（IX-386-387）．バイラヴァ寺院は門外に，ドゥルガーとガネシャ寺院は東西南北と中間点に，カールティケヤ Kārtikeya 寺院はスグリーヴァの位置に，火神アグニはアグニの位置に，太陽神バースカラ Bhāskara 寺院はアーディトヤの位置に，ブヴァネサ寺院はソーマ，ムクヤの位置に建てられる（IX-388-393）．ヴィシュヌあるいはルドラ寺院は以上のすべてに建設し得る（IX-394）．もしシヴァ寺院が唯一つ建てられる場合は，他のすべての寺院は村外に建てる．ブラーフマン寺院が建てら

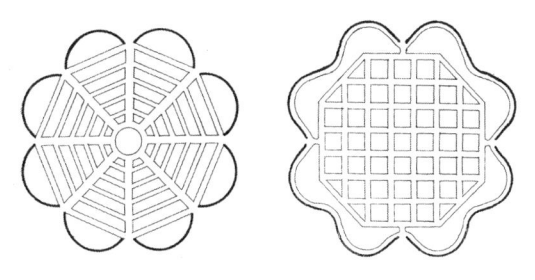

図 I-3-14 ●パドマ：Begde (1978)

る場合，ヴィシュヌ寺院は同様に建てられるが，他の寺院は村外に建てる（IX-399-403）．ドゥルガーガナパティ（ガネシャ），ブッダ，ジャイナ，カールティヤ（シャンムカ）他の寺院も市外に建てられるべきである（IX-404-407）．チャームンダー（悪魔）寺院は，村の北東あるいは村から遠く離れた場所に北向きに建てられるべきである．この寺院の東にチャンダーラ（葬儀屋）の小屋が建てられる（IX-408-410）．村の外，東，北，西，南西に，軍隊検問の施設が設けられる（IX-411-413）．

この神秘の十字・スワスティカとは，まんじ形，逆卍（かぎ十字）形のことである[107]．ヒンドゥーの儀礼には，ヤントラ Yantra という象徴的・神秘的図形が用いられるが，中でもまんじは，スワスティカ（幸福）の印として使われる（図 I-3-16）．ヒンドゥー教ではヴィシュヌ神の胸の旋毛を象徴したものとされるが，仏教では釈迦の胸や足裏にある瑞相とされる．またジャイナ教でも吉祥の印として用いられている．ヒンドゥー教では，太陽・天体の運行である右回りと同調すること，右繞の原則に沿うことから，右万字が正常で聖なるものとされる．

スワスティカの具体的な形については，上述のように，ナンディヤーヴァルタの記述も関連している．ラーズは，二つを区別するが，A. K. アチャルヤの図はその二つとも異なっている（図 I-3-15）．『マヤマタ』に有力な解釈があるから，後に触れて，まとめたい．

F　プラスタラ：

F1.　長方形か正方形（IX-416）．パラマシャーイカ，チャンディタ（マンドゥー

第 I 章
インド世界の都市

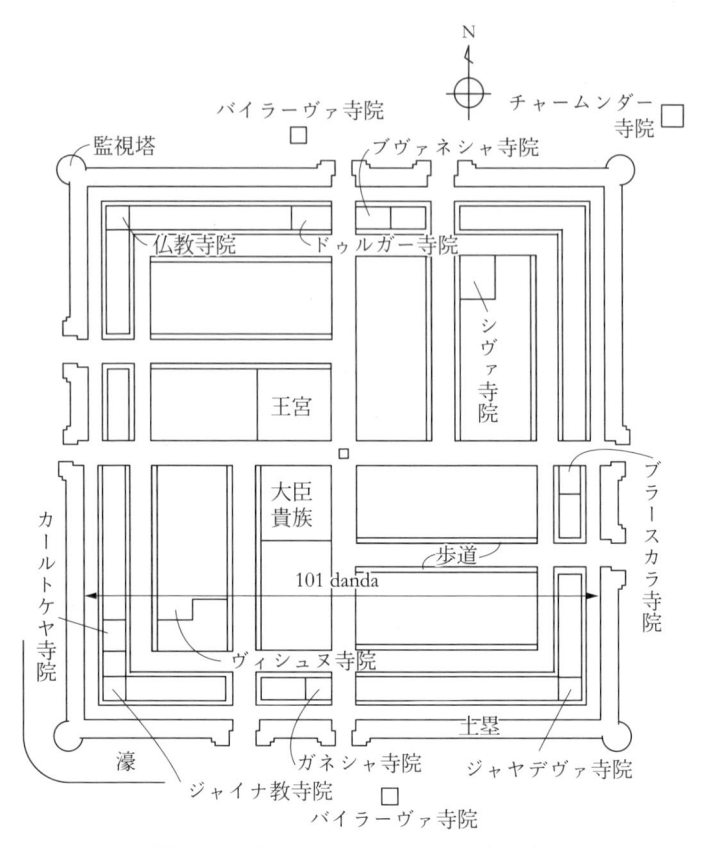

図 I-3-15 ● スワスティカ：Acharya (1934)

カ），スタンディラその他に基づく（IX-418-419）．

F2. パイーサチャの大通りは二つの歩道を持ち，周回する．パイーサチャの端部に，連続してペチャカ（2×2），ピータ（3×3）のブロックが計画される．あるいは，同じようにマハーピータ（4×4）のブロックが街路で結びつけられる（IX-420-423）．

F3. ピータのブロックでは，中心を通りは走らない．東西2本，南北2本の通りで区画される（IX-426-427）．

F4. マハーピータのブロックは東西，南北それぞれ3本の通りで区画される．各ブロックの区画の数はそれぞれ決められ，ブロックの端部に至る通りで区切

図 I-3-16 ●スワスティカ・パターン

られる (IX-428).

F5. 大通りは, 6, 7, 8, 9, 10, 11d. とする (IX-430-431).

F6. 周回路は, パイーサチャの内部あるいは周囲にある. この周回路の内側から 3, 5, 7 本の通りが東と北に伸びる. 8 ブロックとなる. また, 1, 2, 3, 4 本の小さなジグザグ交差路がある (IX-432-437).

F7. ペチャカが接続する場合は, 4 区画で 9 交差点となる (IX-438). ピータが接続する場合交差点は 16 となる (IX-439). マハーピータの場合は 25 交差点となる (IX-440).

F8. デーヴァ囲帯 (第二囲帯) にペチャカのブロックとピータのブロックが置かれ, それぞれの西の部分は村の形 (プラスタラ) に一致する (IX-441-442).

F9. 神々, 寺院, 王宮は前述のように配される (IX-443-444).

F10. プラスタラは, クシャトリヤとヴァイシャに適している (IX-417).

F11. ヴァイシャの住居は内部に位置する (IX-445). すべての労働者階層はパイーサチャに住む (IX-446). 商店はマハーラージャの宮殿に繋がる二つの歩道を持った大通りに面する (IX-447-448).

F12. 城壁, 濠で囲われ, 大通りが繋がる点に大門が設けられる. 4, 8, 12 の門を持つ. (IX-449-451)

このプラスタラは, 通常, ラーズが描くように, 2 本の東西, 南北, 大通りで 4 分割された 4 ブロックのそれぞれを異なった分割をするパターンと考えられ

第 I 章
インド世界の都市

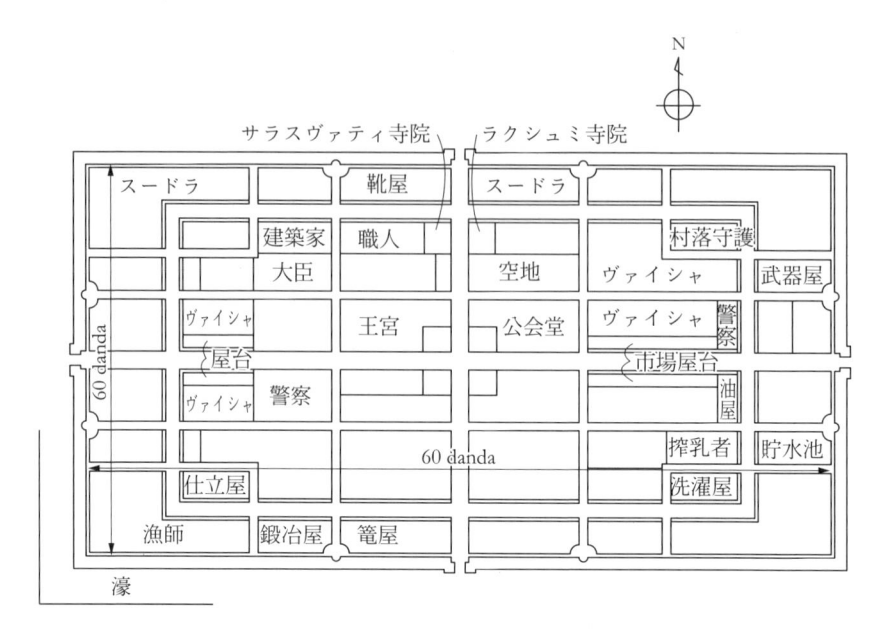

図 I-3-17 ●プラスタラ：Acharya (1934)

る．ただ，記述にはペチャカ，ピータ，マハーピータの分割パターンしか挙げられていない (F2)．また，パーヴァにそれらがあるという記述 (F8) が分かりづらい．また，パイーサチャの通りについて2か所で言及され (F2, F6)，通りの数と方向，さらに小さなジグザグ交差路というのが理解できない．アチャルヤは図 I-3-17 のように理解するが，囲帯が明快ではないし，通りの数もすべて5本としていてすっきりしない．北と東へ向かう 3, 5, 7 本というのは，東北，西北，東南の三つのブロックが，$4 \times 4, 6 \times 6, 8 \times 8$ となっていると理解した方がよい．また，ペチャカ，ピータ，マハーピータは記述 (F8) のようにデーヴァに関するものであり，ジグザグ交差路は各ブロックの細分割と考えられる．

G カールムカ：

G1. 正方形もしくは長方形(IX-454)．この類型は，さらにパタナ Pattana, ケタカ Khetaka, カルヴァタ Kharvata の三つからなる．パタナは主としてヴァイシャが，ケタカは主としてシュードラが，カルヴァタは主としてクシャトリヤ

が住む (IX-455-457).

G2. 川岸や海岸に立地する (IX-458).

G3. 通りの起点(頭部)に交差(合流)点がある．西と北，南と東，北と東，南と西を繋ぐ通りを作る (IX-459-461).

G4. 外周部は弓(カールムカ)のような形となる．各区画は1〜5の通りからなる (IX-462-463)．すべての車道は二つの歩道を持ち，ジグザグの小交差路は一つ以上の歩道を持つ (IX-464).

G5. 四つの居住区を前述のように区画する (IX-465).

G5. シヴァなど神々は前述のように配される (IX-467).

G6. 多くの門が作られる．塁壁を持つ(持たなくてもよい) (IX-468).

G7. ヴィシュヌ寺院は交差点に建ち，門から見えるのが望ましい．シヴァ寺院も交差点に建つ．そうでなければ，両寺院とも通りのない場所に建てられる (IX-469-472).

　カールムカは，正方形か長方形というが，川もしくは海に一辺を接して，外周部は弓形であるということで，また，基点が合流点となるという記述から放射状の道路体系をとると考えられる(図I-3-18)．類型としては分かりやすい．パタナ，ケタカ，カルヴァタは都市類型としても続くX章で挙げられている．

H チャトゥールムカ：

H1. 正方形か長方形．周壁も同様 (IX-475-476).

H2. 二つの歩道を持つ大通りが周回する (IX-477).

H3. 中心の4区画(ブラーフマン区画)から東西南北に通りが走り，四つの門が設けられる (IX-478-479)．各辺に大門が建てられ，その脇に小門が作られる (IX-480-481).

H4. 周回大通りに面して四姓の住宅が建設される (IX-482).

H5. 主としてシュードラが居住する場合，アーラヤ Ālaya と呼ばれ，主としてブラーフマンが住む場合パドマ，主としてヴァイシャが住む場合，コラカ Kolaka と呼ばれる (IX-483-485).

H6. 再生族(上位三カースト)はどこにでも住むことができる．ブラーフマンが

第Ⅰ章
インド世界の都市

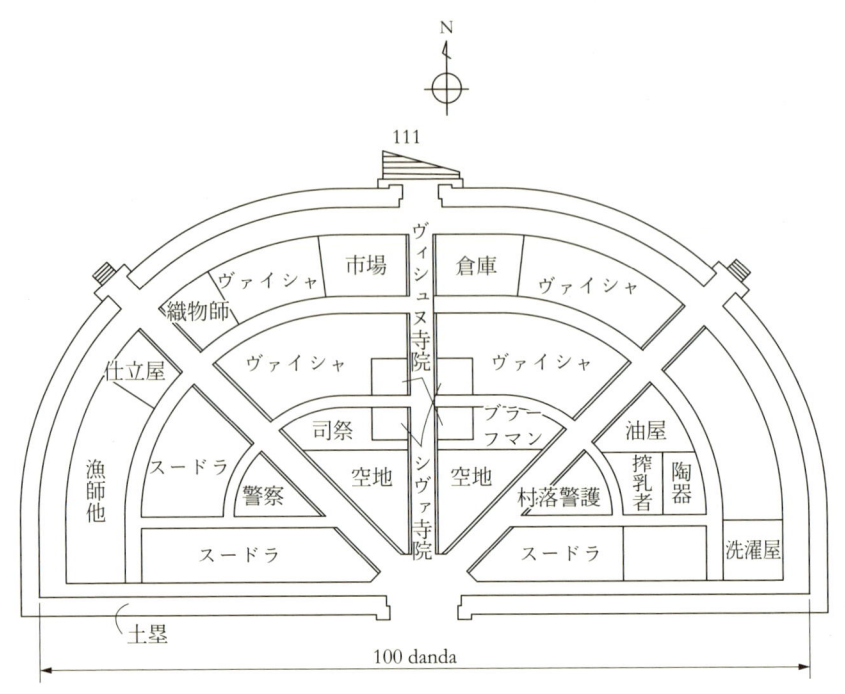

図Ⅰ-3-18 ● カールムカ：Acharya (1934)

南東に住む場合，クシャトリヤは南西に住む．ヴァイシャが北西に住む場合，シュードラは北東に住む (IX-486-488)．

H7. パイーサチャにはあらゆる職種の労働者が住む．住宅は車道から離れて建設される (IX-489)．

H8. ヴィシュヌ，シヴァ寺院は前述のように建てられる．その他すべて前述の通りである．(IX-490-491)

チャトゥールムカについては，以上のように記述が極めて簡単である．アチャルヤは極めて複雑な形態を図示する(図Ⅰ-3-19)が根拠は不明である．冒頭に確認したように，規模も小さいサルヴァトバドラに近い記述である．

以下，記述は，各類型共通である住宅建設に割かれる (IX-493-538)．古代の村落，シャーストラに従うべきことがまず説かれ，入居儀礼などが記述される．

ヒンドゥー都市の空間構造

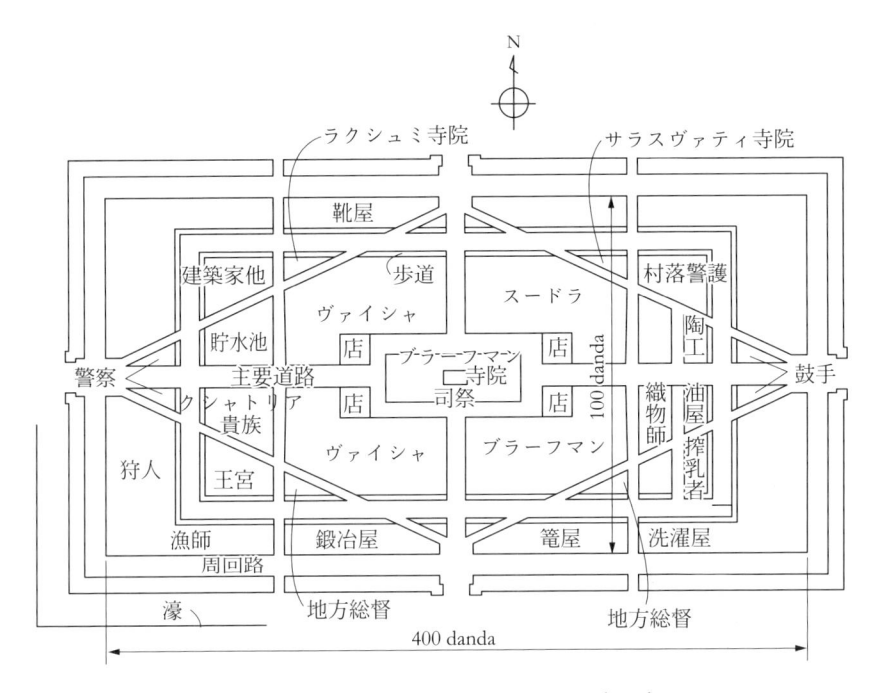

図 I-3-19 ●チャトゥールムカ：Acharya (1934)

住居については，入口は（一般的に）南に設けるとある（IX-517-518）．また，住居の通り沿いの長さは9分割され，五つは右に，三つは左に，残り一つに入口が設けられるという（IX-519-522）．また，増築は東あるいは南に行なうのがよいとする（IX-523-528）．通りの両側には店が建ち，平屋から12階建てまであり得る（IX-530）．大きい住居は高さも高く，低いカーストの住居は平屋である（IX-532-533）．ここでの記述から具体的な形態を推し量ることはできないが，住居規模の大小，幾つかの類型が存在したことはここにも窺うことができる．

以上,『マーナサーラ』の記述する村落形態について主要な特性を表にまとめると以下のようになる（表 I-3-1）．

街区については，ダンダカにおいて検討したように，幾つかの基本街区を想定できる（図 I-3-20）．チャンディタ（マンドゥーカ）あるいはパラマシャーイカ（もしくはスタンディラ）を一般的に用いると言うことは，4分割パターンをベースとす

第 I 章
インド世界の都市

表 I-3-1 ●『マーナサーラ』の村落類型比較

名　称	規　模	形　態	基図	街路体系	門
ダンダカ Daṇḍaka	25d〜125d (×2)	長方形		中央通・東西南北直交 車道は3本	4辺4門
サルヴァトバドラ Sarvatobhadra	61d〜313d	正方形	M S	1〜5の車道と周回路 パイーサチャを貫く通りがありナーニヤヴァルタ(蛙の形)をしている.	4方向4門
ナンディヤーヴァルタ Nandyāvarta	157d〜565d	正方形 (長方形)	M P S	ブラーフマン/ダイヴァカ/マーヌシャ/パイーサチャの4重構成 パイーサチャの区画はナンディヤーヴァルタ(蛙の形)である. 街路には, ヴィーティー, マハー・マルガ, マルガ, クシュードラ・マルガなどのヒエラルキーがある.	4方と四つ角に大門
パドマ Padma	100d〜1000d	円形, 正方形, 六角形, 八角形	M S	4〜8本の通り 中心をいかなる道も通らない.	東西南北4門
スワスティカ Svastika	201d〜2001d	正方形 スワスティカ	P	中央に東西, 南北の十字路 パイーサチャに環状の車道	各辺二つずつ八つの大門 他に小門
プラスタラ Prastara	300d〜2000d	正方形 (長方形)	P M S	パイーサチャに周回路 異なる分割のブロックからなる	4, 8, 12の門を持つ
カールムカ Kārmuka	65d〜500d (×2)	正方形 (長方形) 弓形		通りの起点に合流点	多くの門
チャトゥールムカ Chaturmukha	30d〜100d	正方形 (長方形)		両側に歩道を持つ大通りが周回する	東西南北4門

凡例：d：ダンダ　M：チャンディタ(マンドゥーカ)　P：パラマシャーイカ　S：スタンディラ

るか, 9分割パターンをベースとするかという二つの系統があるということである. すなわち, ブラーフマン区画, ダイヴァカ区画, マーヌシャ区画, パイーサチャ区画という四つの同心囲帯構造を前提とするとき, 中心のブラーフマン区画を正方形4区画とすれば全体は8×8のチャンディタ(マンドゥーカ)・パターンと

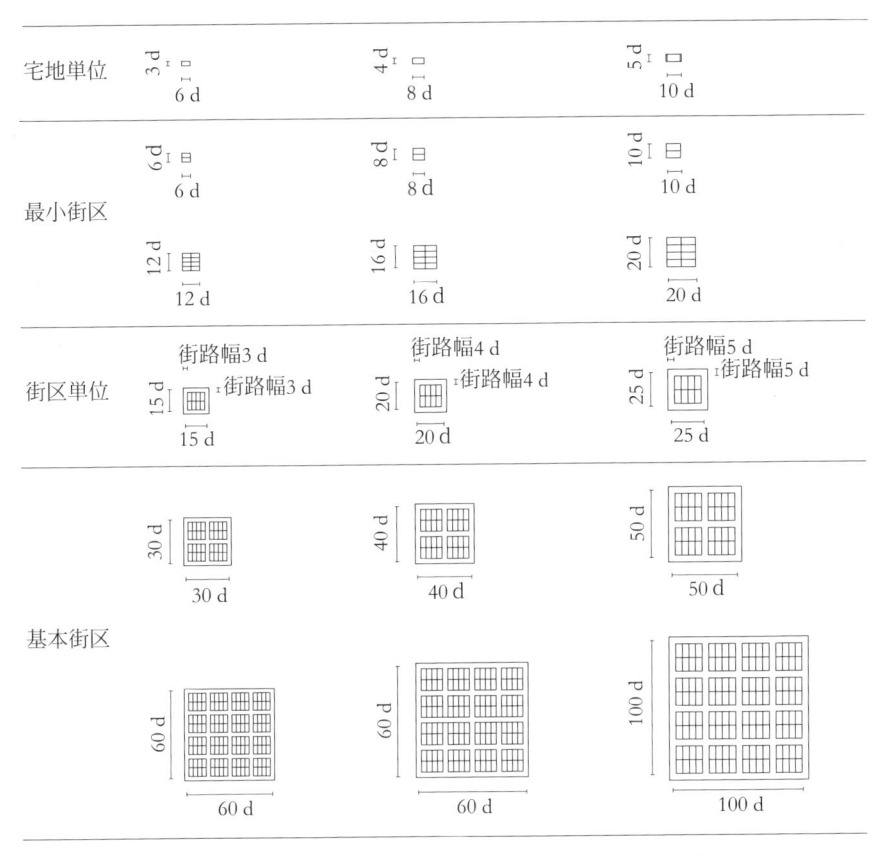

宅地単位	3d×6d	4d×8d	5d×10d
最小街区	6d×6d, 12d×12d	8d×8d, 16d×16d	10d×10d, 20d×20d
街区単位	15d×15d(街路幅3d)	20d×20d(街路幅4d)	25d×25d(街路幅5d)
基本街区	30d×30d, 60d×60d	40d×40d, 60d×60d	50d×50d, 100d×100d

図 I-3-20 ●『マーナサーラ』における村落の基本街区　(布野修司作製)

なり，中心を9区画とすれば全体は9×9のパラマシャーイカ・パターン(中心を1区画とすれば全体は7×7のスタンディラ・パターン)となる．

　最小宅地を3d×6dとすれば，最小基本街区は12d×12d(仮に街路幅を3dとすると芯々で15d×15d)と考えることができる．チャンディタ(マンドゥーカ)系列では，順に30d×30d, 60d×60d, 120d×120d, 240d×240d, 480d×480d……という基本街区の系列を想定できる．また，パラマシャーイカ系列については，45d×45d, 90d×90d, 180d×180d, 360d×360d, 720d×720d……という基本街区の系列を考えることができる．

　最小宅地を4d×8dとすれば，最小街区単位は16d×16d(数字を丸めるために

街路幅を仮に 4d とすると芯々で 20d × 20d), 40d × 40d, 80d × 80d…あるいは 60d × 60d, 120d × 120d…という系列を考えればよい.

　最小宅地を 5d × 10d とすれば, 最小街区単位は 20d × 20d (数字を丸めるために街路幅を仮に 5d とすると芯々で 25d × 25d), 50d × 50d, 100d × 100d…あるいは 75d × 75d, 150d × 150d…という系列を考えればよい.

(4) 都市類型

　都市については,『ヴィスマカルマ・ヴァーストゥ・シャーストラ』は 20 タイプの形態を挙げている[108].『マーナサーラ』の村落類型と同じものが, サルヴァトバドラ, ナンディヤーヴァルタ, パドマ (カ), スワスティカ, カールムカ, プラスタラ, チャトゥールムカの七つある.『マーナサーラ』は, 形態より, その特性に関して 8 タイプを挙げる.

　X 章「都市と要塞」1-110 は, まず, タントラに基づくと言い (X-1-2), 王 (族) の階層ごとにその規模について述べている (X-3-9). アストラグラーヒン Astragrāhin と呼ばれる王 (族) の都市について, 幅は, 第一に 100d (ダンダ) から 100d ずつ増やして 300d までのもの, 第二に 200d から 400d までのもの, 第三に 300d から 500d まで, …とあって, 第十が 1000d から 1200d となる, 各組 3 種からなるので 21 種という[109]. 以下, プラーハーラカ Prāhāraka 王の都市は, 幅 400d から 1200d まで 21 種, パッタバージ Pattabhāj 王の都市は, 幅 700d から 3000d まで 63 (64-1) 種[110], マンダレサ Mandaleśa 王の都市は, 幅 1000d から 3100d まで 63 (7 × 9) 種[111], パッタダラ Pattadhara 王の都市は, 幅 2600d から 4800d, パールシュニカ王の都市は, 幅 3300d から 5500d, ナーレンドラ王の都市は幅 4400d から 6600d, マハーラージャの都市は幅 4700d から 6900d, チャクラヴァルティン王の都市は幅 5000d から 7200d, さらに最大のものは 10000d からなる. そして, 都市の長さは, 幅の 1 と 2 分の 1 倍, 1 と 4 分の 3 倍, 2 倍とする (X-3〜35). 180 メートル × 270 メートル程度の村落規模のものから, 18 キロメートル × 36 キロメートルまでのものが想定されているのである. チャクラヴァルティンすなわち転輪聖王である.

　8 種の都市は以下のようである.

A. ラージャダーニーヤ・ナガラ Rājadhānīya-Nagara:「王城」「首都」を意味する. 中心に王宮を持ち, 東西南北にゴープラ (楼門) が建つ.

B. ケヴァラ・ナガラ Kevara-Nagara：王族の住居を持たない通常の都市である．

C. プラ：庭園，果樹園のある都市で，種々雑多な人々が住む．

D. ナガリ：プラの中で，王宮を持つものをという．

E. ケタ Kheta：河岸あるいは山間に位置し，高壁で囲われたものをいう．シュードラが多く住む．

F. カルヴァタ：周囲に牧草地のある高原が広がる都市で，様々なカーストが居住する．

G. クブジャカ Kubjaka：ケタとカルヴァタの間に位置し，様々な人々が住むが，塁壁を持たない．

H. パタナ：水辺に位置し，塁壁で囲われる．種々のカーストが居住し，宝石，絹などの商品が取引される．

注目すべきは，チャクラヴァルティンの都市ラージャダーニーヤ・ナガラである．しかし，以上のように記述は少ない．にもかかわらず，アチャルヤは，1枚の図を掲げている（図 I-3-21）．根拠は不明であるが，サルヴァトバドラ，ナンディヤーヴァルタの記述が参照されている．

続いて，要塞についても，八つの類型が列挙される．

A. シビラ Śibira：敵国との境界で戦闘に従事する軍営地

B. セナームカ Senā(Vahinī) mukha：前哨居留地

C. スターニーヤ：河岸に設けられる戦略基地

D. ドロナムカ Droṇamukha：河岸や海岸の港市要塞

E. サムヴィダ Samvidha：ブラーフマンの居住する，大きな村の近くにあり，小村を従えた要塞

F. コラカ：サムヴィダはコラカとも呼ばれてマハーラージャ級の王が居住する要塞

G. ニガマ Nigama：すべてのカーストが住み雑多な人々が住む要塞

H. スカンダーヴァーラ Skandhāvāra：クシャトリヤが住む，河岸に庭園を持った要塞．ブラーフマン，ヴァイシャが住む場合チェリ Cheri と呼ばれる．そして，続いて，山岳要塞，森林要塞，水要塞，土要塞，車上要塞，聖要塞が区別されている．(X-39～109)

以上のように様々な名称が挙げられるが，ヴァーストゥ・シャーストラ毎に異

第 I 章
インド世界の都市

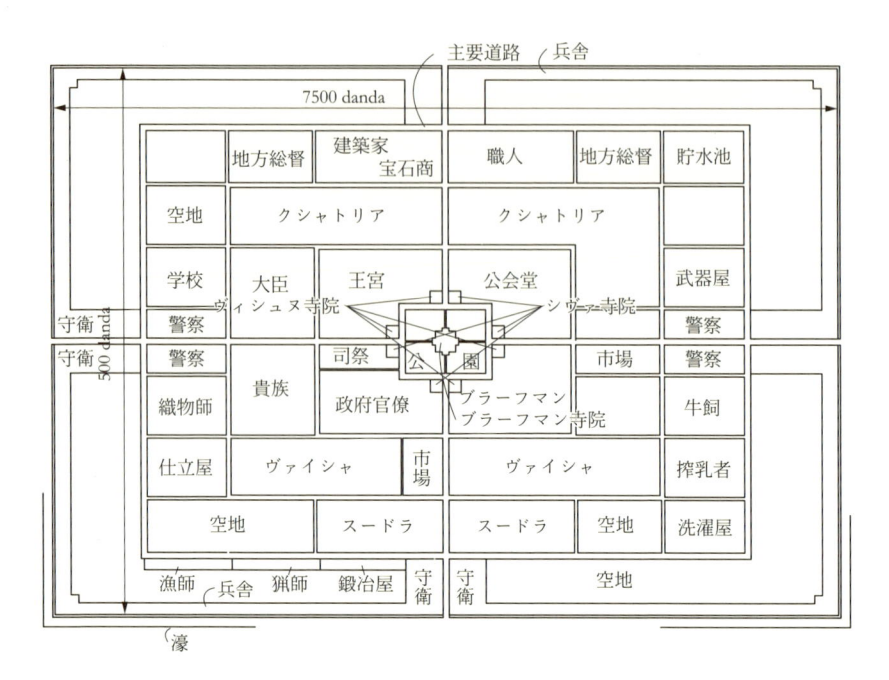

図 I-3-21 ●ラージャダーニーヤ：Acharya (1934)

なっており，必ずしも一致しない．『マヤマタ』については続いてみるが (3-3-(1))，レヌ・タクール Renu Thakur が他のヴァーストゥ・シャーストラも合わせて整理するところに依ると，都市は以下のようにおよそ五つにカテゴリーに分類できる[112]．プラーナガラ，パタナのようにカテゴリーをまたがるものはより一般的な用語と考えられる．プラは，古代においては要塞を意味し，限定的に使われていたが，時代とともに意味を拡大し，場合によると，①の交易都市を意味するようになる．グジャラートの首都アナヒラプラ Anahilapura やカンチープラム Kanchipuram は交易都市である．また，北インドでは一般的に都市を意味するナガラも南インドでは交易都市を指すようになる．

①交易都市：ナガラ，ナガラム nagram，プタヴェーダ putabheda，ドロナムカ，パタナ，パッティナム pattinam，バナンジュヴァタナ bananjuvattana，エリヴィラパタナ erivirapattana

南インドでは，市場町をナガラ，ナガラムという．パタナおよびパッティナム

は，一般に沿岸部の港市，交易都市を言う．プリスヴィパッラヴァパタナ Prithvipallavapattana という大洋をまたにかけた交易を行なった都市や裕福な商人が力を握ったドゥヴァダラパタナ Benduvadalapattana が知られる．チョーラ Chola 朝には，カーヴェーリパッティナム Kāvērippūmpattinamu ナガパッティナム Nagapattinam という二つの交易都市が知られる．プタヴェーダ，ドロナムカは異なった種類の市場町であるが，あらゆる階層，特に卸売商が住み，川の右岸あるいは左岸に立地する．バナンジュヴァタナは，カルナータカ Karnātaka 地方の規模の大きい市場町をいう．エリヴィラパタナは，遠隔地，開拓地の内陸港市をいう．

②首都：プラ，ラージャダーニ rajadhani，パタナ

古代インドにおいて用いられたのはラージャダーニ（ラージャダーニーヤ）である．『マヤマタ』『サマランガナストラダーラ』は，王宮を持つかどうかで一般の都市とラージャダーニを区別している．『アパラジタプルチャ』は，ラージャダーニを王都，プラを王国最大の都市，ナガラは封建領主の州都と区別する．ラージャダーニ＝パタナというと，政治的＝経済的首都ということになる．

③行政都市：シビラ，セナームカ，スターニーヤ，スカンダーヴァーラ，ジャヤ・スカンダーヴァーラ jaya-skandhavara，プラーナガラシビラ，セナームカ，スターニーヤは，上に見たように『マーナサーラ』は要塞都市としている．同様に，スカンダーヴァーラ，ドゥルガーなどは行政，軍事を兼ねる都市である．

④宗教都市：ティルタ tirtha，プラム puram

ティルタは，泉，流れの浅瀬などを言い，沐浴を行なう聖地である．プラムとともに巡礼都市を意味するようになる．インドで四大聖地とされるのは，東西南北に位置するプリー，ドワールカー，バドリーナート，ラーメーシュワラムであるが，他にも一二聖地，七聖都などと言われる聖地があり，ヴァーラーナシー Vārāṇasī など著名な都市のみならず，数多くの宗教都市がある．

⑤教育都市：アグラハーラ，ブラーマデーヤ brahmadeya，マタ，ヴィハーラ vihara，ヴィドヤスターナ vidyasthana

アグラハーラおよびブラーマデーヤはブラーフマンの住む都市である．マタは，ヴィドヤスターナ，ヴィハーラと同様に僧院を意味する．

以上の類型化を基に，インドの主だった都市を地図上にプロットすると図I-3-22のようになる．

第 I 章

インド世界の都市

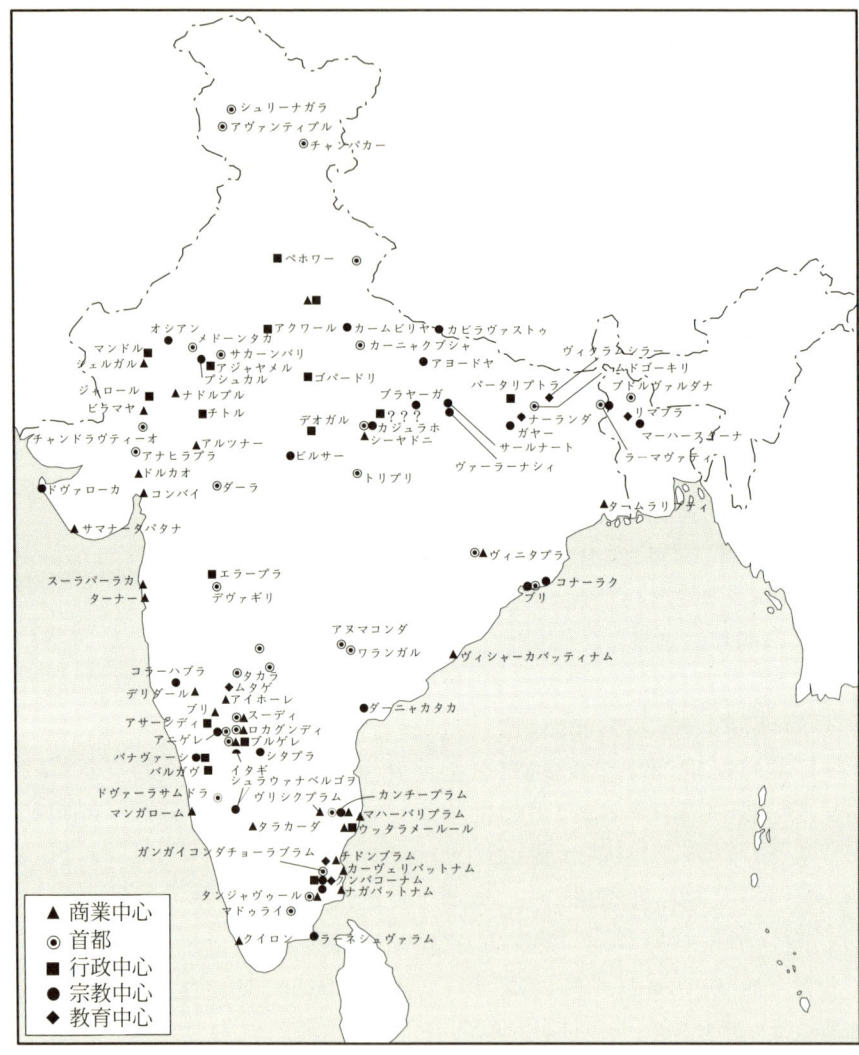

図 I-3-22 ● 中世インドの諸都市：Thakur, Renu, 'Urban hierarchies, typologies and classification in early medieval India: c. 750–1200', "Urban History" vol. 21, pt. 1, Cambridge University Press, April, 1994 （高橋俊也作図）

3-3 シュリーランガム——ヒンドゥー都市の設計原理

インドに古来,建築,都市計画に関わるマニュアル書が存在してきたこと,また,その代表である『マーナサーラ』の内容は,以上のようである.それでは,その理念,設計計画の方法は具体的にどのように用いられてきたのか.また,そのように設計された都市にはどのようなものがあるのか.

ヴァーストゥ・シャーストラによって推奨されるような,また,『アルタシャーストラ』が理念化するような都市は,しかし,インドに必ずしも見られるわけではない.極めて計画的に作られた,チョーラ王国のラージェーンドラ Rājēndra I 世(在位1016～44)が造営した王都ガンガイコンダチョーラプラム Gangaikondacholapuram,ヴィジャヤナガル Vijayanagar 朝(1336～1649)の首都ヴィジャヤナガル[113]なども,整然とした幾何学的形態をとるわけではない.

そうした中で注目されるのが南インドの寺院都市である.タミル・ナードゥ Tamil Nadu 周辺には,大規模なヒンドゥー寺院を中心とする同心方格状の構造を有する寺院都市が複数存在している.それらは一般に,マンダラに表象されるインドの宇宙観,直接には『マーナサーラ』に代表される一連のシルパ・シャーストラに記述されている理想都市の理念に基づいて建設されたものと考えられているのである.ヒンドゥー世界において,コスモロジーを形象化していると考えられる寺院などの建築物は少なくないが,都市レヴェルにおいて明快な同心方格状の形態を表わすものは,他に例を見ない.寺院都市としては,マドゥライの他に,シュリーランガム,チダンバラム Chidambaram,スチンドラム Schindram,ティルバンナーマライ Tiruvannamalai などが挙げられる[114]が,マドゥライとシュリーランガム以外の都市は門前町が拡大した程度の比較的小規模なものである.

マドゥライについてはII章で詳述するが,中でも形態的に最もそれらしいと思われる,すなわち,ヴァーストゥ・シャーストラを適用したと思われる例が,南インドの寺院都市シュリーランガムである[115].

南インドの寺院の中で際だって大規模なのがシュリーランガムのランガナータ Ranganatha 寺院である.何世紀にもわたって建設され続けてきたが,中でもヴィジャヤナガル朝時代には大きく拡張された.平面的に異例なのは,通常の東西軸ではなく南北軸上に伽藍配置がなされていることである.ヴィシュヌの聖室は 12

第 I 章
インド世界の都市

世紀, パーンディヤ Pāndya 朝時代のものである. 17 世紀のナーヤカ Nayak 朝時代に現在の規模まで達した. 長方形の外周壁は 850 メートル×750 メートルに及ぶ. この領域は 7 重のプラーカーラによって囲われており, 外側の 3 重の囲い部分は周囲の町を飲み込んで居住地となっている. 寺院の塀の内側には数多くの列柱ホールや柱廊, 屋根付きの人造池などが連なっている.

主として小倉泰[116]によりながら, その構成を明らかにしよう. その前に, もう一つのヴァーストゥ・シャーストラ, 『マヤマタ』の内容を以下の考察に必要な範囲で確認しておこう. 番号, 小見出しは訳者の B. ダゲンスによるものである.

(1) マヤマタ

『マーナサーラ』が全 70 章からなるのに対して『マヤマタ』[117]は, 36 章からなる. 最初の 10 章がヴァーストゥ (住居) を扱い, 続く 20 章 (11 章～30 章) が建物, 最後の 6 章 (31 章～36 章) が乗物, 座席, 図像を扱う. 『マーナサーラ』の構成とほぼ同じであることは上述の通りである.

村落については, 『マーナサーラ』と同じく IX 章で触れられている. 注目すべき点を列挙すると以下のようである.

村落の名前

9.33b-34 ダンダカ, スワスティカ, プラスタラ, プラキールナカ prakīrnaka, ナンディヤーヴァルタ, パラガ paraga, パドマ, スリープラティシーター srī pratisthita の八つの村落類型がある.

『マーナサーラ』には, プラキールナカ, パラガ, スリープラティシーターの名称がない. また, サルヴァトバドラ, カールムカ, チャトゥールムカが『マヤマタ』にはない.

通り

9.35 すべての村の周辺にある通りはマンガラヴィーティー mangalavīthi と呼ばれる. 寺院, 祭壇は, ブラーフマンの場所と呼ばれる中央に置かれる.

9.36-39a 通りの幅は, 2, 3, 4, 5d (ダンダ) で, 東西の中央通りは 6d. である. 中央を取囲む (廻る) 通りはブラーフマンヴィーティー brahmavīthi と呼ばれる. 村

ヒンドゥー都市の空間構造

の臍である．城門に繋がる通りはラージャヴィーティーrajavithi（王道）と呼ばれる．マンガラヴィーティーは「山車通り[118]」と呼ばれる．小門（第二の門）に繋がる通りはナラカnaracaと呼ばれる．北向きの通りは，クシュードラksudra，アルガラargala，ヴァーマナと呼ばれる．

9.39b　村を廻る通りをマンガラヴィーティー，都市を廻る通り（周回路）をジャナヴィーティーjanavithiと言い，両方とも「車道（山車（ラトヤーrathya）通り）」である．

村落類型

9.40　ブラーフマンのみが居る場所をマンガラ，王子，商人の住む場所をプラ，普通の人が住む場所をグラーマ，修道僧が住む場所をマタという．

9.41-42　ダンダカは，北向き，東向き道路が中央で直交する村落をいう．四つの門を持つ．また，1本の直線道路だけのものもダンダカという．

9.43-45　スワスティカは九つの正方形が重なる図式に基づく（図I-3-23）．すべての周回路は外部の九つの正方形によって引かれる．1本は北東から西そして南，1本は南東から北そして西，1本は南西から東そして北，1本は北東から南そして東へ折れ曲がる．スワスティカの形を踏襲し，4本の大通りを持つ．

9.46　プラスタラには五つのタイプがある．東西通りが3本で，南北通りが3，4，5，6，7本の各タイプである．

9.47　プラキールナカには五つのタイプがある．東西通りが4本で，南北通りが12，11，10，9，8本の各タイプである．

9.48-50a　ナンディヤーヴァルタは，東西通りが5本で，南北通りが13, 14, 15, 16, 17本である．東西南北に四つの門を持つ．ナンディヤーヴァルタに似る．門はその図形の外にある．

9.50b-51a　南北通りが18〜22本で，東西通りが6本のものはパラガと呼ばれる．

9.51b-52　パドマには5種類ある．東西通りが7本で，南北通りが3, 4, 5, 6, 7本[119]，そして20の交差路を持つ．

9.53　スリープラティスシータは，東西通りが8本で，南北通りが28〜32本である．

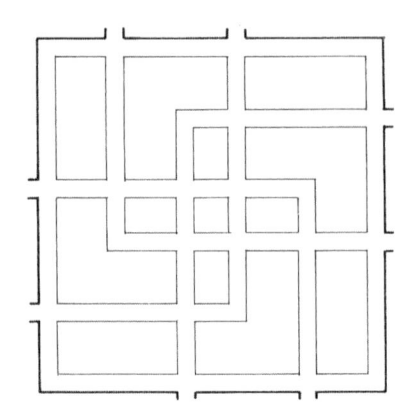

図 I-3-23 ● スワスティカ　Dagens, B., "Mayamata (an Indin treatise on housing, architecture and iconography), Sitaram Bhartia Institute of Scientific Research, New Delhi, 1985.

9.54a　八つの類型以外にスリーヴァトサ srīvatsa などがある.

9.54b-55　すべての（タイプ）村落で，最初に中心（臍）を配置する．サカラ（1×1）からアサーナ asāna（10×10）まで，どんな図式を用いてもよい．

9.56　小さな村落では四つの通り，中くらいの村落では八つの通り，大きな村落では 12 の通りがある．

以上，村落の形態については，極めて明快である．スワスティカが特徴的であるが，基本的にはすべてグリッド・パターンである（図 I-3-24）．スワスティカの図式も 1 案として整合性があり，理解できる．ただ，ナンディヤーヴァルタ（ナーニヤヴァルタ，蛙）の形というのはここでも不明である．

単なるグリッド・パターンではなく，同心方格囲帯の構造を持つことは，「門」についての記述の中に次のようにある．

門

9.57-61a　門はバーラタ，マヘンドラ，ラークササ，プスパダンタ Pushpa-danta の位置に建てられる．四つの排水口はヴィタタ，ジャヤンタ，スグリーヴァ，ムクヤの位置に設けられる．八つの第二の門はブーシャ Bhūsha，プーシャン Pushan，ブルンガラージャ Bhringaraja，ダウヴァーリカ，ショーシャ，ナーガ，アディ

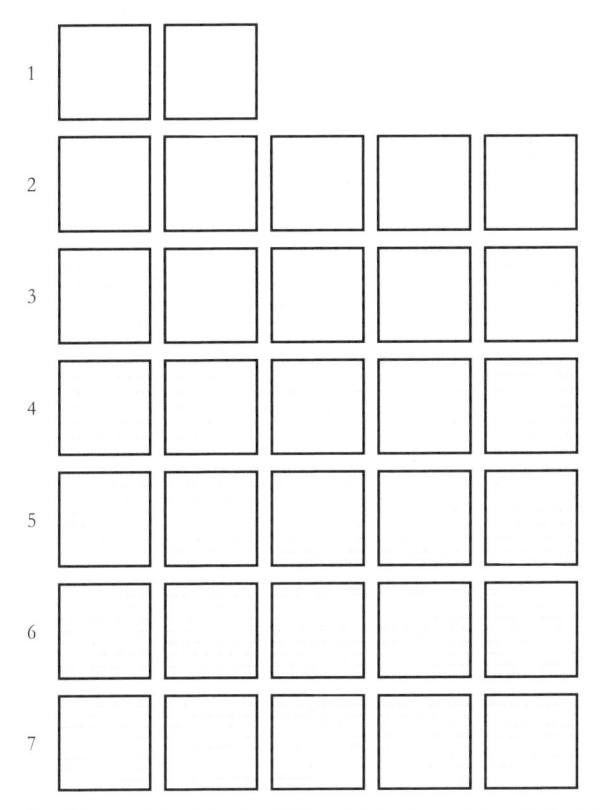

1 ダンダカ 2 プラスタラ 3 プラキールナカ 4 ナンディーヤヴァルタ
5 パラガ 6 パドマ 7 スリープラティスシータ

図Ⅰ-3-24 ●『マヤマタ』の村落類型 （布野修司，朴重信作図）

ティ，ジャラダ Jyarada の位置に建てられる．扉の幅は，3, 5, 7 ハスタ，高さはその2倍，1.5倍，1.75倍とする．すべての村落は塁壁と濠で囲われる．最良の村落は川の南河岸に位置する．

9.61b-63　81区画および64区画の場合，中心のブラーフマン地区から順にダイヴァカ，マーヌシャ，パイーサチャの囲帯が決められる．ブラーフマンは，ダイヴァカ，マーヌシャに住み，職人たち，また再生族も，パイーサチャに住む．寺院もまた，パイーサチャに東から順に建てられる．

第Ⅰ章
インド世界の都市

　形態について，続いて都市をみよう．都市についても，『マーナサーラ』と同じく10章に記載がある．まず，都市の規模が概説されるが(10.1-12)，都市(ナガラあるいはプラ)には，王都(ラージャダーニ)，一般の都市ケヴァラがある．

　名称として以下のものが定義されている(定義　10.26b-36a)．ケタにはシュードラが住み川もしくは山の近くに位置する．カルヴァタは，山に囲まれ，四姓すべてが住む．ジャナスターナクブジャ janasthānakubja は，ケタとカルヴァタの間に位置し，数多くが住む(10.26b-27)．パタナは，他国の生産物が見られる沿岸部の港市都市である(10.28-29a)．シビラは敵国に近いところにある要塞都市である10.29b-30a)．セナームカは多くの種々の人々が住み，王宮もある．守備隊によって要塞化されている(10.30b-31a)．スターニーヤは王によって造営され，川か山の近くに位置する．王宮を持ち守備隊を持つ (10.31b-32a)．川の両岸に沿って発展し，あらゆる商人，人々が居住するのがドロナムカである (10.32b-33a)．村落の近くに立地するのはヴィダンヴァ vidamba である．森の中央に位置するのはコトマコラカ kotmakolaka である(10.33b-34a)．ニガマは，四姓が住み，あらゆる階層，多くの工人が住む都市である (10.34b-35a)．スカンダーヴァーラは森林あるいは川に近く，多くの人口が住む．王宮がある．隣接するものをセリカー cerikā という (10.35b-36a)．

　ここで，ラージャダーニ，ケヴァラ，プラーナど一般名称も含めて，ケタ，カルヴァタ，ジャナスターナクブジャ（クブジャカ），パタナは『マーナサーラ』と同じである．続いて要塞についても立地に関して七つの類型 (山城，森城，水城，平城，砂漠城，自然要塞，混合要塞) が挙げられるが特に名称はない．ただ，シビラ，セナームカ，スターニーヤ，ドロナムカ，(コトマ)コラカ，ニガマ，スカンダーヴァーラは，『マーナサーラ』ではすべて要塞の類型として挙げられているものである[120]．具体的な形態が記述されないのも同じである．最後に記述されるが(10.92)，結局，村落，都市を含めた居住地類型は，スターニーヤ，ドゥルガー[121]，プラ，パタナ，コトマコラカ，ドロナムカ，ニガマ，ケタ，グラーマ，カルヴァタの10種だという．

　『マヤマタ』の特徴となるのは，続いて「都市計画」の手法，街路体系・街区区分がまとめて記述されていることである．また，具体的に「バーザール(市)」の配置が記述されていることである．

都市計画

10.51b　さて，すべての都市のプラン（平面（計画）図）を順に示そう．

10.52-53　通りの数は，東西，南北とも 12, 10, 8, 6, 4, 2 本が適切である．奇数，11, 9, 7, 5, 3, 1 本もある．図式が奇数か偶数かに従って，アジャ Aja のための区画の数は 2, 3 あるいは 1 (?) となる．

10.54-61　1本の通り（東西）がある場合，①ダンダカである．この通りが中央で北から来る別の通りと直交するものは②カルタリダンダカ kartaridandaka である．2本の舗装通り（東西）がある場合は③バーフダンダカ bāhudandaka である．東西南北に四つの門があり，中央通りの両側に数多くの舗装通りを持つならば④クティカームカダンダカ kutikāmukadandaka である．東西，南北3本ずつ通りを持つ場合，⑤カラカーバンダダンダカ kalakābandhadandaka という．3本の東西通りが幾つかの小路分けられるならば，⑥ヴェディバドラ vedibhadra と言い，すべての都市類型に適している．⑦スワスティカは村落の場合と同じであるが，多くとも東西，南北通りは各々6本までである．

10.62　四つの南北通り，ブラーフマン区画の周回路，3本の東西通りからなるものを⑧バドラカ bhadraka という．これはすべてのタイプの都市に適している．

続いて，東西，南北（大）通りの数によって，⑨バドラムカ bhadramukha（5本×5本），⑩バドラカリャーナ badrakalyāna（6本×6本），⑪マハーバドラ mahābhadra（7本×7本），⑫ヴァーストゥスバドラ vāstusubhadra（8本×8本），⑬ジャヤーンガ jayānga（9本×9本），⑭ヴィジャヤ vijaya（10本×10本）に機械的に分けられている．そして，最後に⑮サルヴァトバドラ（11本×11本）がやや詳しく説明される．

10.71-75a　東西，南北，11本の通りからなる．王宮はブラーフマン区画の西に位置する．その前に大きな空地がある．女王の住居（アンタプラ anthapura）はよく選んだ地に，残りのすべても適宜配置する．ブラーフマン区画から北および東へ延びる通りは王道で，両側に王の従者たちが住むマーリカ mālika である．マーリカの彼方の，両側は商人たちの居住区で，南に織工たち，北に陶工たちが居住する．また，この傍には低いカーストが住む．他は，前に定める通りである．

10.75b-76　以上の 16 種類は古老・賢者による．通りは中断されず，交差点は都市の中央には設けられない．配置されていないものすべてについては，王の要

第Ⅰ章
インド世界の都市

請に従って, 賢者によって実行される.

『マーナサーラ』にいうサルヴァトバドラという村落類型がここで具体的に形態を与えられている. 16種と言うが, 確認できるのは以上の15種である.「通りは中断されず, 交差点は都市の中央には設けられない」という一文が注目される. バーザール (アンタラーパナ antarāpana) についての記述は以下のようである. バーザールと小見出しが付されるが, 居住区, 寺院の配置についても記載がある.

バーザール

10.77–79 居住地, バーザールの配置はすべての都市類型に適用される. 周辺に山車通りがあり, その内側は商人の居住区である. 南に織工たち, 北に陶工たちが居住する. 多くの工人たちは, その通りに沿って居住する.

10.80–86a ブラーフマン区画の周囲を通りが廻り, キンマ, 果物, 貴金属のバーザールとなる. イーサの区画とマヘンドラ門の間に肉, 魚, 乾物, 野菜, マヘンドラ門とアグニの区画の間に固形・流動食品, アグニとグリハクシャタ Grihakshata の間に鋳物, グリハクシャタとニルティ Nirriti の間に銅製品, ピトリとプスパダンタの間に衣服, プスパダンタとサミーラナ Samīrama の間に豆, 米, 飼い葉, ヴァーユとバーラタの間に織物とその材料, 塩, 油など, バーラタとイーサの間に香水, 花卉, 全部で九つのバーザールがある.

10.86b–87 中央に向かう通りに沿って, 宝石, 金, 衣服, 染料, 黒胡椒, 菩提樹の種, 石黄, 密, ギー (バター脂肪), 石油, 薬のバーザールが並ぶ.

10.88–80 シャーストル, ドゥルガー, ラクシュミーは, それぞれアーリヤ, ヴィヴァスヴァト, ミトラの位置に奉られる. この彼方の全周囲に, 寺院が村落と同様配置される. 四姓の住居は少し離されて配置される. チャンダーラとコリカの小屋は, 町から東と南西に 200d. 離して建てられる.

10.91 ここで記載しないことは村落についての記載に従う. パタナの場合, バーザールのない直線通りが一つある. 他の都市については個々の場合に従う.

以上は, 図I–3–25 のように示される. ブラーフマン地区から順にダイヴァカ, マーヌシャ, パイーサチャの同心囲帯を想定すれば分かりやすい.

さて, シュリーランガムの都市形態を読み解くための, そして本書全体についての準備は以上のようである.

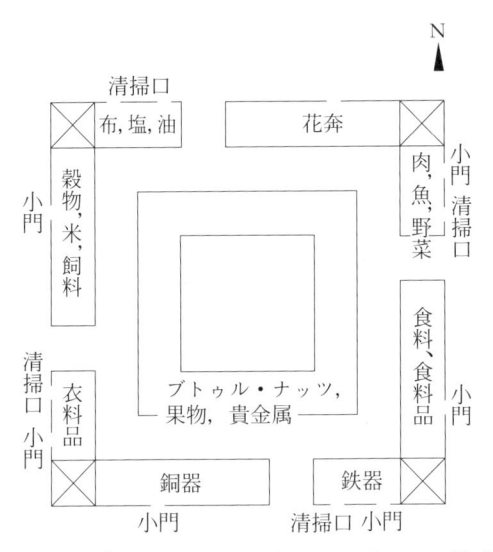

図 I-3-25 ●『マヤマタ』におけるバーザールの構成：
Dagens, B., "Mayamata (an Indin treatise on housing, architecture and iconography), Sitaram Bhartia Institute of Scientific Research, New Delhi, 1985.

(2) シュリーランガムの都市形態

　シュリーランガムの起源は，この寺院に代々伝えられる『コイル・オルグ』やプラーナ文献，シャンガム（サンガム）Sangam 文献から推測されるのみであるが，紀元3世紀頃から，遅くとも紀元7世紀以前から存在してきたと考えられている[122]．碑文資料が残されているのはチョーラ王国時代の10世紀以降で，パラーンタカⅠ世（907年頃～953年）の碑文が最も古い．チョーラ王国の王たちがこの寺に数々の寄進を行なったことが記録に残されている．

　チョーラ王国が衰えると，短期間オリッサ Orissa を拠点としたガンガ朝の占拠を受けた（1223～1225年）後，パーンディヤ王国，そしてホイサラ朝の支配下に置かれる．1292年にマルコポーロがこの地を訪れたことが知られる．

　1311年にマリク・カーフィールによってパーンディヤ王国が崩壊すると，シュリーランガムもムスリムに占拠される．多くの彫像財宝がデリーに持ち運ばれ，1323年にはモハメッド・トゥグルグが寺院を要塞に転用している．

1365年から1370年にかけて，ヴィジャヤナガル朝のクマーラ・カンパナ Kurmara Kampana がマドゥライのムスリム政権を打倒し，寺院は復興される（1371年）．シュリーランガムが現在の形態をとるのは，このヴィジャヤナガル朝の時代，15世紀から16世紀にかけてのことである．

ヴィジャヤナガル朝が衰えると，マドゥライとタンジャーヴール Tanjavur のナーヤカ政権がその支配を引き継ぐ．タンジャーヴールのナーヤカ，アチュタッパは，17世紀初頭に，ヴィマーナ[123]を黄金で被覆し，プラーカーラ（囲壁）やゴープラ（楼門）を修復し，数多くのマンダパ mandapa[124]や園林を造営したという．また，17世紀中葉には，チョッカナータ・ナーヤカは，ブラーフマンの居住区を整備したという．

ナーヤカ政権の後，アルコットのナワーブ nawāb[125]（太守）に支配は移る．その後，英仏軍の抗争，マラータ Marathas 勢力の侵入，ハイデラーバード Hyderābūd のニザーム（統治者）の攻撃などが続き，1801年に英国がカルナータカを併合すると，シュリーランガムはイギリスの徴税官ジョン・ワレスの管理のもとに置かれることになる．

以上に概観するように，激動の歴史を経てきているのであるが，シュリーランガムは，七つのプラーカーラ（囲壁）が同心方格状に廻らされる，極めて整然とした骨格を残している（図 I-3-26）．

七つのプラーカーラのうち，内側四つが寺院の領域を取囲む．第一のプラーカーラの建設はラージャマヘンドラ王（在位1060～1063年）の造営とされる．第二のプラーカーラは，ジヤーダヴァルマン・スンダラ・パーンディヤⅠ世（在位1251～1268年）が黄金で被覆したというからそれ以前に造営されている．第3プラーカーラは，13世紀に，パーンディヤ王から寄進されたという．そして，第4と第5，第五と第六，第六と第七の間が住宅地となっている．それぞれの中央を，ウッタマ通り，チッタレイ Chitrai 通り，アダヤヴァランジャン通りが走る．第六のプラーカーラが造営されたのは，13世紀のホイサラ朝，14世紀のパーンディヤ王国の王によるというから，14世紀までにある程度の規模に達していたと考えられる．第七のプラーカーラは，ナーヤカ時代に計画されたものであるが，未完であり，1980年代になって完成されたものである．第四のプラーカーラの各辺のほぼ中央から，東西南北に軸線道路が走り，巨大なゴープラを貫く．主神ヴィシュヌ

ヒンドゥー都市の空間構造

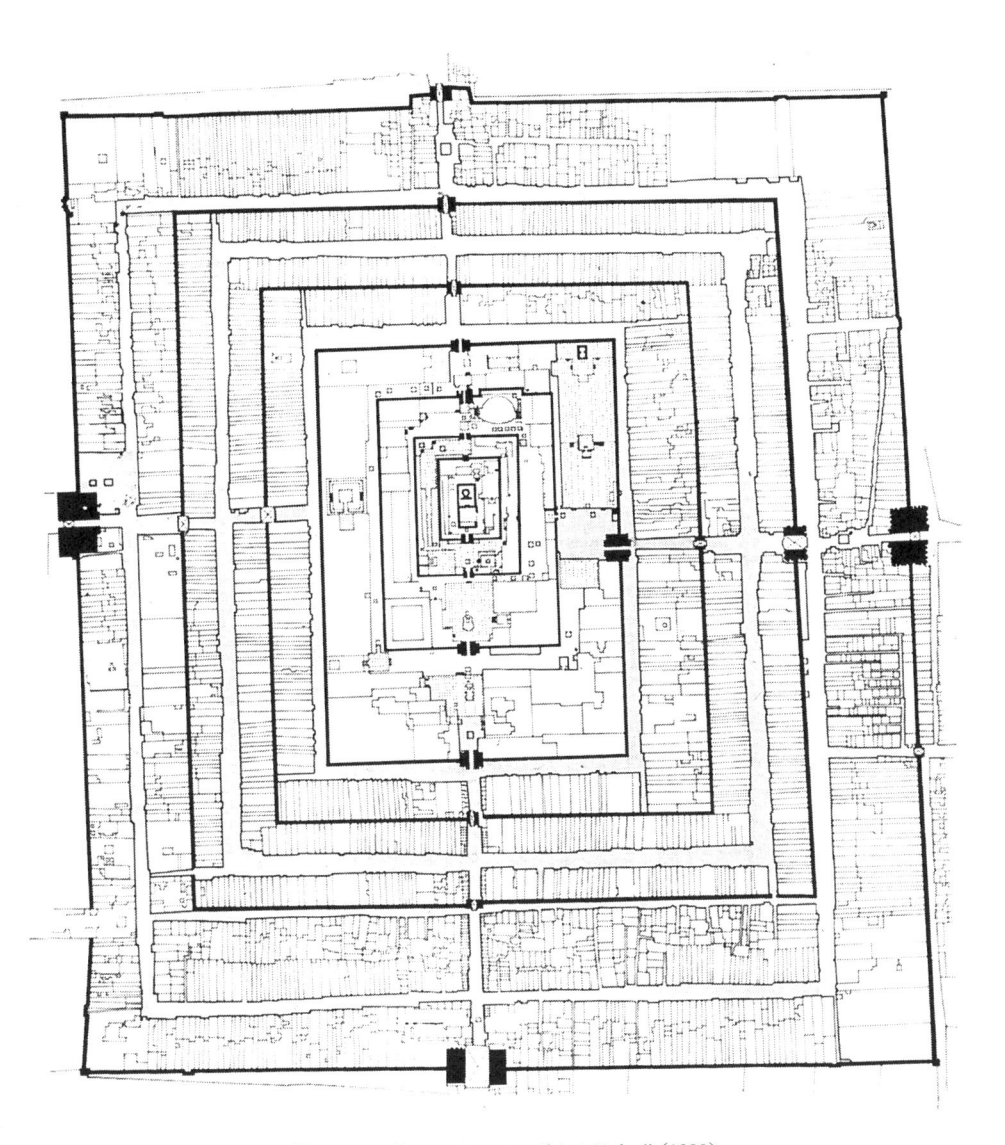

図 I-3-26 ●シュリーランガム：Tadgell (1990)

第Ⅰ章
インド世界の都市

は南向きに横たわることから，本殿の正門は南に置かれ，南には一際大きなゴープラが聳える．

　まず，想起されるのは，中央の神域をダイヴァカ，マーヌシャ，パイーサチャの三つの同心囲帯で囲む，『マーナサーラ』に記述された村落類型の一つナンディヤーヴァルタあるいはサルヴァトバドラの記述である．また，それを前提としたと思われる『マヤマタ』の記述も参考になる．

　まず，『マーナサーラ』，『マヤマタ』あるいは『アルタシャーストラ』の都市モデルとシュリーランガムとの違いはプラーカーラの有無である．すなわち，『マーナサーラ』などの村落モデル，都市モデルの記述にプラーカーラの記述はない．プラーカーラが記述されるのは，寺院の境内，伽藍の構成についてである．『マーナサーラ』には，XXXI章「境内」，XXXII章「眷属神の寺院」，『マヤマタ』では第23章にその記述がある．

　シュリーランガムは，すなわち，寺院の伽藍が拡大したもの，寺院が居住区画を取り込んだものであって，必ずしも，『マーナサーラ』や『マヤマタ』が類型化する都市モデルに従って，計画されたものではないことは明らかである．しかし，寺院の設計も村落・都市の設計もヴァーストゥ・プルシャ・マンダラに基づいて行なわれる．プラーカーラの存在が，むしろ，その空間分割システムを明確化していると考えることができる．

　第四プラーカーラから第七プラーカーラまで，プラーカーラで囲われる居住区画（ダイヴァカ，マーヌシャ，パイーサチャ）を見ると，ダイヴァカ区画は内側にプラーカーラに沿う形で周回路が設けられている．そして，マーヌシャ区画は，中央に周回路が設けられ，両側に短冊状に敷地が割られている．パイーサチャは，いささか複雑で，北，東，南は，内側のプラーカーラに沿って通りが設けられ，南と西は，中央に通りが設けられている．パイーサチャの乱れは，上述した建設時期のずれによると考えられる．

　居住区画の中央に通りを設け，両側を敷地割りする方法はごく自然で，普通に行なわれていたと考えられる．『マーナサーラ』のサルヴァトバドラの記述に「パイーサチャの区画には，すべての区画を通るやや小さい通りが走っている．この通りは両側に歩道を持つか，蛙の形（ナーニヤヴァルタ）をしている．」(B3)という記述がある．また，ナンディヤーヴァルタの記述に「パイーサチャの区画はナン

ディヤーヴァルタ（蛙）の形を採る．東の車道は北から東，南の道は東から西，西の道は南から北，北の道は西から東へ走る．」(C4) という記述がある．「蛙の形」というのは，中央通りの両側を短冊状に割っていく形，すなわち前述したがフィッシュボーンの形をいうのではないかというのが，シュリーランガムという実例の存在からの推測となる．シュリーランガムのプランからプラーカーラを取り去り，適宜，東西，南北に通りを連結すれば，サルヴァトバドラ，ナンディヤーヴァルタの街路パターンをイメージすることができるのである．

さて，『アルタシャーストラ』は極めて理念的に四姓の棲み分けを示すのであるが，シュリーランガムにおいてもジャーティ毎の棲み分けは今日も見られる．小倉泰の調査（1994年）によれば，内側のウッタマ通りには，北半分にブラーフマンのスターニカ Sthānika（本殿に水を運ぶ者，神に捧げる供物を調理する者など），西側の南半分にウッタマ・ナンビが，東側の南にはアライヤール（神の賛歌の歌い手）が居住する．チッタレイ通りには，南側と西側にパンダーリたちが居住し，北側の東半分にスターニカたち，西半分にはアルチャカのうち三つのゴートらの者たちが居住する．東側の南半分・街路の東側に，かつて，ヴィジャヤランガ・チョーカ・ナーヤカの宮殿があったという．また，祭礼に関わる山車蔵があるのはチッタレイ通りである．

アダヤヴァランジャン通りには主として寺院に関係する職人たちが住む．南通りの西半分に金細工職人，東半分に花屋，西側通りの北半分にヴェッラーラ Vellala と呼ばれる農業カーストと仕立屋，東側通りの北半分に楽師，舞踊家など，南半分に薪業者などが，棲み分けながら居住する．第七プラーカーラの外側には，守衛，掃除人，船頭（南西），壺屋（北東），洗濯屋（東），その他アウトカーストが住む．

北側にブラーフマンが居住すること，内側に寺院に関係する人々が居住することが分かる．南東のマーヌシャ区画にあったという王宮の位置については，東北にあったとする『アルタシャーストラ』，西，あるいは北東，北西にあったとする『マーナサーラ』のナンディヤーヴァルタの記述，西にあったとする『マヤマタ』のサルヴァトバドララの記述には合わない．各職種，ジャーティの分布も，各ヴァーストゥ・シャーストラの記述は一致するわけではない．

4
東南アジアのヒンドゥー都市——インド的都城の展開

　東南アジア地域の「インド化」が開始されるのはおよそ紀元前後のこととされる．「インド化」とは，インド世界を成り立たせてきた原理あるいはその文化が生んだ諸要素，具体的には，デーヴァラージャ（神王）思想，ヒンドゥー教・仏教の祭儀，プラーナ神話（ヒンドゥー教の聖典），ダルマ・シャーストラ（ヒンドゥー教の法典），サンスクリット語，さらに農業技術，建築技術……などが伝播し，受容されることをいう．最初に「インド化」という概念を提出して東南アジアという地域とその歴史に枠組みを与えたのはセデス（1886〜1969）である[126]．また，セデスと並ぶ東南アジア古代中世史の開拓者であるインドネシア古代史のN. J. クロム Krom（1883〜1945）も，「インドネシア群島の歴史はインド人の渡来をもって開幕する」という[127]前提に立っていた．「インド化」がはっきり表面化するのは4〜5世紀頃[128]で，さらに7世紀から13世紀にかけて，東南アジアは，インド文明とりわけヒンドゥー教によって席巻されることになった．

　「インド化」以前の東南アジアには，水田稲作，牛・水牛の飼育，ドンソン Dong-son 青銅器文化，鉄の使用，精霊崇拝，祖先信仰……など，ある共通の基層文化が存在していた．セデスは，それを「先アーリヤ文化」と呼ぶが，その段階でもインド亜大陸と東南アジアとの頻繁な交流はあり，例えば，水牛はインド東部で家畜化されて伝来した可能性が高い．インド文化の諸要素の伝来については，インド亜大陸の先住民であるオーストロアジア語族系集団がアーリヤ人の進入とともに移動し，その文化を東南アジアにもたらしたという説が有力である．

　このセデスの「インド化」あるいは「インド化された国家」をめぐっては，冒頭（はじめに）に触れたように，ギアツの「劇場国家論」やウォルタースの「マンダラ

論」,さらに S. J. タンバイヤの「銀河系政体論」[129],矢野暢らの「小型家産国家論」[130]など,様々な議論がなされてきている[131].王権のかたち,歴史のフレームをめぐって,さらに細かくは,カースト制は何故東南アジアには伝えられなかったかなど,東南アジアの「インド化」を巡る議論は興味深いが,ここで焦点とするのは都市の形態である.すなわち,都市のかたち,その空間のあり方と「インド都市」との関係,インド的都城の理念の移入,受容が視点となる.

『アルタシャーストラ』や『マーナサーラ』などが理念化するインド的都城の形態をそのまま実現したと考えられる例は,インドにおいては,すでに見たシュリーランガム,続いて見るマドゥライ(II章),ジャイプル(III章)を除くとほとんどない.しかも,シュリーランガムにしても,マドゥライにしても,今日確認できる形態は15世紀以降の建設である.ジャイプル,チャクラヌガラは18世紀初頭の建設である.上述したように,インド最初の統一帝国を打ち立てたマウリヤ王朝の首都パータリプトラが栄えた時代,すなわち,チャンドラグプタ王の宰相カウティリヤが『アルタシャーストラ』を書いた時代の後は,インド亜大陸については,シルカップのような事例以外,発掘調査の遅れや文献の偏りもあって,13世紀に始まるムスリム支配期以前にさかのぼって都城の展開をたどることはできない.

従って,インド的都城の理念を窺うという意味では,7世紀から13世紀についての東南アジアは極めて興味深い.支配の正統性の根拠を都城の形態として表現する必要性は,その理念を生んだ王権の中枢よりは周辺において必要とされる,というのは一つのテーゼである.

セデスは,「インド化」の各地域における様相を時代ごとに輪切りにしながら[132],各地の碑文,文献の記述を照合している.そして,千原大五郎[133]は,このセデスの時代区分を下敷きにしながら,東南アジアに残る都市遺構,建築遺構を総覧している.ただ,現存する7世紀以前にさかのぼるヒンドゥー建築,都市の遺構はほとんどないし,12世紀以前については,都市の具体的形態を詳細に明らかにできる事例はそう多くはない.

13世紀半ば以降,東南アジアを席巻してきた「インド化」の流れ,「サンスクリット文化」は勢いを失う.代わって,支配的になるのは南方上座部仏教である.これを「シンハラ(スィンハラ)化」と呼んで「インド化」と区別する主張もある

第 I 章
インド世界の都市

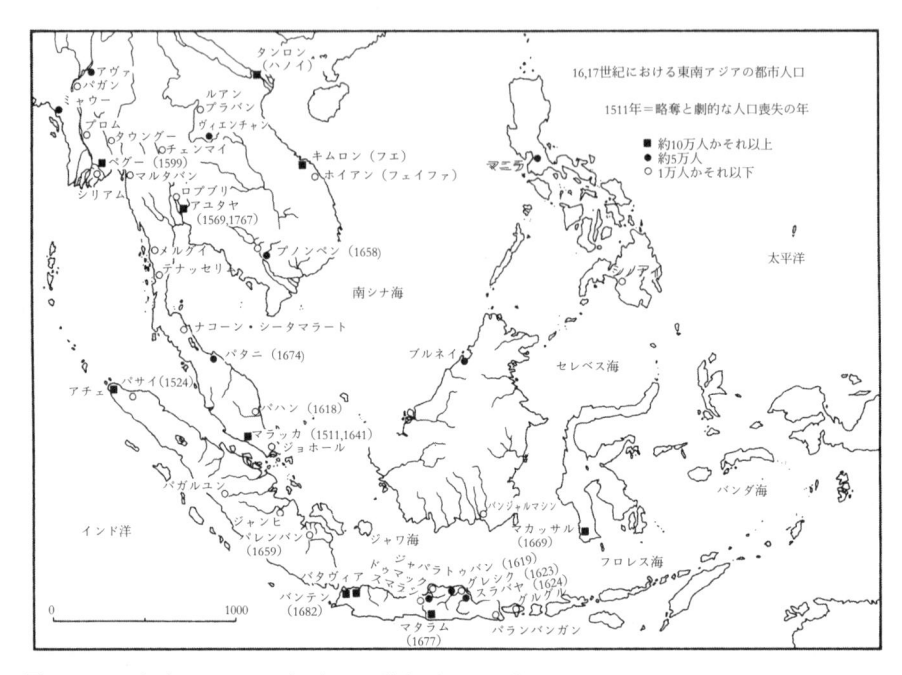

図 I-4-1 ● 東南アジアの都市 16世紀末～17世紀　Read, R. "Southeast Asia in the Age of Commerce 1450–1680 Volume Two: Expansion and Crisis", Yale University Press, 1993

が，上座部仏教も大きくは「インド化」の一環である．ただ，明らかに担い手の交代があり，13世紀半ばからの1世紀をセデスは「タイ人の世紀」と呼ぶ．注目すべきは，この転換と，元（大元ウルス）の東南アジアへの侵攻が連動していることである．ユーラシア全体に及んだこの「モンゴル・インパクト」は，「世界史」を成立させることになるが，東南アジアもモンゴル・システムに巻き込まれることになる．単に，タイ人に主導権が移行したというにとどまらないのである．

そして，A. リード[134)]のいう「交易の時代」が次の大きな区切りになる．リードは，15世紀末から17世紀にかけての「交易の時代」に先だって東南アジア各地に存在した都市について，諸文献を整理してまとめている[135)]（図 I-4-1）．ここに挙げられる諸都市が検討の対象となるであろう．

内陸の都市であれ港市都市であれ，こうした東南アジアの都市の構造は基本的に同じであり，宇宙の構造を映すべく建設されたものだとリードはいう．タンロ

ン Thang-long しかり,ビルマ(ミャンマー)のペグー(バゴー),アヴァ(インワ),アマラプラ,マンダレーしかり,アユタヤしかり,である.本書で焦点を当てるべきは,こうした「宇宙の構造を映すべく建設された都市」である.

　本節では,東南アジアの「インド化」国家の核心域を大きく地域区分をして,主要な王朝を軸にして,その首都,拠点を概観しよう.東南アジアという歴史的空間をどう区分するかは容易ではないが,日本において初めて編まれた「東南アジア史」講座[136]は,「歴史圏」という概念によって地域区分を行なっている[137].東南アジアの伝統的な政治圏は,境界のはっきりしない,中心と周辺の関係のみによって成り立つ圏的な空間である[138].政治的・文化的中心都市があり,その中心都市を模範とし文化的に従属する周辺地域があり,中心からの文化的影響は水紋が広がるように拡散し,ついには消える.「歴史圏」は,a. 共通する自然環境要素の分布圏,b. 共通の生活文化要素と文化価値の分布圏,c. 物産流通のネットワーク圏,d. 一定の言語集団の分布圏,e. 秩序を伴った外世界の文明要素が導入され,既存の文化層の上に複合された文化・文明構造を共有する圏,f. 文化的複合を象徴して体現する中心的な都市が存在し,その都市が提供する文化文明複合を模範として享受する諸地域政体が集合した圏,といった特性を持つが,ここでの関心となるのは e.f. で定義される「歴史圏」である.

　秩序を伴った外世界の文明要素が導入され,最初に都市が成立するのは海域世界に接する沿岸部である.沿岸部に存在する各地の産物の集散地に交易拠点としての都市が成立し,外文明を受容れる窓口になるのであるが,その場合,文明の象徴として,インド的な都市,あるいは中国的な都市が模倣された,と考えられる.東南アジアで最も古い「インド化」国家とされるフナン Funan(扶南)は,メコン Mekong・デルタの中流域から河口に位置し,南シナ海とタイ湾を中継し,さらにジャワ海を通じて東インドネシアと繋がっていた.中部ベトナムのチャンパー Champa もまた南シナ海とタイ湾を繋いだ.5 世紀以後,ベンガル Bengal 湾と南シナ海を結ぶ交易が発展し,マラッカ海峡ルートが成長する.そして,7 世紀にはメインルートとなることによって栄えたのがパレンバン Palembang を中心都市とするシュリーヴィジャヤであり,ジャワを拠点としたシャイレーンドラ Śailendra である.

　7 世紀以降になると,沿岸部を離れた後背地に沿岸港市と直結する形で陸の河

第 I 章
インド世界の都市

川港市国家が生まれる．この河川港市国家は，沿岸港市を通じて外文明の要素を取り入れて，平原・山地に広域「歴史圏」を形成する．すなわち，「歴史圏」は大規模な河川の流域を単位としておよそ把握することができる．

主要な「歴史圏」となるのは以下である．

A　紅河デルタ

B　メコン河流域・カンボジア平原

C　チャオプラヤー Chao Phraya 河流域・中央タイ段丘・コーラート Khorat 平原

D　エーヤーワディ（イラワジ）河流域・ビルマ平原

E　中東部ジャワ盆地

とりわけ興味深いのは，クメール Khmer のアンコール，タイのチェンマイ，スコータイ，アユタヤ，そして何よりも，「転輪聖王」を標榜したビルマの諸王の建設した王都である．19世紀半ばに建設されたマンダレーは，まさに「曼荼羅」を意味し，その形態は一つの都市の理念型を今日に伝えているのである．

4-1 海域沿岸部：フナンとチャンパー

古来，外文明世界を運んだのは海であり，それを地域世界へ媒介したのは海域沿岸部に立地した港市国家，港市都市である．

2世紀の地理学者プトレマイオス Ptolemaeus Claudius が，インドの半島部について幾つもの港町を記していることはよく知られている．また，それに先だつ1世紀にギリシア語で書かれた『エリュトラー案内記』[139]（以下『案内記』）が半島南端部の港町により詳しく触れている[140]．古くからインドとローマを繋ぐインド洋ネットワークは成立していた[141]．そして，インドと東南アジアを結ぶベンガル湾ネットワークも開かれてきた．『案内記』は，コロマンデル Colomandel 海岸（インド東海岸）の諸港を記すが，中でもポドゥーケー Poduka[142] に比定されるポンディシェリー Pondicherry 南郊のアリカメードゥ Arikamedu の遺跡からは，マレー半島，ジャワ，ベトナムなどでも発見される回転紋付土器やビーズが発見されている[143]．他に，パッラヴァ Pallava 朝の都カンチープラム[144] の外港であったマーマッラプラム Mamallapuramu（マハーバリプラム Mahabalipuram），その南10キロメートル

にあるヴァサヴァサムドラム，タミルのチョーラ王国の第二の首都とされるカーヴェーリパッティナム（カマラー），パーンディヤ王国の都マドゥライを流れるヴァイハイ Vaigai 河の河口に位置するアーリヤハンクラムなどからも同様に東西交易を示す遺物が出土している[145]．

一方，中国から南インドへ向かうルートについて『漢書』地理志が書いている[146]．南シナ海から，タイ湾に入り，マレー半島を陸路横断してベンガル湾に抜けている．目的地「黄支国」はカンチープラム（コンジェーヴェラム Conjeeveram）とされる．中国資料から見ると，紀元前1～紀元2世紀に西方世界と東アジア世界を結ぶ港市国家群のルートが生まれ，3～4世紀以降になると，それらの港市国家群によって東南アジア域内の生産物がこのルートに結びつけられるようになる[147]．東南アジアの「インド化」はこの交易ルートによって行なわれることになった．

前述したように，東南アジアで最も古い「インド化」国家とされるのは，フナンである．フナンは古クメール語で「山」を意味するブナム Bnam の音写である．メコン・デルタを支配域とし，ヴィヤーダプラ Viyādapura（特牧城，タームラプラ）に都[148]を置いた．フナンに関する史料は少なく，その詳細は不明であるが[149]，紀元前1世紀頃に成立し，4世紀に至って急速に「インド化」を進めたと考えられる[150]．その隆盛は6世紀中葉まで続き，メコン中流域，チャオプラヤー川流域，マレー半島東岸域にまで勢力を伸ばすが，7世紀に入って勃興してきたクメール（真臘）によって，北方のアンコール・ボレイ Angkor Borei（那弗那城）に都を押しやられ（627年頃），やがて併合された．

遺構としては，オケオ（オクエオ）Oc-éo 遺跡[151]が知られる．オケオとはクメール語で「宝石の川」を意味し，フナンの内外を結ぶ交易拠点であった．アントニウス・ピウス帝（在位138～161）やマルクス・アウレリウス帝（在位161～180）時代のローマ・コイン，漢代の銅製鏡，イランやクシャーナ Kuṣāna（クシャン Kushan）朝の工芸品など諸地域の文物が出土することから，オケオは2世紀頃すでに遠くローマから中国に至る東西交易ネットワークに位置付けられていたことが知られる．

港市都市オケオは，縦横3キロメートル×1.5キロメートルの矩形をなし，縦軸は磁北から30度東に振れている．周囲は5重の堤防と濠で囲われ，縦軸方向中央を運河が貫通している．リンガ liṅga やヴィシュヌ像，ガネシャ座像，仏像などの

第Ⅰ章
インド世界の都市

出土品から南方上座部仏教も伝来していたことが分かるがヒンドゥー教が卓越していたと考えられている．

5世紀に入ると「インド化」は島嶼部を含めて東南アジア各地に及ぶ．セデスの言う「第二次インド化」である．この時期，グプタ Gupta 朝 (320～550年頃) やパッラヴァ朝 (4～9世紀) の文化が組織的に東南アジアに伝えられたと考えられている．

東南アジア大陸部の南シナ海沿岸部において，フナンに続いて「インド化」国家となったのがチャム族のチャンパー (林邑) である．その歴史は通常，林邑期 (192～758年)，環王期 (758～860年)，占城期 (860～1471年) に分けられるが，2世紀末[152]から最終的には19世紀中葉まで存続する．

林邑期の中核域は，ベトナム中部のチャーキュウ (茶蕎)，ミーソン Mỹ-Son，ドンズオン (桐楊) の一帯でアマラヴァーティー Amarāvatī (旧州) とサンスクリット語名で呼ばれている地域である．林邑の王都と目されているチャーキュウ遺跡は，1927～28年にフランス極東学院の J. Y. クレイ[153]によって初めて発掘され，近年初期の居住が2世紀にさかのぼることが確かめられて，中国史書に言う国都典冲，碑文に言うシンハプラ Simhapura であることが確認されつつある．ただ，出土品にインドとの関係を示すものはほとんどなく，その成立については，先行するサーフィン文化も含めてむしろ中国の影響，漢化の要素が指摘される[154]．ベトナムの南シナ海沿岸部は古来中国の影響が強い．特に北部は紀元前111年に漢の武帝に征服され，その支配下に置かれている．林邑も中国に繰り返し朝貢を行なったことが記録に残されている．チャーキュウには東西約1.5キロメートル，南北約550メートルの方形の城郭が残されているが，その構成の詳細は不明である．

チャンパーにおいてインド文明の組織的受容が確認されるのは4世紀末からである．サンスクリット碑文によってバドラバルマンⅠ世がクアンナム南西のミーソンにシヴァ神を祀る神殿を建立したことが知られている．現在ミーソンに残る遺構はほとんどがカラン kalan と呼ばれるヒンドゥー教の祠堂である．中国の冊封体制に組み込まれる一方で「インド的原理」が受容されたのは，ある意味では，「脱中国」のための対抗原理としてである．また，チャンパーもまたフナン同様，遠く西アジア，インドと南中国沿海地方を結ぶ中継貿易を発展させた．しかし，北方から繰り返し加えられる中国の圧迫のため国勢は必ずしも伸展しなかった．

環王期になるとチャンパーの中核域は南のカインホア Khanh Hoa, ファンラン Phan Rang（パーンドゥランガ Panduranga）周辺に移る．フナンの衰退と隋唐王朝の成立がその背景にある．林邑が「占城」（チャンパープラ Champapura, チャンパーナガラ Champanagara）[155]を都城として環王と国号を改めたと中国史書（『新唐書』「環王伝」）はいう[156]．ホアライには802年頃王位についたハリヴァルマン Harivarman I 世が建立したというカラン群が残っているが，この環王がどこを拠点としたかははっきりしない．桃木至朗[157]は，環王を，それぞれ王を戴く複数の地方政体の流動的・非制度的連合，ウォルタース[158]の言う「マンダラ」であると理解する．環王は，ジャワのシャイレーンドラ朝の2度にわたる侵略を被り，中心都市ヴィーラプラの寺院が徹底的に破壊され滅びた．

占城期になると中核域は再び北のアマラヴァーティーに移動する．860～875年王位に就いたインドラヴァルマン Indravarman II 世が，インドラプラ Indrapura（ドンズオン）に広大な仏教寺院を建てて王都とした．中国の史書はこの王朝から後のチャンパーを占城の名で記す．インドラヴァルマン I 世は大乗仏教を奉じたとされ，この時期チャンパーでは唯一仏教の興隆をみている．

10世紀半ばに北方のベトナムが中国から独立すると，占城は，西のアンコール朝およびベトナムと激しい抗争を演じることになる．10世紀末，新興の前レ（黎）朝ベトナムに侵攻されて甚大な損害を被り，インドラプラを放棄してヴィジャヤ Vijaya（新州，現ビンディン）に遷都する．988年頃インドラヴァルマン I 世がヴィジャヤで即位している．以降，15世紀までヴィジャヤがチャンパーの中心となる．1069年にはリ（李）朝ベトナムによってヴィジャヤが一時攻略され，12世紀には西方から侵攻したアンコール朝のスーリヤヴァルマン Sūryavarman II 世にも支配された（1145～49年）．また，13世紀後半には元朝のモンゴル軍にも侵略された．15世紀にはレ（黎）朝ベトナムによってヴィジャヤを占領され，クアンナム Quang Nam 以南もその保護領となった．17世紀にはカウターラ，パンデュランガなどの残存拠点都市もベトナム人の南進によってすべて失われることとなった．

東南アジア大陸部南シナ海沿岸部に成立した「インド化」国家フナンおよびチャンパーの帰趨は以上のようであるが，その王都の具体的形態，空間構成を検討する資料は今のところ多くはない．一方，ベトナムにおいて注目すべきは中国都城の系譜である．中国史でいう「唐宋変革」は，ベトナム北部に独立国家を成立さ

せ，ベトナム国家の源流を形成する．紀元前後頃から始まった中国のベトナム北部の実行支配に対して紅河デルタの諸勢力は抵抗反撃を繰り返してきたが，その攻防の中から台頭してきたのが李公蘊の建てた李朝（1009〜1225）である．李朝はベトナム最初の長期政権となり，陳朝（1225〜1400）が続く．

　李朝の都，大羅城の昇竜城については中国文献からその形態についてある程度明らかにされてきたが，現在，大々的に発掘がなされつつある．また，時代は遙かに下るがグエン（阮）王朝の首都フエ（順化）がユニークである．中国都城とインド都城の比較は次なる大きなテーマとなる．

　フナンがその属国であったクメールに征圧される7世紀になると，マラッカ海峡を押さえて多くの交易国家を従えるシュリーヴィジャヤ（室利仏逝）が出現する．この国は南インド系の文字を用いて，古代ムラユ語で書いた碑文を10点近く残したことで知られる．中国への朝貢国のリストによると，赤土国がその前史として存在し，その後の群雄割拠の再編成過程を経て登場したのがシュリーヴィジャヤである[159]．その首都はパレンバンであり，仏教哲学（大乗仏教）の中心地としても栄えたことは義浄の『大唐西域求法高僧伝』，『南海寄帰内法伝』などで知られる．

　都市遺構からその空間構造を知る手掛かりはほとんどないが，トゥラガバトゥ碑文[160]から知られる「四重同心」の国家構造が興味深い．すなわち，国家は，王宮（カダートゥアン Kadatuan），王宮を取り巻く王都（ワヌア Wanua），周域（サマルヤーダ Samaryada），さらに属国（マンダラ）からなっているというのである[161]．

　シュリーヴィジャヤは8世紀中葉にシャイレーンドラ王家の支配に属することになるが，その経緯は不明であり，マラッカ海峡方面でのシャイレーンドラの消息は9世紀半ばまではっきりしない．サンスクリットを用いたこのシャイレーンドラ自体，8世紀のジャワに急速に勃興するが，9世紀にはその勢いを失っており，11世紀のチョーラ王国の刻文まで記録は残されていない．

4-2 メコン河流域・カンボジア平原：クメール

　6世紀末にメコン河中流域に興り，7世紀中期にフナンを征圧したのがクメール（真臘）である．イーシャーナヴァルマン Īśānavarman（伊奢那先代）のとき，タイ湾

に面した南東タイ，カンボジアにまで領土を拡げ，ヴィヤーダプラを陥落させてイーシャーナプラ Īśānapura（伊奢那城，現サンボール・プレイ・クック）に都を置いた．この都城は幾つかの寺院群で構成されており，それぞれの寺院群は土塁で囲われ，二つもしくは四つの楼門が設けられている．また，ヴァン・モリヴァン Vann Molyvann は，航空写真を基に，2 重の城壁に囲まれた 2 キロメートル四方以上の大きな正方形都城の跡が見られる[162]ことを指摘している．

イーシャーナヴァルマンが登位した頃は，地方に小国，属国が割拠する状況にあり，カンボジア統一はジャヤヴァルマン Jayavarman I 世によって 7 世紀後半になされることになる．ジャヤヴァルマン I 世は，「大地の主たちの主」と碑文に刻まれているように，アンコール朝を創始するジャヤヴァルマン II 世に先だって「転輪聖王」として自らを権威付けようとしたことで知られる．

8 世紀初頭に，クメールは北方の山地の陸真臘と南方湿潤地帯の水真臘に分裂し，やがて水真臘は 8 世紀後半にマラッカ海峡を押さえたシャイレーンドラの勢力下に入った．クメールを再統一したのはジャヤヴァルマン II 世（在位 802〜834 年）である．

クメールが支配した平原の各地にはプラ（サンスクリット碑文ではナガラ）と呼ばれる城郭都市があり，王都は 30 以上のプラを従えていたとされる．プラより小さな単位として「スルック sruk」があり，サンスクリット碑文ではグラーマ（村）とされる．前節（I-3）でみたように，プラ，ナガラ，グラーマはインドと同様の用語である．

クメールの場合，プラは幾つかの「スルック」からなり，自給自足の単位であった[163]．また，地域単位とは別に聖域としてのプラがあった．このプラにはそれぞれの地域の神々を祀る寺院・祠堂・僧院，アーシュラマ（庵，寺舎，小寺院）などがあった[164]．このプラは，アンコールの原初的形態と見なすことができると思われる．9 世紀以降，すなわち，アンコール朝においては，碑文からプラが消え，中国史料で言う郡「ヴィシャヤ・プラマーン viṣaya pramān」が「スルック」の上位単位となる．

(1) アンコール

802 年にジャヤヴァルマン II 世（在位 802〜834 年）がアンコール朝を創始する．

第 I 章
インド世界の都市

その年をもって，前アンコール時代とアンコール時代が区別される．そして，この年は東南アジアに新たな王権思想が誕生した年として記憶される．ジャヤヴァルマン II 世は，「マヘンドラパルヴァタ Mahendraparvata」（プノン・クーレン丘陵）の頂で「チャクラヴァルティン（転輪聖王）」として認知を受けた．すなわち，デーヴァラージャ＝「神々の王」をジャヤヴァルマン II 世は宣言するのである．

デーヴァラージャとは，クメール土着の「守護精霊の王の中の王」（カムラテン・ジャガット・タ・ラージャ Kamraten Jagat ta raja）のことであり[165]，また一方，ヒンドゥーの神々の王のことである．クメールの王たちは，自らの王権を正統化するために，もう一つの分身を土着の王と一体化させ，さらにヒンドゥー的世界の体系で覆い，神秘の存在デーヴァラージャとなるのである．

王は，即位するとまず大きなバライ baray の建設に着手し，次いで祖先を祭るプラサート prasat[166]，さらに王自身のための寺院プラサート・ギリ prasat giri（キーリー）[167] を建てた．とりわけ，プラサート・ギリは，ヒンドゥー教・仏教でいうメール山を象徴する王国の中心として重要視された．プラサート・ギリの中心には神々の王シヴァ神に賜ったリンガが置かれ，そこで王は即位の式を行ない，デーヴァラージャとなるのである．各王のプラサートは王の死去とともに終わる．王の墳墓として用いられたからである．王都が変遷するのも一世一王都という観念があったからである．

アンコールは，サンスクリット語のナガラを語源とするクメール語で，都市（国家）を意味する．トムとは大きいという意味である．巨大な寺院やバライと呼ばれる大貯水池，巨大水利網を建設したアンコール王朝は一大都市文明を築くことになる．ジャヤヴァルマン I 世は，プノム・クレンを拠点とする．

ジャヤヴァルマン III 世（在位 834 ～ 877 年）の後，インドラヴァルマン I 世（在位 877 ～ 889）が登位してロリュオス Rolûos に首都ハリハラーラヤ Hariharāālaya を建設する．王はタターカ taṭāka(池) を作らせ，インドラタターカ Indrataṭāka と命名する．続いて，ヤショーヴァルマン Yaśovaraman I 世（在位 889 ～ 910 年頃）が，アンコールの地に小高い丘プノム・バケン Phnom Bakhèng を中心に都城を建設する．王名にちなんで王都はヤショーダラプラと呼ばれた．以降，遷都は何回か行なわれるが，1432 年の廃都まで，クメール族の王都はこの地域に置かれる．

アンコール期の王都，王，主要な建築などを列挙すると以下のようになる（表 I-

4-1)．アンコール・ワット（12世紀前半），バイヨン Bayon（12世紀末）の建設時にアンコール朝は最盛期を迎える．クメールの諸王はシヴァ派を信奉し，リンガ崇拝が盛んであったが，ヴィシュヌ信仰，そしてハリハラ Harihara 信仰も行なわれた．また，大乗仏教も混淆し，アンコール・トムのバイヨン（中心山寺）の建設者ジャヤヴァルマン VII 世（在位1181～1220年）は観自在菩薩を重視したことが知られる．様式は装飾文様や浮彫によって区別されているものである．アンコールでは五頭，七頭のナーガの像が至る所に見られる．また，乳海攪拌のモチーフが特徴的である．さらに，観自在菩薩面[168]を鏤めたバイヨンなどは他に類例がない．

王宮はさらに細かく移されるが，プノム・クロム Phnom Krom→ハリハラーラヤ→アンコール（ヤショーダラプラ，プノム・バケン）→コーケル Kóh Ker（Chok Gagyar）→アンコール（ピミヤナカス Phimeanakas）→アンコール（バプーオン）→アンコール・トム（バイヨン）というのが大きな都城と中心寺院の変遷である．新都城の中に新寺院と新王宮を建設したのは表 I-4-1 の◎の5王である．図 I-4-2, 3 はこれらクメールの代表的な都城のそれぞれの平面構成を模式化したものである．

ハリハラーラヤのインドラタターカは，東西3200メートル，南北750メートルの矩形の大池で，中心寺院バコンから東西南北に走る基軸道路の北へ向かう道路が中央になるように都城の北側に置かれていた．

ヤショヴァルマン I 世は，約4キロメートル四方の壮大な都城（ヤショーダラプラ）をアンコール・トムの南半を含む地域に建設し，プノム・バケンを護国寺院とした．また，それに合わせて東北方に東バライ，ヤショーダラタターカ Yaśodharataṭāka を築造した．東西7.0キロメートル，南北1.8キロメートルという巨大な貯水池である．

ヤショヴァルマン I 世のあとこの地は放棄されるが，ラージェーンドラヴァルマン Rājendravarman が王都をアンコールに戻し，東バライの中央南に中心寺院としてプレ・ループ寺院を建設する．そして，スーリヤヴァルマン I 世は，かつてのヤショーダラプラの真北，ほぼ現在のアンコール・トムの位置に新王宮を建て，その中に護国中心寺院ピミヤナカスを建立した．また，西南方に東西8.0キロメートル，南北2.1キロメートルの巨大な西バライ（8.0キロメートル×2.1キロメートル）を建造する．

スーリヤヴァルマン II 世は，新都城の中心にアンコール・ワット[169]を建設す

第 I 章
インド世界の都市

表 I-4-1 ● アンコールの歴代王都と王

王都	王
プノン・クレム	ジャヤヴァルマン II 世（在位 802～834 年）
	ジャヤヴァルマン III 世（在位 834～877 年）
ハリハラーラヤ	インドラヴァルマン I 世（877～889 年）
ロリュオス	
アンコール（第1次 ヤショーダラプラ）	◎ヤショヴァルマン I 世（889～910 年）
プノム・バケン	ハルシャヴァルマン I 世（910～922 年）
	イーシャーナヴァルマン II 世（922～928 年）
コーケル	ジャヤヴァルマン IV 世（928～942 年）
	ハルシャヴァルマン II 世（942～944 年）
アンコール（第2次）	◎ラージェーンドラヴァルマン II 世（944～968 年）
ピミヤナカス	ジャヤヴァルマン V 世（968～1001 年）
	ウダヤーディティヤヴァルマン I 世（1001～1002 年）
	ジャヤヴィラヴァルマン I 世（1002 年）
	◎スーリヤヴァルマン I 世（1002～50 年）
アンコール（第3次）	ウダヤーディティヤヴァルマン II 世（1050～66 年）
バプーオン	ハルシャヴァルマン III 世（1066～1080 年）
	ジャヤヴァルマン VI 世（1080～1107 年）
	ダーラニンドラヴァルマン I 世（1107～1113 年）
	◎スーリヤヴァルマン II 世（1113～1150 年）
	ジャヤヴァルマン II 世（1150～1166 年）
	トリブヴァナディティヤヴァルマン（1166～1181 年）
アンコール（第4次）	◎ジャヤヴァルマン VII 世（1181～1220 年）
バイヨン	インドラヴァルマン II 世（1220～1243 年）
	ジャヤヴァルマン VIII 世（1243～1295 年）
	シュリンドラヴァルマン（1295～1307 年）
	ジャヤヴァルマン　パラメシュヴァラ（1307～1327 年）

◎は新都城，新王宮の建設者

る．アンコールにおける寺院がほとんど東向きである中で，アンコール・ワットは西向きである[170]．すなわち，墳墓寺院である．アンコール・ワットを中心とする京域は約 5.4 キロメートル四方で，構想としてはアンコール最大の規模である．ヴィシュヌ神に捧げられ，その神像が安置されていた．アンコール・ワットを建立したスーリヤヴァルマン II 世の時代に，アンコールはその最盛期を迎える．南のチャンパーを攻撃して勢力下に入れ，南西のチャオプラヤー河流域に向かってロップリ Lop Buri を支配下に置いて，シャム湾からスラッタニー，クラ地峡を抜けて，南インドのチョーラ王国へ至る交易ルートを確立している．

4

東南アジアのヒンドゥー都市

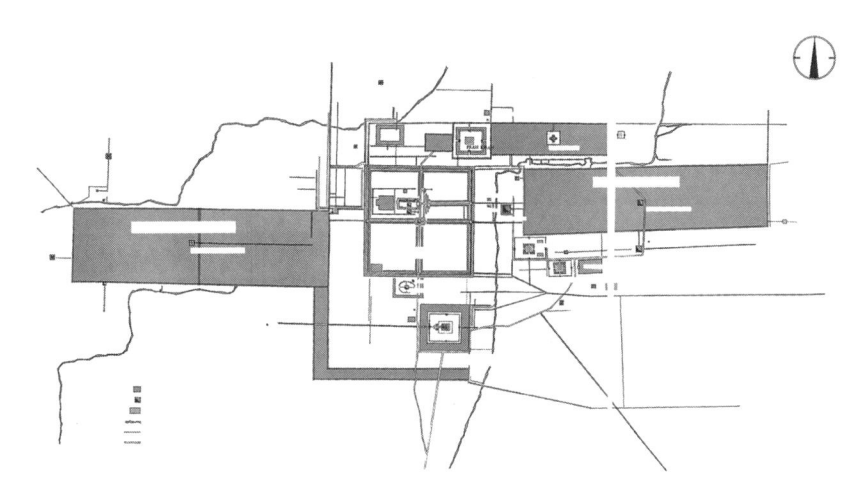

図I-4-2 ●アンコール都城の配置（広富純作製）

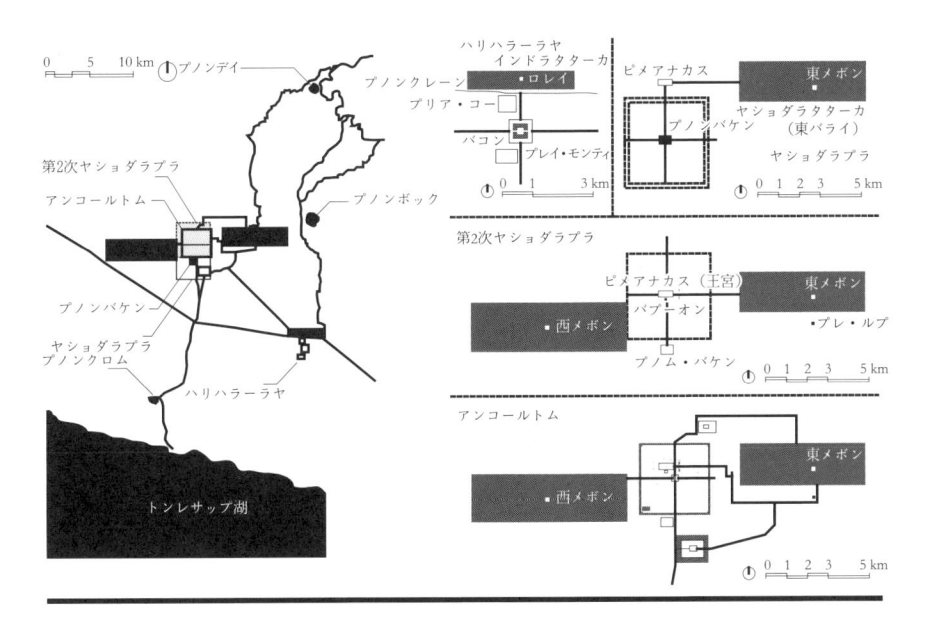

図I-4-3 ●アンコール都城の構成（広富純作製）

第 I 章
インド世界の都市

　スーリヤヴァルマン II 世の死後しばらく分裂混乱が続くが，ジャヤヴァルマン VII 世によって再建され，またアンコールに王都が復帰する．ジャヤヴァルマン VII 世は，マレー半島上部からヴィエンチャン Vientiane 付近までの広大な領土を支配し，各地を結ぶ道路網を建設, 121 の宿駅と 102 の施療院を置いたことで知られる．また，同王によって建設されたのがタ・ブローム (1186 年)，バンテアイ・クデイ Banteay Kdei，プリヤ・カーン Preah Khan(1191 年) である．また，プリヤ・カーンの東にバライを建設し，ニャック・ポアン Neak Pean を建立している．そして，バイヨンを中心とする京域を城壁で囲んだ．それが，現在みるアンコール・トムである．

　アンコールの諸王の王位継承に血縁は極めて薄いとされる．ジャヤヴァルマン VI 世は，後に見るピマーイ地域にあったマヒーダラプラ Mahidarapura 王家の出身である．また，ヒンドゥー教，仏教の抗争は激しく，度々廃仏が行なわれたという[171]．王都，王城の変遷は，王位継承，簒奪の歴史でもある．

　アンコール最後の都城であるアンコール・トムは，およそ 3 キロメートル四方の京域を持ち，高さ約 8 メートルの城壁，幅 100 メートルの濠によって囲われている．十字路によって正方形の京域がほぼ均等に分割されている．正方形の東西南北の各辺中央に門を持ち，東西，南北直交する十字路の交点に中央神殿バイヨンを配するアンコール・トムの基本設計理念を，古代インドのシルパ・シャーストラ文献が述べる幾つかの理想的な集落都市形態に求めるのは当然であろう．王権の正統性を示すために，ヒンドゥー都城の理念型が求められたことは間違いないからである．アンコール遺跡の基本構造と都城の思想をめぐっては石澤良昭が，池，濠，水利を大きな手掛かりとしてまとめている[172]．基本的な構成として，宇宙の中心にデーヴァラージャの中心寺院を置く，その単純な構成は極めて明快である．

　都城内を分割する十字路の交点，都城の中心にあるのがバイヨン寺院である．バイヨンは，サンスクリット語で山を意味するギリの名でも呼ばれ，山岳を象徴する寺院である．ヒンドゥー教・仏教のコスモロジーに基づいて，バイヨンは，この世界の中心山岳メール山を象徴しているのである．メール山頂上の平頂面には，宇宙創造神のブラーフマンを含め神々の座が所在する．バイヨン寺院は，この神々の神聖な座を象徴するものでもある．

さらにヒンドゥー教のコスモロジーでは，メール山を真中にして四囲を正方形に四つの山脈が走っている．その4山脈にあたるのが，正方形の京域を囲むラテライトの切り石で構築された高さ8メートルの頑丈な市壁である．市壁を取り巻いて環濠がある．これらによって形成される京域の彼方に，東西二つのバライが大きく広がる．それは，大陸の外を囲む大洋を象徴する．一方，各寺院に設けられた聖池ティルタは聖山から流れる水で充たされ，沐浴によって身体を清めるためのものであり，宗教的行為と密接に関係するものである．

　こうして，アンコール・トムの構成は，およそ，『アルタシャーストラ』あるいは諸シルパ・シャーストラが説く理想的都市であると理解することができる．ただ，特徴となるのは，東門の北にもう1門，計5門あることである[173]．

　ジャヤヴァルマンⅦ世の王宮は，バイヨン寺院の北西方に建設されていた．『アルタシャーストラ』では北東とするが，「中央神域」の北方に王宮が位置する『アルタシャーストラ』の都城理念に適っている，といってよい．王宮全体は，東西600メートル，南北300メートルの規模で，中央にピミヤナカス寺院が置かれ，周達観の『真鑞風土記』[174]によれば，豪壮な建物が建っていたという．王宮は正門を東にむけており，そこから東方に王道が走る．ヒンドゥー教における最も聖なる方位である東への軸線を長くとることを意識してなされている．その王道が至るのが東門の北に設けられた「勝利の門」と呼ばれる第五の門である．

　アンコール・トムでは，王宮は，ヒンドゥー・コスモロジーを表徴するバイヨン寺院に従属している形である．王宮そのものが宇宙と見立てられていた．ピミヤナカス寺院の北側には大池（東西125メートル×南北45メートル）があり，他にも幾つかの池があった．周達観は，最上階で王は土地神である蛇神と交わっていたという．

　アンコールの水利システムについて，特に巨大なバライについては，灌漑とはあまり関係なく，寺院の聖水池としての宗教的象徴的意味が大きいとする見方がある．確かに，上述のように，東西の巨大なバライは広大な大洋の象徴である．しかし，アンコールは巨大な水利都市であり，集約的な灌漑農業が行なわれていたと考えるのが一般的であり，その衰退を過剰開発による水利システムの崩壊に求める説が有力である[175]．9世紀から，水源と土地を求めて水利システムを次々に構築しながらカンボジア平原を開発してきたクメールであるが，13世紀に至る頃に

は利用可能な水源と土地を開発し尽くしていた．タイ人の進入はこの衰退と期を一にしていたのであり，モンゴルの侵入がその没落を決定付けたのである．

(2) ピマーイ

　数多くの都城や寺院を今に残すアンコール文明であるが，強力な中央集権的国家がその基盤を担っていたとは言えなかったことは，「マンダラ国家論」が鋭く指摘するところである．王は様々な地方に散在しており，争いが絶えることのない群雄割拠の状態であった．アンコール26王の即位系譜図からは王位継承は平穏に行なわれてきたように思われるが，8世紀の水真臘と陸真臘のような大分裂ほどではないにしても，アンコール国内には幾つもの小さな分断の芽が存在していた，と石澤良昭は指摘している[176]．石澤に拠れば，前アンコール時代末期には，ジャヤヴァルマンII世の政権とは別の王朝が北部のコーラート地方に存在した．10世紀にはジャヤヴァルマンIV世がクーデターを起こしてコーケルに遷都し，アンコール王都のハルシヤヴァルマン Harshavarman I 世，イーシャーナヴァルマンII世と対峙し，921年から928年までの時期は二つの政権が並立した．また，11世紀初頭には，ウダヤーディティヴァルマン Udayāditivarman I 世・ジャヤヴィラヴァルマン Jayaviravarman I 世・スーリヤヴァルマン I 世の3者が王位争奪の内戦をするなど，王位をめぐっての相克は国内を混乱に陥れ，政情不穏を作り出した．

　アンコール・トムを造営したジャヤヴァルマンVII世はアンコール歴代26王の中で最も多くの建設事業を行なった王として有名であるが，そういった建設活動と並行して領内各所に散在する諸王への監視も怠らなかった．当時最大規模にまで膨れ上がった領土に対し，王は軍用道路として「王道」を整備するとともにそれに沿って実に121の病院施設と102の宿泊施設を設けている．王道を含めたこれらの施設はアンコール地方から放射線状に伸び，北のワット・プー，東のメコン川下流域，南のチャンパー，東のチャオプラヤー川流域，そして北西のピマーイをそれぞれ中央とダイレクトに結びつけた（図 I-4-4）．

　様々な王位篡奪の歴史の中にあって，11世紀におけるマヒーダラプラによるアンコール王への即位は異質であった．マヒーダラプラ家は現在のタイ北東部，ムーン Mun 川流域のコーラート一帯を治めていた地方王族であり，同家出身のジャヤヴァルマンVI世は，1080年，それまで王位についていたハルシヤヴァルマ

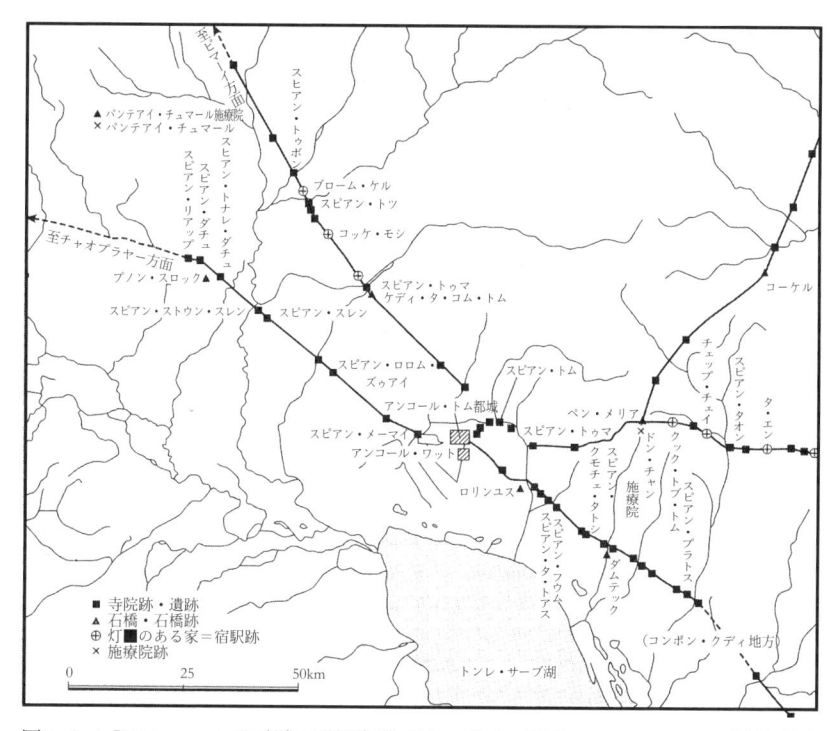

図I-4-4 ●アンコールの王道：石澤良昭,「カンボジア平原・メコンデルタ」(岩波講座『東南アジア史』1「原史東南アジア世界(10世紀まで)」, 岩波書店, 2001年)

ンIII世を退け,アンコールの正統な王に即位,その後継として兄がダーラニンドラヴァルマン Dāranindravarman I世として即位した.アンコール王に即位したジャヤヴァルマンVI世とダーラニンドラヴァルマンI世は,しかし,アンコール地方に目立った構築物を残していない.彼らはその在位期間中に数多くの遠征に出かけており,アンコールから離れた幾つかの場所で彼らに関する碑文が発見されている.アンコールの国力が低下したことで,11世紀後半には地方勢力による反乱が多発する.その最も強力な勢力としてマヒーダラプラは存在し,中央アンコールに対して北西部のマヒーダラプラという対立構図が成立し,さらには地方勢力の中央占拠へと事態が進行したと考えられている.

しかし,ダーラニンドラヴァルマンI世は,自身の姪の息子であるスーリヤヴァルマンII世によってアンコール王の座を奪われることになる.王位に就いた

スーリヤヴァルマンⅡ世はそれまで南北に分裂していたアンコール帝国を一つにまとめ，アンコール・ワットを完成させることになるのである．アンコール帝国最後の都城を建設したジャヤヴァルマンⅦ世もまた，マヒーダラプラの血を継いだ王であった．

　チャールズ・ハイアム Charles Higham は一連のアンコール王統に関する著作の中で，マヒーダラプラ家についてその実情を詳しく描いている[177]．彼はアンコール領土の各地に散在する碑文から，マヒーダラプラ王家の人々が熱心な仏教信者であったことを明らかにした．ジャヤヴァルマンⅦ世の強い大乗仏教信仰はマヒーダラプラの血筋を受け継いでいるのかもしれない．古代カンボジアの諸王にとっては，実力のある近親縁者および地方の有力者をいかに統御し，掌握していくかが大きな政治的課題であった．強勢なる王は，対外戦争を遂行し，国内各地に大小の伽藍を建立して王の威厳を顕揚した．これら王の諸事業は，住民からの租税や賦役などにより推し進められた．しかし，弱小な王の統治下では反乱や地方の有力者の台頭があって，それぞれが半独立的な地域を形成していた．王はこれを黙認していたし，各地の有力者は常に登位への機会を狙っていた．

　こうして，アンコール王朝の権力体制は，現在のタイ東北部を拠点に勢力を拡大していたマヒーダラプラによって引き継がれることになった．彼らによって築かれた寺院や都城などの構築物は，アンコール地方ではもちろんであるが，彼らの故地であるコーラート地方に多く残されており，中でも最も美しく規模の大きなものが，ピマーイ寺院，すなわちプラサート・ヒン・ピマーイである．

　タイ国内には，ムーン川-メコン川を通じてアンコール核心域へ至る東北タイを中心に，プラサート・パノムルン Phanom Rung，プラサート・ムアンタム Meuang Tam など多くのクメール期の遺構が残っている．中でも都市構成を窺う上で興味深いのがピマーイ（蒲買）である（図Ⅰ-4-5）．

　ピマーイ[178]の中心寺院であるプラサート・ヒン・ピマーイ[179]（図Ⅰ-4-6）は，マヒーダラプラ（マヒトーラプラ）から進出した王朝がアンコールを掌握していた1080〜1112年頃に建てられたとされる．アンコールのバプーオン様式晩期のプラサートである[180]．すなわち，アンコール・ワット以前の様式である．クメール文明の地方から中心へ影響が及んだ珍しい例とされる．また，このプラサート・ヒン・ピマーイは，タイ最大の大乗仏教遺跡とされ，11〜12世紀の密教寺院の遺

図 I-4-5 ●ピマーイ航空写真：Prasat Hin Phimai

構としてほとんど唯一のものだという．伊東照司は，その浮彫，神像，図像の解読を試みているが，安置されているのは降三世明王像だという[181]．

　ピマーイの町の北側から東側をムーン川が流れ，西側をチャクライ川が流れる．中心祠堂であるプラサート・ヒン・ピマーイは，二重の壁で囲まれ，外周壁はカンペン・ケオ，内周壁はラビアンコトと呼ばれる．ピマーイを囲む市壁には東西南北に門があり，それぞれ，南門：プラトゥー・チャイ（勝利の門），西門：プラトゥー・ヒン（石の門），北門：プラトゥーピー（精霊の門），東門：プラトゥー・タワン・オッ（東の門）と呼ばれている（図 I-4-7）．東の門は東の市壁とともに失われているが，その基壇が確認されている．市壁内には，メール・バルマダットというアユタヤ末期のツェディ（仏塔）の遺構がある．また，市壁外南側の街道沿いにはクティー・ルーシー（仙人の小屋）と呼ばれるラテライトで作られた建物があり，ジャヤヴァルマン VII 世によって建てられた施療院の中央礼拝堂の一つと考えられている．バライは，サケオ，サプルン，サクワンと呼ばれる三つが市壁内に，市壁外東にサプレン，西にボードが設けられている．

　プラサート・ヒン・ピマーイは，外周壁カンペン・ケオ（520 メートル× 280 メートル）の南中央外側にプラップラと呼ばれる控えの間があり，サパン・ナラカート（竜王橋）と呼ばれる橋を渡って境内に入る．この橋は人界と天界を繋ぐ橋と考

第 I 章
インド世界の都市

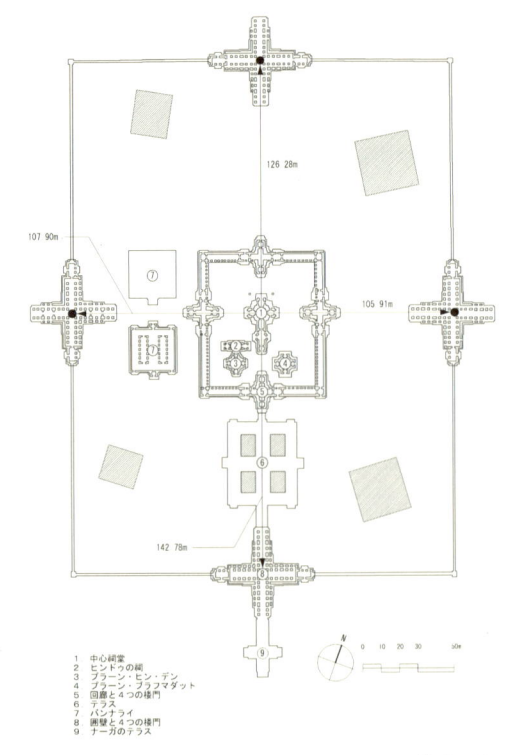

```
1  中心祠堂
2  ヒンドゥの祠
3  プラーン・ヒン・デン
4  プラーン・ブラフマダット
5  回廊と4つの楼門
6  テラス
7  バンナライ
8  周壁と4つの楼門
9  ナーガのテラス
```

図 I-4-6 ●プラサート・ヒン・ピマーイの構成要素

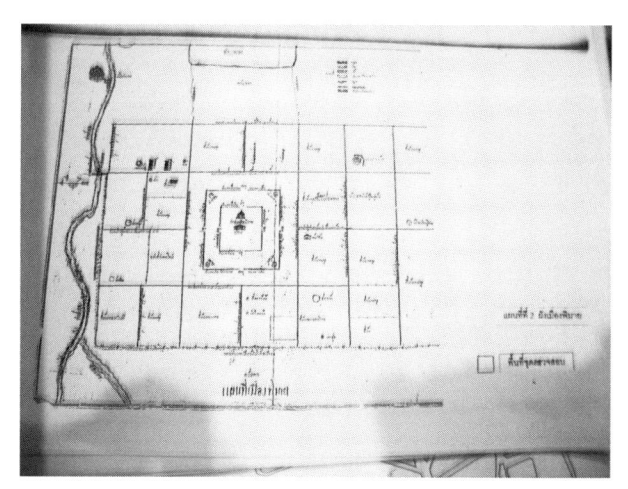

図 I-4-7 ● ピマーイ古図：Prasat Hin Phimai

えられている．すなわち，外周壁の内側は神々の住む天界と考えられており，東西南北にゴープラ（楼門）が建てられている．サパン・ナラカートを抜けると参道となる回廊（66 メートル×58 メートル）があるが，かつては木造の建物が建っていたことが確認されている．境内西側にはバンナライと呼ばれる経蔵が 2 棟建っている．また四つのバライがあり，それぞれヴィハン（僧院）があったと考えられている．内周壁ラビアンコト（128 メートル×100 メートル）は砂岩で作られており，中央祠堂の他，ホ・ブラム，プラン・ヒン・デーン，プラン・ブラマタット，さらに上部構造のない基壇が残されている．中央祠堂は，マンダパとプラーン（ダハム dham）からなり，ジャータカ Jātaka[182] やラーマーヤナ Rāmāyana などの説話が描かれている．南面には踊るシヴァ像があり，ホ・ブラムからは七つのリンガが出土している．ヒンドゥー教の影響も色濃い寺院である．

　ピマーイの第一の特徴は，建物を南向きとし，王都も南北軸を基軸とすることである（図I-4-8）．降三世明王像は南（南東）を向き，ホ・ブラムに収められたジャヤヴァルマン VII 世像は北（北西）を向いている．何故王都を南北軸としたかについては，王都アンコールの方角に合わせた，すなわち，王都から通じていた道路に合わせたという説がある[183]．南北軸というが，軸が西に 20 度ずれている[184] こともこの説を裏付けるように思われる．一方，東向きから南向きへの転換を，価

第 I 章
インド世界の都市

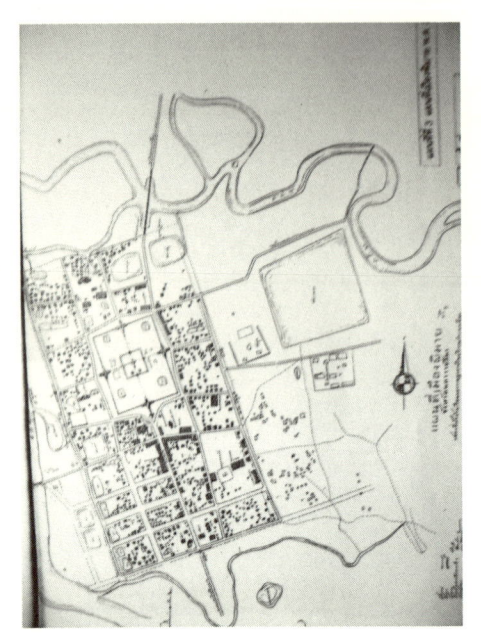

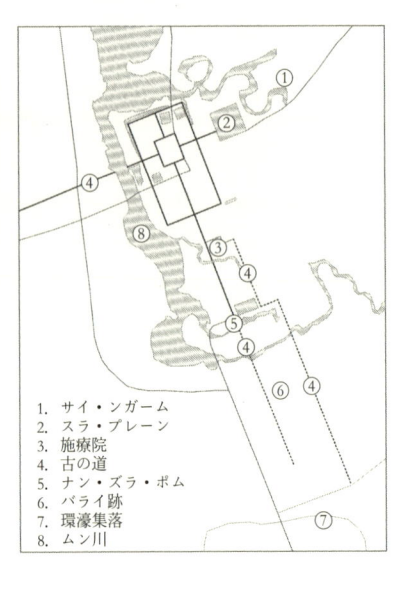

1. サイ・ンガーム
2. スラ・プレーン
3. 施療院
4. 古の道
5. ナン・ズラ・ポム
6. バライ跡
7. 環濠集落
8. ムン川

図 I-4-8 ●ピマーイの構成：Prasat Hin Phimai

値体系の転換と考えるのがアヌウィット・チャレンスプクン[185]である．すなわち，太陽が宇宙の中心と考えられる体系に対して，南北軸の体系では北極星が宇宙の中心として扱われる．そして，南北軸は，仏教の体系において，南あるいは北の出入口から入って右回りに回って北から出て行くという，解脱あるいは大悟に到達する方向とそれは一致する，という[186]．ピマーイの王権を基礎付けていたのは大乗仏教である．

こうした解釈に対して，もう一つ指摘しておくべきは，ピマーイが三重の囲郭構造をしていることである．一番外側の城壁の東側部分は失われているけれど川によって流されたと考えられる．市街は南に拡張されているが，中心にはプラサート・ヒン・ピマーイがあり，求心的構造をしているのははっきりしている．

4-3 チャオプラヤー河流域・中央タイ段丘・コーラート高原：タイ

チャオプラヤー河流域はもともと東南アジア最初の「インド化」国家フナンの

勢力圏下にあった．そして，土着のモン Mon 族が 6 世紀から 11 世紀にかけてドヴァーラヴァティー Dvāravatī（堕羅鉢底，堕和羅，頭和，投和）という国を建てたことが，残された碑文，考古学的遺物から知られる．ラヴォ Lavo（ロップリ）を中心とし，ナコンサワン Nakhon Sawan，プラーチーンブリー，ラトブリなどまで領域としていた．中部タイ，東北タイには，この時代の環濠集落，城市が数多く残されている．遺跡の多くは円形もしくは楕円形をしており，エーヤーワディ河流域に栄えたピュー Pyu のものとよく似ているが，規模は長径が 1〜2 キロメートル，短径が 0.5〜1 キロメートルでやや小さい．チャオプラヤー河流域には，クーブア（ラーチャブリー），ウートーン，ナコーンパトム，ドンラコーン，シーマホーソック（プラーチーンブリー）など，メコン河支流のムーン川，チー Lam Chi 川上流にはカンターラウイーサイ，ファーデート・スーンヤーンなどがある[187]．

アンコール時代（9〜13 世紀）に入ると，クメールの影響はチャオプラヤー河流域にも及ぶ．ヤショヴァルマン I 世（在位 889〜910 年頃）当時のクメール族の居住地域は，北は現在のタイのコーラート高原のムーン川流域から，南はメコン河デルタ地帯（現，ホー・チ・ミン Ho Chi Minh 市付近）までの範囲であった．しかし，11 世紀にはチャオプラヤー河流域のロップリまで伸張し，12 世紀には同流域をさらに北漸してスコータイまでを属領とするに至っている．

石井米雄・桜井由躬夫[188]は，東南アジアにおける土着の国家概念を「ヌガラ」と「ムアン muang」という概念によって把握する．「ヌガラ」は，もちろん，サンスクリット語の「ナガラ」に由来するが，島嶼部沿岸部に位置し，個別的な内陸世界を普遍的な海の世界に結ぶ機能を持った「国家」（都市（城市）国家）をいう．「インド化」を媒介したのが「ヌガラ」である．それに対して，「ムアン」は，タイ語で城壁を持った一定規模の集落を指すが，大陸山地に位置し，自給性の高い「バーン」（ムラ）が幾つか集まり，「チャオ（王）」を持つものをいう．「チャオ」の居住する「ムアン」は「チェン Chiang（城）」と呼ばれる．タイ族間に限定された名称で，日本語の「クニ」の語感に近い．「ムアン」の成立は，タイでは 13 世紀をさかのぼらないとされるが，古来同様な国家形態が存在してきたと考える．

13 世紀になるとサンスクリット語を基礎とするインド起源の文化は衰え，上座部仏教を信奉するタイ族が有力となる．前述のように，13 世紀半ば以降の 1 世紀を「タイ人の世紀」，タイ人の「大沸騰 une grande effervescence」としたのはセデ

ス[189]であるが，サンスクリット文明の衰退に決定的であったのは元（大元ウルス）の侵攻である．「タイの世紀」の「表」，ユーラシアは「モンゴルの世紀」である．

　まず，パガン王朝に服属してきたシャン族が自立し始め，1215年には上ビルマのモウガンに国を建て，1223年にはサルウィン上流のモネ（ムアン・ナイ）に建国する．そして，1238年，クメール西北辺境にいた首長がスコータイからクメール勢力を追い払い王位に就く．タイ人国家の創建とされる．シー・インサラシット Si Intharathit と号した創建者の息子で第三代の王がラームカムヘーン Ramkhamhaeng で，13世紀末までにヴィエンチャンからペグー（バゴー）までその支配域を拡げ，首都スコータイとともに北にシー・サッチャナーライ Si Satchanalai，南にカンペンペット Kamphaeng Phet の副都城を築いた．ラームカムヘーンは，スリランカからもたらされた南方上座部仏教を体系化する．スコータイは，タイ南部を支配していたシュリーヴィジャヤ（8〜12世紀）を追いやり，マレー半島全体を支配域とした．

　一方，中央タイでは，1280年頃からロップリがクメールの支配を逃れて独立する．さらに，北部ではランナータイ Lan Na Thai が建国する．チェン・セン出身のマンラーイ Mangrai がまず1262年にチェンライ Chiang Rai に拠点を築くが，続いて1296年にランプーン Lamphun のハリプンジャヤ王国を倒し，ランプーン近郊にチェンマイを建設した．チェンマイとは「新しい城」という意味である．

　こうして13世紀末のタイは，北部にランナータイ，中部にスコータイ，東部にロップリがそれぞれ鼎立し，独自の後背地と積出港を持って三つの交易圏を押さえる形となった．

　スコータイは，ラームカムヘーンを継いだロ・タイ王の時代にその領土の大半を失う．それとともに建国されたのがアユタヤである．アユタヤは，1431年にクメール帝国を滅亡させ，東南アジア随一の都市に成長する．アユタヤ王国では，クメールから継承した神王（デーヴァラージャ）思想が王朝の基礎に置かれた．ウートン U Thong 王（Ramathibodi I）（在位1350〜69）からエカタート Ekathat 王（在位1758〜67）まで34代，400年にわたって繁栄を謳歌したのであった．

　タイにおける都市遺構は，ウートン，スリ・マホソート（3世紀〜），ナコーンパトム，クーブア（7世紀〜），ラヴォ（8世紀〜），ハリブンチャール（9世紀〜），ピマーイ，ナコン・スリ・マハラート（11世紀〜），スパナプン，スコータイ，アユタヤ

4 東南アジアのヒンドゥー都市

図I-4-9 ● スコータイ　航空写真

(12世紀〜)，チェンマイ，パタブリ(13世紀〜)などあるが，以下，スコータイ，チェンマイ，アユタヤについてみよう．

(1) スコータイ

1238年，シー・インサラシット王のもとにスコータイは独立する．スコータイとは，「幸福の到来」という意味である．このタイ最初の王国は，1376年のアユタヤへの服属まで存続する．上述のように，第三代ラームカムヘーンの時代に最盛期を迎え，南はマレー半島のシー・サマラートからメコン川上流，エーヤーワディ川下流域のペグーまで支配した．

スコータイは，東西約2.6キロメートル，南北約2.0キロメートルの矩形をしている(図I-4-9)．3本の環濠に囲まれた東南北の各辺に市門が各1門，西には2門が配されている．現在，市壁内を横切って新しい道路が走っており，また中心部には市壁や環濠の走向とは角度を異にする内城のような一郭も存在している．

第 I 章
インド世界の都市

　市門の中で最もよく残っているのは，南門である．南から市門に入る道路は，市門の出口で入口とおなじ方位を保って都城内を北進していく．おそらく，都城建設時の南北街路の走向であったと考えられる．ほぼ正南北に都城内を走っている．その方向の延長には北門は位置しない．北門からの南北軸は西にずれている．東西道路も西門が2か所あり，当然一致しない．アンコールで見たような，中心に神域を持ち東西南北に門を持つ単純な形を見ることはできない．

　しかし，各門から東西，南北に引いた線によって囲まれた一郭には，東に王宮が，西にはワット・マハタート Wat Mahathat（仏舎利寺院）と呼ばれる最も格式の高い寺院が並んで位置している．そして，東の市門からと北の市門からの二つの道路の交点部分に，ラック・ムアン làk muang と呼ばれる「都市柱」が建っている．ラック・ムアンとは「国礎」を意味し，国や都市の建設にさきだって定礎される石柱や石碑のことである．それは，ヒンドゥーあるいは仏教のコスモロジーの中心メール山（須弥山）を象徴する．アンコール朝の衰退期の13世紀ころからはバイヨン寺院に代わって建設され始めたといわれる．

　都城の中心には，中心寺院とともに王宮が置かれている．つまり，王権と教権のシンボルである両施設が，対等の関係で都城の核を構成していることになる．教権を表徴するバイヨン寺院が「中央神域」としてそびえ，それに王宮が従属していたアンコール・トムとは異なった空間構成である．スコータイでは王宮は，寺院とならぶ存在として都市の中心郭に進出していると考えることができる．しかし，王権は，なお教権を凌駕するには至っていない．「中央神域・宮闕」という形態である．

　ラック・ムアンを中心に建立する都市は他にもある．スコータイ王が建設に関わったとされるチェンマイもそうである．今日のタイの都市はほとんどすべてがラック・ムアンを持っている．

(2) チェンマイ

　チェンマイの創建は，上述のように1296年4月12日である．『チェンマイ年代記』[190]によれば，スコータイの王ラームカムヘーン，パヤオの王ガムムアン Gaum Muang がプラヤ・マンラーイ Phraya Mangrai を助け，新都の立地と規模の決定に関わったという[191]．また，マンラーイは重臣たちに諮り，賢者（占い師）nak

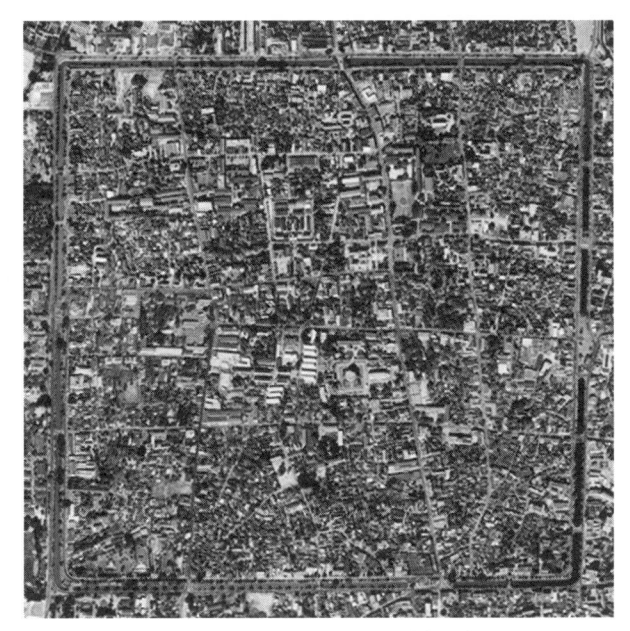

図 I-4-10 ●チェンマイ　航空写真

phat たちに吉祥を占ってもらって計画に取りかかったという[192]．
　チェンマイは，東西南北約2キロメートルの正方形をしている（図 I-4-10）．後に見るマンダレーとほぼ同規模である．700年の歴史を誇るが，当初の城壁が一部現在も残っている．現在濠を越えて市街に繋がる街路は，北3，東4，南2，西3であるが，市門は東西北に1門ずつ，南に2，計5門である．東西北は中央にある．そして，城内のほぼ中央，ワット・チェディ・ルアン Wat Chedi Luang(1441年) の境内にラック・ムアン（サオ・インサキン Sao Inthakin）が建っている．マンラーイが建設したとされるのは，クーカム仏塔（チェーディーリアム）とカーントームである．
　現況をみる限りでは，旧城内の街区構成に明快な構成原理を見ることはできないが，スコータイ王が計画に参加していたというのであれば，スコータイ同様，その宇宙観を表わす都市として設計されたことは，おそらく間違いない．
　さらに興味深いのは，マンラーイ王がチェンマイ建設後に，もう一つの都ウィエン・クムカームを南東5キロメートルの位置に建設していることである．ウィ

エン wiang というのは，同じように城壁と濠で囲われた「四角い都市（集落）」である．ウィエン・クムカームは 600 メートル×1000 メートルほどの規模である．このウィエンは，ランプーン（ハリプンチャイ）周辺にも見ることができる．ウィエン・マノー（700 メートル×900 メートル），ウィエン・ターカーン（700 メートル×500 メートル），ウィエン・ト（400 メートル×400 メートル）などである．すなわち，ウィエンの伝統は，ランナータイ建国以前からチェンマイ＝ランプーン盆地にあり，それがチェンマイに引き継がれたという見方もできるのである．マンラーイ以前に盆地を支配していたのはモン族である[193]．「四角い都市（村）」ということでは，モン族のウィエンの伝統と続いてみるビルマ族のカヤインの伝統との比較も興味深いテーマとなる．

(3) アユタヤ

アユタヤは，中央タイの核心域，メナム盆地の中心に位置する．古来，インド，セイロン，中国，下ビルマと通じたチャオプラヤー河の河口をさかのぼったところに位置する．

17 世紀初めの中国文献『東西洋考』[194] の「交易」の項によると，「河口から約三日ほどで第三関に，また三日ほどで第二関に，そしてまた三日ほどで仏郎日本関に至る」とある．仏郎日本関とは，ポルトガル人と日本人が傭兵として守る第一関のことで，山田長政に代表される当時の日本人のアユタヤにおける地位を窺わせる．

1685 年にアユタヤを訪問しているショワジ Abbe de Choisy（フランソワ・ティモレオン・ド・ショワジ[195]，1644～1724）は河口からアユタヤまで 9 日を要し，7 か所に立ち寄るとしている[196]．N. ジェルベーズ Nicolas Gervais の『シャム王国史』[197] はチャオプラヤー河沿いにバンコク Bangkok を含む 5 か所の防塁があり，バンコクには 54 門の大砲が配備されていたとする．

第一関の北方に，周囲を川と市壁に囲まれたアユタヤの都城があった．もともとは，スコータイ王国の南の前哨基地が置かれた場所であり，それを基礎に 13 世紀末から 14 世紀にかけてアユタヤは発展し始める．

アユタヤはベンガル湾岸のメルギ，テナセリムを外交拠点としてその版図に収め，これを経由して西方諸国と通じるとともに中国を中心とする東アジアとも接

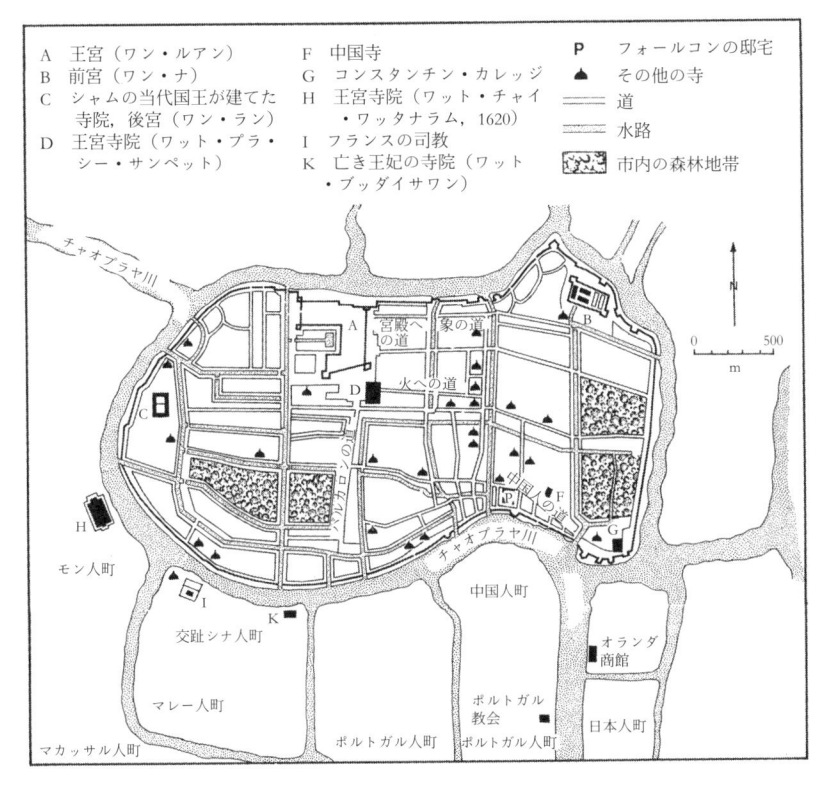

```
A  王宮（ワン・ルアン）           F  中国寺                      P  フォールコンの邸宅
B  前宮（ワン・ナ）               G  コンスタンチン・カレッジ    ▲  その他の寺
C  シャムの当代国王が建てた       H  王宮寺院（ワット・チャイ    ══ 道
   寺院，後宮（ワン・ラン）          ・ワッタナラム，1620）     ══ 水路
D  王宮寺院（ワット・プラ・       I  フランスの司教
   シー・サンペット）             K  亡き王妃の寺院（ワット      ▨  市内の森林地帯
                                     ・ブッダイサワン）
```

図 I-4-11 ●アユタヤ：Reid (1993)

近し両者の結節点となった．また，国内においては，森林生産物と安価な余剰米が生産される古デルタをヒンターランドとし，輸出資源にも事欠くことはなかった．これら国内農産物は「スワイ[198]」(物納租税) として集荷され，徹底した管理貿易の下，王庫を潤した．

『アユタヤ王朝年代記』[199]によると，1351年3月4日の午前9時54分に，ウートン王[200]によってラック・ムアン (都市柱) が定礎された．しかし，それ以前に巨大な仏像を安置するワット・パナンチョン Phananchoeng が建立された (1324年) という記載もある．その位置は港が置かれていたアユタヤの東南隅の対岸チャオプラヤー河東岸である．その近辺，および対岸にはチャイナ・タウンが形成されていた[201] (図 I-4-11)．

第 I 章
インド世界の都市

　タイ王朝史に関わる資料，そのフレームを巡る議論については，石井米雄が整理するところである[202]．通説とは異なり，1351年の建国から1569年のビルマ軍の攻撃による王朝滅亡までは，アユタヤという名称は使われていない．記録されているのはアヨードヤ Ayodhya[203] である．アユタヤというのは「不敗（の都）」という意味で，ナレースエン Narensuen 王がビルマ戦に勝利したことに因むという．そこで，アヨードヤの時代を前期アユタヤ，1593年の自律回復からを後期アユタヤという区別がなされる[204]．

　アユタヤ王国は，アユタヤを中心とする東西南北四つの都市の連携によって支配された．その四つとは，初期には北のロップリ，南のプラプラデーン Phrapuradaeng（バンコクのすぐ南），東のナコンナヨック Nzkon Nayok，西のスパンブリ Suphanburi で，ムアン・ルック・ルアン muang luk luang と呼ばれた．文字通りには「王子の都市」という意味で，実際王子たちがそれぞれの地域の統治者として任命された．この四つの都市の支配域を越えた地域は，ムアン・プラヤ・マハ・ナコンと呼ばれる都市によって支配された．ナコン・ラットシーマー Nakhon Ratsima（コーラート），チャンタブリ，ナコン・シータマラートがそうで，プラヤ，マハは「偉大な」「大きな」を意味し，ナコンはナガラである．王国の境界に位置し，かなりの自治を認められた小国家であった．他にムアン・プラテートサラット muang prathetsarat と呼ばれる属国があった．以上の拠点都市の中で，14世紀半ばから15世紀にかけて有力となるのがスパンブリとロップリである．スパンブリ，ナコン・ラットシーマーは，スコータイ，チェンマイの系譜に連なる「四角い都市」である．

　C. カセートシリ[205] が明らかにするように，アユタヤ王国を基礎付けていたのは，新たに優勢となった上座部仏教のみではない．ヒンドゥー教，大乗仏教，精霊（ピー）信仰が混じり合い，デーヴァラージャ思想も引き継がれる．

　具体的に，トライローク Trailok 王（1448～1488）は，インド的な統治原理を用いた．その史的伝記を書いたユアン・パイ Yuan Phai によれば，彼が多くのヴェーダ文献に通じていたことが明らかである[206]．アユタヤという名称そのものがそもそも『ラーマーヤナ』に由来する「ラーマ王の統治する神の都アヨードヤ」である．アユタヤ王国の歴代の王が『アルタシャーストラ』を参考にしていたことはほぼ間違いないとされる[207]．

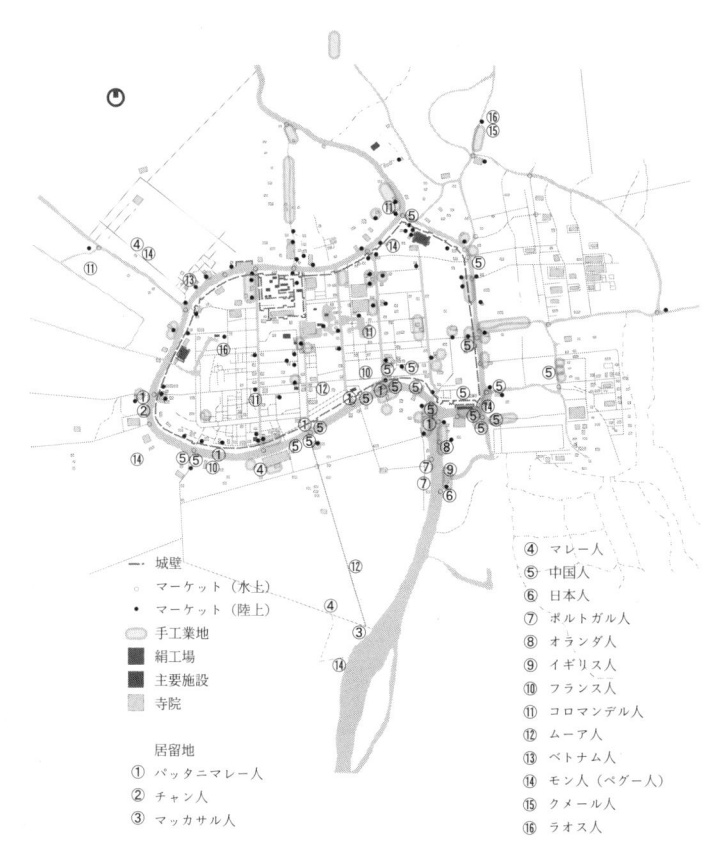

図 I-4-12 ●アユタヤの居留地　民族分布：アユタヤ歴史文化博物館資料より作製（桑原正慶・中川雄輔作図）

　現在の都市形態を見ると，その都市計画理念は必ずしもはっきりしない．当然のことながら，その都市形態は時代とともに変遷してきている．アユタヤでも一人の王が死ぬとその宮殿は寺院とされ，新たな王は新たな宮殿を建設することが繰り返されてきた．ただ，アユタヤ島内に現存する主要な遺跡約3万[208]のほとんどが王朝建国後，最初の150年に建設されたものである．すなわち，都市景観は，前期アユタヤ（1351〜1569）のうちに完成されていた（図 I-4-12）．
　ウートン王（在位1350〜1369）は，チャオプラヤー河の西岸にワット・プッタイーサワン Phutthaisawan を建てたが，それはそれまで住んでいた場所である．新

第 I 章

インド世界の都市

図 I-4-13 ●アユタヤ　航空写真　1952：アユタヤ市役所

　王宮はワット・プッタイーサワンから川を渡った所にあったという．現在のワット・プラシーサンペット Phrasisanphet の位置とされる．同時にワット・マハタート（仏舎利寺院）が現在の位置に建設された（1374）．ワット・マハタートの北に，有力な寺院となるワット・ラットブラーナ Ratburana[209] を建立したのはボロマチャ Boromacha Ⅱ世（在位 1424 〜 1448）の即位の年（1424）である．

　1448 年に，トライローク Tharoik 王が王宮内にワット・プラシーサンペットを建設する．ワット・プラシーサンペットは，以降アユタヤ王国の精神的中心となる．トライローク王は，王宮内にワット・マハタートを建てたスコータイに倣ったという．バンコクも宮廷の敷地内にエメラルド寺院を持つ．スコータイ，アユタヤ，そしてバンコクに続く，宮廷＋寺院のコンプレックスを中心とする都市の伝統を再興したのがトライロークである．そして，それまでの王宮の北の広大な地に新王宮が建設され，狭い旧王宮の地は宮廷寺院に転用される．こうして現在みられるようなアユタヤ都城の中心部が完成する．この骨格は今日の遺構にもよく残っていると言ってよい（図 I-4-13）．

　1767 年のビルマによるアユタヤ占領からターク・シン Tak Sin 王（1734 〜 82）によって再びタイが独立するまでわずか 7 か月の迅速な奪回劇であったが，アユタヤの荒廃は激しく，ターク・シン王は復興を見限ってトンブリー Thonburi へ遷都することになった．しかし，後続の王は旧都への関心を断つことはなく，ラーマ

IV世は，前王宮を再建し，離宮としている．また，アユタヤ島周囲に35もの寺院を再建している．この時代，アユタヤは活況を呈した．最も人口が集中した地区は北部のサブア運河沿い，ワット・トン・プー Wat Thon Pho あたり（現在の役所と知事公邸を結ぶ幹線沿い）であった．ほとんどの住民は筏住居 raft house に住み，交易を行なう一方で耕作も行なう農民であった．南部では，ワット・パナンチューン Wat Phananchoeng，ワット・ナン・クイ Wat Nang Kaey，ワット・バンカチャ Wat Bangkaja の周囲に人口の集中する地区が形成されていた．住民のほとんどはラーマI世（在位1782〜1809）時代からのチャイニーズである．また島内南部のワット・スワンダラーム Wat Suwandararam 周辺にも規模は小さいがチャイニーズのコミュニティーが形成されていた．

1855年にボーリング条約がイギリスとの間で結ばれ，輸出用にチャオプラヤー平原の米需要が高まる．フアローマーケットは米取引の場として活況を極めた．1894年に地方行政制度が施行され，アユタヤは州都となり，行政，教育，病院，軍，警察，郵便など様々な公共機関が設置された．またこれに伴って行政官の住居がフアローマーケットからワット・プラサート Wat Prasart にかけて多く建設された．アユタヤ最大の市場であったフアローマーケットは，河川側と陸側二つに分けられ，陸側にショップハウス（店屋）が建ち並んだ．

1897年に火災があり，新しい22戸の木造ショップハウスが建てられたという記録がある[210]．三年後の1900年には王室によって152戸のショップハウスが建設されている．さらに1915年には，プラヤ・ボラン・ラッチャタニン Praya Boran Ratchathanin が新たな市場ともに226戸のショップハウスを新築し，島の内外を結んでムアン運河に橋を渡している．ただ当初はフアローマーケットが主であり，この市場はそれほど栄えなかった．

ラーマV世によってタイで初めての鉄道が敷設されバンコクと結ばれる1897頃，島内で最初の道路としてウートン通りが建設され，1902年には遺跡の発掘に着手し博物館が建設された．1904年にラーマV世はこの博物館を訪れ，「アユタヤ博物館」とこれを命名する．また，1908年にはアユタヤを重要文化地区に指定し，これによって島内すべての土地の私有が禁じられた．当時は依然として水上居住が主流であり，住居は河川沿いに建てられることが多く，陸地の開発は島の周囲に限られていた．

第 1 章
インド世界の都市

　1932年立憲革命を迎えたタイは，アユタヤを中部で最初の州に制定し，島内のインフラ拡充を開始し，ロッチャナ Rojchana 通り，プリディ・タムロン Pridi Thamrong 橋がパサック Pasak 川に建設されると，島内の開発が徐々に進行する．1938年に財務省のプリディ・ファノミヨン Pridi Phanomyong が島内の土地私有制限を一部解放し，ピブン・ソンクラム Phibun Songkhram[211]政権の工業化政策，観光化政策によって，アユタヤは大きく変化する．バンコクとチェンマイを結ぶ高速道路へと続くアユタヤ-ワンノイ Wang Noi 幹線道路が完成したことが大きい．また，州庁舎や新プリディ・タムロン橋（1940年）の建設とともにショップハウスが数多く建設された．

　アユタヤは1980年代初頭から急速に工業化していく．バンコクから波及する開発投資先はパトゥムタニ，ナコーンパトム，チャチェンサオ，アユタヤへと広がり，特にアユタヤにおいては，バンパイン，ウータイ，ワンノイ，セーナ，そして市北部のナコンルアンがその中心となる[212]．開発用地として，宗教局や王室財産管理局，芸術局所有の土地が選ばれることもあり，そうした土地に含まれる遺産は破壊の危機に瀕してきた．

　1966年に議会が歴史公園の保存を目的として，島内の一部と島の周囲の開発を許可したことが重大な転機となる．王朝最後の年から200年後の翌1967年にはアユタヤを国家的歴史都市にするための委員会が結成され，「アユタヤ島内とその周辺地域にある歴史的記念物の調査，発掘，保存」[213]が1969年に議会承認される．1976年には芸術局によって島の20パーセント，1810ライ Rai（1ライ＝16ha）が歴史保全公園として保存が決定され，1991年に世界文化遺産に登録される．一方，バンコクまで繋がる6車線幹線道や，パサック川にはより大きな橋が建設され，交通の充実とともに観光開発も目覚しく展開される．そして，アユタヤは「旧都 Muang Krung Kao」ではなく，「新都 Muang Mai」と呼ばれるようになる．

　東南アジア最大の港市都市に成長していくアユタヤは，「大航海時代」を迎えて，次々にヨーロッパ商人の寄港するところとなる．マラッカを占領した1511年，ポルトガルはすぐさまアユタヤを訪れている．オランダ（1605）[214]，イギリス（1612），デンマーク（1621），フランス（1662）が続く．ナライ Narai 王（1675〜1688）のときには，ギリシア人コンスタンチン・フォールコン Faulcon (Phaulkon) が高官を務めている．オランダ，イギリスを排斥し，フランスの駐留を認めるが，このと

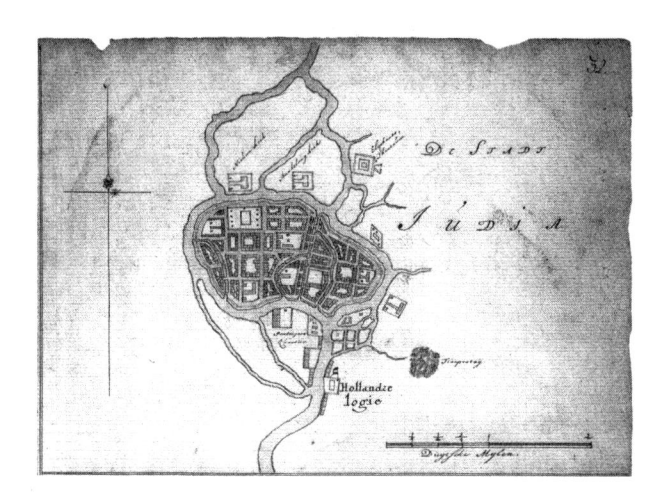

図 I-4-14 ● アユタヤ：VOC

きの訪問記，旅行記が残されている[215]．具体的に17世紀のアユタヤを知る手がかりとなる資料として，E. ケンペル Engelbert Kaempfer，ジェルベーズ，S. ド・ラ・ルーベル Simon de La Loubere[216]らヨーロッパ人の地図がある（図 I-4-14）．ケンペルは，「この都市には，至るところに寺院が建ち，王宮には水鳥をかたどった黄金の尖塔や柱で装飾されている．大きさこそ，我々の教会に及ばないものの，切妻屋根が並ぶ様子や，輝く建物のファサード，美しい階段，柱，支柱，その他の装飾で外観の美しさは我が国には比類なきものである．」と伝えている．もっとも島内の市街地面積は少なく，大半は「荒野 Pa-Than」と呼ばれていた．特徴的な記述を列記すれば以下のようである[217]．

a) 都市は広大だが，ほとんど何もなく，(島内の) 南東6分の1が宅地として使用され，残りの土地には寺院のみが立っている．

b) 都市へ続く最初の通りが，城壁に沿って延びている．

c) b の通り沿いには住宅が密に建ち並び，その中にはペルシア人高官フォールコンの住宅が含まれる（ただし，外国人は原則的に城内居住を許可されていない．フォールコンが外国商船を管轄したときのみの例外的措置であった）．

d) 王宮に伸びる中央通りが最も高密に建物が並び，その中には商店，手芸品工場などがある．

第Ⅰ章
インド世界の都市

e) b, d の通りにはチャイニーズ，インド人，ムーア人など 100 軒以上の住居がある．

f) e の住居は間口 8 歩，奥行 4 歩ぐらいの規模で，2 階建て 4.5 メートル（2 ファゾム）以下の高さで石造である．

g) e の住居は平タイルで葺かれ，大きな扉を持つが，大きさに規則性はない．

h) b, d 以外の通りは閑散としており，その住居は椰子の枝や葉，竹などで作られる簡素で貧しいものである．

i) 住居の裏は雑木林であり，戦時の避難場所として野生のまま残される．

j) 一部の（儀式に使われる）通りは，広く舗装され街路樹が植えられる．これらはまっすぐで水路が併走する．

k) アユタヤはいわば「運河の町」で，住民は船で寝起きも商売もする．

l) 運河にかかる橋は，レンガやあるいは石で作られるが「とても高く醜い」．

m) 大きな運河や 3 列の道路が王の御幸を演出する劇的装置として設けられる．

n) 一般の住民は城外で村を形成し城内と変わらない密度で集住していた．

都市の壮麗さと活気の一方で庶民の素朴な住まいも記述されている．以上が，「東洋のヴェニス[218]」の実相である．

以上を，残された主だった古絵図，古地図に即して確認すると以下のようである．古地図は，ジェルベーズによる 1670 年代半ば，ショワジの第一回シャム訪問時（1685～86），そして F. ファレンタイン François Valentyn が「東インド」に関する貴重な一書[219]をものした 1720 年代の後半の三期に描かれたものである（図Ⅰ-4-15）．

　(a) ジェルベーズ（1676 年作成，図Ⅰ-4-16a）：島内全域にわたって建造物が描かれる，主要な建物の配置からみて島を南から北に眺めた鳥瞰図と考えられるが，現実の方位軸とは必ずしも一致していない．中央を島の端から端まで南北に縦断する街路があり，住居とみられる建物が描かれている．塔状の建物がみられ，その頂部は丸みを帯びている．島内を走る水路は不規則である．城壁が島を取囲んでおり，周辺に居留地が示されている．

　(b) F. クールトゥラン Fr. Courtaulin（1686 年作成，図Ⅰ-4-16b,）：島内東側に港のような集住地区があり，城壁が途切れている．島外南側に教会が描かれる．寺院と思われる建物の周りを樹木が取り巻いている．地図の下から王宮へのびる通り

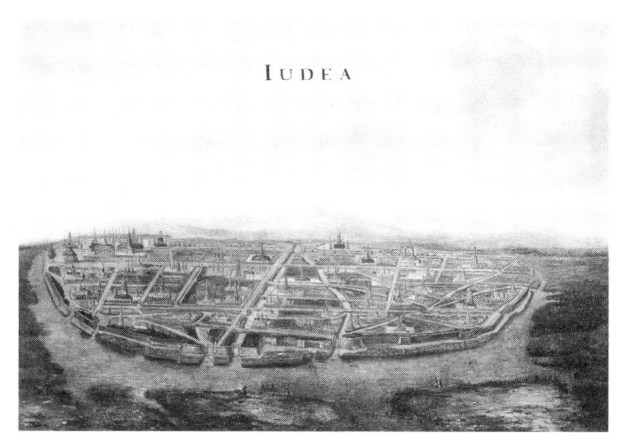

図 I-4-15 ●アユタヤ：Vingboons, RM

があり，植樹されている．島内南東に規則的な水路がみられる．島の西側は四角く水路に囲われた部分があり，隅部から放射状に島外の川と繋がる水路がある．人工水路と自然水路の書き分けが見られる．島の上部に橋のようなものが描かれる．ここに住居らしき小さな建物が散見できる．王宮の右から横に伸びる建物列がみられる．地図の上下左右軸は現実の方位軸からねじれて描かれている．

(c) J. N. ベリン Jacques Nicolas Bellin（1750年作成，図 I-4-16c）；フランス人技師の作図であり，かなり正確に，現在の通りに比定できる通りが通り名称付きで幾つか描かれている．なかでも，王宮から東に伸びる通りは「王宮通り（Rue Palais）」とされる．島の南東に港があり，そこから西へ「チャイニーズ通り（Rue Chinoise）」が伸びる．

(d) ド・ラ・ルーベル（1693年作成，図 I-4-16d）：地図 b と類似の表現であるが，運河の湾曲などはこの地図が実際に近い．南に外国人居留地がはっきり示されている．

(e) オランダ航海図（1687〜88年作成，図 I-4-16e）：シャム湾からアユタヤまでの航路が描かれる．城壁に7か所水路門のような書き込みが見られる．

(f) ファレンタイン（1724年作成，図 I-4-16f）：高い城壁によって取囲まれる．島内を貫通する水路がない．島内中央に王宮を描く．アユタヤを東から西向きに見た図だと考えられる．

第Ⅰ章
インド世界の都市

a　1676/83年

c　1750年

b　1686年

d　1687年

e　1687−88年

f　1724年

h　1727年

g　1726年

i　1727年

j　1729年

図Ⅰ-4-16 ●アユタヤ古地図 a-j：アユタヤ歴史文化博物館
　　a. Vingboons, ARA, VELH619-62, ca.1660, b. FR. Courtaulin, 1686, c.'Plan de la Ville de Siam', Jacques Nicolas Bellin, 1750d. La Loubere, 1693, e. Dutch navigation chart, NNA, f. F.Valentain, 1724, Valentyn, F., "Oud en Nieuw Oost Indien", 3vols, 1724-26, Amsterdam, 1862 g. F.Valentain, 1726, i. Engelbert Kaempfer, 1727, j.Engelbert Kaempfer, 1729, Dawn Rooney Collection.

　（g）ファレンタイン（1726年作成，図Ⅰ-4-16g）：島内の街区が城壁で囲われている．島東側の水路の構成が地図 a に似ている．地図 c に記される通りに比定できる通りを描いている．地図 b や d に描かれる王宮の右にある建物列を描いている．
　（h）ケンペル Engelbert Kaempfer（1727年作成，図Ⅰ-4-16h）：街路と水路のみを

138

示しており，それらは縦横の軸に沿って規則的である．島の右上に島の内外を結ぶ橋が描かれる．後宮を発し横に伸びる道路は側溝が沿う．前宮の左下に四角い図が描かれる．

(i) ケンペルの王宮地図（1727年作成，図 I-4-16i）：王宮の配置を示している．

(j) ケンペル（1727年作成，図 I-4-16j）：シャム湾からアユタヤまでの航路が描かれる．

以上の地図の作成年は1676年から1727年であるが，この時期は後期アユタヤの中期にあたり，ナライ王からターイーサ王の治世で，以下の建造物がすでに建設されている．各地図に描かれている建造物は以下のようである．

島内：
- 王宮（ボロムトライロカナートにより移築後）（a b c d e f g h j）
- 前宮（a c g h j）
- 後宮（a c g h j）
- ワット・プラ・ラム（c）
- ワット・マハタート（c）
- ワット・ラージャブラナ（c）
- ワット・プラシーサンペット（a c）
- スリーヨータイのチェディ（c）
- ワット・プラモンコンボピット（確認できない）

島外：
- ワット・ナー・プラメン（確認できない）
- ワット・プラチャオ・パナンチェン（b）
- ワット・ブッタイーサワン（c）
- ワット・ヤイ・チャイ・モンコン（地図外）
- ワット・プーカオトーン（確認できない）
- ワット・チャイワッタナーラーム（c e）

括弧内のアルファベットは確認できる地図の記号である．ただし，現在の位置に相当する場所に建造物が描かれる場合でも，比定する根拠に乏しい場合は確認できないとした．要するに，地理空間に忠実なものは地図 c および h，都市の特徴を誇張して描くものは地図 abdf，両者の中間として地図 g がある．古地図の都市

第 I 章

インド世界の都市

図 I-4-17 ● 史跡分布図：アユタヤ歴史文化博物館

空間の街路体系に関しては，おおよそ計画的に配置されていること，島の東西ではその配置パターンに差があること，一方，計画的な配置パターンに沿わない不規則な街路，水路も存在することは共通に確認できる．

　王朝時代の都市構造に関しては，古地図の他に発掘調査によって得られた知見から，E. W. ハッチンソン E. W. Hutchinson が作成した遺構のプロット図が作成されている（図 I-4-17）．この図には，5本の幹線水路が島を南北に縦断し，さらに細かな水路がこれに接続する形で無数に走っていることが分かる．水路の掘削に関してはおおよその変遷が分かっており，図 I-4-18 に示す．水上での生活の主体であった当時の状況を考えれば，この5本の水路に面して市街地その他の都市施設が築かれたことはほぼ間違いない．

東南アジアのヒンドゥー都市

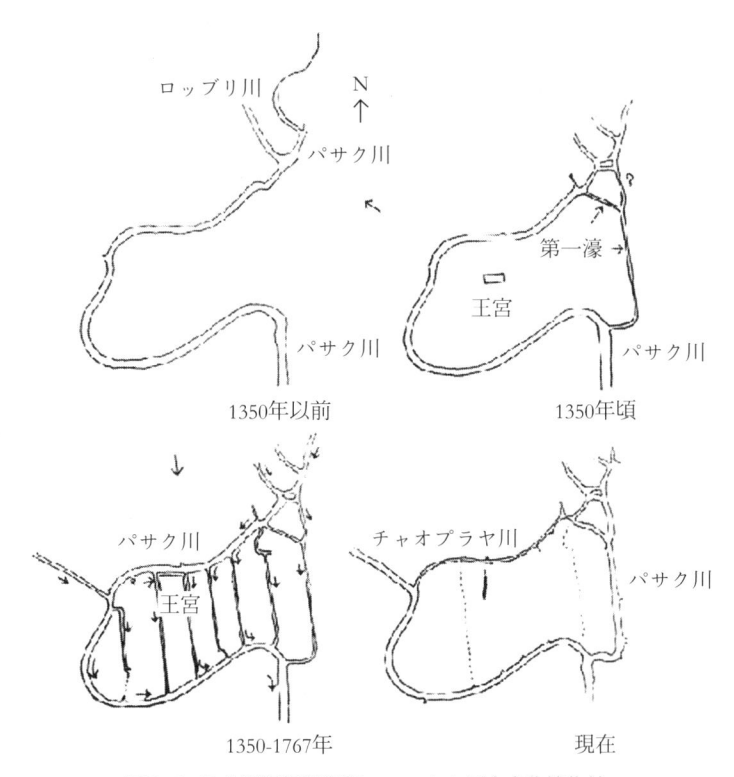

図 I-4-18 ●運河掘削過程：アユタヤ歴史文化博物館

　これを近代化以前の都市構造として現在のそれと比較すれば，島内の水路が消滅し，代わって陸路が敷設されていることが分かる．陸路の敷設はバンコクにおいてはラーマⅤ世時代に「道路は弟で運河が兄」という関係が逆転してとらえられたと言われ，アユタヤにおいてもこの頃から陸上インフラが整備されていったと考えられる．1952年の航空写真には，5本の水路のうち，現存する2本以外がすでになくなっている．島内の遺跡調査が開始されるのがこの3年後からなので，水路の消滅は近代化とともに観光地化される地固めであったと考えられる．

　応地利明は，新王宮とワット・マハタートを繋ぐ東西軸線について，次のように言う[220]．

　「新王宮から2寺院のあいだを通って東に直線道路が延びる．この直線道路は，はるか東の市壁まで延びている．それは，聖なる方向である東への王のヴィスタ

第 I 章
インド世界の都市

図 I-4-19 ● アユタヤのラック・ムアン（布野修司撮影）

を視覚化した軸線道路である．しかも最も格式の高い仏舎利寺院も，王宮と王のヴィスタを荘厳化するための前座的な存在でしかない．ここでは王権が教権を凌駕し，王都の中にコスモロジーから逸脱したバロック空間を創出しているのである．つまりアユタヤは，寺院を従属させた王のための軸線道路の完成によって示されるように，それに先行するアンコール・トムとも，またスコータイともまったく異なったバロック化した都城なのである．」

　王権の優位というのはアユタヤでははっきりしている．王宮の中心軸，ワット・プラシーサンペットの中心を南北に貫く軸線上にワット・ナ・プラ・メールが置かれている．しかし，ラック・ムアン（図 I-4-19）が置かれているのは王宮の東側，ワット・タミカラート Wat Thammikarat の北である．ラック・ムアンの位置が動かされていないとしたら，ラック・ムアンを貫く南北軸が都市の中心軸と考えられる．そう考えると，アンコール・トムのように京域の中心の北西に王宮を持つ伝統にアユタヤも従っていたと考えることもできる．

　上述したように，もともとの王宮はチャオプラヤー河南岸のワット・プッティーサワンにあったとされる．その位置とラック・ムアンを結ぶ南北軸は大きな意味を持っていると考えられる．その軸線上に位置するのが，ワット・プラ・ラム Wat Phra Ram である．ワット・プラ・ラムが建設されたのは 1369 年のことで

ある．ウートン王の父が埋葬された場所だという．ラメスエン Ramesuen 王によっては完成されず，ボロマラージャ・世王のときに完成している．このワット・プラ・ラムを中心寺院と考えると，ワット・プラシーサンペットは北西に位置することになる．アンコール・トムと同じである．

チャオプラヤー河に囲われた運河都市であるという地勢によって理念的な形態を実現し得なかったということも考えられるが，グリッドの運河，街区の構成は，はっきりとした計画理念の存在を示しているのである．

4-4 エーヤーワディ河流域・ビルマ平原

中国の史書に依れば，2世紀頃のエーヤーワディ（イラワジ）河流域には北にピュー（驃），南にタン（撣）という国が存在した．ピューは1世紀頃から存在が確認されるが，7世紀以降はエーヤーワディ河流域一体を勢力圏においたと考えられている．ピューとフナンは5世紀以前から交易関係を持っていたことが知られている．また，ドヴァーラヴァティーは7世紀初めエーヤーワディ流域南部に勢力を伸ばしている．

ピューの遺跡として，シュリークシェートラ Sri Ksetra（タイェーキッタヤー Thayekhittaya, 室利差咀羅，現プローム市）をはじめ，中央平原地帯のマインモー Main Mo（マイミョー）（図 I-4-20），ベイタノ Beikthano（図 I-4-21），ハリンジー Hanlin などが知られる．いずれも，円形もしくは楕円形の煉瓦造の城壁で囲われ，中心に王宮が置かれている．こうした遺跡からは共通にピュー文字碑文，ビーズ，銀貨，石製もしくはテラコッタ製の壺が出土している．また，主要な遺跡からは菩薩像，ヒンドゥー神像なども出土し，ヒンドゥー教，仏教が信仰されていたことが知られる．ピューの城郭都市の経済を支えたのは，塩田と低湿地群周辺での稲作であったと推定されている[221]．

エーヤーワディ河中流域を中心に栄えたピュー以降，ビルマ（ミャンマー）史は，統一王朝として，アノーヤター Anawrahta 王によるパガン王朝（1044～1287年），バインナウン Bayinnaung 王によるハンサワディ＝ペグー Hanthawaddy=Pegu 王朝（1287～1539年），アラウンパヤー Alaungpaya 王によるコンバウン Konbaung 王朝（1752～1885年）[222] の創始が大きな区切りとされている．加えて，インワ王朝

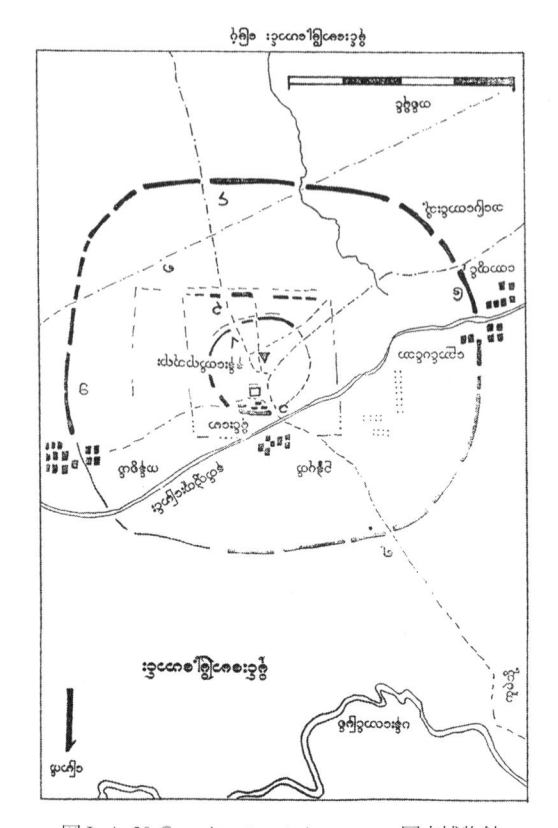

図 I-4-20 ●マインモー：ミャンマー国立博物館

(1364〜1526年)，タウングー Taungoo 王朝（第一次1486〜1599, 第二次1597〜1752年）が主だった王朝である．ビルマでは，パガン，タウングー，コンバウン朝をそれぞれ第一，第二，第三帝国と呼ぶことが多い．

パガン王朝がモンゴルの侵略によって滅亡すると，エーヤーワディ河流域は諸王国，諸王朝が群雄割拠する状況となる．諸王朝の拠点となった都市を挙げると以下のようである．

サガイン Sagain (1315〜64, 1760〜64)
インワ（アヴァ）(1364〜1555, 1629〜1752, 1765〜1783, 1823〜1837)
タウングー (1486〜1573)

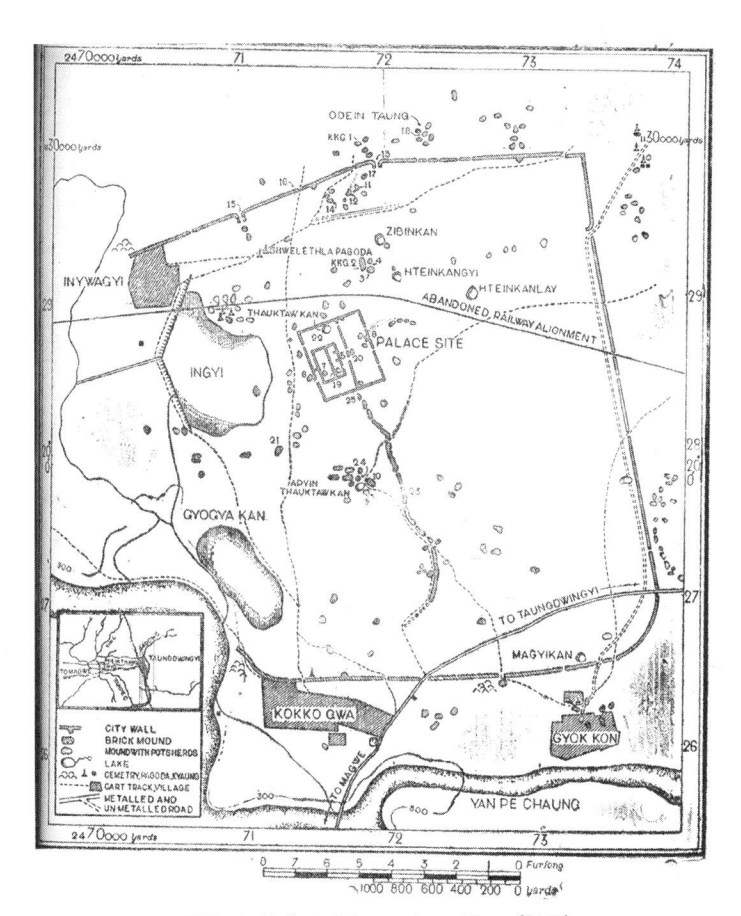

図 I-4-21 ●ベイタノ： Aung Thaw (1968)

シュエボー Shwebo（1758～1765）
コンバウン（1783～1823, 1837～1857）
マンダレー（1857～1885）

1885 年にビルマ王国は滅亡し，1886 年に全土が英領インド帝国へ編入されることになる．

以下，シュリークシェートラ，パガン，ペグー，アヴァ，アマラプラ，マンダレーについて，その都市計画理念を検討しよう．

(1) シュリークシェートラ

シュリークシェートラは東西経4キロメートル，南北経5キロメートルほどで，ピューの都市遺構としては最大規模を誇る（図I-4-22）．

ビルマの年代誌は，シュリークシェートラにはインドラ神などの神々によって須弥山の上に32の門を持つ都市が建設されたと伝えており，遺構は，その宇宙観を象るかのように円形をしており，多くの門が確認されている．32の門は32の属領に対応するもので，32人の封臣に囲まれて，その中心に王が住んでいたことを示唆する，という説がある．

その他，ベイタノ（1〜5世紀），ハリンジー（3〜9世紀），マインモー（2世紀後半〜6世紀末）などには，インドとの関係を窺わせるストゥーパなど建築遺構が残されている．例えば，ベイタノ遺跡には南インドのアーンドラ朝（c.紀元前1世紀〜紀元3世紀）の影響があるとされる．また，シュリークシェートラ遺跡にはアマラヴァーティー地方，あるいはベンガル，オリッサ地方の影響が窺えるパゴダが残されている．

ビルマ西北部，ベンガル湾沿岸に古くからの「インド化」国家ダニヤワディ Dhanyawady（〜6世紀）が知られる．ラカイン（アラカン）族の支配域で，ヴェサリ Vesali（Wethali 4〜9世紀），ムラウウー Mrauk U（ミョハウン）（13〜18世紀）を拠点としていたと考えられている．ダニヤワディ，ヴェサリの遺構は王宮を中心に市街を丸く囲む形態をしている[223]．

こうした初期の円形都市の系譜は，何故か，方形の都市の系譜へ転じていく．

(2) バガン（パガン）

9世紀から10世紀にかけて，ビルマ人がエーヤーワディ川流域に南下してくる．ビルマ語の南北を指す言葉が，南＝山，北＝川下を意味することから，ビルマ族の原郷は現在のミャンマーではないと考えられている[224]．山とはヒマラヤであり，北に揚子江あるいは黄河が流れている地域が母地と考えられる．中国史料が蕃夷という氏羌（ていきょう）族はチベット・ビルマ系の諸民族とされる．

黄土高原に居住していた氏羌族は，漢民族との抗争に敗れ，南下して730年に統一国家「南詔」を建てる．この南詔がビルマ族の祖先に関係すると考えられている．南詔の圧政を逃れてきたビルマ族の最初の入植地はチャウセー，第二の入

4
東南アジアのヒンドゥー都市

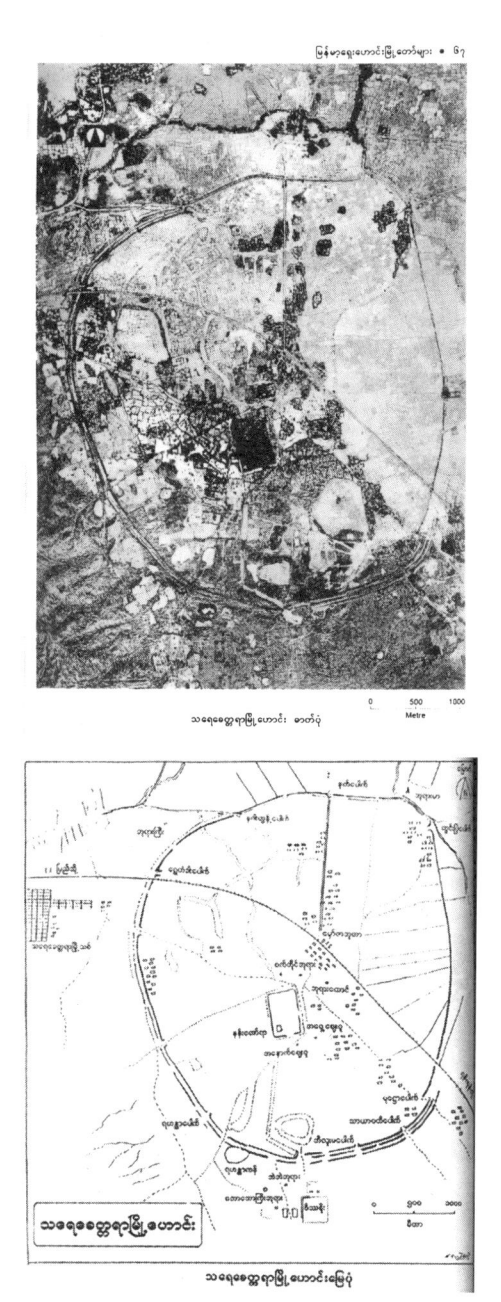

図 I-4-22 ●シュリークシェトラ：ミャンマー国立博物館

第 I 章
インド世界の都市

図 I-4-23 ●カヤイン：石井米雄・桜井由躬夫編,『東南アジア世界の形成』世界の歴史第 12 巻, 講談社, 1985 年

植地はミンブーとされる.

　彼らはカヤインと呼ばれる「四角い村」[225]を建設する（図 I-4-23）. カヤインとは, 単一首長のもとの地域, 国を意味し, その中心には城壁都市を置いた. そして, ビルマ族がうちたてたのがパガン王朝（11〜13 世紀）である. ビルマの最初の統一王朝とされる. クメール, ジャワと並んで, パガンは, 東南アジアにおけるヒンドゥー・仏教の三大中心となる.

　パガン朝の創始は 2 世紀初頭とする伝承もあるが, ピュー族, モン族を攻略したのが 9 世紀前半であるからそれ以前にはさかのぼらない. それ以前には, 土地神であるナッ Nat を崇拝する村落が連合し, 次第に国家が形成されていたと考えられている[226]. バガンの南東 20 キロメートルに第一の王宮ヨンリーチュン Yon HllitKyun（2〜4 世紀）があり, 現在のバガン・ミョシット（ニュー・バガン）に第二の王宮（4〜6 世紀）, 第三のタンパワディ王宮（6〜8 世紀）もバガンの南東近郊に比定されている（図 I-4-24）.

　最盛期を迎えたのは, 実在が確認できるアノーヤター王（アニルッダ, 在位 1044〜77 年）以降の 250 年間である. 1287 年のモンゴル侵入による滅亡まで 11 代の王が確認されている. パガン朝の歴代の王らが造営した堂塔の数は 5000 にも及び今

148

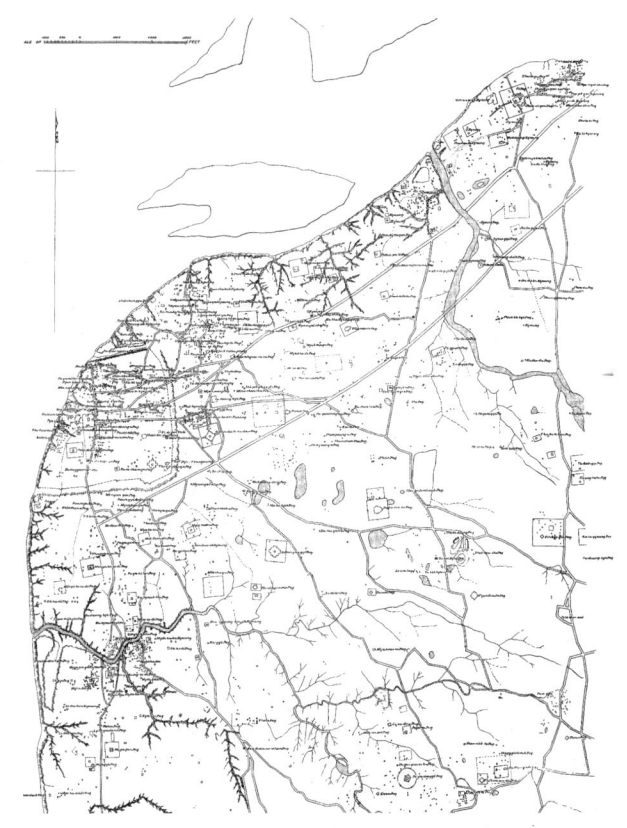

図 I-4-24 ●パガン周辺図：O'Corner et al（1986）

日なお 2000 を超える遺構が残っている．上座部仏教がパガン朝の中心であるが，8 世紀以前には大乗仏教の影響が強く，さらにピュー族以来のヒンドゥー教の影響も色濃かったとされる．アノーヤター王は大乗仏教徒であった可能性が高い[227]．シン・アラハンによって上座部仏教がもたらされるが，アノーヤター王は彼のためにタトーン Thatôn を攻撃して経典を手に入れたというエピソードがある．しかし，これは後代の物語とされ，三代目のティライン（チャンシッター Kyanzittha, 在位 1084～1113）が自らをシュリークシェートラの系譜に属するとし，ヴィシュヌの化身であるとしたように，ヒンドゥー教，大乗仏教の影響は強かっ

第 I 章
インド世界の都市

たとされる．現存する寺院としては，シヴァ神を奉るナスラウング・チャン Nathlaung Kyaung 寺院が唯一のヒンドゥー寺院である．ヴィハーラの遺構としてはソーミンディ，タマニ，アマナなどがあるが，中庭を囲む方形平面の基本型がある．

パガン朝の建築は，一般的に，北インド式の，すなわちシカラ風の，高塔を頂く．千原大五郎は，パガンの建築様式を以下のように4期に分けている．

ピュー様式期：10世紀中葉からアノーヤター王のタトーン征討まで．ブーパヤー，ナッフラウン・チャウンなど

初期モン様式期：1057〜1084．ミンカバー，シュエサンドー，シュエズィゴンなど．モン人が移入してきたこの時期，11世紀中葉にいわゆるビルマ型のパゴダが成立している．

モン様式期：1084〜1113，チャンスィッター王治世期．アーナンダー・パトなど．

ビルマ様式期：1131〜1287．アラウンスィードゥー王治世(1113〜1167)からパガン陥落まで．シュエグージー，スーラーマニなど．

現在のバガンに林立するパゴダ(ゼディ)からかつての繁栄を偲ぶことができるがその都城の形態は明らかでない．現在も王宮跡地の発掘が続けられている．残されている東の正門サラバル門は1090年頃の建造だという．城壁は，北が500メートル，東が1キロメートル，南が1.1キロメートルほど残っている．高さ2.4メートル，厚さ3.5メートルの城壁の外側には幅50メートルの濠が廻らされている．大きく湾曲しており，計画性はあまり感じられない．というより，歴史的に破壊，修復，補強を繰り返したと見るべきであろう．エーヤーワディ川に接する西側は流れの変化に応じて変化を被ったことが考えられる．

興味深いのは，東と南に三つの門，北に2門が残っていることである(図I-4-25)．西門はエーヤーワディ川に面し，しかも現状では西側城内は大きく欠損しているが，推定できるのは各辺三つずつ12の門を持つ構成であったことである．王宮跡地もがほぼ中央に位置している．その理念を窺うためには，発掘成果を待たねばならないが，後に見るアマラプラ，マンダレーと同様の構成であった可能性が高い．

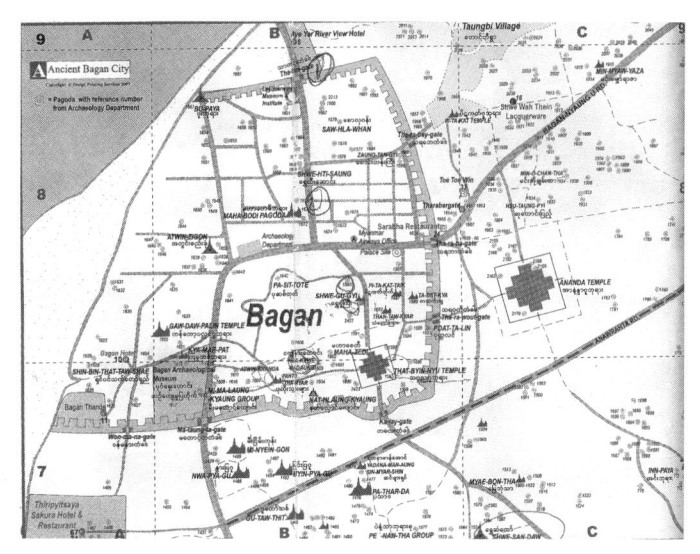

図 I-4-25 ●パガンの空間構成：パガン市

(3) ペグー

　パガン朝がクビライ・カーン Kubilai Khan の大元ウルス軍に敗れて滅亡すると，中央平原地帯の各所にミョウ mrujw と呼ばれる城市が成立し始める．このミョウの構造と機能は，同時代のメナム盆地のムアンに似ているという[228]．カヤインあるいはウィエンとの関連も興味深い．ウィエンは，チェンマイに即して見たようにモン族の伝統とされるのである．

　ピュー族とともに，下ビルマに「インド化」以前から先住していたのがモン族（タライン族）である．タトーン（7～10世紀），ペグー，ダゴン（ラングーン）などを拠点とするラーマンニャ・デーサなどモン人国家が成立していたことが中国史料やパーリ語年代記によって確認されている．

　パガン朝の終末と平行して，エーヤーワディ下流域のモッタマ・ミョウに，スコータイ王の後ろ盾によってワーレルー Wareru 王（1287～96年）が政権を樹立する．王朝はチェンマイ，スコータイ，アヨードヤの脅威を受け続け，1369年に都をペグー（バゴー）に移す．伝説に依れば，ペグーの起源はハンサワティ Hamsavati（ハンサワディ Hanthawady）という町である[229]．白鳥が浅瀬の小さな土地に飛来したことに由来する．現在その地には，ヒンサゴン・パヤが建てられている．モン

第 I 章
インド世界の都市

族が居住し始めた当初の町にはインドからの移住者が多く含まれており，この土地をウッサ Ussa と呼んだという．彼らはオリッサと関係があったと考えられる[230]．825 年頃，タトーンからタマラとウィマラという 2 人の兄弟のモン人僧がやってきて最初の都市が作られたという．

後期モン王朝とも呼ばれるハンサワディ＝ペグー王朝（1287〜1539 年）の間，ペグーは南ビルマを束ねたモン族の王都として栄えた．ラーザーディリ Rajadarit（1385〜1423），シンソープ Shinsawbu（1453〜72），ダンマゼーディー Dammaceti（1472〜92）などの諸王のもとで上座部仏教体制が確立されるのである．この時代の市壁がシュエモードー・パヤの東に残されている．

ペグーは，1539 年にタビンシュエーディ Tabinshweti 王によってタウングー王国に服属させられ，再びビルマ族の支配下に置かれる．上ビルマをシャン人が支配する中で，スィッタン川上流域に勃興したのがタウングーで，ミンチーニョウ（在位 1486〜1531 年）が王朝を建て，タビンシュエーディがそれを継いだ．次の第三代バインナウン王が 1566 年に新都を建設し，ハンサワディと名付けた．この新都が極めて理念的に設計された王都として知られるペグーである．

ただ，このハンサワティの遺構は，古い濠を廻らした城壁の跡以外に現存しない．シュエモードー・パヤは古い伝承を持つが，歴代の統治者がしばしば増拡を繰り返してきた．現在のものは 1954 年のものである．また，994 年の創建という横臥仏（寝仏）が著名であるが，現存するのは 1906 年の建設である．しかし，近年発掘が行なわれつつあり，バインナウン王が建設した王宮の復元も行なわれた．下ビルマの歴史都市の中でも，明快な理念を確認できるのがバインナウン王によるハンサワディである（図 I-4-26）．

15 世紀半ば以降，ペグーの地を多くの外国人が訪れ，記録を残しているが，16 世紀中葉（1567 年）にペグーを訪れたヴェニスの商人カエサル・フレデリックは，バインナウン王の下で新しく建設された都市について次のように書いている[231]．

「新しい都市には王宮と直臣，貴族などの居住地がある．私の滞在中に，彼らは新都市の建設を終えた．巨大な，極めて平らかな，正方形の都市である．城壁で囲われ，その回りに濠が廻らされていて，鰐が放たれている．橋はないが，各辺五つずつ計 20 の門がある．……街路は私の知る限り最も美しく，門と門の間を真っ直ぐに繋いでいる．一方の門の前に立てば他方が見渡せ，10 人から 12 人が並んで騎

東南アジアのヒンドゥー都市

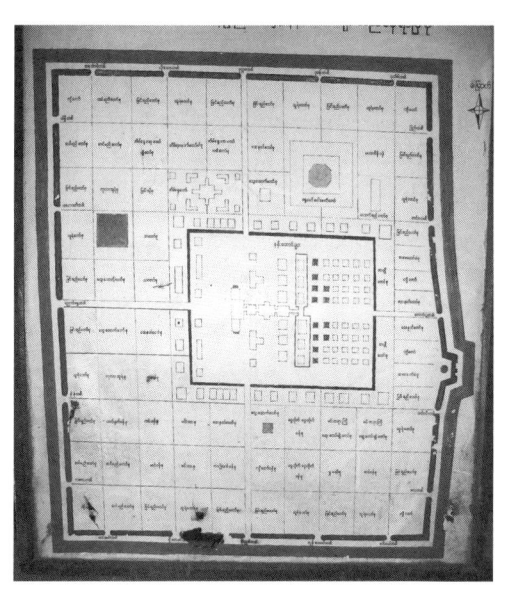

図 I-4-26a ●ペグーの構成：Kanbawzathadi Palace & Museum

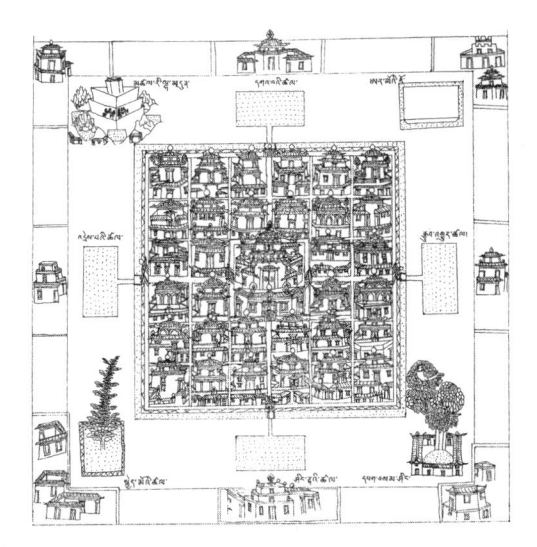

図 I-4-26b ●須弥山山頂の構成：Brauen（1997）

乗できるほど広い．……王宮は都市の中心にあって城壁で囲まれ，さらに濠が廻らされている．」

以上から，新しく建設されたペグーは6×6の分割パターン，『マーナサーラ』にいうウグラピータを基礎にしていたことが明らかである[232]．

また，もう一つ考えられるのは，タウングーがモデルになっていたことである．タウングーは極めて整然とした矩形（正方形）をしている．分割のパターンは明確ではないが，東西南北に門を持つ形式（ダンダカ）である．タウングーの都市理念について，まず考えられるのは，「四角い村」カヤインの伝統である．そして，インド的な都城理念の影響である．

全36区画から中央の王宮の4区画を引くと32となる．この32という数字，中央の1を足して33という数字は，偶然ではないであろう．上座部系仏教において，メール山（須弥山）の頂上に住むとされる神々が33である（図I-4-27）．東南アジアでは，33は，家臣や高官の定員数として，あるいは王国を構成する地方省の数としてしばしば登場する数とされている[233]．ペグーがその宇宙観に基づいた首都として建設されたのは明らかである．

バインナウン王の死後，王朝は衰退し，第四代ナレースエン（在位1581～99年）の代で崩壊する．第一次タウングー朝は1世紀の命であった．新都は半世紀もたなかったことになる．1740年にモン族が蜂起し，ペグーを再び首都とするが，1757年にアラウンパヤー Alaungpaya 王によって完全に破壊されてしまう．アラウンパヤー王は上ビルマの王となり，1852年の英国への服属までアヴァの支配下に置かれる．ボードーパヤー王（1782～1819年）によってある程度再建されるが，バゴー川の流れが変わり，港の機能を失うとともにペグーはかつての栄光を失うことになった．

(4) インワ（アヴァ）

タウングー朝の再興は，ニャウンヤン（在位1604～06年）によってなされる．彼は古都インワに新たにミョウを建設し（1597年），新都とする[234]．

インワ（アヴァ）[235]は，もともとサガインを拠点としたシャン族によって築かれた都市であるが，1364年にビルマ族の王都となり，以降400年にわたって王都であり続けた．ただ，ここでも多くの攻防があり，棄都，遷都が繰り返されている．

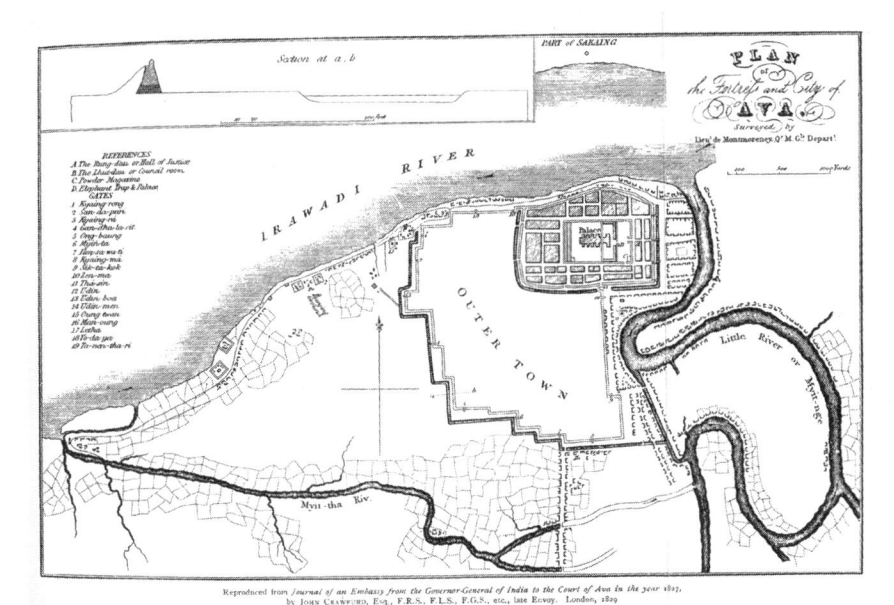

図 I-4-27 ● インワ：O'Corner et al (1986)

インワが最終的に放棄される大きなきっかけになったのは1838年の地震である．王都は大きく破壊され，1841年に遷都が決定されたのである．

　インワは，北はエーヤーワディ河，東はミットゥゲ Myitnge 川によって区切られている．ミットゥゲ川はもともと人工の運河で，インワは運河に囲われた水都である．インワとはシャン語でインレイ In-Lay「湖への入口」という意味である．物資の集散する要衝の地に位置し，雨期には船でしか行き来できない独立性の高い島となる．アユタヤに似ている．

　かつてのインワは，現在では大半が耕地と化している．残された遺構もマハー・アウンミェー・ボンザン僧院と珠玉の木造僧院バガヤ・チャウンぐらいである．ただ，濠と城壁の跡は確認できる．

　興味深いのは，まず，各辺2門を持つグリッド・パターンをしていることである．東西が長い長方形をしているけれど，インワがバガン，トゥングー，ペグーの都市理念を引き継いでいることは明らかであろう．

第 I 章

インド世界の都市

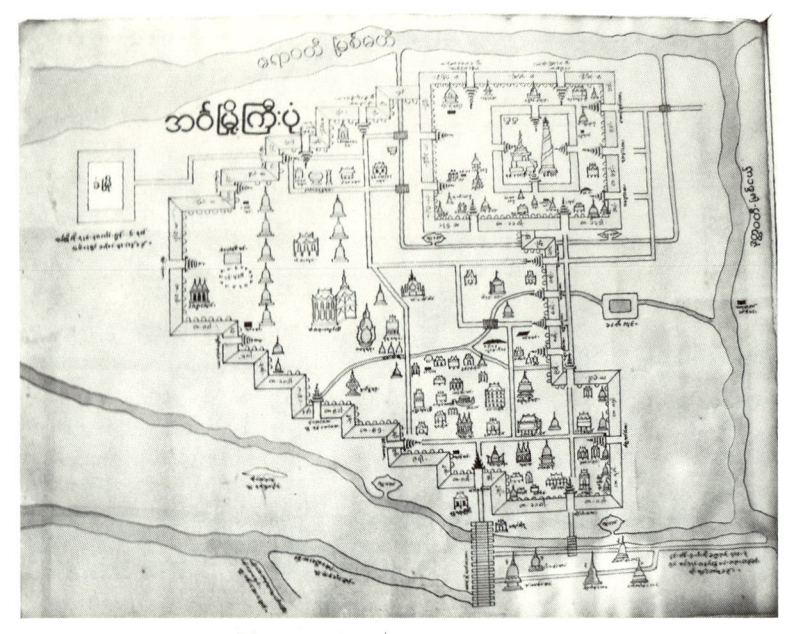

図 I-4-28 ● インワ：Bagaya Kyaung

　また，城郭二重の構造が明確に窺えることも興味深い（図 I-4-27, 28）．北東の角に城塞が置かれ，その中央に王宮がある．そして，市街はジグザグの市壁と濠でさらに囲まれている．このジグザグの形態は，ビルマの他の都市には見られない．南北は対称になっており幾何学的である．市街といっても，水田ないし池，あるいは運河網である．基本的にインワは水利都市，水生都市であり，郭壁は水の制御のために設けられたものである．

(5) アマラプラ

　第二次タウングー朝は，タールン王（在位 1629 ～ 48 年）の死後衰退を始め，最終的にはペグーを拠点とするモン人勢力によって 1752 年に滅亡する．その年，モーソーボー（シュエボー）の首長であったアウンゼーヤがペグー軍を退け，自ら王であることを宣言，アラウンパヤーを名乗った．コンバウン朝（1752 ～ 1885 年）の成立である[236]．

　アウランパヤー以下，コンバウン朝の王たちは「ビルマ世界」の実現を目指し

た.「ビルマ世界」とは,地理的には,東はベトナム,西はインド,北はアッサム,南はスリランカに至る世界である.歴代の王はその世界の征服を目指して征服行動を繰り返した.

「ビルマ世界」構想を支えたのは,仏教の宇宙観である.アラウンパヤー(在位1752〜60),シンビューシン(在位1763〜76),ボードーパヤー(在位1782〜1819)の各王は,支配の正統性を主張するために,自ら「転輪聖王」であることを標榜した[237].

その首都は「転輪聖王」の支配する宇宙の中心に位置するものでなければならなかった.

アマラプラは,ボードーパヤー王によって1783年に建設された.ボードーパヤーは,自らを「西方において傘さす大国の王すべてを支配する……日出ずる処の王」と称し,中国の皇帝を「東方において傘さす大国の王すべてを支配する朋友であり,黄金宮の主」と呼んで,ジャンブ・ドヴィーパ(贍部州)を二分する存在として位置付けていた[238].序で述べたように,インド都城と中国都城の伝統がボードーパヤー王において交錯していると見ることができるだろう.

1823年にバジドー Bagyidaw によってインワに王都が戻されるが,1841年に再び王都となる.そして,ミンドン・ミン王によってマンダレー遷都が決定され,1860年に完了する.アマラプラの王宮の木造建造物はマンダレーに移築され,残っていない.アマラプラは「不死の都」という名にもかかわらず短命であった.

その都市形態は,残された地図に依れば,理念をそのまま具現するように,極めて整然としている(図I-4-29, 30).そして,そのことは王宮の北にあった寺院マ・パ・チェ・パヤ Ma Pa Khet Paya に残された地図(図I-4-31)からも確認される.各辺3門,大きくは$4 \times 4 = 16$のブロックに分割され,さらに各ブロックは$3 \times 3 = 9$のナイン・スクエアに分割されている.したがって,全体は$12 \times 12 = 144$の区画からなる.これは,『マーナサーラ』にいうデシャと呼ばれる分割パターンである.中央の王宮は,そのうち,東西4×南北5 = 20区画を占めている.北東,南東,北西,南西の4隅にはそれぞれパヤ(ツェディ)が置かれている.

現在復元中のマ・パ・チェ・パヤに残された地図に依れば,王城内の居住の様子をある程度窺うことができる(図I-4-32).

$4 \times 4 = 16$ブロックを,東を上,北を左にして北東角を$(1, 1)$,南東角を$(1, 4)$,

第 I 章
インド世界の都市

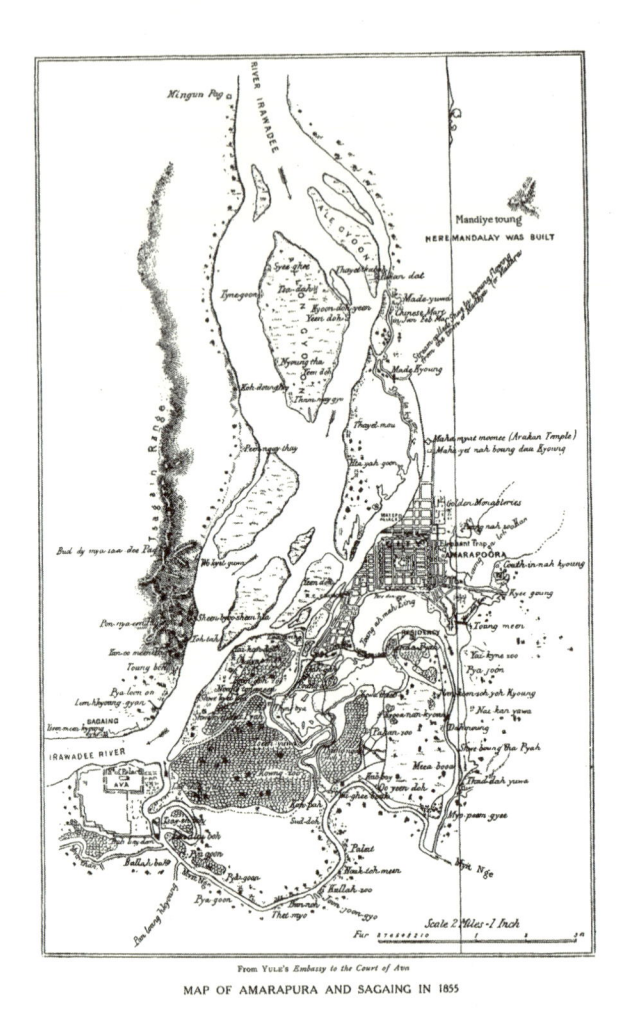

図 I-4-29 ● インワとアマラプラ：O'Corner et al（1986）

北西角を (4, 1)，南西角を (4, 4) のように示すと，パゴダは以上の4隅の他，(1, 2) に1，(1, 4) に2，(3, 4) に1，計八つある．ミンドン王の邸宅は (2, 4)，チボー王（王子）の邸宅は (4, 3) にあった．女王の邸宅は第一 (4, 3)，第二 (4, 1)，第三 (3, 4) の他，(3, 2) (4, 1) (4, 3) 合わせて7ある．西北に集中するのに対して，王子宅は (2, 3) (2, 4) (3, 4) に集中している．

4

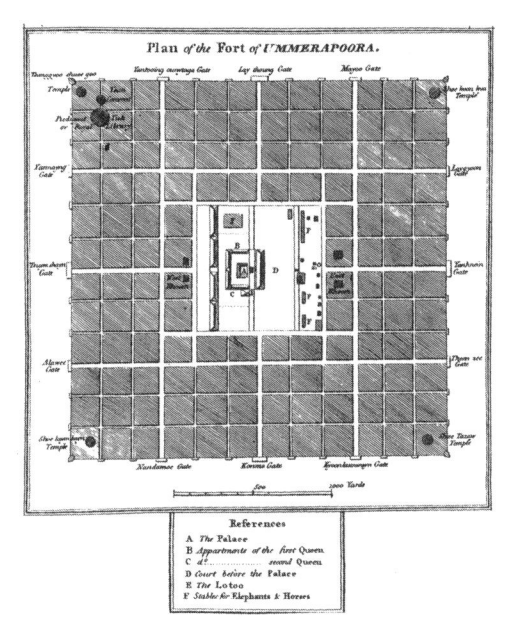

東南アジアのヒンドゥー都市

図 I-4-30 ●アマラプラ：Reid (1993)

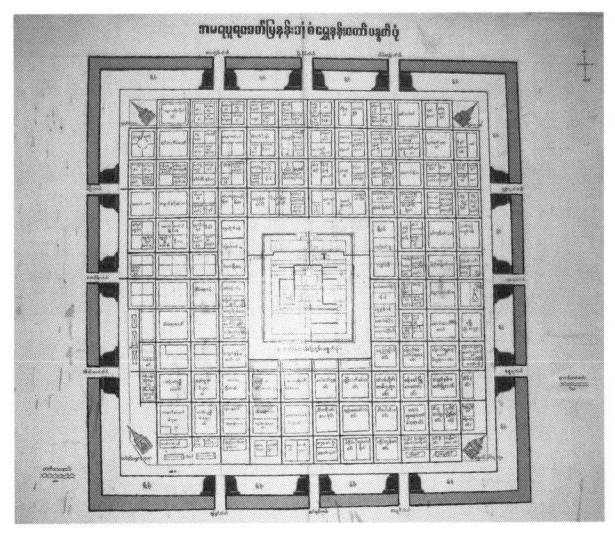

図 I-4-31 ●アマラプラ：Ma Pa Khet Paya 寺院

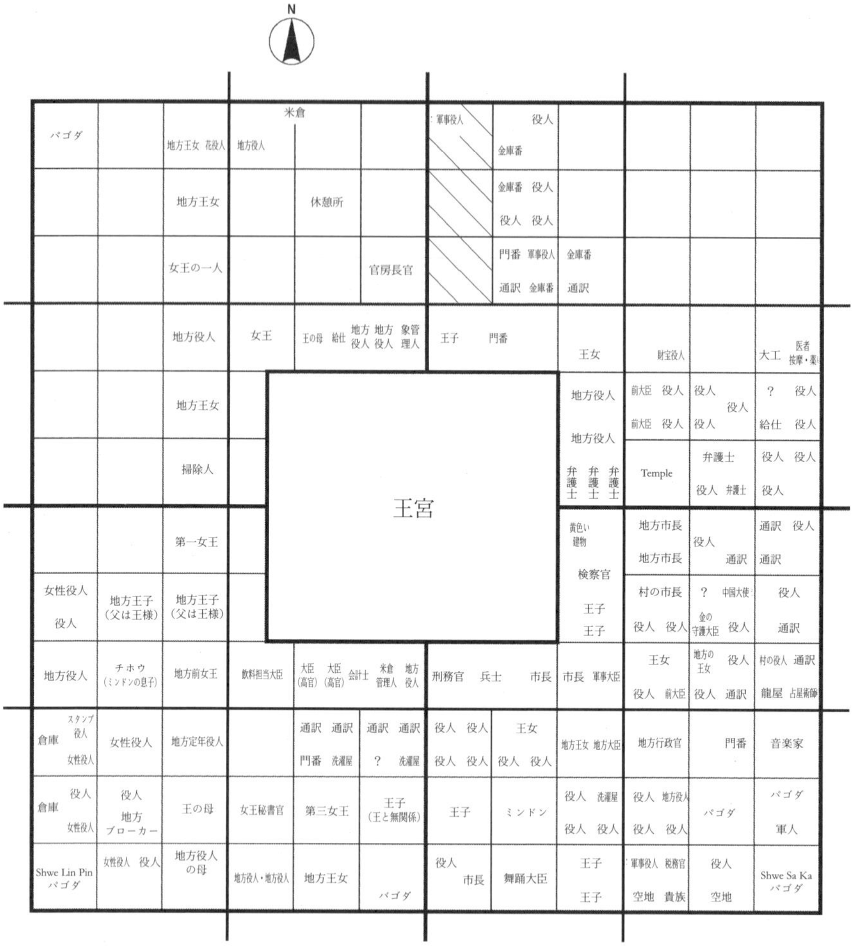

第I章
インド世界の都市

図I-4-32 ●アマラプラ（広富純，ナウィット・オンサワンチャイ作製）

　王宮周辺には，高官が居住するが，外国からの賓客を応対する外務大臣は(3, 1)，隣接して接待所が設けられていた．通訳はかなり多く，(1, 3)に6，(3, 4)に4人など13人確認できる．アマラプラは国際都市であった．タイの大使は(2, 1)に居住していた．国王の行動を知らせる官房長官は(2, 3)，他に法律家，休廷料理人，刑務所などが王宮周辺にあった．その他，占星術師・占い師(1, 2)(1, 3)，音楽師(1, 4)，大工(1, 2)なども城内に居住していた．

上述のように，14世紀にモン人の建てたハンサワディは三つの地方のそれぞれが32のミョウに分けられていたが，コンバウン朝の王は政治的伝統として32ミョウを意識していたという．

現在，4隅のパゴダは残されているが，他の敷地の大半は軍隊が利用している．

(6) マンダレー

ミンドン・ミン王は，1853年に王位を継承すると，前首都アマラプラを棄て，1857年に新首都マンダレーの建設に着手する．5人の監督官が指名され，新都建設に伴って15万人が移住したという．

下ビルマへ英国の侵入を許した事態を前にして，新首都は新たな仏教世界のヴィジョンを表わすものでなければならなかった．新たな世界は若い仏教徒である王によって築かれなければならなかった．

マンダレーという名前は，「曼荼羅」に由来する．宇宙の中心に位置すべきなのがマンダレーである．

しかし，マンダレーは束の間の「曼荼羅都市」であった．英国はマンダレーを占領(1886年)すると，宇宙の中心としての都市をダフェリン要塞 Fort Dufferin に改造してしまう．要塞は，英軍司令部をはじめ，植民地政府関係の機関で占められ，住民は市の南部に移住させられた．英国は，その後，王宮，城塞，城門などを復元するが，第二次世界大戦の際，すべては破壊されたのであった(図I-4-33, 34, 35)．

マンダレーの王宮博物館，またマンダレー博物館に残された地図は極めて明快である(図I-4-36, 37, 38)．城郭とも綺麗なグリッドによって構成されている．全体は大きく$4×4=16$ブロックに分割され，さらに各ブロックが$3×3=9$(ナイン・スクエア)区画に分けられて$12×12=144$区画からなる(図I-4-4・37〜39)のはアマラプラと同じである．しかし，最外周の中央に城壁が設けられているから，最外周の区画は半分の区画となり，中央は$10×10=100$区画となる．そのうち，中央の王宮が$4×4=16$区画を占める．

形状，規模について，オコノールは，「完全な正方形で6666フィート四方．城壁の高さは18キュービット，555フィート毎に金色の尖塔を持つ監視塔が設置された[239]．12の門を持ち，四つの主門は王宮の東西南北に置かれる．」と書いている．また，アウン・ソー[240]は，「城塞は正方形で各辺10ファロン[241]．城壁の高さは25

第 I 章
インド世界の都市

図 I-4-33 ●マンダレー城の城壁（布野修司撮影）

フィート．12 門が等間隔に配され，ピャタット pyattat と呼ばれる木造の塔が中間の小塔 32 と合わせて 48 ある．濠の幅は 225 フィート，深さは 11 フィートである．五つの木造橋のうち，四つは東西南北の王道に繋がっている．」という．さらに，ディダ・サラヤ[242]は，「城壁は各辺 2225 ヤード，それぞれ三つのポルティコを持ち，中央は正確に東西南北を向いている．市壁に沿って，89 ワ wa（178 メートル）毎に胸壁が設けられピャタットが建てられている．市壁は高さ 27 フィート，厚さ 10 フィートである．銃丸は 7 フィートの高さに設けられている．濠は城壁から 135 フィート外側に，幅 250 フィート，深さ 11 フィートである．」という．

各辺の長さ，6666 フィート，10 ファロン，2225 ヤード[243]は微妙に異なる．10 ファロンは 2200 ヤードだから 5 ヤード＝4.572 メートル違うが，2225 ヤードは 6675 フィートであり，1 フィートを 30.48 センチメートルとすると，ほぼ 2 キロメートル（2031.8 メートル〜2034.5 メートル）である．現在のマンダレー旧城内は軍が使用し，王宮以外は侵入禁止地域となっていて実測ができない[244]．しかし，現行地図，航空写真から各辺がおよそ 2 キロメートルであることは裏付けられる．問題は，計画の際にどういう単位を用いたかである．10 ファロンというのは区切りがいいが，6666 フィートというのは少し不自然である．

現在ミャンマーで使われる寸法は，英国支配の歴史を受けて，ヤードである．

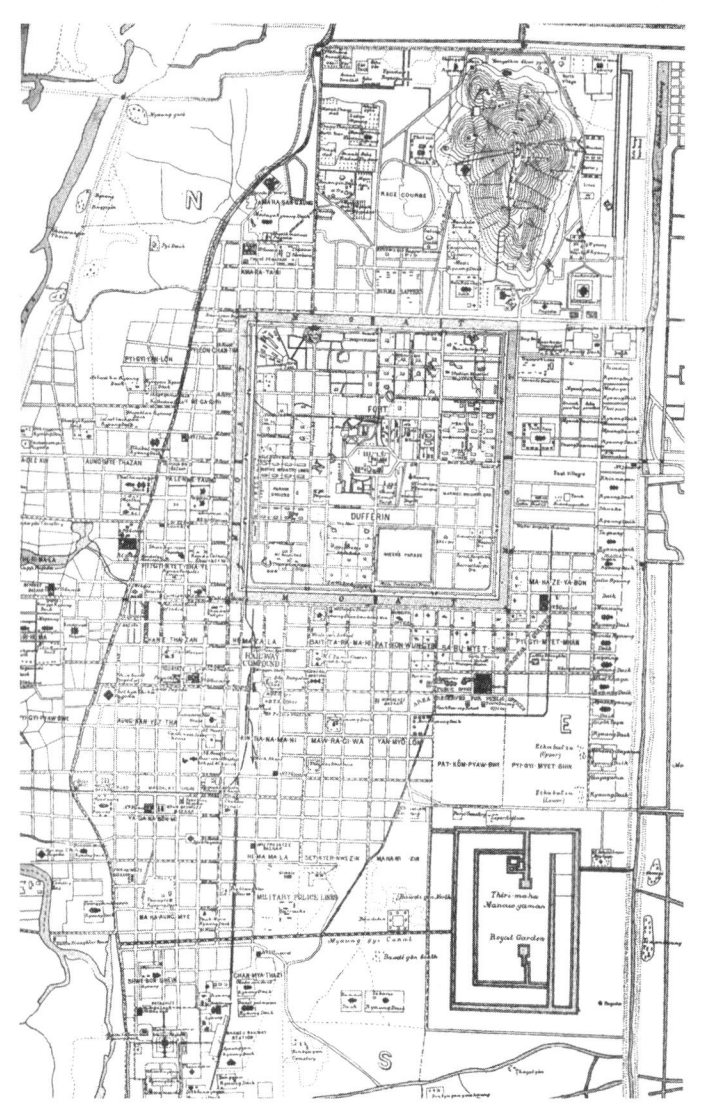

図I-4-34 ●マンダレー都市計画図：O'Corner at al (1986)

第 I 章
インド世界の都市

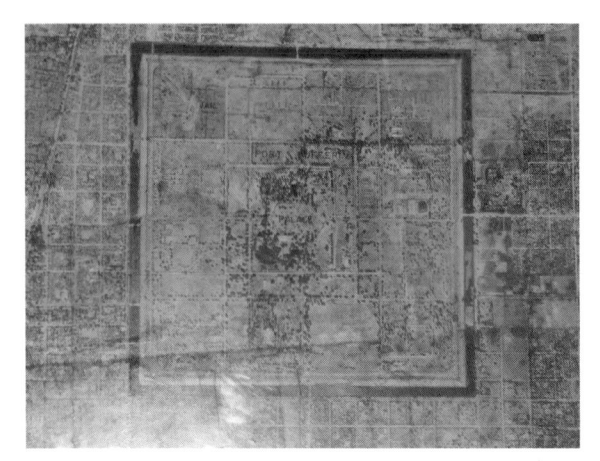

図 I-4-35 ●マンダレー城　航空写真：Mandalay Museum

伝統的にラマ rama, ペイ pei, ガイ gai が用いられてきたが, 12 ラマ＝ 1 ペイ, 3 ペイ＝ 1 ガイで, 市販されている物差しは 1 ガイ＝ 915 ミリメートルであるから, ヤード＝ 3 フィートとほぼ同じである. 別に, タール tar という単位が用いられ, 300tar ＝約 1 キロメートルという. すなわち 1tar ＝ 4gai である[245].

以上を基に計画寸法を推定すると, 図 I-4-37 のようになる. 重要視したのは王宮博物館に残された模式図である. すなわち, 最外周は 2 分の 1 区画となっていることから, 城壁内部の規模は 11 × 11 ＝ 121 区画と考える. 4 × 4 ＝ 16 のブロックは 600gai (150tar) 四方, 各区画は 200gai (50tar) 四方とすると, 各辺は 100gai ＋ 200gai × 10 ＋ 100gai ＝ 2200gai となる. 街路幅は, 航空写真および城外の実測から 60gai と推定できる.

実に整然と区画されたマンダレーは, 同じ分割システムを用いるアマラプラとは王宮の大きさが異なり, 城壁の位置が異なる. 計画図 (図 I-4-39) によると王宮は 4 × 4 ＝ 16 区画であり, 王宮の規模の拡大 (図 I-4-40) を後のものとすれば, アマラプラの方がすっきりしているが, マンダレーも分割パターンとして不自然ということはない. 10 × 10 ＝ 100 という街区数を優先したとも考えられる. また, 中心のブラーフマン (梵) 区画を, 順に, ダイヴァカ (神々) 区画, マーヌシャ (人間) 区画, パイーサチャ (鬼神) 区画が取囲む, 極めて明快な同心方格状の構成を

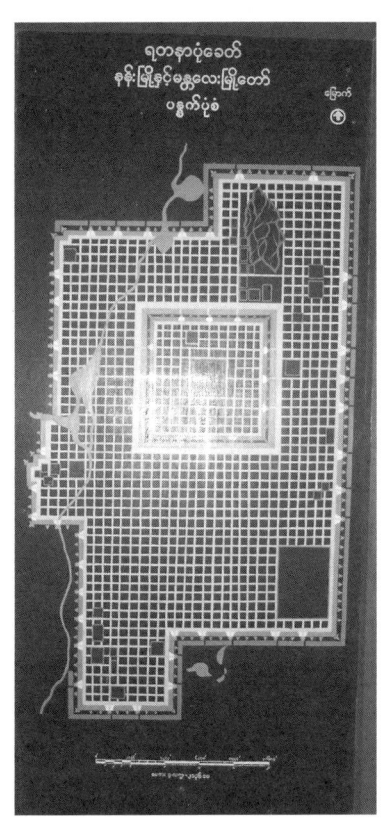

図I-4-36 ●マンダレー計画図：
Mandalay Palace

とるヒンドゥー都城の構成は，王宮を三重の帯で取囲むマンダレーの方にみることができる．アマラプラとマンダレーの大きな違いは，マンダレーが王城を取囲む住区をさらに取囲む城郭を持つこと，すなわち城郭二重の構造を採ることであろう．

4-5 中東部ジャワ盆地

アンコール期のクメールに先だってヒンドゥー・仏教建築の華を開かせたのはジャワである．これまでに出土したサンスクリット碑文や中国史料[246]から5世紀

図I-4-37 ●マンダレーの計画寸法：Mandalay Palace

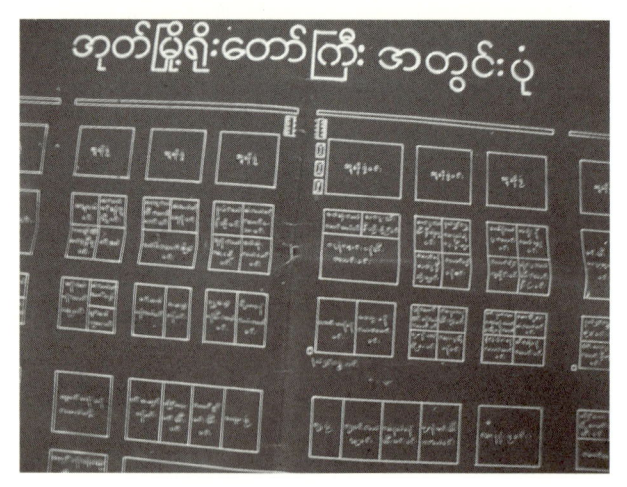

図I-4-38 ●マンダレーの居住者分布：Mandalay Museum

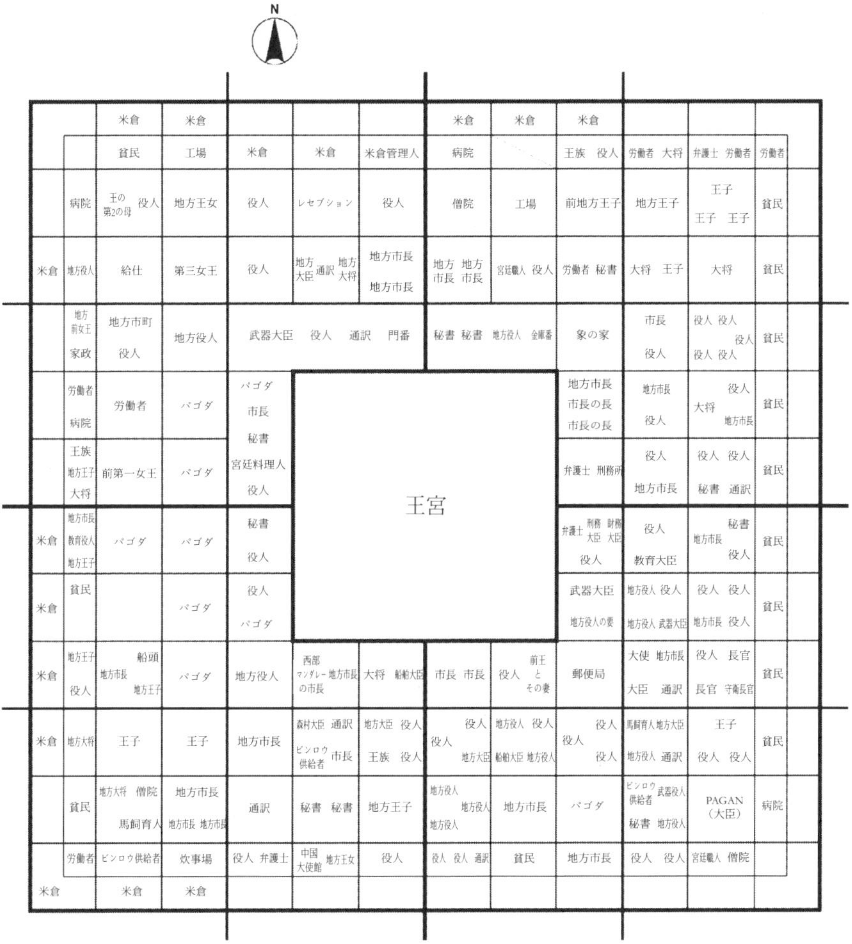

4
東南アジアのヒンドゥー都市

図Ⅰ-4-39 ●マンダレーの住区構成と居住者分布（広富純，ナウィット・オンサワンチャイ作製）

にはジャワにインド文明が及んでいたとされる[247]．

チャンディ candi[248]・アルジュナ Aljana，チャンディ・ヴィマ Bima など最古の建築遺構は中部ジャワのディエン高原にあり，7世紀のものという．以降，7世紀末から10世紀初頭にかけて建てられた数多くの建築が中部ジャワには残っている．中部ジャワ最初の「インド化」国家とされるマタラム[249]の王都はメダンと呼ばれ

第Ⅰ章
インド世界の都市

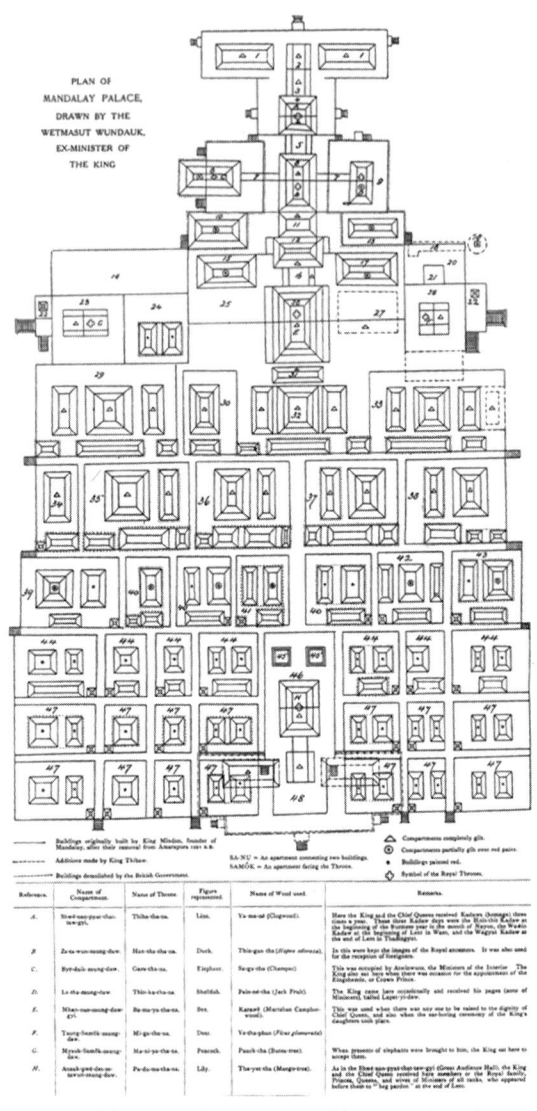

図 Ⅰ-4-40 ● マンダレー王宮　Saray（1995）

たことが碑文から知られるが，その場所についてははっきりしたことは分かっていない．やがて，シャイレーンドラ朝 (750〜832年) が盛んになり，ボロブドゥールなど仏教建築を建造する．832年ごろシャイレーンドラ朝のサマラトゥンガ王が死去し，マタラム王のラカイ・ピカタンが実権を握ると，仏教に代わってヒンドゥー教の建造物が盛んに作られるようになる．

数多くのチャンディのうち，最も著名なのはチャンディ・ボロブドゥールとチャンディ・ロロ・ジョングラン Lolo Jongran（別名プランバナン Prambanan）である．前者はシャイレーンドラ朝による大乗仏教の遺構であり，1814年に「発見」された．6層の方形段台ピラミッドの上に3層の円形段台が重ねられ，中心ストゥーパを取り巻いて3層円形段台上に各32, 24, 16の計72基の小ストゥーパが円形に並べられている．各層の壁面は仏典にまつわる浮き彫りのパネルによって飾られている．ボロブドゥルが一体何を意味するかをめぐっては，様々な解釈がなされている．チャンディ・パオンとチャンディ・ムンドゥットが一軸上に並んでいることで一つのグループと考えられている．興味深いのは，中部ジャワにおけるチャンディのほとんどが東あるいは西を向いている中で，この二つのチャンディが西北を向いていることである．

チャンディ・ロロ・ジョングランはシヴァ神を主神とするヒンドゥー寺院で，856年の創建とされる．大小240のチャンディ群からなり，大きく外苑，中苑，内苑の三つの境内に分かれる．内苑には中心祠堂と両側の脇祠堂にそれぞれ対峙する少祠堂合わせて六つのチャンディが建っている．

他にチャンディ・コンプレックスとして，チャンディ・セウ，チャンディ・ルンブン，チャンディ・プラオサンなどがあり，いずれも極めて幾何学的な構成をしている．

ヒンドゥー・ジャワ文化の中心はやがて東部ジャワに移る．929年に即位したシンドク Sindok 王（在位929〜947）のとき，おそらく噴火，大地震，伝染病，外敵侵入のうちのいずれかの理由により，都は東部ジャワ内陸部のクディリ Kediri に移動するのである．以降1222年の滅亡まではクディリ朝と呼ぶが，王たちは依然としてマタラム王を称していた．ヒンドゥー王国の中心は，クディリ (c.930〜1222) から，シンガサリ Singasari (1222〜1292)，マジャパヒト (1293〜c.1520) に移る．いずれもブランタス Brantas 川の上流に位置し，スラバヤがその外港である．

第Ⅰ章
インド世界の都市

　東南アジアの大陸部においては，シンガサリ王国の成立した13世紀は大きな転換点とされる．インド的な統治様式の限界が明らかになり，サンスクリット文化が衰退するのと平行して，土着の年代記が編纂されるようになる．タイ人の台頭がその象徴であり，13世紀には，現在の民族分布がほぼ定まったとされる．しかし，このセデス流の見方は島嶼部においては当てはまらない．クディリ→シンガサリ→マジャパヒトという王国の変遷においても，インド的な枠組みは維持され，いずれもヒンドゥー教，大乗仏教を基礎とする国家であったのである．また，ジャワでは9世紀の初めから碑文の言語は古ジャワ語に切り替わっている[250]．

　東ジャワ期になるとヒンドゥー教と大乗仏教の混交は一層進み，密教化する．ストゥーパ，ヴィハーラはなく神像を収めた祠堂チャンディが各地に残されているが，中部ジャワ期と比べると，一般的に幅が短く高さが高い．また，カーラ・マカラ装飾のうち上部のカーラのみとなる．カーラは陸の，マカラは海の，いずれも想像上の動物で開口部の上下に用いられる装飾である．多くの遺構があるが，バリ島のゴア・ガジャ，グヌン・カウィはクディリ朝のものである．チャンディ・キダル，チャンディ・ジャゴ，チャンディ・パナタランがシンガサリ朝の代表的チャンディである．また，トロウラン周辺にチャンディ・ジャウィ，チャンディ・ティクスなどマジャパヒト王国の遺構が残っている．

　シンガサリ＝マジャパヒト王国の歴史については，マジャパヒト王国の宮廷詩人プラパンチャが1365年に書いた『ナーガラクルターガマ（デーシャワルナナ）』が知られる．このロンタル椰子の葉に書かれた作品が発見されたのがチャクラヌガラの王宮であることは冒頭に触れた通りである．その後，1979年にバリで，H. I. R. ヒンツラー Hinzler と J. ショテルマン Schotermann によって，異本『デーシャワルナナ』が発見され，S. ロブソンによって英訳されている[251]．前述した通り「デーシャワルナナ」とは「地方の描写」という意味であり，もともと『ナーガラクルターガマ』も本文に明記されている名前は，「デーシャワルナナ」である．『ナーガラクルターガマ（デーシャワルナナ）』は，シンガサリ王国の創建者ラージャサ王の誕生に始まり，1343年のバリ遠征で終わる．ジャワの歴史については，もう一つ，作者不詳の『パララトン』[252]が知られる．王の事績を編年体で記した年代記で，ラージャサ王の誕生に始まり1486年の記事で終わる．

　『ナーガラクルターガマ（デーシャワルナナ）』の第2章はマジャパヒトの首都に

ついての記述に当てられている．その形態を復元する大きな手掛かりである．

　マジャパヒト王国は，16世紀初頭には，イスラーム勢力に追われてバリ島に拠点を移すことになる．このヒンドゥー教の衰退期におけるユニークな遺構がラウ山，プナクンガン山に残るチャンディ・スクとチャンディ・チョトである．

　マジャパヒトの王都については本書の最後に触れよう．

Chapter

第 II 章

マドゥライ

Madurai

1　マドゥライの都市形成
1-1　ドラヴィダの世界——タミル王国
1-2　マドゥライの発展

2　マドゥライの空間構造
2-1　プラーナの中の都市
2-2　都市のかたち
2-3　都市と祭礼
2-4　王宮と寺院

3　カーストと棲み分けの構造
3-1　商業施設の分布
3-2　カーストの分布

4　居住空間の変容
4-1　プラーナの中の住居
4-2　住居の基本型
4-3　住居の変化型——街区特性

5　曼荼羅都市・マドゥライ

第 II 章
マドゥライ

インドのタミル・ナードゥ周辺には，大規模なヒンドゥー寺院を中心とする同心方格囲帯状の構造を有する寺院都市が複数存在している．その代表が，I 章 (I-3-3) で見たシュリーランガムであり，本章で取り上げるマドゥライである．

南インドの寺院建築として，建築史的には，まず 7 世紀のパッラヴァ朝の石彫寺院がある．11 世紀のチョーラ王国に壮大な寺院建築が建設されるようになり，12 世紀以降，パーンディヤ王国，ヴィジャヤナガル王国，そしてナーヤカ朝の下で発展を続けることになる．巨大で都市的な伽藍への成長は，都市生活における寺院の指導的役割の増大を反映しているが，それは 15, 16 世紀のヴィジャヤナガル王国においてとりわけ顕著となる．

すなわち，寺院都市の形成へと至る起因は寺院の巨大化であった．チョーラ王国時代の大きな特徴であったガルバ・グリハ garba griha (聖室) への関心が，徐々に巨大なプラーカーラ (外周壁) とゴープラ (楼門) に移っていく．そしてヴィジャヤナガル，ナーヤカ朝においては，高くそびえるゴープラが寺院の外観上の決定的な要素となる．ゴープラがより高く大きく建設されるにつれて，ゴープラに囲われた聖室は比例して見劣りするようになり，聖室の上部構造は視界から失われてしまうことが多かった．そしてプラーカーラという要素が，寺院が寺院都市へと成長する決定的な要因となった．

ジョージ・ミッチェルは，プラーカーラとゴープラの発達，寺院から寺院都市への発展の要因を以下のように極めて機能主義的に述べている[253]．

「寺院建築を特徴付けたのは，当初の神聖な建物に次々と外周壁を付け加えて，幾つもの楼門を通って参詣されるような姿に拡大しようとする欲求であった．そのようにして作られた環状の境内は，聖室の周りの回繞を何重にも可能とし，また互いに調和のとれた伽藍の多くの増設建物を結び合わせるのである．実際，神聖なものはやたらに移動させてはならないという信念を守って，新しい寺院を建立するよりも既存の寺院に増築していくことが習慣となった．……ゴープラは増え続ける外周壁のいずれにおいても，東西南北の定位置に建設された．……雄大な楼門のある巨大な伽藍を発展させていった原動力には，寺院の役割の変化が反映しているのであって，ヴィジャヤナガル王国時代に寺院は都市生活と，それまで以上に密接に関わり合うようになったのである．実際シュリーランガムの場合のように，拡張していく境内はしばしば町自体を形成するようにもなった．寺院

の成長につれて典礼のプログラムがますます複雑になるために，寺院は地域社会の人々をより多く雇うようになった．マドゥライの町をはじめとして，寺院の境内の中に数多くの列柱ホールや人造のタンクをかかえることを説明するのは，寺院に与えられた副次的な機能—市民の集会や教育，舞踏や演劇—なのである．」

　宗教上の理由から，寺院がプラーカーラとゴープラを伴って巨大化していき，プラーカーラという要素が，寺院が寺院都市へと拡大する建築的な要因となった．プラーカーラという矩形の外壁で覆われた境内の形態は，都市を内包することが可能であり，寺院が巨大化するに伴って，寺院の副次的機能が拡大し，それに伴ってさらに寺院が寺院都市として拡張するという連鎖によって寺院都市が発展した，というのであるが，マドゥライの場合，以上のような発展形態とは異なる．プラーナなど古文献に依れば，都市全体は予め計画され，建設されているのである．

　マドゥライという名称については幾つかの由来がある[254]．一般には，北インドの古都マトゥラー Mathurā をタミル語表記したものだという．また，タミル語で「甘い」という意味のマドゥラム madhuramu から来ているという説がある．プラーナ文献『マドゥライ・スタラプラーナ Sthalapurānas[255]』の一つによると，「パーンディヤ王国の最初の王クラシェーカラ Kulaśēkhra が都市を建設する際に，神が髪の毛を振って甘酒を都市全体に振り撒いて清め，祝福した」ことに由来する．マドゥライという名は，古来好まれたらしく，南セイロン（マータラ Matara[256]），ビルマ，マラヤにもあり，インドネシアのマドゥラ島も同じ由来だと考えられる．パーンディヤ王国にも，テンマドゥライ Tenmadurai, ヴァダマドゥライ Vadamadurai, ネドゥマドゥライ Nedumadurai といった都市があった．インド世界の広がりをこのマドゥライという名称からも推し量ることができるだろう（図 II-1-1）．

　一方，初期のタミル語文献では，マドゥライの地はクーダル Kūdal と呼ばれていた．川の合流点という意味である．マドゥライは，かつてはヴァイハイ川とその支流が交わる地点にあり，その後流れが変化したと考えられる．さらに，ティルヴィライヤーダル・プラーナ Tiruvilaiyādal Purānam（P. T.）によると，ナーンマーダクーダル Nānmādakkūdal とも呼ばれた．「四つの塔の町」という意味である．東西南北にゴープラの建つ寺院都市が思い浮かぶが，その昔，ヴァルナ神がパーン

第Ⅱ章
マドゥライ

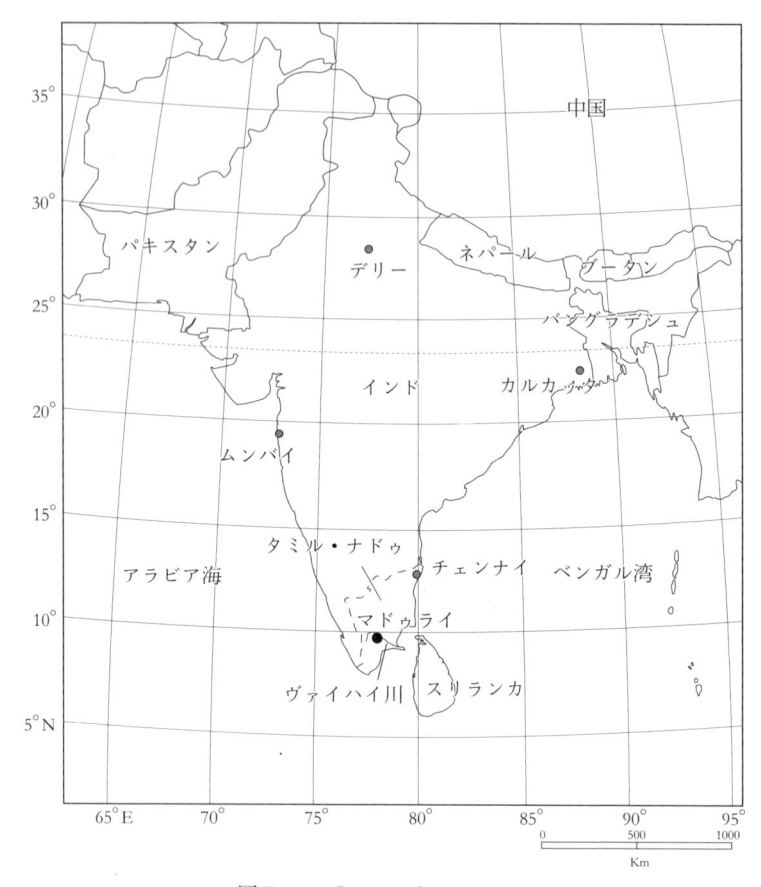

図Ⅱ-1-1 ● インドとマドゥライ

ディヤの都を猛雨で破壊しようとしたときに,スンダレーシュワラ神が四つの雲を送り出して天蓋を作り,都を救ったという言い伝えに基づく.マドゥライを巡る様々な伝承については以下に続いて触れよう.

インド古来のヴァーストゥ・シャーストラの代表といってよい『マーナサーラ』が理念化する村落類型の一つであるナンディヤーヴァルタは,第Ⅰ章3-2で見たように,中心のブラーフマン(梵)区画を,順に,ダイヴァカ(神々)区画,マーヌシャ(人間)区画,パイーサチャ(鬼神)区画が取囲む,極めて明快な同心方格囲帯状の構成をとるが,このナンディヤーヴァルタあるいは都市類型の一つ

ラージャダーニーヤに最も似ていると思われるのが，このマドゥライである．都市としての広がりは欠くが，同様な空間構造をとるシュリーランガム（第I章3-3）は，北70キロメートルに位置する．『マーナサーラ』はもともと南インドの「ヴァーストゥ・シャーストラ」である．

もっとも，プラーカーラで囲われた中心に位置するミーナクシー・スンダレーシュワラ Minakshi Sundarēsvara 寺院の区画を除くと，それを二重，三重，四重に取囲む街路，街区は大きく歪んでいる．理念は理念であり，実際には理念通りに建設されるとは限らないし，仮に理念通りに建設されたとしても，様々な事由で変容していくのはむしろ自然である．その経緯はどのようなものか．本章では，マドゥライについて，その空間理念と変容を明らかにしたい．

マドゥライは，タミル・ナードゥ州の南部中央，ヴァイハイ川の南岸に位置する．海抜平均約100メートルで起伏がなく，北東，北西，南西部にそれぞれアニ・マライ Aani Malai[257]，ナーガ・マライ Naga Malai，パス・マレライ Pasu Malai，シッカンダー・マライ Sikkandar Malai という丘陵がある．東側にはアヌパナディ・チャネル Anuppanadi Channel，北西部から南東部にかけてギルドゥマル・チャネル Girudumal Channel というヴァイハイ川の支流が流れており，四方を水路によって囲まれている．

マドゥライ市（コーポレーション）は，全面積51.85平方キロメートル，人口約110万人（109万4776人）[258]，タミル・ナードゥ州の中でチェンナイ Chennai に次ぐ第二の都市である．チェンナイから南に約500キロメートルの距離に位置し，国道45号線と国道7号線で繋がっている．また鉄道の合流地点でもあり，交通の要所にある（図II-1-2）．

市の中心にはミーナクシー・スンダレーシュワラ寺院が位置する．この寺院は市のシンボルであるばかりでなく，南インド最大の巡礼寺院であり，マドゥライには1日平均約1.5万人もの巡礼者・観光客が訪れる．

マドゥライは，タミル三王国の一つパーンディヤ王国の王都として知られるが，チョーラ王国の王都ウライユール Woraiyur にしても，チェーラ Chera 王国の王都ヴァンジ Vanji（カルール Karur；Karoor；Karour）にしても，古来，東南アジアと交易ルートで繋がっていたことが知られる．

カンチープラムを王都としたパッラヴァ朝の外港であったマーマッラプラム

第 II 章
マドゥライ

図 II-1-2 ●マドゥライとその周辺:Government of India

(マハーバリプラム),ポンディシェリー南港のアリカメードゥなどコロマンデル海岸の諸港から東南アジアとの交流を示す遺物が出土していることは第 I 章 4-1 で見たところである.そうした意味では,古来交流のあったマドゥライと東南アジアのヒンドゥー都市を比較することは極めて興味深い作業である.

1
マドゥライの都市形成

1-1 ドラヴィダの世界——タミル王国

　インダス文明の担い手であったと考えられるドラヴィダ民族は，第I章で見たように，紀元前1500年頃，南インドに移動して行ったと考えられている．そして現在に至るまで，南インドにはドラヴィダ系諸民族が居住する．タミル・ナードゥ州の住民の大半はドラヴィダ系のタミル民族であり，公用語もタミル語である[259]．マドゥライは，タミル民族の王国，パーンディヤ王国の首都であり[260]，古来タミル民族の中心であり続けてきた．

　アショーカ王（在位，紀元前268年頃〜232年頃）の磨崖詔勅（紀元前3世紀）に，南インドの国として「チョーラ，パーンディヤ，サティヤプタ，ケーララプタ」という名前が記載されており，マドゥライ周辺地域の起源はB.C.6世紀頃までさかのぼるとされる．また，メガステネスの『インド誌』や『エリュトラー海案内記』に，パーンディヤ王国の繁栄についての言及があり，さらに大プリニウス（23頃〜79年）の『博物誌』(77年)，プトレマイオスの『地理学入門』[261]（2世紀頃）にもパーンディヤ王国に関わる記載[262]があることから，ギリシア，ローマとの活発な貿易が行なわれていたことが知られる[263]．

　4世紀から14世紀までの南インドは動乱の時代であり，カラブラ Kalabhra[264]王国，パーンディヤ王国，チョーラ王国，パーンディヤ王国と次々に王朝が交替している．パーンディヤ王国は14世紀頃まで断続的ではあるが南インド南端部を支配したのであった（図II-1-3）．

　紀元1世紀から3世紀にかけて，現存最古のタミル文学であるシャンガム文学

第 II 章
マドゥライ

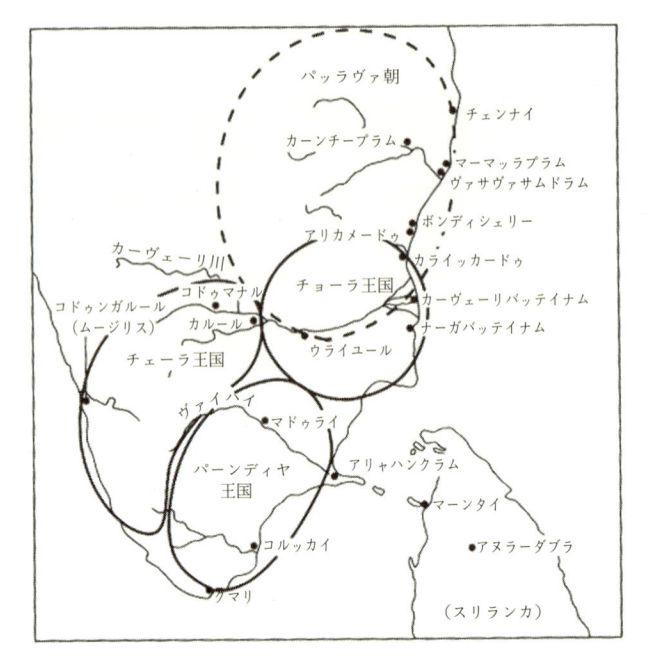

図 II-1-3 ● タミル王国とパッラヴァ朝：辛島昇,「古代・中世東南アジアにおける文化発展とインド洋ネットワーク」岩波講座『東南アジア史』1「原史東南アジア世界 (10 世紀まで)」,岩波書店,2001 年

が成立する．恋愛や戦争をテーマにした抒情詩や王に対する賛歌が主な内容で，マドゥライの宮廷文芸院シャンガムで編纂されたという伝説に基づいてシャンガム文学と呼ばれている．

　シャンガム期が終わると，南インドは歴史的空白期となる．カラブラのタミル地方への侵攻と支配によって，マドゥライは混乱に陥り，パーンディヤ王国の王はセイロン島に避難し，マドゥライ奪還の機会を窺っていたと考えられている．この時期に，マドゥライでは仏教，ジャイナ教が優勢となり，仏教教団（サンガ），ジャイナ教団が成立している．

　6 世紀に入ると，カラブラはパーンディヤ王国とパッラヴァ朝の攻勢を受け，575 年にパーンディヤ王国のカドゥンゴン Kadungon とパッラヴァ朝のシンハヴィシュヌ Simhavisnu によって滅ぼされる．

マドゥライの都市形成

7世紀から10世紀にかけてパーンディヤ王国が復興し，領土を拡大する．パーンディヤ王国（前期パーンディヤ王国と呼ばれる）は，パッラヴァ，チャールキヤ両朝と抗争を繰り返しながら南部での勢力を固めていった．この時期バクティ bhakti 運動[265]が起こり，シヴァ派やヴィシュヌ派のヒンドゥー教が台頭し，仏教は南インドから消えていく．ジャイナ教は残ったが，かつてのような勢力は失う．この前期パーンディヤ王国の時代に多くの石窟寺院，石彫寺院が建設されている．

10世紀に入るとチョーラ王国（9-13世紀）の勢力が強くなり，920年にパーンディヤ王国はチョーラ王国に征服される．10世紀末～11世紀には，ラージャラージャ Rājarāja I 世（在位985～1016），ラージェーンドラ I 世（1012～1044：在位1016～44）[266]のもとで栄える．12世紀までマドゥライはチョーラ王国の支配下に入り，その間，パーンディヤ王国の諸王はケーララ，スリランカに逃げている．

12世紀末，チョーラ王国の衰退に乗じて再び力を盛り返したパーンディヤ王国は，1279年頃にチョーラ王国を滅ぼし，後期パーンディヤ王国の隆盛を迎える．この時期のパーンディヤ王国とマドゥライについて，マルコポーロ[267]のような外国人旅行者やワサフ Wassaf[268]のようなムスリムの歴史家が記述を残しており，「パーンディヤ王国はマバール Ma'bar (Maabar) として知られ，マドゥライは国内外の貿易の中心地として繁栄していた」という．マバールとは，アラビア語で「渡し船」や「水路」を意味する．パーンディヤ王国の王宮について多くの文献が言及するが，その遺構は発見されていない．

14世紀に入りムスリム勢力の侵入を受け，パーンディヤ王国は滅亡する[269]．ムスリムによる支配は1323年から1370年までの短期間であったが，ミーナクシ・スンダレーシュワラ寺院の一部を除き都市の大部分は破壊された．

一方，1336年にカルナータカ地方のトゥンガバドラ川の畔に出現したヴィジャヤナガル王国が，ムスリムの侵入に抵抗し，南インド一帯に支配領域を拡大していく．1556年のラークシャサ・タンガディの戦いによってデカン北方のムスリム諸王国に首都を落とされて拠点を東南に移すが，17世紀中葉まで南インドを支配した．

1368年にクマーラ・カンパナが軍隊を率いてマドゥライに向かい，1370年にマドゥライを支配していたムスリム勢力を打倒する．以降，マドゥライはヴィジャヤナガル王国の支配下に入った．

第 II 章
マドゥライ

　ヴィジャヤナガル王国はタミル地方を統治するために，ナーヤカと呼ばれる武将たちを総督として送り込む．ナーヤカは 16 世紀になると知行地を与えられて，徐々に封建領主的な権力を確立していった．なかでもシェンジ，タンジャーヴール，マドゥライのナーヤカは 17 世紀初頭には強大な力を持つようになり，独立的権力を行使するようになる．この時期のナーヤカ勢力の治世をナーヤカ朝と呼ぶ．

　ヴィジャヤナガル王国の統治体制をめぐってはこのナーヤカと呼ばれる地方支配者が注目されてきた．この間議論を呼んできたのはバートン・シュタインの「分節国家論」[270] である．「分節国家」とは，内部に政治的に統一された自立的集団が多数存在し，全体として政治的に統一されてはいないが，宗教儀礼的に中心的集団によってヒエラルキカルに統合される国家をいう．ジャワ社会についてのギアツの「劇場国家論」，東南アジア社会についてのタンバイヤの「銀河系政体論」に大きな影響を受けており，さらにはウォルタースの「マンダラ論」にも通底する，本書にとって興味深い議論である．ただ，階級的視点の欠如や歴史的変化・発展の視点の欠如などが指摘されている．また，ナーヤカの自律性と宗教的権力との関係は明らかにすべき点が少なくない[271]．

　マドゥライでは，ヴィシュヴァナサ・ナーヤカ Visvanatha Nayak（1529～1564）以降，1736 年のミーナクシー・ナーヤカ Minakshi Nayak までの時代をナーヤカ朝時代という．ナーヤカ朝の時代に，ミーナクシー寺院が拡張され都市が再構築された．ヴィシュヴァナサ・ナーヤカはナーヤカ朝の創設者であり，すぐれた政治家であるとともに有能な都市計画家であったと考えられる．彼はパーンディヤ王国時代の古い城壁と濠を取り除き，さらに拡大した新たな二重の城壁を建設している．ナーヤカ朝はティルマライ・ナーヤカ Thirumalai Nayak（1623～1659）の治世に最盛期を迎える．この時代に現在のマドゥライの都市骨格の基礎が作られた．

　ナーヤカ朝の勢力は次第に衰え，1736 年にはアルコットのナワーブ（ムガル Mughal 帝国の太守）[272] による侵略により，マドゥライはイスラーム勢力の支配下に入る．短期間のイスラーム支配を経て，1801 年にマドゥライはイギリスに割譲される．1840 年には，収税官ブッラクバーン Blackburn によって城壁と濠が撤去され，その跡には最外縁の同心方格囲帯状街路ヴェリ Veli 通りが整備され，市街地の拡大が始まっている．

1866年，都市改善法 Town Improvement Act のもとでマドゥライはタウンシップ（自治体）の地位を獲得する．1887年から1888年にかけて上水供給システムが導入され，1913年から1914年にかけては地下下水設備が導入された．1889年にはヴァイハイ川にアルバート・ヴィクター橋 Albert Victor Bridge が建設され，河岸北部の都市開発に繋がっていく．インド独立後，マドゥライがコーポレーション（市）に昇格するのは1971年である．

1-2 マドゥライの発展

　マドゥライの都市形成過程は以上のような歴史に即して大きく三期に分けることができる．まず古代から紀元14世紀までのパーンディヤ王国時代を第一期とするが，この期間の建築遺構や都市地図は残念ながら残されていない．しかし，シャンガム文学，プラーナ文献の中に都市についての記述がみられる．続く第二期は，15世紀から18世紀のナーヤカ朝時代で，この期間にナーヤカ王たちによって現在の都市形態の基本的骨格が形成される．第三期とされる19世紀から現在にかけては，都市拡大，近代都市化の時代である．イギリスの支配下で，都市は急速に膨張していくこととなった．

　マドゥライの都市形成史の基本文献となるのは，D. デーヴァクンジャリの学位論文 Devakunjari, D. (1957)[273] である．また，都市計画をめぐってシャンガム文学，プラーナ文献を渉猟した C. P. V. アヤールの論考[274]がある．その初期の歴史についてまず手掛かりになるのは，シャンガム文学，プラーナ文献である．また，寺院などに残される碑文である．17世紀以降になると様々な年代記，伝承が利用可能となる[275]．

(1) 第一期（古代～14世紀）

　マドゥライに関する記述がある主要なシャンガム文学とプラーナとして，紀元2世紀から3世紀にかけて成立したとみられる『マドゥライカーンチ Maduraikkānci (Mad.)』や『ネドゥナルヴァーダイ Nedunalvādai (Ne.)』，5世紀から6世紀に書かれたとみられる『シラパディカーラム Silappadikāram (Sil.)』などがあるが，それらの記述に共通することは，マドゥライはシルパ・シャーストラに基づいて明確に計

第Ⅱ章
マドゥライ

画された都市であった,ということである.次節で詳細に検討するが,デーヴァクンジャリの訳に従って幾つかの描写を見ると以下のようである.

『マドゥライカーンチ (Mad.)』は,マドゥライを次のように描写している.

「マドゥライは五つの地区(ティナイ tinais)から構成され,パーンディヤ王国の中心として繁栄している.大きく美しい都市であり,宮殿,多くの寺院,二つの大きなバーザールがあり,計画された街路沿いには高層の邸宅が建ち並んでいる.都市は深い濠と高い城壁によって囲まれ,その城壁には塔がそびえる巨大な門があり,出入口には守護神が祭られている.城壁の外側を流れているヴァイハイ川は,自然の防御として機能している.通りは長く,川のように広い.通りの両側の住居は丹念に計画,建設される.住居はたくさんの窓を持ち,よく換気されている.様々な宗教に属する人々のための住居があり,ヒンドゥー教徒でない人々も居住している.様々な職業集団に異なる地区が与えられ,地区の通りには彼らの商品が並べられ混雑している.夜になると,寺院によって行なわれる巡行が通りをにぎわす.」[276]

また,『ネドゥナルヴァーダイ (Ne.)』には,王宮についての詳細な描写がある.

「王宮はシルパ・シャーストラの教義に厳格に基づいて設計,建設された.建設はチッタレイ Chitrai 月のある日,吉とされる時間に始められた.建築家は水糸を引き,コンパスで方角を定め,その方角の神を正確に配置し,王の住居を建設した.王宮の門は高くそびえ,その出入口は象が通るのに十分の高さがある.入口のまぐさにはラクシュミーと蓮の花,そして両脇に象が彫刻されている.王宮の中庭には砂が敷き詰められ,そこでジャコウジカや白鳥,馬などがたわむれる.建物の中にはたくさんの黒い円柱があり,漆喰の壁は花の壁画などで装飾されている.」[277]

『シラパディカーラム』の記述は,全体的に『マドゥライカーンチ』に類似しているが,さらに詳細である.

「ヴァイハイ川を渡るとすぐに都市は濠で囲まれており,その向うには通り抜けることのできない森がある.要塞都市の外側の壁には,勝利の旗が高く翻っている.要塞の門は軍人ヤヴァナ Yavana によって強固に守られている.細い通路が堀にかけられ,都市の中へと繋がる.細い通路を抜けると,道路は象の一団が十分に通ることができるくらい広くなる.都市は丹念に計画されており,広い通り

の両側には高く豪華な建物が建ち並ぶ．裕福な女性が居住する通り，踊り子や音楽家が居住する二つの大通り，豊かな宝石商人が居住する通りが存在する．布商人やとうもろこし商人，4カーストの人々がそれぞれ様々な通りに居住している．住居は高く何層もあり，格子窓とテラスが設けられている．住居は専門の建築家によって建設される．」[278]

紀元4世紀から5世紀にかけて成立したとみられる『パリパダル Paripada』にも，わずかではあるがマドゥライの都市に関する記述がある．

「マドゥライの都市はヴィシュヌ神の臍から生まれた蓮の花のようだ．都市の街路は花びらだ．中心のコイル Koyil[279] は花びらの中の花托だ．」[280]

『マドゥライ・スタラプラーナ』には，シヴァが神スンダレーシュワラとしてこの地で行なった64の物語が含まれているが，『ティルヴィライヤーダル・プラーナ』には，マドゥライの起源について以下のようにある．

「インドラ神はブラーフマンを殺して罪を負った．自分自身を浄化するために，彼は地球上すべての聖地への巡礼を行なった．そしてカダンバ Kadamba の森（現在のマドゥライ）に来たときに彼の罪が浄化された．インドラは浄化の原因がシヴァ・リンガの存在であることに気づき，リンガの周りに寺院を建て，その隣に女神ミーナクシーのための寺院を建てた．するとすぐ側に浄めの池が出現した．インドラは，そのリンガにスンダラ・リンガ Sundara Linga という名を付けた．後にカダンバの森の東側を支配していた王クラシェークラ・パーンディヤは，聖仙が現われてカダンバの森に寺院と都市を建設するよう彼に頼む夢を見た．王は聖なる書に従って，塔や様々なホール，宮殿のある都市を建設した．するとシヴァが，都市を神聖なものにするための「蜜」をそこにたらした．このことから，この都市はマドゥラム（タミル語で「甘い」を意味する）を由来とするマドゥライとして知られるようになった．クラシェークラ・パーンディヤの息子には子どもがいなかったので，彼は多くの生け贄を捧げた．その結果，三つの乳房を持った女の子がミーナクシーの化身として誕生した．王は，彼女が彼女の夫に出会ったときに三つ目の乳房は消えるであろう，と告げられた．王は彼女を跡継ぎとし，彼女は8方向と七つの海の王チャクラヴァルティン（転輪聖王）になることを望んだ．彼女は7方向を征服したが，北東でシヴァに会うと彼女の三つ目の乳房が消えた．そしてミーナクシーとシヴァは結婚し，シヴァはパーンディヤ王国の王となり，ス

ンダレー・パーンディヤ Sundara Pandyan という名になった.」[281]

　マドゥライという名称については，冒頭に引いた伝説とは少し異なっているが，マドゥラム（甘い）説である．この伝説の中で注目するのは，シヴァがミーナクシーの夫とされていること，シヴァがパーンディヤ王スンダレー・パーンディヤと同一視されていること，の2点である．ミーナクシーはもともと土着神であり，紀元7世紀以降のヒンドゥー教の台頭によりヒンドゥー教に取り込まれたと考えられる．この伝説はミーナクシーをヒンドゥー教の中で正当化するために形成されたものと理解できる．クラシェークラ・パーンディヤ（1190～1223年）もスンダレー・パーンディヤ（1216～1239年）も後期パーンディヤ王国時代初期に実在した王の名前である．つまり実在する王がシヴァ神と同一視されていることになる．

　パーンディヤ王は，チョーラ王国に対して，自らのマドゥライに対する支配を正当化するため，ヒンドゥー教の基に土着神ミーナクシーを取り込み，自らをシヴァ神と同一視する神話を形成したのである．

　パーンディヤ王国時代の建築や都市地図は残されていないが，現在の都市の中にまったく手がかりがないわけではない．臨地調査において確認した街路名の中に，「パーンディヤ・アギル通り Pandyan Agil Street」という名前がある．アギルはタミル語で「濠」を意味するから，「パーンディヤ濠通り」という意味である．1907年に英国が制作した地図の中にも，この街路名を確認できる．「パーンディヤ濠通り」は，おそらく，パーンディヤ王国時代に濠があった場所である．1907年の地図において「パーンディヤ濠通り」と表記されている街路をたどると，ミーナクシー寺院を中心にした同心方格の一部だと見ることができ，他の街路と合わせるとミーナクシー寺院を中心とした正方形に近い形を形成している．つまり，パーンディヤ王国時代には，マドゥライはミーナクシー寺院を中心にしたほぼ正方形の城壁と濠に囲まれていた，と考えることができるのである．

　14世紀のイスラーム勢力による侵入で，ミーナクシー寺院の一部を除いて都市は大きく破壊されることになる．

(2) 第二期（15世紀～18世紀）

　ナーヤカ朝[282]の最初の王ヴィシュヴァナサ・ナーヤカによって，現在まで連

続する同心囲帯状の都市が形成される．王はパーンディヤ王国時代の古い城壁を取り壊し，より大きな二重の城壁を建設する．そして中心寺院を取囲む同心方格囲帯状の街路，内側からアディ Adhi 通り，チッタレイ通り，アヴァニムーラ Avanimoola 通り，マシ Masi 通りを建設した．これらの街路名は，タミル暦の月の名前である．祭礼の巡行が行なわれる月の名前に由来しているのである．ヴィシュヴァナサはこの計画・建設に際して，シルパ・シャーストラに基づいて行なったと言う．マドゥライを 72 の管区パライヤム Palaiyam に分割し，それぞれの管区を領主ポリガール Poligar[283] に治めさせた．そして，この 72 のポリガールに都市壁にある 72 の稜堡の防御を担当させた，という．

　続いて大規模な建築を次々に建設したのは，ティルマライ・ナーヤカである．ティルマライ・ナーヤカについては，K. ラージャラム Rajaram が，その生涯，政治活動，行政，文化への貢献，宗教政策，社会生活，美術建築といった項目に分けてまとめている[284]．都市計画史としてまず注目すべきは旺盛な建設活動である．彼はミーナクシー寺院を拡大し，最も内側の同心方格囲帯状街路アディ通りを寺院内に取り込んだ．寺院の東門の前にプドゥ・マンダパ Pudu Mandapam[285] を建設し，さらにその東側にラヤ・ゴープラ Raya Gopuram の建設を開始する．しかし建設は途中で中止され，未完に終わっている．ティルマライは，さらに，ミーナクシー寺院から東に約 3 キロメートルの地点に聖なる貯水池テッパクラム Teppakulam を造営している．正方形の貯水池の中心には正方形の島があり，寺院が建立されマーリーアマン Mariamman[286] が祭られている（図 II-1-4, 5, 6）．

　ティルマライによる最大の建築は，巨大なティルマライ・ナーヤカ宮殿である．1636 年にイタリア人建築家によって設計され，建設された．寺院の南東部に位置し，当時は南マシ通り南東部から城壁までの間を占めていた．以前の宮殿の 5 倍もの規模で，スワルガヴィラサム Swargavilasam とレンガヴィラサム Rengavilasam と呼ばれる部分から構成されていたが，スワルガヴィラサムしか残されておらず，レンガヴィラサムは 10 本の柱を残すのみとなっている．ティルマライ・ナーヤカはミーナクシー寺院の改修・拡大を行なっただけでなく，当時腐敗していたミーナクシー寺院の運営を改善し，寺院管理組織を再組織化した．そして同心方格囲帯状の街路で巡行が行なわれる祭礼を再構築し，体系化する．

　1689 年から 1706 まで実権を握った女王ラニ・マンガマル Rani Mangammal は，

第Ⅱ章
マドゥライ

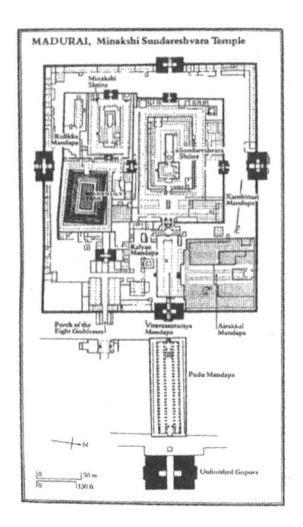

図 II-1-4 ● ミーナクシー寺院：（平面）：Tadgell（1990）

図 II-1-5 ● ミーナクシー寺院（布野修司撮影）

図 II-1-6 ● ミーナクシー寺院（布野修司撮影）

通りを舗装し，都市を発展させた．彼女はチッタレイ通り北東角に宮殿を建設したが，現在は野菜市場として使用されている．王宮を北東に配置するのは，『アルタシャーストラ』の説くところであるが，彼女がそれに従ったかどうかは不明である．

1757年の地図[287]（図II-2-2）を見ると，城壁と濠に囲まれた都市の中心には寺院が位置し，都市南東部には巨大なティルマライ・ナーヤカ宮殿，寺院北東部にラニ・マンガマル宮殿が確認できる．都市南西部，マシ通りの南西角から西に参道が伸びるクーダルアラガー寺院も確認できる．マシ通りと城壁の間は，ティルマライ・ナーヤカ宮殿以外農地として表記されており，ナーヤカ期まではマシ通り内部の領域が居住区として発展していたようである．

18世紀後半にマドゥライはムガル帝国の支配下に入る．ムスリム支配は短期間であったが，その間にムスリムの移住とモスクの建設が進んだ．城壁（現在のヴェリ通り）の周辺とヴァイハイ川の北部にムスリムの居住地が発達し，タシルダー・モスク Tashildhar Mosque（東マシ East Masi 通り周辺）とカジマール Kazimar モスク（南ヴェリ通り周辺）が建設された．

(3) 第三期（19世紀以降）

1801年にイギリスの支配下に入り，都市壁と濠が撤去されたことで市街地の拡大が始まる．1840年にイギリスの収税官ブラックバーン Blackburn により城壁と濠が撤去され，その跡に最外縁の同心方格囲帯状街路ヴェリ通りが整備された．ヴェリとはタミル語で「外側」という意味である．

そしてマシ通りとヴェリ通りの間に，ペルマール・マイストリー通り Perumal Maistry Street とマレット通り Marret Street が整備された．マイストリーとは通りの責任者を意味し，ペルマール・マイストリー通りはイギリス支配期にマイストリーの地位にあったペルマール・ピレイ Perumal Pillai に因んで名付けられた．マレット通りは，都市の道路計画を考案したイギリスの技術者マレット Marret にちなんで名付けられた．

時期は定かではないが，イスラーム勢力による破壊を被ったティルマライ・ナーヤカ宮殿は，イギリス支配者によって当初の5分の1の規模まで縮小され，その跡地はイギリス人居住地として整備された．現在ではイギリス人は居住しておらず，現地の住民の居住地へと変化している．

1875年には鉄道が開通し，駅はヴェリ通りの西側に設けられ，マドゥライ中心部の西側と南側を鉄道が横切るかたちとなった．

城壁の撤去，鉄道の開通，そして1866年にタウンシップの地位を獲得したことで，マドゥライの産業は発達し，鉄道駅の西側にコロニーの建設が進んだ．先述したように1889年にはヴァイハイ川にアルバート・ヴィクター橋が建設され，河岸北部の都市開発に繋がった．1907年には，イギリスによって建物の輪郭と宅地割りまで記した詳細な都市地図（図II-2-3）が作成されている．

第三期は，城壁と濠の撤去に起因する都市拡大の時代であると言えるが，旧城壁内（現ヴェリ通り内）の中心市街においてはナーヤカ期に形成された都市形態に大きな影響を及ぼす変化は起こっていない．

2
マドゥライの空間構造

2-1 プラーナの中の都市

　プラーナに記述されるマドゥライについては前節（II-1-2（1））で概観したが，アヤールの『古代デカンの都市計画』[288] に即して，さらに見よう．ここでデカン Dekkan というのは，タミル語のダクシナム Daksinam に由来し，「南」を意味する．それ故，T. K. ヴェンカタスブラマニアン Venkatasubramanian が冒頭に序説を加えた再版本は，『初期南インドの都市計画』[289] と題される．P. ゲデス Patrick Geddes（1854～1932）が「序」を寄稿するこの著作は，D. デーヴァクジャリの学位論文[290] に先だって，プラーナ文献を網羅的に当たって，マドゥライ他の南インドの都市計画に触れた貴重な著作である．ゲデスは，英国の植物学者，社会学者として知られるが，都市地域計画の先駆者でもあった．とりわけインドで多くの仕事をしている（1914～29）．その方法の基本は，一言で言えば，土地に固有な都市計画の伝統に学ぶ姿勢にある．ゲデスは繰り返し，古代インドの都市形態，土着の計画方法を賞賛している[291]．アヤールが南インドの都市計画の方法を古文献に探ることになったのもゲデスがマドラス Madras[292] で行なった都市計画に関する講演に触発されたからであった．

　アヤールは 37 のプラーナ文献を挙げて検討を加えている．全体は 12 の章[293] からなるが，具体的に言及される都市は，パーンディヤ王国の首都マドゥライ，チェーラ王国の首都ヴァンジ（カルール），パッラヴァ朝の首都コンジェーヴェラム（カンチープラム），チョーラ王国の第二の首都といってよい港市カーヴェーリパッティナムである[294]．

第Ⅱ章
マドゥライ

以下に，それぞれの都市についてのプラーナの記述をまとめてみよう．アヤールの記述は，プラーナ別に行なわれる場合が多く繰り返しも少なくないので，ここでは都市形態に焦点を当てて，さらに要約する．

(1) マドゥライ

マドゥライは別名カダマ・ヴァナ Kadama Vana という．カダンバの樹の森という意味である．マドゥライ建設以前には，パーンディヤ王国の都はカダンバの森の東，マナヴール Manavūr に置かれていた．その創設神話はすでに見たが，建設過程についても，タミル語のプラーナ『ティルヴィライヤーダル (P. T.[295])』に多く描写されている．

マドゥライの都市計画は，プラーナ文献からも，はっきりと「最初の計画」と「第二の計画」の二期に分けられる．

「最初の計画」をアヤール[296]に従って要約すると以下のようになる．

a. マナヴールの裕福な商人が西方に旅し，遠国での交易で多くの財宝を得て帰国しようとしたが，あとわずかのところで日が暮れ，カダンバの森で一夜を過ごすことになった．森の中には貯水場があり，商人はいつものように沐浴を行なうことができたのであるが，不思議に思って調べてみると，貯水場の堤にシヴァ神の像があった．夜が明けてみると，貯水場は，金色の光に輝く朝日の中に美しく咲き誇る蓮の華に満ちていた．商人がマナヴールに帰って王にそのことを告げると，王は臣下とともに森に出かけ，入念に調査をした上で，森を拓いて王都を建設することを決定した．

b. 森を拓き，整地を行なうと，王は助言者に最良の計画案を求め，熟慮の末，計画を決定した．まず，中央に主神殿を建設し，続いて順に，ヴェーダが詠唱されるパドママンダパ Padmamandapam, 祭礼が行なわれるアルダマンダパ Ardhamandapam, ヌリッタ・マンダパ Nritta mandapam（神殿のための厨房）その他の小神殿を建てた．王は壮大なゴープラ（塔門）を建てて神殿を壮麗化した．

c. 続いて，バーザール，車道，住民の居住区のための道の計画を行なった．主神殿の周りを巡る街路および主要な祭礼路が計画された後，それらに交差する小街路が配置された．

d. そして広場が作られ，公共集会所が建設された．また，王は公共の園壇を

作って果物の樹々を植えた．自然の要素はすべて生かされ，既存の川，池はそのまま維持された．幾つかの貯水場が新しく掘られ，要壁，濠などは古来のシャーストラの規定に従って計画された．貯水場，果樹園，庭園，濠の建設によって都市計画は完成する．

　e. 王はほぼ完成した計画都市の北東の部分に宮殿を建設した．完成した都市は，人々の繁栄と健康，安寧を願ってマドゥライと名付けられた．

　以上のように，プラーナに依れば，マドゥライは極めて計画的に建設された（a, b）ことが分かる．都市建設は，部分ごとに徐々に行なわれたのではなく，予め森を拓いて用意した土地に空地などを十分考慮して計画されたということを，アヤールも強調している．

　注目すべきは，主神殿の周囲を巡回する街路構造が示されていることである．また，王宮が，まさに『アルタシャーストラ』がいう北東の位置に建設されている（e）ことである．

　こうして計画されたマドゥライは，長い間，繁栄を謳歌したとプラーナは伝えるのであるが，時に最悪の事態を迎えている．巨大な洪水が起こり，荒廃するのである．予め高台に位置していた神殿とその周囲のみが洪水を免れたようである．人々は洪水を避けてそこへ移り住む．ナドゥヴール Naduvūr (O. T.[297]) と名付けられた中心部が存続したが，都市の成長発展には不十分であり，時の支配者は人口過密への対応を迫られることになった．

　そこで立案されたのが「第二の計画」である．

　f. 王は臣下に命じ，古代都市の限界を再調査させ，現在の人口需要を満足させ，さらに将来の拡張にも対応できる，都市の内からの調和的，美的発展を目指す，新しい包括的計画を立案した．

　g. 新たな都市の再建計画も，「最初の計画」と同様，主神殿とその周辺を出発点として開始される．計画図は，便宜的に増加する住民に合わせる形で新たに引かれた (P. T.)．主神殿の右側から始めて，境界線が自然の地形に沿って，主神殿を取囲むように引かれ，左側で完結する．これはアーラヴァイ Ālavāy として知られる環状のかたち，すなわち，頭と尾を繋げてとぐろを巻く蛇のようなかたちである (O. T.)．

　h. 都市全体は 9 マイル×9 マイルの大きさである (O. T.)．

i. 南門を通ってプラーナカル Puranakar 呼ばれる城壁外からアカナカル Akanakar と呼ばれる市内に入る．南門が主要な入口門となり，やや小さい北門が出口となる[298]．北はヴァイハイ川が自然の境界となり，都市は南に発展することになる．南インドでは敵の侵入は基本的に北からであり，北門を小さくしヴァイハイ川を防御に用いることは理に適っている．他に東門と西門が設けられる．門は象が出入りできるよう幅広く高く作られる．

j. 城壁は土地の形状に従って建設された．一方が川であるから，機械的に左右対称にするのは，費用もかかるし，快適でもない．そこで王は，正確な正方形，円，直線を放棄し，利用可能な周辺環境に合わせることにした．その結果，城壁のかたちは処々歪むことになった．数学的な正確さを持たない壁に囲まれたマドゥライは，以降，ティルムダンガル Tirumudangal（O. T.：ジグザグ壁で囲われた美しい都市）と呼ばれるようになった．

k. 城壁で市域を囲うと，宮殿の場所が型通りに決められ，残りの土地が階層ごとに割り当てられる．これらはすべてシャーストラに従って行なわれる（P. T.）．

l. 主神殿は，中心に置かれ，あまねく聖なる光を投げかける（Kall.[299]）．街路のかたちは数学的に正確ではない．新たな計画は，大きく広い直線通りだけでなく，湾曲した小さな路地によっても構成される．大通りは川幅ほどもあり，両側に川堤に立つ木々のように住居が建ち並ぶ（Mad.[300]）．この比喩は，洪水や雨期に大通りが川のようになることから，両側の住居群を予め土盛りして建設するという実際的な描写でもある．主入口となる南門の幅もヴァイハイ川の幅と同じである．

m. 市場は，昼間の通常の市場と夜通し開かれる夜市の二つがある．近接しているが分かれており，一般に二つの大通りがその場所となる．通常の市場には屋台が並ぶ．屋台の前面には可動式のスクリーンがついていてドアにもなり覆い（キャノピー）にもなる．

n. 王宮の回りの四つの通りには大臣，裕福な商人，ブラーフマン，そして王宮に使える下僕たちが居住する．また，四つの異なったカーストが住む（Sil.[301]）．王宮周辺の通りのみならず他の大小の通り，直線曲線の通りの両端には，煉瓦造で白漆喰の塗られた，タミル語でプーリマム poorimam と呼ばれるゴミ箱が置かれる．

o. 王宮および住居はシャーストラの規定に従って建設される．都市計画，住宅

建設の規定に通じた建築家は周辺環境の調査,王宮建設に従事する.巻尺で測量し,建物の基礎のための線を引く.王宮の入口,門,東西南北,各方位に位置する神々には特別の注意が払われる (Ne.[302]).住居,王宮,都市の建設において正しく方位を設定することは古代には基本原理であった[303].住居には充分光と空気が取り入れられるよう中庭が設けられる (Sil.).

p. 深い濠が城塞の周囲に掘られ,この濠には下水が流れ込んでいる.こうして,マドゥライの外側から鳥瞰すると,まず,鬱蒼とした樹々,灌漑のための運河,そして緑地が見え,続いて深い濠と城壁が見えることになる (Sil.).

「第二の計画」は,以上のように,既存の都市を前提に計画された.すなわち,「最初の計画」の限界,洪水による居住域の変化,人口増加などへの対応を課題として新たに計画されたことが分かる.ただ,主神殿を中心とし (g, l),古来のシャーストラに基づいて計画された (k, m) ことは同様である.また,同心方格状の囲帯構造が採用されているのも同様である (g).しかし,街路と濠,城壁の形状は,経済性を考えて幾何学的形態を優先せず,自然に従う方針が採られた (g, j).その結果,ティルムダンガルと呼ばれるようになったのであるが,もう一つ注目すべきは,北がヴァイハイ川で境界付けられることによって,南門が正門となり,南北軸のウエイトが高まったことである.

アヤールは,さらに郊外について,「農村帯」,「森の成長」に言及するが,ここでは省略しよう.都市の規模を9マイル四方としている (h) ということは,周辺部の田畑,森も含まれていることになる.

(2) ヴァンジ (カルール)

チェーラ王国の首都であったヴァンジ (カルール) は,寺院都市とは異なる実用的機能が優先される典型的な要塞都市であるが,濠,要壁,街路,バーザール,宮殿が伝統的な都市計画の方法に則って計画されたのはマドゥライと同様である.

アヤールに従って,ヴァンジの都市構成を要約すると以下のようになる.

a. 市外に,まず,市門を防御する兵士たちの住居があり,市内に,濠と市壁に隣接する,兵士を含んで様々な階層が混在する地区プラーナカルがある.

b. 濠は他の都市と同様,市壁を取囲み,王宮,庁舎,住宅地からの下水はトゥーンバ Tūmba と呼ばれる道管によって濠に流れ込む.排水システムは完備してお

り (Man.), 富裕層あるいは王宮用には特別な配管もなされる. 聖者の足を洗う清めの水やすべての旅行者, 巡礼者への飲料水は公的場所に用意される. 濠にはこうして余った水が流れ込み, 蓮, クヴァライ Kuvalai, センカルニール Senkalnīr, アーンバル Āmbal などが色鮮やかに咲き乱れる (Man.).

c. 要壁は高く, 幅広く, どっしりと築かれ, 要壁上には, 矢, 石, 熱油, 溶けた銅・鉄など攻撃用, 防御用の武器が置かれる. 要塞の建設はシャーストラの規定によって建設される (Kural[304]). 要塞には樹々や灌木が人工森のように植えられる場合もある. タミル文献には, 陸, 水, 山, 森による4種の防御法が書かれている. マライと呼ばれる丘 (森) による防御の場合, 樹を伐ることは禁じられ, 兵士たちは森を守る.

d. 住区の配分配置は, 都市計画の基本原理であり, 都市計画家の最も重要な仕事である. 門を入ると, 上述のように, 門を守る兵士や歩哨たちの居住する通りがある. 続いて, 異なった商売, 職業に従事する人々の通りがある. その配列は, 魚屋, 塩屋, 酒屋, 菓子屋, 羊肉屋, 縄屋である. 次の住区は, 焼物屋, 銅細工, 鐘屋, 金細工屋, 大工, 皮革屋, 花屋, 占星術師, 楽師, ガラス細工, 真珠屋, 舞踊家である.

e. アカナカルとして知られる中央市場は, こうした通りとは別に設けられる. 中央市場の向かいには, 踊子, 織工, 貴金属商の住区がある.

f. 王宮の周囲の四つの通りには, ブラーフマン, 大臣臣下, 主要軍人, 王家の使用人が居住する. 王宮の主門に至る王道は, 真直ぐで広大である. 王宮の背後には象および馬の調教場と調教師の住区がある. 王宮は中心に位置し, 王宮と以上の住区との間には王家だけのための沐浴場が設けられている. 王宮から流れ出す人工の水路が作られ, 公園や沐浴場, 公共集会所, 宿泊所を繋いでおり, 住民は容易に王宮に接近できるが, 日常の喧噪, 混雑する地区からは遠ざけられている. 支配層の居住地についても同様の配慮がなされている.

g. 様々な住区の間には公共的園壇が設けられており, 果物が植えられて, 公共の集会他に供されている. 公共集会所には, 外来者のために宿泊所が設けられている. その他, 三角形, 四角形の広場が各階層を分離するために設けられている.

ヴァンジについては, 防御機能が強調され (a, c), 要塞都市としての特性が強調されている. また, 濠と排水システム (b) が強調され, さらにジャーティ毎の棲み

分けが詳述されることが印象的である．全体構成はつまびらかではないが，王宮を中心に置いているのが，中央神域のヒンドゥー都城の理念と大きく異なる点である．

(3) コンジェーヴェラム（カンチープラム）

コンジェーヴェラムも，マドゥライやヴァンジ同様に，古来のシャーストラに基づいて計画されている．他都市に比べてプラーナの言及は少ない．アヤールの記す特徴は以下である．

　a. 市壁の周囲に深い濠が掘られ，それに下水が注ぐ排水システムが整備されていた（Periya.[305]）．

　b. 市外には広い空地があり，軍隊のために象や馬を訓練し，若い兵士が軍事訓練を行なっていた．また，郊外にも象の訓練地区があり，象の牙の装飾品，綱，山車，旗などを作っていた．また，この地区には弓や鎧兜を作る人々が住んでいた．

　c. 街路の計画は，各カーストや職業集団に通りを割り当てる伝統的手続きに則って行なわれる．ブラーフマン，商人，農民他は平行する通りに住み，神殿周囲の四つの広い通りには神殿で働く人々が住む（Kanci.[306]）．山車の通りはその通行が容易になるように広く作られる（Perum.[307]）．共有広場周囲の通りの配置，カースト毎の居住は衛生的観点と同様社会的観点から望ましいと考えられる．

　d. 貯水場は樹々で取囲まれ，蓮の華などが栽培される．三つの主要な樹，バナナ，マンゴー，ディヤック・ツリーをはじめとして，市内の民家の庭には多くの果物の樹が植えられる（Kanda.[308]）．市外には幾つか美しい庭園があり，予備林は防御に用いられる．

　e. 主要な通りにある住居はほとんどテラスを持ち，女性たちはそこで新鮮な空気を得る（Periya.）住居は赤煉瓦で作られる（Perum.）．

　f. 多くの通りは広く長いが，小さく曲がった小路もある．交差点や通りに沿って，マンゴやマーダヴィ mādavi の樹が適宜植えられる．

以上からは都市の全体構造は窺えない．排水システム，カースト毎の棲み分け，植樹など各都市共通事項がまとめられているように思われる．ただ，都市計画は連続的な発展を考慮して行なわれるべきであることが強調されるのが注目される．

第 II 章
マドゥライ

コンジェーヴェラムは飢饉や干魃を被り，人々がチェーラ王国の首都ヴァンジに移住することを余儀なくされることがあった (Man.[309])．土地を治める王はこうした人々の苦難を軽減するために全力を尽くし，飢饉や干魃の原因を探り，有効な手段を探ることが必要である．王が賢人の忠告を聞き入れ，大きな灌漑池を掘削し，その周りに果樹や花々を植えるのは古来のシャーストラに従うことでもある，とする．

(4) カーヴェーリパッティナム

カーヴェーリパッティナムは，ウライユールに遷都するまでチョーラ王国の首都であった．カーヴェーリ Kāvēry 川の河口に位置する「田園都市」として知られる．カーヴェーリパッティナムについては，主として『シラパディカーラム』に記述がある．ここで「田園都市」というのは，ゲデスを通じてもたらされていたであろう E. ハワードの田園都市論の影響である．アヤールは，第 XI 章を「田園村落」[310] と題して，古文献の記述をまとめている．しかし，都市類型としては，カーヴェーリパッティナムは港市都市である．パッティナムが海岸部の港市を一般的に指すことは，前章 (I-3-2) で見た通りである．ここでは，中心部と周辺港市部の二重構造をしているのが注目されるであろう．

　a. 都市の規模は 10 マイル四方である．古代にはオーシャナイ ōśanai すなわち 9 マイルを長さの単位にするのが一般的であった．例えば，パータリプトラは 9 マイル×1.5 マイルであった．タミルではカーダム Kādam すなわち 10 マイルが単位として用いられ，カーヴェーリパッティナムではカーダムが用いられた．

　b. オリジナルの計画案は正方形で，最外周の囲帯は庭と住居からなり，第二の囲帯は市場，作業場などからなる．中心に近い囲帯にはより高価な住居，宮殿，公共建築が位置する．

　c. 敷地は肥沃な土地が注意深く選ばれるべきである．河口からある距離を隔てた平野を選び，海岸近くに港を作って，舟で商品を町に運ぶ．古典の記述に依れば，カーヴェーリパッティナムは，郊外部分であるマルヴールパーカム Maruvūrpākkam と都市部分であるパッティナパーカム Pattinappākkam という大きく二つの部分に分かれ，その間に中央市場がある．パーカムは「海辺」もしくは「山辺」を意味する．

マドゥライの空間構造

　d. マルヴールパーカムの郊外の海岸沿いにはヤヴァナール Yavanar やギリシャ人など外国商人の居住区がある (Sil.). 小売業者はヤヴァナールの地区に近接して居住し, 絹織物業者, 綿織物業者の地区がそれに続く. 珊瑚, 真珠, 宝石, 貴金属に関わる商人がさらに隣接する通りに居住する. 様々な穀物を売る商店が続き, 街路でも売られる (Sil.). 穀物市場に続いて, 砂糖菓子, 酒, 魚, 油, 塩, キンマ, 縄, 羊肉の小売店と住居が並ぶ. これに続いて, 鐘, 銅細工, 大工, 鍛冶屋, 絵師, 金細工, 彫物師, 陶芸, 石工, 仕立, ……などの仕事場と関連する小売店がマルヴールパーカムに並ぶ. こうした家内工場は, 労働者の住居とともにできるだけ町の周縁部に配される.

　e. パッティナパーカムには, 王宮があり, 王道がある (Sil.). 王宮の近くのバーザール通りには幾つか屋台が日常品を売っている. 有力商人, 敬虔なブラーフマン, つましい農夫, 内科医, 占星術師は, 異なった通りに住み, 違ったタイプの住居をそれぞれデザインする. 貝で足首飾りや指輪, 腕輪, 首輪などリングを作る人々と真珠商は, 王宮の西側の通りに並んで住む. 王の従者と廷臣は王宮近くの大通りに住む. スータル Sūtar (立って唄う人), マカダル Makadar (座って唄う人), 時刻番, 踊手は王宮近くの別々の通りに住む. 祭礼や戦場での料理人, 楽士, 鼓手そして道化師は様々な環境に合わせて住居に住む (Sil.). 王室の使用人が住む居住区の向うに馬や象の訓練を行なう人々の住区がある. 馬を軍事のために訓練する場所は, 円形をしており, センドゥヴェリ cenduveli と呼ばれる. 騎手は王宮の回りの空地で馬車を操る. 歩兵長はこの地区に居住する. こうして王の従者, 廷臣, 軍隊の四部門—象, 馬車, 騎兵隊, 歩兵—の長官は, 王宮近くの大通りに面した良好な地に居住する.

　f. マルヴールパーカムとパッティナパーカムを繋ぐ中央市場には, 様々な商品を売る屋台が商品名を書いた旗を掲げて立ち並ぶ. その前には樹々が植えられ, 陰が作られる. 市場の中央で幹線道路が交差し, 都市の守護神の神殿が置かれる. この神殿は, 10マイル四方の都市の中心を占める. 輸出入が行なわれる海岸部には広大な空地がある. 船着場と倉庫があり, 徴税官が税を徴収する. 海岸は休息所や木陰が美しく作られ, 魚の臭いを消すように芳香の花々が植えられる.

　g. 他の空地として, 様々な障害者のための公園と沐浴場が設けられる. 彼らは1日2回, まずカーヴェーリ川で沐浴し, 治療のためにこの公共沐浴場で沐浴す

第Ⅱ章
マドゥライ

る．そして，沐浴場の周囲を散歩する．公立学校（パッティ・マンダパ Patti Mandapam），裁判所，シヴァ，ヴィシュヌなどの神殿が様々な中心的場所に建てられ，周囲に樹木，花々が植えられる．

　h. 通りは広く大きいが，小さく曲がったものもある．大通りの両側には樹木が植えられる．中心道路は，町の中心部から海岸まで通じており，輸入品が運ばれる．また，海風も運ばれる．都市への主門は広くて高く，丘のようである．この市門は王宮の主門に繋がっており，両側に果樹が立ち並んでいる．またこの中心道路は真っ直ぐカーヴェーリ川のガートに繋がっている．

　ここでは，まず，都市の規模について記述されるのがマドゥライ同様注目される．城壁外の後背地を含んだ9マイル四方もしくは10マイル四方の都市域が前提されているのである．パッティナパーカムは同心方格構造をしている（b）が，中心に置かれているのは王宮であるように思われる（e）．港市都市として市場のウェイトが高い（f）ことも窺える．市場によって港市部と都市中心部が繋がれる配置構造は，『マーナサーラ』には見えない形態である．

2-2 都市のかたち

　現在の都市形態と1757年の地図（図Ⅱ-2-2）とを比較すると，城壁と濠が撤去されて最外縁が環状街路ヴェリ通りに整備された以外，都市形態における大きな変化は見られない．

　現在のマドゥライは，プラーカーラに囲われた長方形のミーナクシー・スンダレーシュワラ寺院を中心として，方位軸にほぼ沿った矩形の街路（内から順にチッタレイ通り，アヴァニムーラ通り，マシ通り，ヴェリ通り）が4重に囲っており，寺院内に取り込まれた街路（アディ通り）を合わせると5重の同心方形の入れ子構造を形成している（図Ⅱ-2-4）．1688年の地図（図Ⅱ-2-1）は，何らかの理念型の存在を暗示している．しかし，これらは完全な正方形ではなく，かなり歪んだ矩形である．

　中心に位置するミーナクシー・スンダレーシュワラ寺院は次のようである[311]．寺院は257×240メートルの長方形のプラーカーラ（外周壁）に囲まれ，東西南北には一面に彫刻が施されたゴープラ（楼門）が聳える．最大の南ゴープラの高さは48メートルに達する．内部にはスンダレーシュワラ（シヴァの異名）とミーナクシー

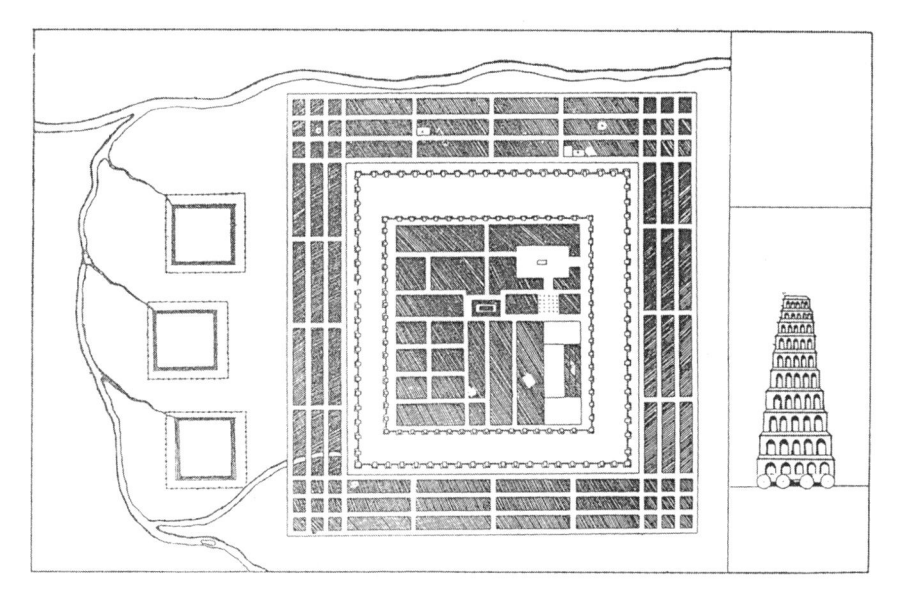

図 II-2-1 ●マドゥライ古地図　1688: Devakujari (1979)

（シヴァの神妃）の聖室，それらを囲む内回廊，人造の金蓮池（ゴールデン・ロータス・タンク），千本柱ホールなどがあり，それらは列柱の建ち並ぶ回廊によって結ばれる．柱や壁は後期ヴィジャヤナガル様式[312]の彫刻で飾られ，壁画や天井画が描かれている．

内回廊および外回廊を右肩（時計）回りに廻る（右繞）礼拝行為が行なわれる．池は元来沐浴池として使用されていたが，現在では沐浴は行なわれない．東門付近の柱廊には，小さな仮設の土産屋が建ち並び，聖室が閉じられている時間帯には多くの人々が昼寝をしている姿が見られる．

スンダレーシュワラの聖室（ガルバ・グリハ）はミーナクシーの聖室の北東に位置する．北東を天頂を象徴する方位とする見方からすると，この位置関係はスンダレーシュワラのミーナクシーに対する優越性を示している[313]．それぞれの聖室は東を向き，プラーカーラまで直線的な動線が確保されている．プラーカーラにはそれぞれの門があり，スンダレーシュワラの門の東側にはプドゥー・マンダパが位置する．

第Ⅱ章
マドゥライ

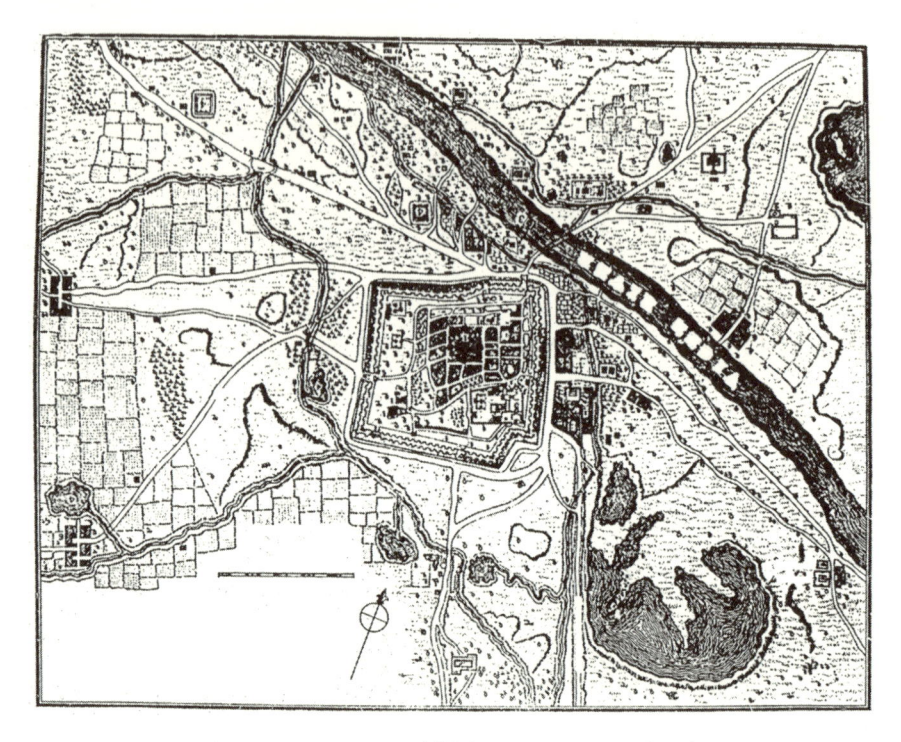

図Ⅱ-2-2 ● マドゥライ古地図　1757: Devakujari (1979)

　寺院の東西南北の門から4方に街路が延びるが，この軸線街路は同心方形状街路に比べると明確ではない．同心方格状街路と交差する地点で折れ曲がることが多いので，直線的な動線や視線は確保されていないのである．また同心方格状街路よりも幅が狭い．同心方格状街路と軸線街路の幅については，実測を行なった[314]が，平均街路幅は，チッタレイ通り12.06メートル，アヴァニムーラ通り10.46メートル，マシ通り13.76メートルとなり，同心方格状街路はいずれも10メートルを越す．対して，北軸線街路8.85メートル，東軸線街路7.80メートル，南軸線街路5.70メートル，西北軸線街路9.88メートルで，軸線街路はいずれも10メートルに満たない．1757年のマドゥライ都市地図を参照しても，当時から軸線街路はあまり意識されていなかったようである．同心方格状街路と軸線街路以外の，何本かの東西方向，南北方向に走る街路が見られるが，1757年の都市地図（図Ⅱ-2-2）

2 マドゥライの空間構造

図 II-2-3 ●マドゥライ　1907: Madurai Corporation

第Ⅱ章
マドゥライ

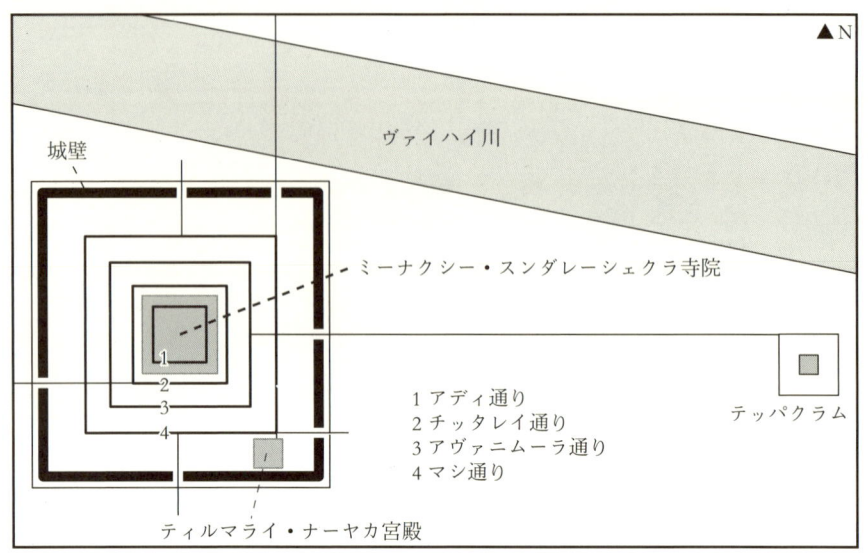

図Ⅱ-2-4 ●マドゥライの都市構成模式図（大辻絢子作製）

と照らし合わせると，中でも城壁があった当時に城門に繋がっていた街路が現在でも幹線街路として機能していることが分かる．

　マドゥライの町を造営したヴィシュヴァナサ・ナーヤカは，シルパ・シャーストラに基づいて都市計画を行なったと，J. S. スミス[315]も V. バラスブラマニアン[316]もいう．プラーナも繰り返し記述するように，古来伝えられてきたシルパ・シャーストラを基にしたことは間違いないであろう．しかし，具体的に何を基にしたのかは明らかにされてはいない．バラスブラマニアンは，『マーナサーラ』に記される理想都市パターン「ラージャダーニーヤ」を基にしてマドゥライは計画されたとするが，根拠を示しているわけではない．

　また，アチャルヤはかなり詳細な図（図Ⅰ-3-21）を作成しているが，すでに見たように，『マーナサーラ』の本文に，「ラージャダーニーヤ・ナガラ」について，詳細な記述があるわけではない．まず指摘すべきは，南インドの寺院都市，とりわけシュリーランガムとの類似性である．シュリーランガムは，極めて整然と，中央の寺院域（ブラーフマン区画），その外周囲のダイヴァカ，さらにその外周囲のマーヌシャ，さらにその外周囲パイーサチャという同心囲帯からなっている．マドゥライもまたシュリーランガムと基本的には同じ空間構造をしている．その空

間構造を象徴的に示すのが都市祭礼における巡行路である.

2-3 都市と祭礼

インドにおいて山車の巡行を伴う祭礼の歴史は古く,紀元前までさかのぼることができる.南インドでは紀元4世紀から6世紀にかけて盛んになり,15世紀のヴィジャヤナガル朝時代に最盛を迎える.マドゥライでも,シャンガム文学に巡行を伴う祭礼について記されており,古代から祭礼が行なわれてきたと考えられる.現在まで続いている同心方格状街路での巡行を伴う祭礼は,ナーヤカ朝時代に同心方格状街路が形成された時期に始まり,17世紀にティルマライ・ナーヤカによって体系化され確立されたものである[317].

ヒンドゥー寺院の祭礼は,毎日行なわれる祭礼,毎月行なわれる祭礼,毎年行なわれる祭礼に分類される[318].マドゥライではタミル暦に従って月に一度祭礼が行なわれるが,巡行を伴う祭礼は,ミーナクシー・スンダレーシュワラ寺院によって各月に行なわれる[319].

祭礼は極めて複雑な体系を持つが,一年を一つのサイクルとし,一年を通して神々の神話を都市の中で再現するという意味付けを持っている.基になるのは,マドゥライ・スシャラ・プラーナに記されているシヴァとミーナクシーに関する神話である.それぞれの月に,神話を再現する様々な儀礼が行なわれるが,最も重要な祭礼は,ミーナクシーの戴冠式とミーナクシーとスンダレーシュワラの結婚を祝うチッタレイ祭り(4〜5月)で,最も大規模な山車の巡行が行なわれる.続いて重要な祭礼が,スンダレーシュワラの戴冠式を祝うアヴァニムーラ祭り(8〜9月),ティルマライ・ナーヤカの誕生を祝うテッパ祭り(1〜2月)である.

祭礼に使用される山車や御輿は木造であり,大小含めて複数存在する.チッタレイ祭りで使用される山車以外はミーナクシー寺院内に保管され,チッタレイ祭りで使用される山車は高さ15メートルを超えることから,上部と下部に分割されて,東マシ通りの中央部(寺院のミーナクシーの門から伸びる街路と交差する地点付近)に設置されている山車蔵に保管されている.

巡行路は基本的に四つの同心方格状街路(アディ,チッタレイ,アヴァニムーラ,マシ)のどれかであり,祭礼によって異なる.巡行は右回りに行なわれる.巡行路

第Ⅱ章
マドゥライ

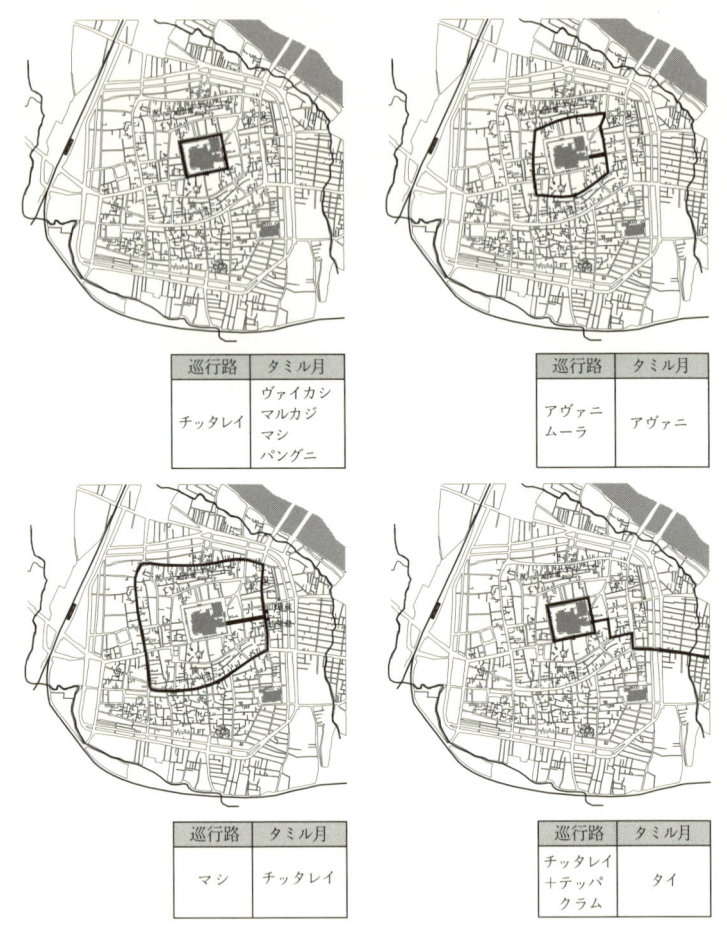

図Ⅱ-2-5 ●祭礼巡行路（大辻絢子作製）

（図Ⅱ-2-5）から，祭礼は四つに類型化できる．
　(I) 巡行のない祭礼，
　(II) 寺院内を巡行する祭礼，
　(III) 同心方格状街路（チッタレイ，アヴァニムーラ，マシ通り）を巡行する祭礼，
　(IV) 市内街区外へ巡行する祭礼，である．
　(II) の場合，ティルマライ・ナーヤカが寺院を拡大したことで寺院内に取り込まれたアディ通りに沿って，右回りに巡行が行なわれる．(III) では，寺院外の三

表 II-2-1 ●都市祭礼と巡行路（大辻絢子作製）

タミル月 Tamil Month	巡行路	類型
チッタレイ Chitrai (4-5月)	マシ通り	III
ヴァイカシ Vaikasi (5-6月)	チッタレイ通り	III
アニ Aani (6-7月)		I
アディ Aadi (7-8月)	アディ通り	II
アヴァニ Avani (8-9月)	アヴェニムーラ通り	III
プラタシ Purattasi (9-10月)		I
アイパシ Aippasi (10-11月)	アディ通り	II
カルティカイ Karthikai (11-12月)	アディ通り t	II
マルカジ Markazhi (12-1月)	チッタレイ通り	III
タイ Thai (1-2月)	チッタレイ通り + テッパクラムまで	IV
マシ Masi (2-3月)	チッタレイ通	III
パングニ Panguni (3-4月)	チッタレイ通り	III

つの同心方格状の街路に沿って右回りに巡行が行なわれる．その際，神々の御輿や山車は寺院の東正面の門からではなく，その南に位置する門から寺院の外へ出る．この門は寺院内にあるミーナクシーの聖室の正面に位置している．(IV)には唯一テッパ祭り(1-2月)が該当し，巡行は寺院から東に約3キロメートル離れた聖なるタンク(貯水場)，テッパクラム(図II-2-4)まで行なわれる．テッパ祭りはティルマライ・ナーヤカの誕生を祝う祭礼であり，テッパクラムはティルマライによって建設されたものであり，この祭礼も彼が始めたと考えられる．

祭礼が，ナーヤカ朝時代においては王によって運営されていたことは，ティルマライ・ナーヤカがミーナクシー寺院の運営を直接行なったことからも分かる．そして，祭礼でのプージャー puja (ヒンドゥー教の神像礼拝儀礼)はブラーフマン階級に属するパター Pattar という司祭によって担われていた．

現在の祭礼は，ミーナクシー寺院の管理運営機関によって運営されている．祭礼におけるプージャーはナーヤカ期と同じくパターによって行なわれているが，チッタレイ祭りにおける巨大な山車の巡行時には，すべてのカーストの人々が山車を曳くことを許されている．

チッタレイ祭りは，タミル暦の最初の月であるチッタレイ月(4-5月)に行なわれる最も盛大な祭礼である[320]．都市周辺から25万人を超える巡礼者がマドゥライに殺到する．12日間にわたって祭礼が行なわれるが，まず，毎日朝晩，御輿がマ

第Ⅱ章
マドゥライ

シ通りに沿って巡行する．そして，神話に基づいた最も重要な行事は，以下のように8日目から11日目にかけて行なわれる．

 8日目 ミーナクシーの戴冠式（ミーナクシー寺院内）
 9日目 ミーナクシーの支配の確認儀式（マシ通り）
 10日目 ミーナクシーとスンダレーシュワラの結婚式（ミーナクシー寺院内）
 11日目 巨大な山車の巡行（マシ通り）

11日目にとり行なわれる山車の巡行は，一年の巡行の中で最も壮大なものである．ミーナクシーとスンダレーシュワラの像は巨大な山車に乗せられ，マシ通りを巡行する．

アディ月の祭礼ではアディ通り，アヴァニ月の祭礼ではアヴァニムーラ通りで巡行が行なわれるが，チッタレイ祭りの巡行ルートはマシ通りである．逆にマシ祭りはチッタレイ通りで行なわれる．チッタレイ祭りは，ティルマライ・ナーヤカ統治時代以前はマシ月（2-3月）に行なわれていたが，ティルマライによってチッタレイ月（4-5月）に変更されたので，名前に矛盾が生じた．この変更の理由としては，マシ月は収穫の時期であり，ティルマライ・ナーヤカが建設した巨大な山車を引くのに十分な人手を集めることができなかったこと，また，シヴァ派の人々とヴィシュヌ派の人々を統合して政治的な安定をはかろうとしたこと，の2点が考えられている[321]．チッタレイ月にはもともと，マドゥライの北東約20キロメートルに位置する大規模なヴィシュヌ派の寺院アラガー・コイル Alagar koil において，アラガー祭りが行なわれていた．シヴァ派の寺院であるミーナクシー・スンダレーシュワラ寺院の最大の祭礼をヴィシュヌ派の祭礼と合体させることで，ティルマライは支配領域の統治の安定をはかったというのである．

アラガー祭りは，アラガー・コイルのヴィシュヌ神がヴァイハイ川の北岸まで巡行する祭礼である．アラガー・コイルはこの地域では大規模なヴィシュヌ派の寺院であり，アラガー祭りには多くの民衆が参加した．アラガー祭りにおいては，マドゥライのマシ通りの南西角に位置するヴィシュヌ派の寺院クーダルアラガー・コイル Arulmigu Koodalakagar Thiru Koil の巡行も行なわれた[322]．ティルマライが，ヴィシュヌ派にとって重要な祭礼とミーナクシー寺院最大の祭礼を結びつけることで，シヴァ派とヴィシュヌ派の融合をはかった結果，チッタレイ祭りは，城壁内の都市中心部だけではなく，周辺を広く巻き込んだ盛大な祭礼となっ

ていくのである.

　ミーナクシー寺院のプラーカーラの周囲を囲むチッタレイ通り以外,つまりアヴァニムーラ通りとマシ通りは矩形とは言い難い大きな歪みを見せている.特に大きい南東部の歪みについてはティルマライ・ナーヤカ宮殿建設の影響がある.そして,もう一つ,祭礼において巨大な山車の巡行が行なわれることも一つの要因である.チッタレイ祭りで巨大な山車の巡行が行なわれるマシ通りは,平均街路幅13.76メートルと,チッタレイ通り,アヴァニムーラ通りと比較すると最も広くなっている.アヴァニムーラ通りとマシ通り全体に見られる角の丸さと角付近の街路のふくらみは,大規模な山車の巡行を可能にするためではないかと思われるのである.

2-4 王宮と寺院

(1) 王宮

　古代から14世紀までのパーンディヤ王国の王宮については,考古学的な遺構は確認されていない.ナーヤカ統治の初期に,ミーナクシー寺院の北東部に王宮が建設された.そしてティルマライ・ナーヤカによって都市南東部に巨大な宮殿が建設される.ティルマライが王宮を都市南東部の外縁に建設した理由は,直接的には市壁内で最も広大な土地が利用可能であったためであると考えられるが,この巨大な王宮建設が都市空間構成に与えた影響は大きい.それ以前に北東部に王宮を置いていたという点は『アルタシャーストラ』の記述と合致しているが,南東部への王宮建設は,その秩序を崩すとともに,同心方格状の街路を大きく歪めることになるのである.実際具体的に,王宮建設地区に居住していた人々[323]は都市北西部に移住させられている.旧王宮エリアは,現在でも他のエリアとは異なる非常に整然とした街路構成となっている.ティルマライは,王権の優位を王宮の建設によって示そうとしたと考えることができるであろう.王権の伸長は,前節で見たように,ミーナクシー・スンダレーシュワラ寺院の運営を王自らが行なっていたことでも明らかである.

　17世紀末に,上述したように,ラニ・マンガマル女王によって再び都市北東部に王宮が建設される.この王宮はティルマライの王宮に比較すると小規模であ

り，街路構成に影響を与えるほどではなかった．しかし，王宮の位置をめぐって，古来のシャーストラの教えが大きな陰を落としていると考えられる．現在この場所は，かつての王宮の構造物が一部そのまま利用されながら野菜市場として使用されている．

18世紀半ばのイスラーム勢力侵入によって，ティルマライ・ナーヤカ宮殿は部分的に破壊され，19世紀イギリス支配期に王宮は5分の1の規模まで縮小されている．現王宮周辺の旧王宮跡地はイギリス人居住区として整備され，後にサウラシュトラ Sourashtra[324] の人々の居住地とされた．

(2) ヒンドゥー寺院

マドゥライ中心市街，旧城壁（現在のヴェリ通り）に囲まれている地域には，ミーナクシー・スンダレーシュワラ寺院の他にも小規模なヒンドゥー寺院が多数存在する．さらに，街路には夥しい数の聖祠が存在している．またジャイナ教寺院やモスク，キリスト教会も立地するが，約100のヒンドゥー寺院があるのに対して，ジャイナ教寺院やモスクの数はそれぞれ10以下である[325]．

ヒンドゥー寺院の分布には，地区によって密度にかなりの差がある（表II-2-2）．チッタレイ通り－アヴァニムーラ通りの間には12，アヴァニムーラ通り－マシ通りの間には41，マシ通り－ヴェリ通りの間には42のヒンドゥー寺院が存在する．数は内側が少ないが，寺院分布の密度($/10万m^2$)を見ると，アヴァニムーラ通り－マシ通り間の寺院分布密度が最も高く，マシ通り－ヴェリ通り間が最も低い．マシ通り－ヴェリ通り間は18世紀まではほとんど農地か宮殿であったため，寺院が建設されなかったと考えられる．分布図（図II-2-6）を見ると，北部と南西部に寺院が集中している．これはカーストの分布と関係している．

マシ通り南西の角から西にアクセスするクーダルアラガー寺院 Arulmigu Koodalalagar Thiru Koil は，旧城壁内ではミーナクシー寺院に次ぐ規模である．この寺院のクーダル・プラーナ Koodal Purana には寺院の起源に関する神話が記され，古代から存在してきたと考えられている．ミーナクシー寺院西門から西に伸びる軸線街路上に存在するタンク（貯水場）はクーダルアラガー寺院に属することから，都市南西部のかなり広い範囲がクーダルアラガー寺院の影響下にあったのではないかと推測できる．

表 II-2-2 ●マドゥライ中心市街におけるヒンドゥー寺院の分布（大辻絢子作製）

領域	面積（m²）	寺院の数	比率（パーセント）	寺院の分布密度（/10万m²）
旧城壁（ヴェリ通り）内	2030013	95		
チッタレイ通り－アヴァニムーラ通り間	175690	12	12.6	6.8
アヴァニムーラ通り－マシ通り間	452684	41	43.2	9.1
マシ通り－ヴェリ通り間	1326227	42	44.2	3.2
			計 100.0	
ブラーフマン地区	17584	1	1.1	5.7
ヤーダヴァ地区	262608	25	26.3	9.5
チェッティヤー地区	241907	21	22.1	8.7
ナダール地区	150453	8	8.4	5.3
サウラシュトラ地区	269915	4	4.2	1.5
			計 100.0	

　同心方格状街路（チッタレイ通り，アヴァニムーラ通り，マシ通り）に面して建っているヒンドゥー寺院は31ある．チッタレイ通り沿いに2，アヴァニムーラ通り沿いに5，マシ通り沿いに24である．

　大規模な境内を持つ寺院は，ミーナクシー寺院と同様に，ゴープラ（楼門）・プラーカーラ（外周壁）・回廊・聖室などから構成されている．しかし，この三つの寺院以外は比較的小規模であり，石の列柱に天井が支えられた前室とその奥の聖室から構成されている．最も小規模な寺院は，内部空間に神像が安置されただけの簡素なものである．入口の上部には，小規模なゴープラや神々の像の彫刻などが設けられている．

　安置されている神像の向きをみると，東11，北13，西5，南2（表II-2-3）となる．東向きと北向きが8割を占めている．ヒンドゥー教では東または北東が吉なる方向とされるが，多数はそれに従っていることになる．寺院の入口と神像の向きは31寺院中，27寺院が一致している．入口と神像の向きが一致しない4寺院は，すべて神像は東を向いて安置されている．

　寺院の本尊は，寺院の名称や奉られている神像から判断することができる．シヴァ神とヴィシュヌ神は多数の化身を持つため，表II-2-3では，それらの化身はすべてシヴァ神，もしくはヴィシュヌ神と分類している．本尊がシヴァである寺

第Ⅱ章
マドゥライ

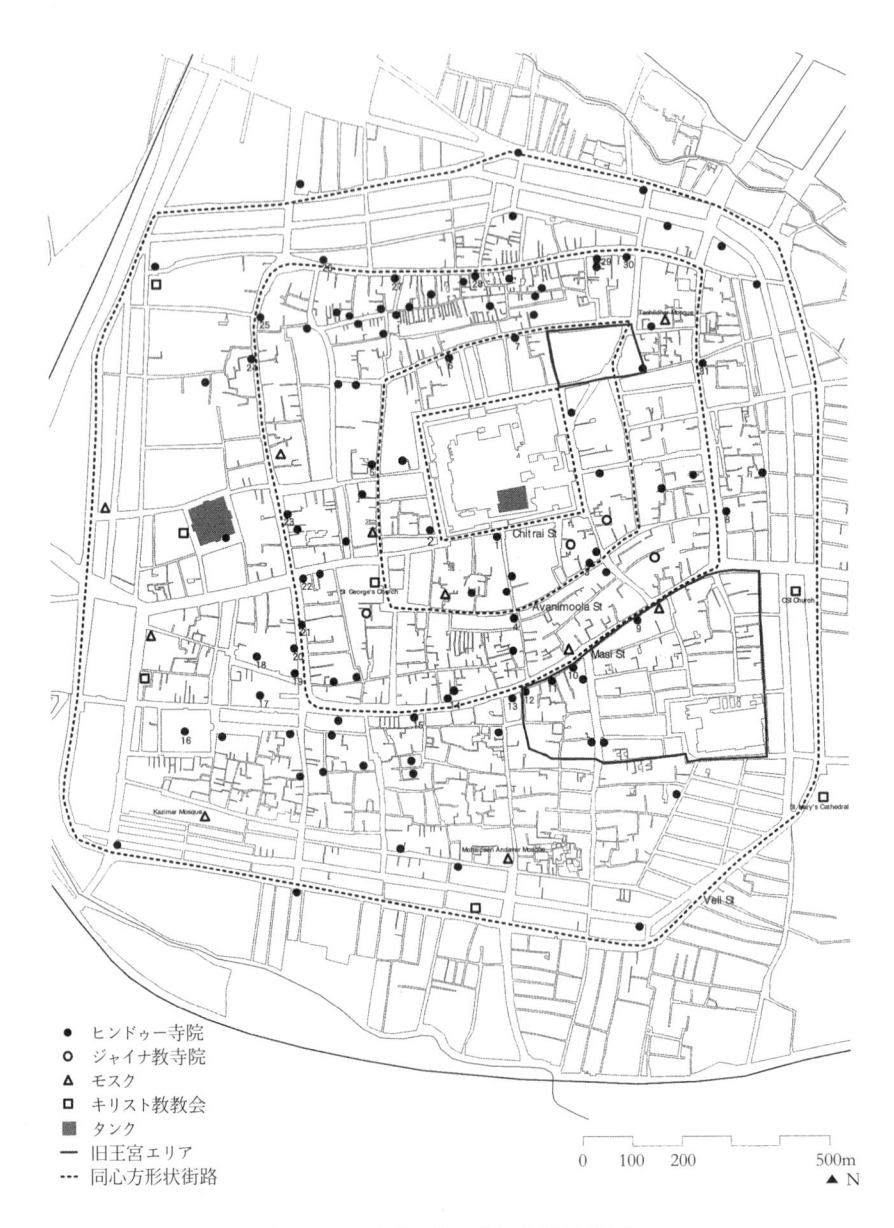

- ● ヒンドゥー寺院
- ○ ジャイナ教寺院
- △ モスク
- □ キリスト教教会
- ■ タンク
- ― 旧王宮エリア
- --- 同心方形状街路

図 II-2-6 ●宗教施設の分布（柳沢究作図）

表 II-2-3 ●同心方格状街路に面するヒンドゥー寺院の分類とその割合（大辻絢子作製）

		寺院の数	比率（％）
同心方格状街路に面する寺院		31	
聖室の向き	東	11	35.5
	北	13	41.9
	西	5	16.1
	南	2	6.5
			計 100.0
本尊	シヴァ	7	22.6
	ヴィシュヌ	6	19.4
	ガネシャ	8	25.8
	アマン	6	19.4
	他	4	12.9
			計 100.0
所有形態	タミル・ナードゥ政府	5	16.1
	ミーナクシー寺院	1	3.2
	コミュニティー	15	48.4
	個人	10	32.3
			計 100.0

院は7，ヴィシュヌ6，ガネシャ[326]8，アマン Amman[327] 6，その他4である．ミーナクシー寺院の本尊はシヴァ神であり，マドゥライはシヴァ神の聖地とされているが，その都市の中に点在する寺院には様々な神が祭られていることになる．

　寺院の所有者を見ると，タミル・ナードゥ州政府が所有する寺院が5，ミーナクシー・スンダレーシュワラ寺院が所有する寺院が1，特定のコミュニティーが所有する寺院が15，個人が所有する寺院が10ある．つまり私的所有の寺院が8割を超える．ここで言うコミュニティーとは，近隣に居住する同カーストに属する人々による共同体であり，コミュニティーによって所有される寺院はコミュニティー基金によって運営されている．個人所有の寺院は個人の資金と寄付によって運営されているが，所有者がマドゥライ外に居住するケースもある．

　私有の25寺院は，3寺院以外，ミーナクシー・スンダレーシュワラ寺院とは関係を持たない．ミーナクシー・スンダレーシュワラ寺院を核として構成された都市ではあるが，様々なカーストが各々の寺院を所有しながら各々の居住区を構成しているのである．

第Ⅱ章
マドゥライ

ほとんどの寺院で，各々の本尊を祝う祭礼が行なわれている．主な祭礼として，シヴァラトゥリ Sivarathri（シヴァの祭礼，マシ月），スリ・ジャヤンティ Sri Jayanti（クリシュナ）の生誕祭，アヴァニ月），ヴィナーヤカ・チャトゥルティ Vinayaka Chathurthi（ガネシャの祭礼，アヴァニ月），ナヴァラトゥリ Navarathri（女神ドゥルガーの祭礼，プラッタニ月）がある．

御輿や山車を所有し，それらの祭礼時に寺院外で巡行を行なう寺院が11寺院ある．御輿や山車は寺院内に保管されているが，ミーナクシー寺院に次ぐ規模であるクーダルアラガー寺院のみは，寺院の正面門から伸びる参道沿いに山車蔵を持っている．寺院の周りを巡航するものが4寺院，その寺院が面する同心方格状街路（アヴァニムーラ通り，マシ通り）を巡航するものが7寺院ある．マドゥライは，まさに祭礼都市と言ってよい．

寺院の他，街路上に夥しい数の聖祠[328]が存在する．聖祠には，街路上に独立して建設されているものと，建物の壁面に付随する形で建設されているものがある．また，神々の彫刻が施された上部構造を持つ立派な外観のものから，簡素な外観のものまで存在している．マシ通りより内側の領域で調査を行なった結果，計239もの聖祠を確認した．聖祠は通りの守り神であると認識されているため，通りの入口や曲がり角に建設されているものが多い．アヴァニムーラ通り－マシ通り間に聖祠が多数存在しているのは，街区内の街路・路地構成が複雑で，通りの入口や曲がり角が多く存在しているためであろう．

安置されている神像の向きをみると，東向き100，南向き40，西向き55，北向き44と東向きの聖祠が4割を超える．一方，ミーナクシー寺院の東側には，他の地域と比較して，ミーナクシー寺院のシヴァとミーナクシーに向けたもの，すなわち，西向きの聖祠が多い．

ジャイナ教寺院はマシ通り内の領域で4軒確認した．4軒の分布エリアを見ると，すべてミーナクシー寺院南部，チッタレイ通りとマシ通りの間に位置している．どちらも商人カーストの居住区に位置している．マドゥライに居住するジャイナ教徒は，グジャラートや西ガーツ地方から商人として移住してきたと考えられる．

旧城壁内に計10軒のモスクがある．その分布を見ると，アヴァニムーラ通り内の領域に1，アヴァニムーラ通りからマシ通り内の領域に4，マシ通りからヴェリ

通り内に5のモスクが存在している．各モスクの創立年代は定かではないが，14世紀，そして18世紀の二度のイスラーム勢力侵入がそのきっかけになったことは間違いない．旧城壁，現在のヴェリ通りの南西の角付近に位置するカジマール・モスクとマシ通り北東角付近に位置するタシルダー・モスク（図Ⅱ-2-2）は18世紀のイスラーム支配期に建設されたことが分かっている．また1907年にイギリスによって作成された地図と照らし合わせると，アヴァニムーラ通りからマシ通り内の領域の2軒のモスク，マシ通りからヴェリ通り内の領域に4軒のモスクが当時から存在していたことが分かる．ムスリムの移住が進んだ18世紀以前には，旧城壁内においてマシ通りより外側は，ほとんど農地であり，都市の外縁部にムスリムの居住地がモスクとともに形成された．旧城壁内で最も大規模なカジマール・モスクとモハディーン・アンダバー・モスク Mohaideen Andaver Mosque（図Ⅱ-2-2）が位置する都市最南部には，イスラーム都市の特徴である迷路状の街路が形成されており，ムスリムの移住が街区構成に対して影響を与えたことが見て取れる．

　旧城壁内で6軒のキリスト教教会が存在する他に，旧城壁のちょうど南東の角の外側にゴシック調の大規模なキリスト教教会聖メアリー・カテドラル St. Mary's Cathedral が存在する．キリスト教の宣教師たちがマドゥライを訪れ，初めて教会を設立したのはナーヤカ朝時代である[329]．ナーヤカ王たちは宗教に関して寛容な政策を取っており，ティルマライ・ナーヤカはキリスト教を保護したと言われている．1907年の地図を参照すると，前述した7軒の教会のうち6軒が当時から存在していたことが分かる．現在のマドゥライにある教会は，ナーヤカ期からイギリス支配期，つまり16世紀から19世紀の間に建設されたものである．唯一マシ通り内に位置する聖ジョージ教会 St. George's Church は，1881年と，比較的遅い時期に創立されている．残り6軒の教会はすべて旧城壁内での外縁部，もしくはその外側に位置している．最も大規模な聖メアリー・カテドラルとCSI教会が位置する都市南東部には，クリスチャン・ミッション・ホスピタルという大規模な病院も存在している．この地域は旧王宮の位置の外側にあたり，イギリスによる城壁の撤去・王宮の跡地の整備から旧王宮跡地にイギリス人居住区が建設されたため，周辺に大規模な教会が設立されたものである．

3
カーストと棲み分けの構造

3-1 商業施設の分布

　マドゥライ中心市街の商業施設としては，小規模な店舗と大規模な市場が存在するが，ほとんどが，住居の1階の前面もしくは1階すべてが店舗として使用されている店舗併用住宅である．

　マシ通りの内側全領域について見ると，店舗の分布にはかなりの偏りがあることが分かる．東部には食料雑貨店，南東部にはサリー店，南部には貴金属店，東部にはプラスチック雑貨店が集中している．店舗分布の偏りからカースト（ジャーティ）による住み分けが行なわれていることがはっきりしている．街路の両側に同種の店舗が建ち並んでいる場合が多いことから，両側町が形成されていることが分かる．

　街路名にその街路で売られていたものの名前が用いられている通りもあるが，現在の店舗の商品とは一致しない場合がある．ヴェンカラ・カダイ Venkala Kadai 通りは「銀・銅容器通り」，ポーカラ Pookara 通りは「花売り通り」，ヴァラヤルカラ Vallayalkara 通りは「バングル売り通り」をタミル語で意味するが，現在店舗で販売されている商品と一致するのは「バングル売り通り」のみである（図 II-3-1）．「花売り通り」には現在店舗は存在していないが，「銀・銅容器通り」には，にんにくや唐辛子などを中心とした香料・食材を販売する店舗が建ち並んでいる．「銀・銅容器通り」の居住カーストが変化したことが分かる．

　大規模な商業施設としてはプドゥー・マンダパとエル・カダル Elu Kadal ショップ・コンプレックスがある．プドゥー・マンダパは，ティルマライ・ナー

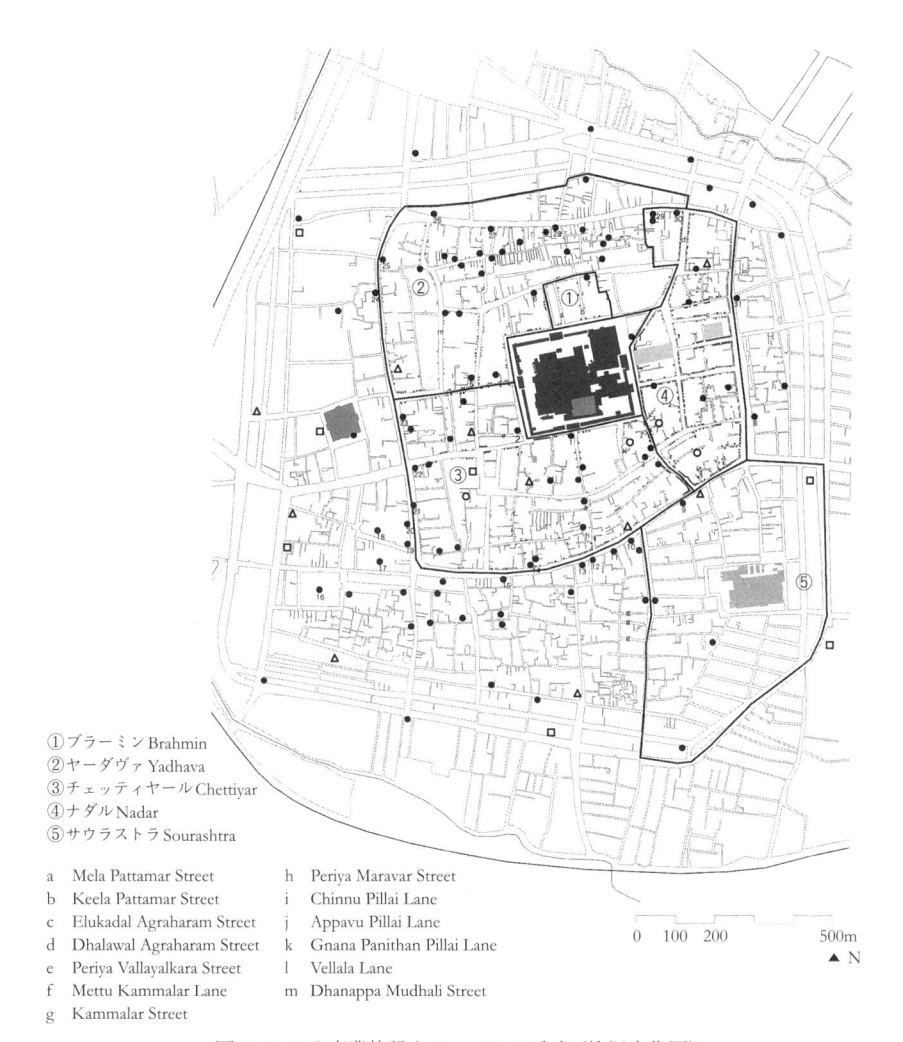

①ブラーミン Brahmin
②ヤーダヴァ Yadhava
③チェッティヤール Chettiyar
④ナダル Nadar
⑤サウラストラ Sourashtra

a　Mela Pattamar Street
b　Keela Pattamar Street
c　Elukadal Agraharam Street
d　Dhalawal Agraharam Street
e　Periya Vallayalkara Street
f　Mettu Kammalar Lane
g　Kammalar Street
h　Periya Maravar Street
i　Chinnu Pillai Lane
j　Appavu Pillai Lane
k　Gnana Panithan Pillai Lane
l　Vellala Lane
m　Dhanappa Mudhali Street

図 II-3-1 ●商業施設とカーストの分布（柳沢究作図）

ヤカによって17世紀にミーナクシー寺院の東門前に建設されたホールであり，当初はミーナクシー寺院の様々な儀式の際に使用されていたと考えられ，内部には列柱が建ち並び，列柱にはヴィジャヤナガル様式の彫刻が施されている．現在では市場となっており，内部には小さな仮設店舗が所狭しと建ち並び，ミーナクシー寺院への参拝者や観光客を相手に商売を行なっている．店舗は，ミーナク

シー寺院やヒンドゥー教に関する土産物屋，アクセサリー，布，衣服，ランプなど多種にわたる．市場としての利用がいつ頃から始まったかは定かではないが，寺院の運営機関が資金を得るために各店舗に場所を貸し出しており，ミーナクシー寺院内のホールにも，同種の店舗が建ち並んでいる．

　エル・カダル・ショップ・コンプレックスは，プドゥー・マンダパから東に伸びるラヤ・ゴープラ通り沿いに位置する．周辺の建物と比較するとかなり大規模なRC造（鉄筋コンクリート造）の建物で，内部にはサリー店や雑貨店が並んでいる．「エル・カダル」とはタミル語で「七つの海」という意味で，かつてこの場所にはミーナクシー寺院に属する聖なるタンク（貯水池）が存在していた．1907年の地図（図II-2-3）にもこの場所はタンクとして表記されている．この2例はどちらもミーナクシー寺院の施設が商業利用に転じられたものである．

　1907年時点で，旧城壁内には，ミーナクシー寺院北東部のラニ・マンガマル女王の宮殿跡地，そしてミーナクシー寺院から東西南に伸びる軸線街路とヴェリ通りが交差する地点の計4か所に市場が設けられていた．ラニ・マンガマル女王宮殿跡地が市場になった時期はイギリス支配期以降であるが，他の場所に市場が存在した形跡がないので，それ以外の3か所はナーヤカ期から存在したと考えられる．この3か所の市場は，すべて旧城壁の門付近に設けられている．現在では，都市西端にあった市場にはホテルが建設されている．

3-2 カーストの分布

　マドゥライには古代から様々なカーストが居住していたことが，シャンガム文学やプラーナに記されている．そして各々のカーストに居住区が与えられていたことも記されている[330]．中世ナーヤカ朝時代にマドゥライに居住していたカーストについては，K. ラージャランが記している[331]が，現在マドゥライに居住しているカーストについては，『マドゥライ地名辞典』がその手掛かりとなる[332]．さらに，バラスブラバニアンが，マドゥライ中心市街に居住する有力な五つのカースト（ブラーフマン，ヤーダヴァ Yadhava，チェッティヤール Chettiyar，サウラシュトラ，イェンガー）を取り上げている[333]．そのカースト分布を基にしながら，各カーストの居住エリアを考察してみよう．カースト分布の手がかりとなるものは，街路名，

店舗の分布,同心方格状街路に面する31のヒンドゥー寺院の所有者のカーストである.寺院の所有者が特定のコミュニティーである場合,その寺院周辺にそのカーストが居住している可能性は高く,また聞き取り調査からも,特定カーストが周辺に居住しているという回答を得た場合が多い.

(1) ブラーフマン

ブラーフマンは最高位の司祭階級であるが,官職や農業,商業などに従事するものも多い.基本的に伝統を重んじ,貧困層はいない.マドゥライでは,ミーナクシー・スンダレーシュワラ寺院の司祭職は,上述のように,ブラーフマン階級に属するパターという集団によって担われている.パターにはヴィクラマ・パーンディヤ・パター Vikrama Pandyan Pattar という一族とクラセカラ・パーンディヤ・パター Kulasekara Pandyan Pattar という一族がある.17世紀,ティルマライ・ナーヤカがミーナクシー寺院の運営改善に直接のりだした際に,ヴィクラマ・パーンディヤ・パターに寺院内でのプージャー(神像礼拝儀礼)を,クラセカラ・パーンディヤ・パターに祭礼でのプージャーを分担させたと言われている.

文献によると,ブラーフマンは,中世からミーナクシー・スンダレーシュワラ寺院の傍に居住してきた[334].パターへのインタビューによると,彼らは,当初,寺院の東部に居住していた.前述したように,17世紀にティルマライ・ナーヤカは,寺院の東門前にプドゥー・マンダパを建設するため,彼らの居住地を寺院東部から寺院北部に移している.寺院北部の「メラ・パタマー通り Mela (west) Pattamar St」と「ケーラ・パタマー通り Keela (East) Pattamar St」という通り名が,パターの居住区であることを示している(図II-3-1).ミーナクシー寺院北東部,東アヴァニムーラ通りと東マシ通りの間には,アグラハーラム Agraharam[335]という言葉を含む名前がつけられた街路(Elukadal Agraharam St., Dhalawai Agraharam St.)が存在するが(図II-3-1),店舗分布を見ると両街路ともに様々な店舗が建ち並んでおり,このエリアはブラーフマン居住区から商業利用へと変化したと考えられる.

(2) ヤーダヴァ

タミル地方では主に乳業に従事するカーストで,牛や山羊を飼育して,その乳

第Ⅱ章
マドゥライ

製品で生計を立てていたが，現在では乳業に従事する人々は減少しつつある．以前はタミル語でコナー Konar と称されていたが，現在ではヤーダヴァという名称が一般的である．彼らは，インド古代の叙事詩『マハーバーラタ』の一部を成す宗教・哲学的教訓詩編「バガヴァットギーター」においてクリシュナの血統に連なるものとされているので，社会的地位は高く，経済的には中所得層が大半である．

ヤーダヴァには多くのサブカーストが存在しているが，マドゥライではカラクディ・ヤーダヴァ Kallakudi Yadhava とアイラ・ヴェットゥ・ヤーダヴァ Airam Veetu Yahava が確認できた．彼らは非常に血族関係の強いカーストで，複数の家族，もしくは一つの家族で小さな寺院を建設・維持する慣習がある．またヤーダヴァ全体としては，北マシ通りに面する場所にノース・クリシュナン North Krishnan 寺院という大規模な寺院を所持している．

聞き取り調査によると，現在彼らはミーナクシー寺院北部に広く居住している．しかし，ティルマライ・ナーヤカ以前の彼らの居住地は都市南東部であり，ティルマライが王宮建設のために彼らの居住地を都市北部へ移動させたという．北アヴァニムーラ通りと北マシ通りの間に，現在も数多くの牛が街路上に確認される．この領域がヤーダヴァの居住区であることを示している．北マシ通りに面するヒンドゥー寺院（図 II-2-6）はヤーダヴァ・コミュニティー全体で所有する大規模なクリシュナの寺院であり，同じく北マシ通りに面するヒンドゥー寺院の一つもヤーダヴァ・コミュニティー所有である．

(3) チェッティヤール

南インドの有力カーストの一つで，主に商業に従事してきた．インドでは商人の代名詞とされる．この集団には多くのサブカーストが存在し，マドゥライにはカスカラ Kasukkara・チェッティヤール，カライクディ Karaikudi・チェッティヤール，マンチャプドゥ Manchapuddu・チェッティヤール，ナートゥコータイ Nattukottai・チェッティヤール，ヴァラヤルカラ・チェッティヤールという五つのサブカーストが存在する．中でもナートゥコータイ・チェッティヤールは，独自の社会結合組織と商圏を形成し，南インド屈指の商人集団として有名である．ヴァラヤルカラ・チェッティヤールは，タミル語で「バングル（Vallayalkara）を売る（Kara）チェッティヤール」という意味であり，バングルなどを売る商人である

ことがその名前から分かる．

　商人カーストであるチェッティヤールの居住エリアは，店舗分布に如実に反映されている．ミーナクシー寺院南部，南チッタレイ通りから南マシ通りまで金・銀を中心とした貴金属店が建ち並んでおり（図II-3-1），貴金属を扱うカスカラ・チェッティヤール，カライクディ・チェッティヤール，マンチャプドゥ・チェッティヤール，ナートゥコータイ・チェッティヤールの居住区であることが分かる．また，ミーナクシー寺院西部にバングルなどのプラスチック雑貨店が集中していることから，その領域がヴァラヤルカラ・チェッティヤール（バングルを売るチェッティヤール）の居住区であることが分かる．プラスチック雑貨店が建ち並ぶ通りには，ペリヤ・ヴァラヤルカラ通り Periya. Vallayalkara Street（大きなバングルを売る通り）という名前が付けられている．西チッタレイ通りに面するヒンドゥー寺院と南アヴァニムーラ通りに面するヒンドゥー寺院（図II-2-6）はチェッティヤール・コミュニティー所有の寺院であり，ミーナクシー寺院南部から西部にかけてがチェッティヤール居住区である裏付けとなる．

(4) サウラシュトラ

　織工を中心とするカーストである．もともと，インド北西部のグジャラート Gujarat やマハーラーシュトラ Maharashtra の出身であると言われている．それ以前にテルグ地方には移住してきていたが，ティルマライ・ナーヤカの統治期に，ティルマライによってマドゥライに居住地を与えられた．タミル地方にはカイコラン Kaikolan という織工カースト存在していたが，カイコランの技術よりも優れた技術を持つサウラシュトラがマドゥライでは有力となったとされる．

　ナーヤカ期における移住当初は，都市南西外縁部に位置するプラサナ・ヴェンカテサ・ペルマール Prasanna Venkatesa Perumal 寺院の周辺に居住地を与えられていたが，後にイギリスによってティルマライ・ナーヤカ宮殿跡地に居住地を移された．よって，現在サウラシュトラは都市南東部を中心として居住している．南マシ通りに位置するヒンドゥー寺院（図II-2-6）はサウラシュトラ・コミュニティー所有の寺院であり，これは周辺にサウラシュトラが居住していることを示唆する．

(5) ナダール Nadar

ニンニクや唐辛子，香辛料などを中心とした食料雑貨類を扱う商人で，マドゥライでは三つのサブカースト（シヴァクサイ・ナダール Sivaksai Nadar, サトゥル・ナダール Sattur Nadar, ヴィルドゥナガル・ナダール Virudhnagar Nadar）が存在する．

ナダールに関する記述は文献の中にはみられない．しかし，店舗分布を参照すると，ミーナクシー寺院東部に食料雑貨店が広く分布しており，ナダールの居住区であることが分かる．東マシ通りに位置するヒンドゥー寺院（図II-2-6）はナダール・コミュニティー所有の寺院であり，寺院後方にマハール Mahal（集会所）が併設されている．マハールでの聞き取り調査でも，ナダールはミーナクシー寺院東部に広く居住しているという．現在プドゥー・マンダパが建っている場所については，ティルマライ・ナーヤカによって司祭集団パターがミーナクシー寺院北部に移住させられたことが分かっているが，ナダールの移住時期は定かではない．都市内部の商業化の進行に伴い，ブラーフマンの流出とナダールの流入が進行した，つまりブラーフマンの居住区はナダールの居住兼商業利用区に変化した，と考えることができる．

(6) カマラー Kammalar

カマラーは職人カーストで，その職業区分によって五つのサブカーストに分かれている．タタル Tattar（金細工職人），カナル Kannar（真鍮細工職人），タチチャル Tachchar（大工），カル・タチチャル Kal Tachchar（石工），コラル Kollar（鍛冶屋）である．カマラーはタミル語で「芸術家」を意味する．彼らは，非常に堅固なカースト集団を保持している．

カマラーは自身が店舗を所有するわけではないので店舗分布から彼らの居住区を判断することはできないが，街路名が手がかりとなる．南アヴァニムーラ通りと南マシ通りの間にメットゥ・カマラー・レーン Mettu Kammalar Lane が存在し，また南マシ通りと南ヴェリ通りの間にカマラー通りが存在することから，その付近が彼らの居住区であると考えられる（図II-3-1）．南マシ通りの南側に位置する二つのヒンドゥー寺院（図II-2-6）はカマラー・コミュニティーもしくはカマラーに属する個人所有の寺院であり，それぞれカマラー通りとメットゥ・カマラー・レーンの近隣に位置している．このことは，現在でもその通り近辺にカマ

ラーが居住していることを示唆している．カマラーは，自らが製作した商品を扱う商人チェッティヤールの居住区近辺に居住していることになる．

(7) マラヴァー Maravar, カラー Kallar, アガムダリヤー Agamudaliyar, テヴァー Thever

いずれも現在は主に農業に従事するカーストである．マラヴァーは元来好戦的なカーストであった．マラヴァーという言葉は，マラム Maram という「殺す，残忍，勇気」を意味する言葉に由来している．カラーは「泥棒」という意味の名前で，近年までプロの盗賊団を形成していたという．

基本的に農業に従事するカーストであるので，店舗分布から居住区を判断することはできない．街路名を見ると，南アヴァニムーラ通りと南マシ通りの間にペリヤ・マラヴァー Periya Maravar Street（大きなマラヴァー通り）という名前の街路が走っている（図II-3-1）．そして，南マシ通りの南側，その街路の近辺に位置する二つのヒンドゥー寺院はマラヴァー・コミュニティー所有の寺院である（図II-2-6）．ペリヤ・マラヴァー通りとこれらのヒンドゥー寺院近辺にマラヴァーが居住していると考えられる．

(8) ヴェッラーラ

タミル地方の有力農業カーストで，社会的地位は高い．トンダイマンダラム，チョーリヤ，パーンディヤ，コングの四つのサブカーストに分かれるが，それぞれはパッラヴァ，チョーラ，パーンディヤ，コング・チョーラの四つの王朝に関係付けられる．マドゥライに居住しているのは，大半がパーンディヤ・ヴェッラーラである．彼らはムダリ Mudali, レッディ Reddi, ピレイ Pillai などの称号を持つ．官職や商業に従事するものも見られる．

ヴェッラーラも基本的には農業カーストであるため，店舗分布から居住区を判断することはできない．街路名を見ると，ミーナクシー寺院東部にチンヌ・ピレイ・レーン Chinnu Pillai Lane, 南東部にアパヴ・ピレイ・レーン Appavu Pillai Lane, ガナ・パニサン・ピレイ・レーン Gnana Panithan Pillai Lane が存在する．さらに，ミーナクシー寺院西部にはヴェッラーラ・レーン，ダナパ・ムダリ通り Dhanappa Mudali Street が走っている（図II-3-1）．レーンはすべて小規模である

が，ダナパ・ムダリ通りは幅広い大規模な街路である．ヴェッラーラ・レーン沿いのヒンドゥー寺院はピレイ所有の寺院であるし，ダナパ・ムダリ通り付近の寺院はピレイ，少し南下した場所に位置する二つの寺院はヴェッラーラとピレイ所有である（図II-2-6）．つまり，ヴェッラーラは都市内に点在しているが，ミーナクシー寺院西部にある程度集中して居住していると推測できる．

以上，各カーストの居住区に対する考察の結果，図II-3-1のようにある程度のカースト分布を特定することができる．カースト分布の境界線は明確なものではなく，ある程度の範囲を表わしている．マドゥライ中心市街の中である程度集中して居住しているカーストは，ブラーフマン，ヤーダヴァ，チェッティヤール，サウラシュトラ，ナダールの五つのカーストである．他のカーストについては上記五つのカーストと比較して数少ないと推測でき，また点在しているカーストもあるので，居住区を面として表現することはできない．

時間的な推移は以下のようになる．

居住区を特定した五つのカーストの中で，古くから同じ地域に居住しているカーストはチェッティヤールのみである．その後，ティルマライ・ナーヤカによる王宮とプドゥー・マンダパの建設に伴い，ブラーフマンの一部とヤーダヴァの居住地が移動された．同じくティルマライ・ナーヤカによって，サウラシュトラは都市南西部外縁に居住区が与えられ，後にイギリスによってティルマライ・ナーヤカ宮殿跡地に居住区を移された．そして，時代は定かではないが，都市内の商業化に伴いブラーフマンの流出とナダールの流入が進行した．

前節で考察したヒンドゥー寺院と聖祠の分布とカーストによる住み分けを照らし合わせてみよう．まずヒンドゥー寺院について，カーストの居住区によって分布の密度が異なる．有力カースト，ブラーフマン，ヤーダヴァ，チェッティヤール，ナダール，サウラシュトラのそれぞれの居住エリアでの寺院分布密度（棟数/10万m^2）を見ると（表II-2-2），ヤーダヴァ地区が最も密度が高く，サウラシュトラ地区が最も低い．ヤーダヴァは1家族，もしくは複数家族で寺院を所有する慣習があるため，寺院の数が多く，密度が高いと考えられる．また，イギリス支配下で宮殿を破壊した跡地に居住地を移されたので，サウラシュトラ居住区には寺院が少ない．ヒンドゥー聖祠の分布は，チェッティヤール居住区で圧倒的に高い．商人カーストの商売繁盛，家内安全の信仰の強さと，地区の古さを物語っている．

以上のように，王宮などの建設に伴って，移住が行なわれてきており，建設当初を再現する手掛かりはないが，古くから同じ地域に居住しているのが南インドの商人カーストであるチェッティヤールである．チェッティヤールをヴァイシャとすると，北にブラーフマンが居住することと合わせて，『アルタシャーストラ』の記述に符合していることになる．

4
居住空間の変容

　身近な居住空間に眼を転じよう．ヒンドゥー都市をめぐっては，その全体のかたちのみが，また，その理念型のみが問題とされることが多いけれど，本書の関心は，さらに住区の構成，居住空間の構成にある．注目されてはこなかったけれど，I章 (3-2) で検討したように，『マーナサーラ』は宅地規模，住区構成にも触れている．マドゥライの住居形式について，まず，プラーナの中の住居を検討した上で，臨地調査[336]を基にして，現在のマドゥライの居住空間の構成とその歴史的変貌について明らかにしたい．

4-1 プラーナの中の住居

　古来の住居形式を明らかにする手掛かりは少ない．煉瓦や石などある程度恒久的な材料で建設された場合は遺構が残されることがあるが，それでも建て替えられ，大きく変化するのはごく普通である．アンコールの首都について見たように，木造住居の場合，住居形式は推測できても，集住の形式はよく分からない．古来の住居形式については，マドゥライも同様であるが，プラーナ文献が少し手掛かりを与えてくれる．ここでもアヤールの『古代デカンの都市計画』[337]を参照したい．そのVII章は「幾つかの典型的住居」と題して，古文献の住居についての言及をまとめている．

　まず，住居についてもシャーストラの規則に従うべきことが確認され，「ブラーフマンの住居」，「農民の住居」，「羊飼いの小屋」，「猟師小屋」，「漁師小屋」，「都市郊外の小屋」，「果樹園の小屋」，そして「マンション」が順に説明される．例えば，

「ブラーフマンの住居」については，ヴェーダを詠唱し，日常の儀礼を行ない，弟子を教えるために必要な設備を整えるべきこと，採光そして煙出しのための窓が設けられるべきことなどが説かれている．空間配置に関わることはないが，家とは別に牛小屋が設けられること，鶏や犬，オウムを飼うことなどが書かれていて興味深い．ブラーフマンのみが居住する住居をアグラハーラムという，とある．このアグラハーラムという言葉は，前述したが（本章 3-2 (1)），現在も使われ，集合住宅の形式として現在もブラーフマン地区に見ることができる．基本的に戸建て住居である「農民の住居」，「羊飼いの小屋」，「猟師小屋」などは，ここでは省略しよう．ここでの焦点は「都市住居」である．

まず，「都市郊外の小屋」については，「都市郊外（プラチェーリ Puraccēri）の貧しい階層は草葺きの小屋に住む．この質素な小屋には草木の植えられた中庭がある．その草木は雑排水を撒いて育てられ，葉や茎は屋根材としても用いられる．豚，犬，鶏がこの中庭で飼われる（Periya.[338]）．飲料水は井戸を掘って得られる（Pattin.[339]）．」と，極めて簡素ながら中庭を持っていることが注目されるだろう．そして，マドゥライやカーヴェーリパッティナムのような大都市で見られる「マンション」については以下のような記述がある．

a. 新鮮な空気を得るためのテラスを持つ．

b. 高い壁は白い漆喰で塗られる（Ne.[340]）．

c. 厨房は広く，煙出しの開口部を持つ（Mad.[341]）．

d. 通風と採光が配慮され，十分な光と空気を得るために広い中庭を持つ．各部屋ごとにも中庭があり，厨房にもあって家庭用品を清潔に保つ．他の一般的階層の単純で質素な住居が集中する場合も，中庭を採ることによって，通風，採光を得ることができる．

f. 壁には多くの窓があり，窓は鹿や牛の眼を表わすかのような小さな隙間で格子のように作られている．より大きな住居では窓は大きい（Mad.）．

g. 高層のアパートでも，多くの窓によって多くの光や空気を導き入れることができる．高層の場合，南風を受容れるために窓は南に設けられる（Ne.）．

以上のように，プラーナ文献の断片からほぼ確認できることは中庭式住居が基本となっていることである．今日のマドゥライに見ることができる住居の基本型も中庭式住居である．古今東西，都市的集住形式として用いられてきたのは中庭

式住居であり，マドゥライでも中庭式住居を基本に密度を高めてきたと考えてよいだろう．

4-2 住居の基本型

住居は基本的に，タミル語でティナイ Thinnai と呼ばれるベランダ，クーダム Koodam と呼ばれるホール，ナダイ Nadai と呼ばれる廊下，プージャー（神像礼拝儀式）のためや寝室・倉庫として使用される部屋，台所，バックヤード（裏庭）から構成される[342]．タミル語で部屋はアライ Arrai と呼ばれ，台所はサマヤル・アライ Samayal Arrai，寝室はパドゥッカイ・アライ Padukkai Arrai，プージャーのための部屋はプージャー・アライ Puja Arrai と，それぞれの用途に「部屋」をつけた名称で呼ばれる．

ティナイ，クーダム，ナダイ，バックヤード，プージャーのための空間について，それぞれの性格，役割は以下のようである．

ティナイ（ベランダ）：ティナイは住居の前面，街路に面する部分に設けられるベランダ空間である．街路面との境界には格子が嵌められ，扉も格子戸である．木，もしくは石の列柱が屋根を支え，彫刻や装飾が施されている場合が多い．ティナイには，階段，もしくは段差があり，0.5メートルから1.0メートルほど床面が高くなる．ティナイは，その階段や段差に座って，外の街路を見ながら休息したり，時間を過ごしたりする場でもある．家族以外の人が訪ねてきたときの接客の場ともなり，日本でいう玄関としての役割も果たしている．すなわち，ティナイは格子や段差によって街路とゆるやかに隔てられており，公私変換の空間として機能している．

クーダム（ホール）：クーダムは居間として使用される多目的なホールであり，住居の中心空間である．他の部屋より大きく，ほぼ2層分吹き抜けとなっている．上部には4面（もしくは2面）に採光窓が取られる．敷地面積によってクーダムの広さにも大小の差はあるが，他の部屋に比べてかなり広く，クーダムの天井は木，もしくは石の列柱によって支えられている場合が多い．その場合，列柱に囲まれた部分のみが吹き抜けとなる[343]．棚やテレビが置かれている場合もあるが，基本的にほとんど家具は置かれておらず，人々は床に座ることが多く，特定の場所に

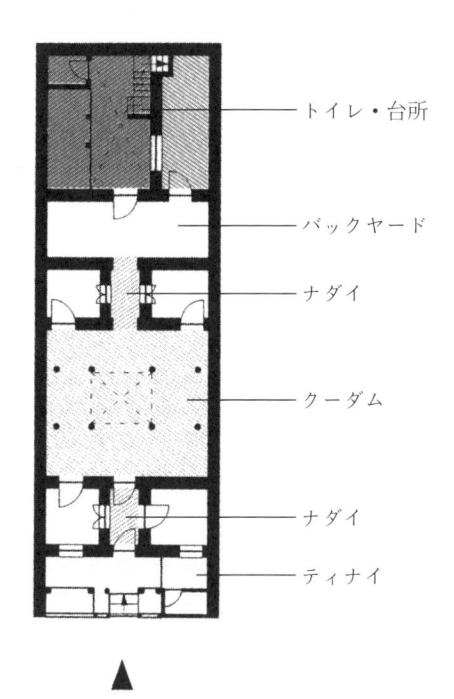

図 II-4-1 ●住居の基本型

椅子が置かれていることもない．壁に設けられたニッチ（窪み）が棚の役割を果たしている．タミル語でウンジャル Unjal と呼ばれるブランコが梁に取り付けられていることもある．現在ウンジャルは取り付けられていないが，ウンジャルを取り付けるための金具が梁に残されている住居が多数あり，クーダムにウンジャルを設けることは一般的であったと思われる．食事のための部屋が設けられていることは少なく，食事もクーダムで取られる．家族数が多く寝室が足りない場合は，寝室としても使用される．クーダムは，居住者の様々な要求に対応できる多目的室である．

ナダイ（廊下）：ナダイとは入口からバックヤードまで続く直線的な廊下であり，住居内の動線となっている．熱帯に属する気候に対応するために，換気・通風のため直線的に廊下が設けられたと考えられる．ナダイの戸が閉められていることは少ない．ナダイは住居の中心軸上に設けられる場合が大半で，両脇に部屋

が設けられる．ナダイが住居の片側に設けられる場合はすべて住居の南側に設けられている．

　バックヤード：バックヤードは住居の最も奥に設けられる屋外空間で，床面は石で舗装されているため木などの植物は植えられていない．トイレ，バスルーム（水浴び場），井戸が設置される．その平面構成から，以前は牛小屋として使用されていたと推測できる事例もある．

　プージャーのための空間：ヒンドゥー教の神像礼拝儀式プージャーには，寺院や祭りの場で詳細な儀軌に基づいて司祭が執行する大規模なものから，日々家庭で水，食物，花などを神像もしくは神の図像に捧げるものまで，形式は多様である[344]．住居には簡単なプージャーを行なうための神像や図像が置かれている．プージャーのための部屋が設けられている場合もあるが，大半はクーダムや台所，寝室などの棚に神図像が置かれている場合が多い．神図像は東向きに置かれるのが原則である．

　平面構成は敷地形状によって異なるが基本構成はほぼ同じである．若干異なる場合も，ほとんどが基本型の変形と考えることができる．宅地は奥に細長いため住居の内部空間は直線的である．住居内の動線はナダイにより，ほぼ一本の直線であり，入口から最奥までを見通すことができる．まず前面に，ティナイが設けられ，ティナイからナダイを通ってクーダムに続く．クーダムから再びナダイを通ってバックヤードに至る．ナダイの両脇，もしくは片脇には部屋が設けられ，クーダムに部屋の入口が面する場合とナダイに入口が面する場合の両方がある．台所はクーダムより奥に設けられ，ほとんどはバックヤードに接するように設けられている．トイレ・水場を含むバックヤードと台所というサービスエリアは，住居の中で最も私的な空間であり，住居の最奥に配置される．

4-3 住居の変化型——街区特性

　マドゥライ中心市街で有力とされるブラーフマン，ヤーダヴァ，チェッティヤールという3カーストの街区を取り上げよう．この3カーストは，都市が形成されたナーヤカ期から現在の居住区に居住している．宅地割りからその変化をある程度推測することが可能である．考察の基になるのは約130軒の実測住居であ

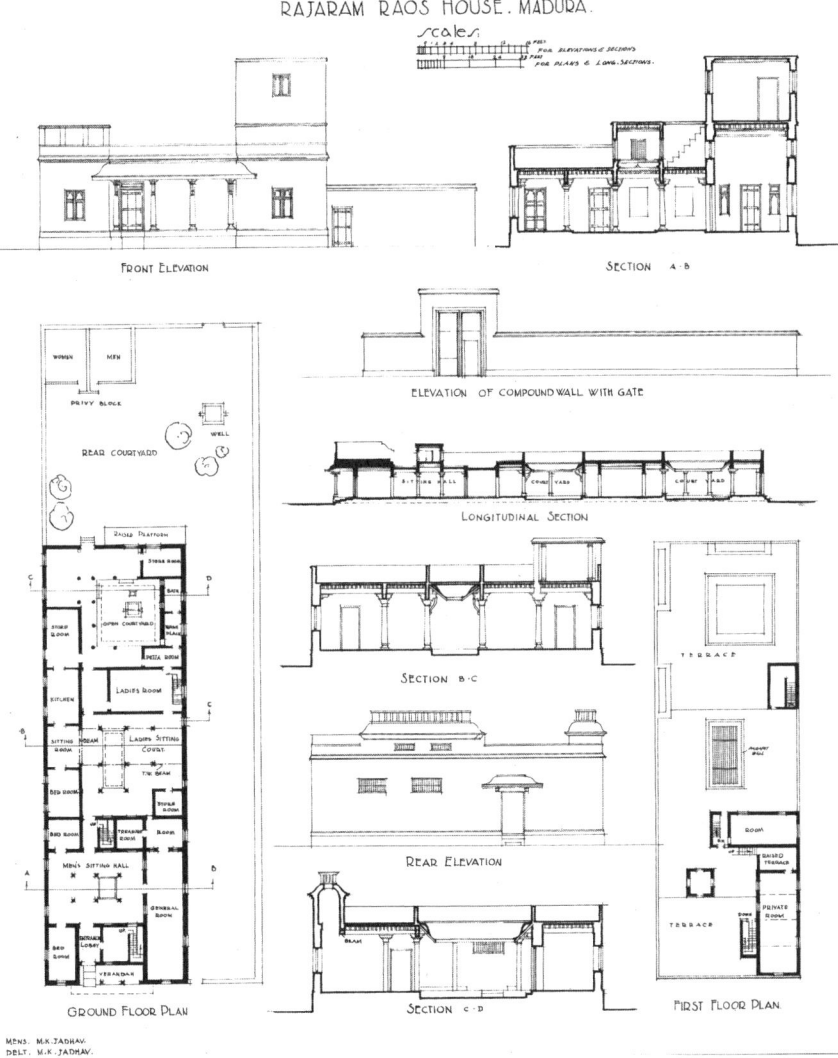

図 II-4-2 ●マドゥライの住居

る[345].

(1) ブラーフマン街区

　ブラーフマン地区の中で実測調査の対象としたのは，メラ・パタマー通りとケーラ・パタマー通りに挟まれた街区（以下同街区をブラーフマン街区と呼ぶ）である（図II-4-3）．街区は，北に北アヴァニムーラ通り，南には北チッタレイ通りが走り，四方を街路に囲まれた南北に長いほぼ長方形（104×51メートル）の形状をしている．建物はすべて街路に面しており，街区の内部に路地は形成されていない．この街区内の独立した建物の総数は33であり，実測を行なったのは18戸である．

　北チッタレイ通りと北アヴァニムーラ通りに面する宅地は基本的に南北方向に入口が設けられ，残りの宅地は東西に背割りされている．宅地の面積は55平方メートルから351平方メートルまでかなりばらつきがあるが，平均159平方メートルと宅地は比較的大規模である．これはブラーフマンが他のカーストと比較して豊かであることを示している．宅地は間口が狭く奥行が長い長方形がほとんどである．北アヴァニムーラ通りに面する3戸を除くと，すべて間口より奥行が長い．間口は3.4メートルから22.3メートル，奥行は7.3メートルから33.6メートルとその長さにはかなり幅があるが，平均すると間口7.6メートル，奥行21.9メートルとなる．

　建物の構造形式は61パーセントが伝統的な石造レンガ壁構造であり，39パーセントがRC造レンガ壁構造である．壁は隣家と共有せず，25センチメートルから60センチメートルと分厚く，しばしばニッチ（窪み）が設けられる．屋根はすべて陸屋根で，石造あるいはレンガ造の場合，天井や屋根に対してマドラス・テラス Madras Terrace[346]という構造形式が取られる．マドラス・テラスとは，木の梁の上に木の厚板を載せ，その上にレンガを並べるという構法で，木の梁にはチーク材が使用される．

　RC造の建物はここ30年以内に新築されたものがほとんどである．石造の建物は，古いものは100年以上前に建設されたものもあり，建設年代は古い．1階建ての建物は3パーセント，2階建て52パーセント，3階建て39パーセント，4階建て6パーセントと2階建て・3階建てが大半を占める．RC造はNo. 29を除いてすべ

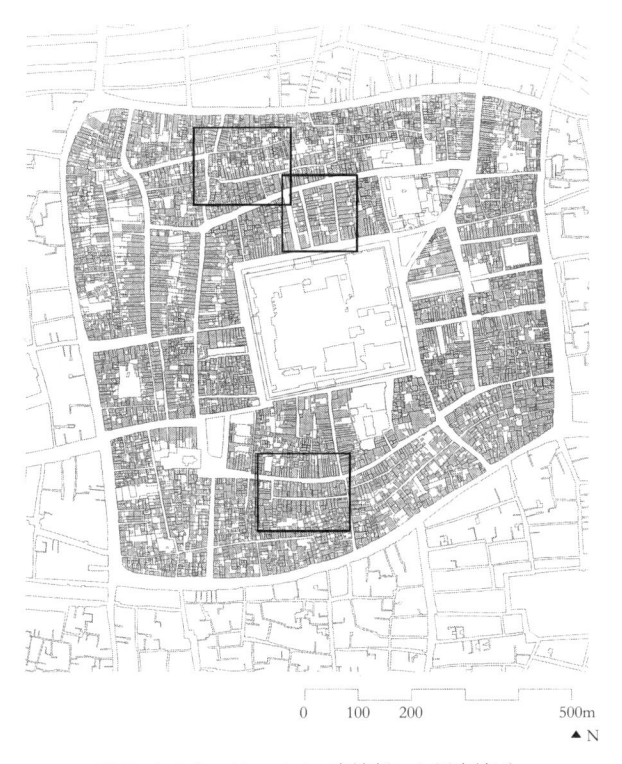

図II-4-3 ●マドゥライの宅地割りと調査地区

て3階建て・4階建てであり，石造は大半が2階建てである．つまり，建築年代の古い伝統的な建物は石造，レンガ造・2階建て，近年新築された建物はRC造レンガ壁構造・3〜4階建てであると言える．

　住居専用が39パーセント，店舗併用住宅が21パーセント，店舗，オフィス，工場などの建物が39パーセントである．住居以外の用途に利用されている13の建物のうち，近年にその用途のために新築されている建物(RC造)は6であり，残り7の建物は，以前は住居として使用されていた．店舗併用住宅は，以前は住居としてのみ使用されていた建物の一部がそのまま，もしくは改築されて店舗かオフィスとして使用されているものであり，6軒のうち1軒を除いてすべて店舗・オフィスは賃貸されているか売却されている．RC造の13のうち，1軒を除いて6軒は専用住居であり，残り6軒は店舗である．つまりRC造の建物は，近年にその専用用

第 II 章

マドゥライ

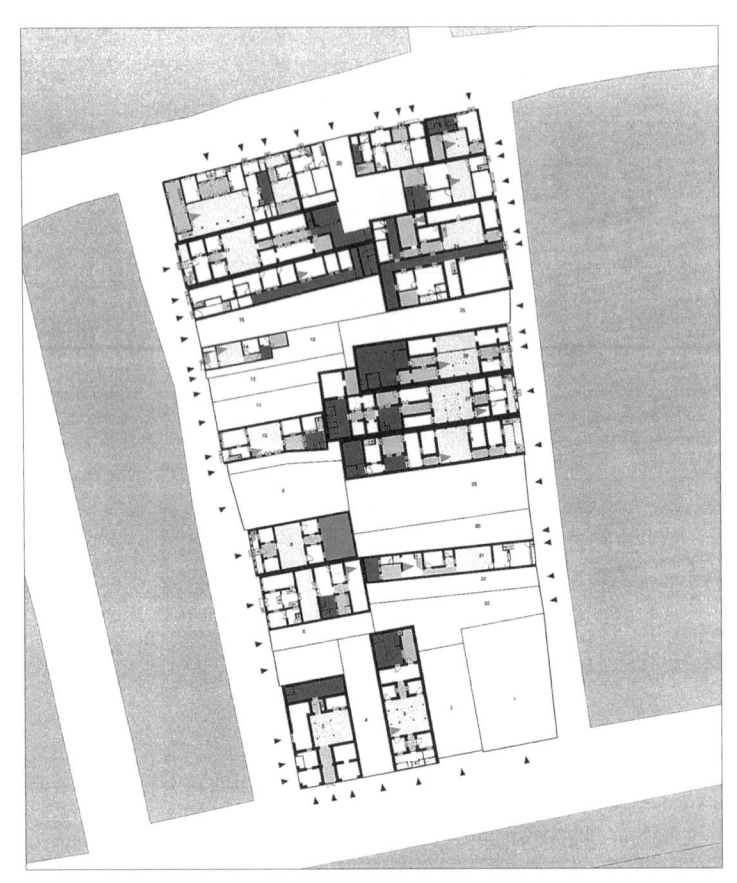

図 II-4-4 ● ブラーフマン街区の住居（大辻絢子作製）

途のために新築された建物である.

　街区内での分布をみると，北チッタレイ通りに面している5軒はすべて店舗であり，うち3軒は近年新築されたRC造である．また北アヴァニムーラ通りに面する5軒も，1軒を除く4軒は店舗，もしくは店舗併用住宅であるが，これらは以前の専用住居が転用されたものである．つまりこの街区では，南北に面する建物は商業的利用価値が高い．中でもチッタレイ通りに面している方が商業的利用価値が高い．

　居住者および使用者の属するカーストは，ブラーフマン28パーセント（すべて

居住者），ヤーダヴァ24パーセント（居住者12パーセント，使用者12パーセント），チェッティヤール20パーセント（すべて居住者），他のカースト28パーセント（すべて使用者）である[347]．ブラーフマンは28パーセントにすぎないが，ブラーフマン住居以外の5軒は，以前はブラーフマンの住居であり，2軒はオーナーが隣のブラーフマンである．5軒の売却年代は，1956年，1965年，1983年，1989年，1996年で比較的近年である．ブラーフマンはすべて居住者であるが，ヤーダヴァは半数が使用者，他のカーストはすべて使用者である．文献からも，以前この街区の建物はすべてブラーフマンの住居であったと推測できる．

実測した建物18軒のうち，店舗が8軒，店舗併用住居が6軒である．専用住居の4軒のうち，3軒は1969年代以降に新築されたRC構造の建物であり，残り1軒も1977年に新築された比較的新しい建物である．現在店舗として利用されている建物の方がより建設年代が古く（ほぼ1900年代前半），伝統的な構成を示していると考えられる．

ブラーフマン街区において計6軒が「基本型」住居に当たる．そして「基本型」の変形として，ティナイのないものと奥行の短いものがある．「ティナイ省略型」の場合，入口は直接ナダイに続く．宅地の奥行が短いためだと考えられるが，住居の前面に貸店舗スペースを作るために改築された可能性もある．つまり以前はティナイとして機能していた空間に仕切り壁が設けられ，貸店舗に転用されたのである．北アヴァニムーラ通りに面する宅地だけ奥行が短くなっているため，間口よりも奥行が短く，他の住居と明らかに異なる平面構成がなされている．1898年に建設された最も古い住居で，現在でもブラーフマンの住居として使用されている住居の平面構成をみると，ティナイからナダイを通ってクーダムに至るところまでは基本型と共通しているが，台所とヤードはクーダムの両脇に分散されている．西部分に別の入口があり，その空間もティナイ・ナダイ・クーダムなどから構成されているため，建設当初から複数の家族のために建設された事例と考えられる．

近年，1969年代以降に新築された建物をみると，前面に伝統的住居のティナイほど外部に対して開放的ではないが（全面格子ではなく壁に戸と窓が設けられている程度である），公私の変わり目の空間として機能しているスペースがあるので，これをティナイと考えると，クーダムやナダイ，バックヤードなどの構成要素は同

じである．構成は伝統的住居とほとんど変わらない．ただ，クーダムは2層分吹き抜けの空間ではないし，奥行寸法も伝統的住居のクーダムとは異なるので，空間の印象はかなり異なる．

1907年にイギリスによって作成された街区地図と比較すると，複数の宅地への分割は5例，一つの宅地への統合は2例ある．分割は相続・売却の結果，統合は買収の結果である．屋外空間の占める割合は，1907年に比べるとかなり減少している．1907年時点では，前面部分はほとんど建て詰まっているが，かなりの面積のバックヤードが見られる．

1907年以前に建設された建物が5軒あり，地図と照らし合わせると，クーダムの一部が屋外空間となっている例がある．1907年の地図では，クーダムであろうと考えられる位置の片側に屋外空間が設けられている住居が8軒確認できる．バラスブラマニアンは，「ブラーフマンの住居にはコートヤードがあり，それは採光窓のある天井によって覆われることもある」と記述している[348]．臨地調査では1軒も確認できなかったが，クーダムの位置は以前中庭であったと考えてよい．すなわち，マドゥライの住居の原型が中庭式住居であることは現状からも明らかである．1907年時点で4軒のクーダムに屋外空間がないこと，1907年以降に新築された住居にはクーダムに屋外空間が設けられなかったことを考慮すると，1907年以前からクーダムは徐々に屋外空間から屋内空間に変化していったと考えることができるであろう．

各住居の平面構成を見ると，明らかに変化したもの，変化したであろうと推測されるものが複数存在している．まず明らかに変化しているものは，仮設的なパーティションが設けられているもので5軒ある．ティナイにパーティションを設け，ショーウィンドウやオフィスに転用する例，クーダムをパーティションによって2分し，オフィスや店舗，倉庫として使用する例がある．変化したであろうと推測されるものには，壁の設置によってティナイが貸し店舗に変化したもの，街路に面する部屋に入口が設けられ，店舗に転用されたもの，などがある．

興味深い住居類型として，その平面構成から以前はアグラハーラムと呼ばれるブラーフマンの集合住宅であったと考えられるものがある．アグラハーラムの特徴は，入口から最後部まで宅地の片側に路地が設けられ，その路地から各住居にアクセスする平面構成である．実際この建物の2階は，現在もアグラハーラムと

4
居住空間の変容

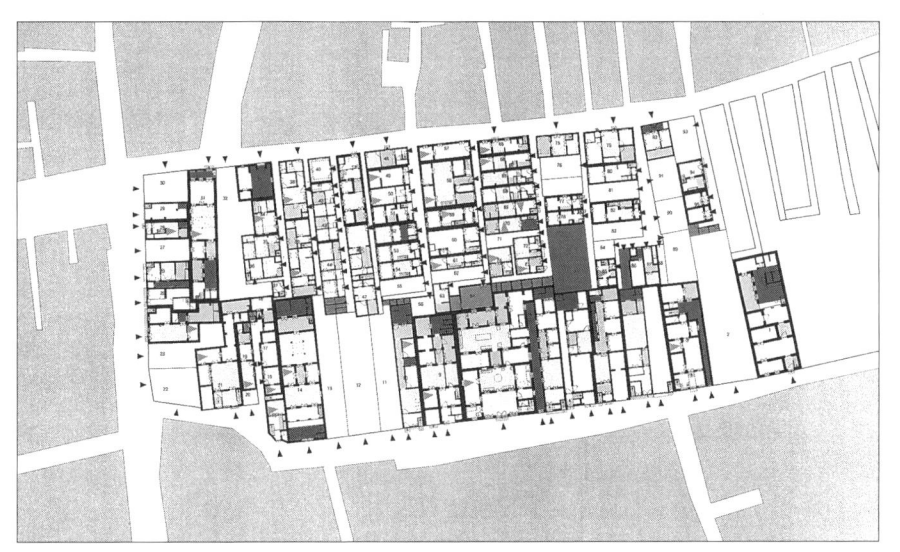

図 II-4-5 ●ヤーダヴァ街区の住居（大辻絢子作製）

して使用されている．現在，1階は病院として使用されており，大きな変化は路地の入口が2階への階段によって閉ざされたことである．

(2) ヤーダヴァ街区

　ヤーダヴァ地区の中で実測調査の対象としたのは，北アヴァニムーラ通りと北マシ通りの真中に位置し，北をナッラマーダン・コイル Nallamerdan Koil 通り，東をセンビ・キナトゥル Sembi Kinatru 通り，南をヴィドゥバン・ポンヌサミィ・ピレイ Vidhuvan Ponnusamy Pillai 通り，東をノース・クリシュナン・コイル North Krishnan Koil 通りに囲まれた街区(以下同街区をヤーダヴァ街区と呼ぶ)の西半分のエリア(約53メートル×115メートル)である(図II-4-5)．ノース・クリシュナン・コイル通りは直線状の街路ではないが，北アヴァニムーラ通りと北マシ通りを繋ぐ街路の中では主要な通りである．対象とした街区の建物の総数は95棟であり，実測した建物は75棟である．

　ヤーダヴァ地区では，街路に直行する路地（袋小路）が並列して複数存在するという特徴が全般に見られるが，臨地調査を行なった街区では特に顕著である．ま

237

た，石畳で舗装された街路・路地が多く存在し，この街区においても，北のナッラマーダン・コイル通りとそこから伸びる路地はすべて石畳で舗装されている．ヤーダヴァ街区には，南のヴィドゥバン・ポンヌサミィ・ピレイ通りから1本，北のナッラマーダン・コイル通りから10本と，計11本の路地が存在する．路地に特定の名前は付けられていない．路地の幅は平均すると1.2メートルであり非常に狭い．これに対して，路地の長さはほとんどすべてが20メートルを超えており，非常に長い．路地の両側には建物が密に建ち並んでおり，実際にこれらの路地では人がすれ違うことも困難なほどである．初めて訪れる者にとっては分かりにくそうであるが，路地はすべて街路に対して直行しており，また宅地割りなどから見てもその構成は明快である．

　この街区における宅地割り，その規模は南北でまったく異なる．また，西端に他と異なる一角がある．南エリアでは宅地はすべてヴィドゥバン・ポンヌサミィ・ピレイ通りに入口が面するように取られ，奥行の長い長方形の大規模な宅地となっている．宅地面積は平均140平方メートルとブラーフマン街区と同等の規模であり，間口平均6.7メートル，奥行平均21.5メートルと，間口・奥行ともにブラーフマン街区の宅地と近似している．西エリアでは，ほとんどが街路に面するように宅地が取られているが，宅地面積と宅地の形態にはばらつきがあり，面積平均56 m²，間口平均5.5メートル，奥行平均9.7メートルである．北エリアでは，ナッラマーダン・コイル通りに面する敷地以外は路地に入口が面するように宅地が取られ，路地と路地に挟まれた長方形の敷地が短冊状の宅地に割られている．北エリア63軒中48軒の入口が東向きであり，つまりは1本の，非常に小規模な宅地であり，面積平均29 m²，間口平均5.0メートル，奥行平均6.6メートル，南エリアの約5分の1である．

　77パーセントが伝統的な石造レンガ壁構造，23パーセントがRCレンガ壁構造である．壁は南エリアや西エリアでは基本的に共有していないが，北エリアの小規模な建物においては壁を共有する連棟建物も多い．屋根は2階建て以上の建物ではすべて陸屋根であり，石造レンガ壁構造の場合，マドラス・テラス形式が取られている．北エリアの小規模な建物には平屋のものも多く，それらは屋根が瓦葺きかトタン屋根である．RC造の建物はここ30年以内に新築されたものである．石造の建物は1900年代前半に建設されたものが多い．1階建て24パーセント，2

階建て 56 パーセント，3 階建て 18 パーセント，4 階建て 2 パーセントと，ブラーフマン街区と同じく 2 階建てが半数以上を占めるが，平屋が目立つ．これは北エリアの小規模な建物に平屋が多いためである．

専用住居が 87 パーセント，店舗併用住居が 4 パーセント，店舗 4 パーセント，寺院が 4 パーセントと基本的には居住街区である．店舗併用住宅は，すべて以前は住居としてのみ使用されていた建物であり，住居の一部もしくは一階が改築されて，店舗として使用されている建物である．ノース・クリシュナン・コイル通りに面する場所に集中している．店舗もすべて以前は住居として使用されていた建物であり，現在はオフィスとしてほとんどそのまま改築なしに使用されている．

寺院の中で，外観上から寺院と判断できる建物は一つだけで，残りの 3 軒は，外観上は住居であり，中に神像が安置されているのみである．敷地も，住居の宅地程度である．それぞれ 1 家族で一つの寺院を所有している．普段は閉鎖されており，年に一度，祭礼時に開かれるのみのものもあり，通常開かれているが，神像が箱に仕舞われている場合もあり，人々が参拝に来る姿はあまり見られない．店舗併用住宅および店舗はすべて南エリアか西エリアに位置し，北エリアには存在しない．寺院として利用されている建物は，すべて北エリアに位置している．

居住者および使用者の属するカーストは，ヤーダヴァ 60 パーセント（すべて居住者），ブラーフマン 2 パーセント（すべて居住者），チェッティヤール 6 パーセント（すべて居住者），ジャイナ教徒 4 パーセント（すべて使用者），他のカースト 28 パーセント（居住者 23 パーセント，使用者 5 パーセント）である[349]．ヤーダヴァが 6 割を占め，かつ，すべて居住者である．使用者はジャイナ教徒か他のカーストの人々であり，店舗を賃貸している場合がほとんである．

ヤーダヴァには，カラクディ・ヤーダヴァとアイラ・ヴェットゥ・ヤーダヴァというサブカーストが存在し，アイラ・ヴェットゥ・ヤーダヴァが 60 パーセント中 55 パーセントを，カラクディ・ヤーダヴァが 5 パーセントを占めている．その分布を見ると，カラクディ・ヤーダヴァは南エリア，アイラ・ヴェットゥ・ヤーダヴァは北エリアに集中している．カラクディ・ヤーダヴァは 3 軒（No. 8, 14, 15）しか確認できなかったのに対して，アイラ・ヴェットゥ・ヤーダヴァは，北エリアで 34 軒中 28 軒（82 パーセント）確認された．もともと以前は，南エリアはカラクディ・ヤーダヴァの居住区，北エリアはアイラ・ヴェットゥ・ヤーダヴァの居住

区であり，北エリアは現在でもアイラ・ヴェットゥ・ヤーダヴァの居住区であるが，南エリアはカラクディ・ヤーダヴァの都市郊外への流出によって様々なカーストが混住する状態となった．つまり，その住み分けは徐々に崩壊しつつある．

カラクディ・ヤーダヴァの居住区の宅地は大規模で，建物も立派なしつらえである．カマドゥライ中心市街で映画館を経営しているものや医者が所有者である．それに対して，アイラ・ヴェットゥ・ヤーダヴァの居住区の宅地面積はカラクディ・ヤーダヴァの約5分の1であり，乳業・農業に従事しているものが多い．

ヤーダヴァ街区にはブラーフマン街区には見られない特徴がある．一つは，住民が共同で使用するトイレ・水場の存在である．これらは宅地の規模が大きい南エリアでは見られないが，西エリア，北エリアではレーンの最奥に設けられている．路地共同の施設であり，日常的に路地の住人によって使用されている．近年に新築された住居にはトイレ・水場は設けられているが，建築年代の古い住居にはトイレ・水場は設置されておらず，路地の住人が共同で設けることが一般的であったようである．また，レーンの最奥に牛小屋が二つある．牛小屋は二つとも所有者はこの街区外に居住しており一つは賃貸されている．以前は路地の奥に牛小屋が設けられ，所有は個人であったが，近隣住民に賃貸されることで路地共同の牛小屋として使用されていたようである．しかし人口密度の増加に伴う土地不足の結果，牛小屋の住居への転用が進んできたのである．

実測した建物は75軒であり，現在住居として使用されていない建物は8軒（店舗4軒，寺院4軒）である．4軒は，すべて以前住居として使用されていた建物である．住居の空間構成は，南エリア・西エリア・北エリアによって異なる．以下順に見よう．

南エリア：南エリアにおいて実測した11軒のうち基本型は4棟ある．最も宅地面積の大きいものには，クーダムが二つ設けられているものがある．ティナイから一つ目のクーダムに続き，ナダイを通って再びクーダムに至る．一つ目のクーダムはティナイに続く接客の場としても使用されており，二つ目のクーダムの方がプライバシーの度合いは高い．

ティナイは大半の住居で設けられているが，ブラーフマン街区のティナイとは様相が異なる．ブラーフマン街区のティナイが街路に対して開放的であるのに対して，南エリアのティナイは閉鎖的である．ほとんどのティナイに壁が設けられ，

入口・窓が設けられている．ブラーフマン街区のティナイには街路との視覚的繋がりが全面的にあったが，南エリアでは視覚的繋がりは薄い．4軒にプージャー専用の部屋が設けられ，神図像がすべて東を向いて安置されている．神図像を東向きに安置するため，住居の西側の部屋がプージャー専用部屋にされる傾向がある．南エリアのカラクディ・ヤーダヴァは住居内に立派なプージャー専用の部屋を設ける傾向にある．

北エリア：北エリアにおいて実測した建物は50軒であるが，宅地面積が非常に小さく，南エリアの住居の平面構成とは異なる．クーダムは吹き抜けや列柱などを持っていない．

住居の間口の平均は5.0メートル，奥行の平均は6.6メートルと正方形に近い宅地が想定されるが，実際には奥行の長い住居「奥行型」と間口の長い住居「間口型」の2種類が存在する．「間口型」は，ほとんど，路地沿いにおいて最も前面のナッラマーダン・コイル通りに面している住居か，近年新築されたRC造の住居である．

「奥行型」は，50軒中31軒あるが，4軒を除いて石造レンガ壁構造であり，建設年代は1900年代前半が中心である．建設年代が1920年代のものが4軒ある．31軒のうち，基本型が1軒あり，宅地が比較的大きく，ティナイからナダイを経てクーダム，最奥に台所，という典型的な平面構成である．他は，長屋形式のもの5軒，ティナイとクーダム他2室を持つもの6軒，ティナイを持たないもの15軒などである．

「間口型」の19軒には，ナッラマーダン・コイル通りに面している住居と路地に面している住居がある．通りに面している住居は，その敷地の形状から間口が広く奥行が短くなったことが分かる．入口から直接クーダムに続き，その両脇に台所や部屋が設けられている．路地に面する石造住居も，敷地形状の制約が大きい．ある意味では特殊である．

プージャーのための神図像が確認された16軒のうち，2軒を除いて，すべて神図像は東向きである．

西エリア：西エリアにおいて実測した住居は11軒である．宅地面積の大きな住居は，南エリアの住居に類似した構成をとっているが，宅地が変形であるため平面構成も変則的となっている．基本型が1軒あるが，残りの9軒は宅地面積が小

さく，北エリアの住居の平面構成に類似している．またプージャーのための神図像を確認した6軒のうち，すべてが東向きに安置されていた．プージャー専用の部屋は設けられていない．

　1907年にイギリスによって作成されたブロック・マップと比較すると，南エリアの宅地割りに大きな変化は見られず，複数の宅地への分割が1例，一つの宅地への統合が1例見られるのみである．1907年の建物は，ヴィドゥバン・ポンヌサミィ・ピレイ通りに面して間口部分は建て詰まっているが，奥に現在より広いバックヤードが設けられている．西エリアでは宅地の分割が多く見られ，合計5例ある．近年，商業的利用価値のため宅地の分割が進行したと考えられる．

　北エリアの変化は複雑で，1907年に比べて現在では路地が増加し，また路地の位置がずれているものもある．全体的に宅地は細分化し，建物の密度が上がっている．1907年の時点で幾つかのレーンの奥には広場のような屋外空間が存在したが，現在では建物が建設され，屋外空間の占める割合はかなり減少している．これは南エリア・西エリアにおいても共通の変化である．

　中庭に注目すると，現在クーダムが位置する場所に1907年の地図にすでに中庭が見られるものがある．1951年に新築されているため断定はできないが，現在の平面構成は典型的な「基本型」であり，1907年時点でも同じような平面構成を持った住居が建っていた可能性がある．

(3) チェッティヤール街区

　チェッティヤール地区の中で臨地調査の対象としたのは，南アヴァニムーラ通りと西チッタレイ通りに挟まれた街区（約27メートル×137メートル）と，さらにその街区の南側の西チッタレイ通りに面するエリアである（図II-4-6）．このエリアはミーナクシー寺院からの南軸線上に位置している．南アヴァニムーラ通りに面する建物の1階部分はほぼ貴金属商店であり，通りの両側に貴金属店が建ち並んでいる光景は圧巻である．対象とした街区の建物は155棟であり，実測した建物は27である．

　調査街区はカスカラ・チェッティヤールの街区である．コミュニティーの事務所はマハールの2階に設けられている．かなり大規模で組織的な共同体を形成し，コミュニティー施設を所有している．カスカラ・チェッティヤールの居住区の境

図 II-4-6 ● チェッティヤール街区の住居（大辻絢子作製）

界ははっきりと分からないが，南アヴァニムーラ通りの北側で実測した2軒はマンチャプドゥ・チェッティヤールであるから，南アヴァニムーラ通りがチェッティヤール地区の中でサブカーストの居住エリアの境界線となっていると推測できる．

対象街区の中で南アヴァニムーラ通りと西チッタレイ通りに挟まれた街区（以下 AC エリア）に路地は存在しないが，西チッタレイ通りの南側のエリア（以下 SC エリア）には路地が計10本存在している．これらの路地はすべて西チッタレイ通りから直行して南に伸びており，ヤーダヴァ街区と類似した路地構成となっている．

路地の幅は平均1.4メートル，長さは35.6メートルと非常に細長く，これもヤーダヴァ街区と同様である．長さが40メートル前後の路地もある．特定の名前は一般にもたないが，入口には門が設けられており，路地の狭さ，長さとともに外部の人間の侵入を拒む雰囲気がある．

宅地割は，AC エリアと SC エリアで異なる．AC エリアにおける宅地割は，基本

的に東西を軸とした背割りである．基本的に宅地は街路に面しておりそこから住居にアクセスする．間口より奥行の長い宅地が大半で宅地面積の平均は79平方メートル，間口平均5.9メートル，奥行平均12.8メートルである．宅地面積は23から319平方メートルの範囲でかなりのばらつきがあるが，平均するとブラーフマン街区の約2分の1である．間口の長さは大差ないが，奥行が約2分の1である．

SCエリアの宅地割りはヤーダヴァ街区の北エリアと類似しており，長い路地に挟まれた敷地が短冊状の宅地に分割されるかたちとなっている．路地に面する宅地73軒のうち47軒の入口が東向きである．西チッタレイ通りに面する宅地と路地の最奥の宅地は北入口であるが，それを除くとほぼ東向きに入口が設けられている．路地に面する宅地73軒の平均面積は41 m^2，間口平均5.1メートル，奥行平均7.5メートルである．西チッタレイ通りに面する宅地の平均面積は96平方メートル，間口は平均5.8メートル，奥行は平均15.8メートルであり，ほぼACエリアの宅地における平均と同じになっている．

建物の構造形式は88パーセントが伝統的な石造レンガ壁構造，12パーセントがRC造レンガ壁構造である．RC造はほとんどすべて西チッタレイ通り沿いであり，特に対象エリアの西部に集中している．屋根は2階建て以上の建物ではすべて陸屋根であり，平屋でも4軒のみが瓦屋根である．平屋21パーセント，2階建て49パーセント，3階建て28パーセント，4階建て2パーセントと他の2街区と同じく2階建てが半数を占める．平屋は路地に挟まれたエリアに多く見られるが，このエリアには3階建ても多く，狭い路地に入ると建物による強い圧迫感がある．ACエリアはほぼ2階建てに占められている．

チェッティヤール地区の特徴は，その街路に建ち並ぶ店舗である．専用住居が54パーセント，店舗併用住居が25パーセント，店舗が20パーセントである．他に，寺院，学校，マハールが各1軒ずつある．マハールとはコミュニティーの集会所，結婚式場などとして使用される建物である．

商業利用されている建物の合計は45パーセントであり，ブラーフマン街区よりも低いが，その分布を見ると，南アヴァニムーラ通りに面する建物はほぼすべて商業利用されている．そして西チッタレイ通りに面する建物も半数以上が商業利用されている．逆に，路地に面する建物はすべて住居として使用されている．寺院（マニカ・マンダパ・コイル Manicka Mandapam Koil）・学校（アイラ・ヴァイシャ

Ayira Vaisya・プライマリー・スクール)・マハールはすべてカスカラ・チェッティヤールのコミュニティーによって所有・維持されているものである.この寺院はかなり大規模で,寺院が開いている間[350]は多くの人々が参拝に訪れている.寺院と学校は AC エリアの東角に併設されており,寺院の入口を通ってから学校の入口に至る.マハールは普段は閉鎖されており,2 階のみが事務所として日常的に使用されている.1 階は集会や結婚式のときにだけ使用されており,マハールはもともとそのコミュニティーの集会のための施設であるが,現在では他のコミュニティーの結婚式などにも貸し出されている.

臨地調査により採寸した建物は 27 軒であり,現在住居として使用されていない建物は 7 軒(寺院 1,学校 1,マハール 1,店舗 4)である.商業利用されている 4 軒のうち 2 軒は近年,商業利用のために新築された RC 造の建物で,店舗が建ち並ぶショップ・コンプレックスとなっている.残り 2 軒は,以前住居として使用されていた建物が商業利用に転用されたと考えられる.

南アヴァニムーラ通りと西チッタレイ通りに面する住居 16 軒は,すべて間口より奥行が長く,その平面構成は「基本型」かその変化型である.すなわち,基本型以外は,ティナイのないもの,あるいはナダイのないもの,ナダイが片側に配置されるものである.

チェッティヤール街区にしか見られないのが「ナダイ片側配置型」である.住居の前面に店舗が設けられ,その脇に設けられたナダイから住居内にアクセスする平面構成である.住居の入口から奥までナダイが片側に設けられ,そこからクーダム,部屋,サービスエリアにアクセスする.基本型では入口から奥までの動線上に必ずクーダムが存在していたのに対して,ナダイからクランクしてクーダムにアクセスする点が異なっている.ナダイの一部が屋外空間になっている場合も多い.

南アヴァニムーラ通りの北側で特別に実測した 2 軒はかなり大規模な宅地であるが,両方とも「ナダイ片側配置型」であり,どちらもナダイからクーダムにアクセスし,そして各部屋にはクーダムからアクセスする.ナダイの一部は屋外空間であるが,その上部には鉄格子が設置されている.ナダイが屋外空間にされているのは,採光・通風・換気のためである.

街路に面する 18 軒の中で,プージャーのための神図像を確認できたのは 15 軒

第II章
マドゥライ

であった．その中で一軒を除いて神図像はすべて東向きに安置されている．規模の大きな住居では，プージャー専用の部屋が設けられているのはこの街区でも同様である．

　路地に面する住居の平面構成はヤーダヴァ街区北エリアと類似している．「奥行型」もしくは「間口型」がある．どの住居も路地からの入口に階段が設けられており，その階段が路地の中でベンチのような機能を果たし，路地が近隣住民の交流・憩いの場として機能している．プージャーのための神図像が確認された5軒中，5軒とも東向きに安置されていた．

　1907年にイギリスによって作成されたブロック・マップと比較すると，ACエリアでは宅地の細分化が進んでいる．寺院横の宅地ではそれが顕著である．また，1907年時点では南アヴァニムーラ通りと西チッタレイ通りの両方に面していた宅地の分割傾向も顕著である．3件の場合は，住居部分と店舗部分が切り離されたことによる．南アヴァニムーラ通り沿いは非常に商業的価値が高く，もとは住人自身の店舗として使用されていた部分が貸店舗として住居から分離し，次第に建物自体も分離して建設されていったと推測する．2件は，南アヴァニムーラ通りと西チッタレイ通りに面し，どちらの建物も商業利用されている．宅地の統合はNo.13の一件のみである．SCエリアでは，宅地割に大きな変化は見られない．しかし，1907年時点で路地の奥に存在した屋外空間は，現在ではすべて消失している．細長い路地の最奥に広場のような空間が形成されていたと推測できるが，人口増加による住居に対する需要の高まりのため，すべて宅地に転化されている．

　以上，いささか微に入って三つの街区について住居形式の類型を中心に見てきたが，この間のマドゥライの変容を身近な居住空間の変容レヴェルで活き活きと明らかにし得たと思う．

　プラーナに詠われる住居の様相は牧歌的である．都市の住居でも牛や鶏，鳥や果樹など動植物とともに住む雰囲気がある．マドゥライの中心市街地に牛小屋があるのはその「名残」である．当初から中庭を中心とした中庭式住居の形式が一般的であった．1907年の地図を詳細に見ると，まだ，そのような余裕のある住居形式を見ることができる．また一方，この段階で住居の基本型が成立していたことも窺うことができる．この基本型が建ち並ぶ街区構成は，シュリーランガムで

明快にみることができるが，マドゥライでも同様と考えてよい．プージャーのための神図像を東を中心として一定の方向へ向けるオリエンテーションの感覚も住居の配列を秩序付けてきた．

　この100年で一貫して進行してきたのは宅地の細分化である．基本型の変化型として「ナダイ片側配置型」，「ティナイ省略型」などが生み出された．また，前面を店舗とするための変化が大きい．さらに，狭小な敷地を利用するためのまったく新たな住居形式が細分化された敷地を埋めるように作り出されてきたのである．

5
曼荼羅都市・マドゥライ

　大きく変容を遂げてきたマドゥライであるが，曼荼羅都市としての特性を今日にまで，よく維持してきている．マドゥライの空間構造についてまとめよう．
　①マドゥライは古来の「ヴァーストゥ・シャーストラ」に則って計画された曼荼羅都市である．ナーヤカ朝以前のマドゥライの具体的な形態は明らかでないが，紀元1世紀から3世紀にかけてマドゥライの宮廷文芸院シャンガムで編纂されたという現存最古のタミル文学であるシャンガム文学やヒンドゥー教の古文献プラーナなどは，マドゥライが古来の「シャーストラ」に従ったことを随所に語っている．
　②マドゥライは，主神殿を中心とする同心囲帯状の構造，すなわち，『マーナサーラ』など諸「シャーストラ」がいう，中心のブラーフマン（梵）区画を，順に，ダイヴァカ（神々）区画，マーヌシャ（人間）区画，パイーサチャ（鬼神）区画が取囲む空間構造をしていた．プラーナに依れば，中央に主神殿を建設し，その回りを巡る街路および主要な祭礼路が計画された後，それらに交差する小街路が配置され，王はほぼ完成した計画都市の北東の部分に宮殿を建設した，という．この記述は，まさに『アルタシャーストラ』の記述するところである．
　以上が実際に建設されたかどうかは不明であるが，プラーナは，理念通り建設された「最初の計画」の後，洪水などの災害や人口増加に対応するために「第二の計画」がなされたという．
　③マドゥライには「最初の計画」と「第二の計画」がある．「第二の計画」は，「最初の計画」と同様，主神殿とその周辺を出発点として，「アーラヴァイ」として知られる環状のかたち，すなわち，頭と尾を繋げてとぐろを巻く蛇のようなかた

ちをしていた．すなわち，城壁は土地の形状に従って建設され，幾何学的な理想形は採られなかった．一方（北側）が川であり，機械的に左右対称にするのは，費用もかかるし，快適でもないことから，王は，正確な正方形，円，直線を放棄し，利用可能な周辺環境に合わせることにしたのである．その結果，城壁のかたちは処々歪むことになった．数学的な正確さを持たない壁に囲われたマドゥライは，以降，ティルムダンガル（ジグザグ壁で囲われた美しい都市）と呼ばれるようになった．

この「第二の計画」がいつの時代の状況をいうのかは不明であるが，これはそのまま現在に至るマドゥライの空間構造を極めてうまく説明している．ナーヤカ朝の最初の王による計画は，「第二の計画」もしくは「第二の計画」を基にしたものと考えてよい．

④マドゥライの現在に至る同心方格囲帯状の空間構造の基礎がかたちづくられるのは，ナーヤカ朝の最初の王ヴィシュヴァナサ・ナーヤカによってである．王はパーンディヤ王国時代の古い城壁を取り壊し，より大きな二重の城壁を建設する．そして中心寺院を取囲む同心方格状の街路，内側からアディ通り，チッタレイ通り，アヴァニムーラ通り，マシ通りを建設した．王は，この建設をシルパ・シャーストラに基づいて行なった，とされる．

以上を「第三の計画」とすれば，この空間構造を大きく変える「第四の計画」を行なったのがティルマライ・ナーヤカ（1623〜1659年）である．

⑤マドゥライの空間構造を大きく変容させたのは王権の強大化，伸長である．ティルマライ・ナーヤカはミーナクシー寺院を拡大し，最も内側の同心方格状街路アディ通りを寺院内に取り込み，寺院の東門の前にプドゥー・マンダパを建設し，さらにその東側にラヤ・ゴープラの建設を試みた．ティルマライは，さらに，ミーナクシー寺院から東に約3キロメートルの地点に聖なる貯水池テッパクラムを造営している．そして，従来の5倍もの規模の巨大なティルマライ・ナーヤカ宮殿を，しかも，都市の南東部に建設した．これは，明らかに中央を神殿とし，祭祀権を至高とする古来の「シャーストラ」への挑戦である．後の女王が宮殿を元の北東に戻すことを試みたように，王権と祭祀権のせめぎ合いはマドゥライの空間構造を大きく規定してきたのである．

イスラームの侵入，英国支配による改変（城壁，濠の撤去）などその後の転変も小

さくはないが、ティルマライ・ナーヤカの以上のマドゥライ改造の結果は今日そのまま見ることができる。

⑥マドゥライは、プラーカーラに囲われた長方形のミーナクシー・スンダレーシュワラ寺院を中心として、方位軸にほぼ沿った矩形の街路（内から順にチッタレイ通り、アヴァニムーラ通り、マシ通り、ヴェリ通り）が4重に囲っており、寺院内に取り込まれた街路（アディ通り）を合わせると5重の同心方格の入れ子構造を形成している。しかし、全体は大きく歪んでいる。まず、ミーナクシー・スンダレーシュワラ寺院自体の東西軸がかなり北へ傾いている。寺院の内部空間も、中心に主心神殿があるのではなく、ミーナクシー寺院とスンダレーシュワラ寺院が二つの焦点として拮抗し、東へ二つの軸線とともに二つの門が設けられている。また、それに伴い東西南北の四つのゴープラの位置も寺院の中心からずれている。中央神域も、歴史の変転の中で様々な変容を被ってきたことが明らかである。

⑦ミーナクシー・スンダレーシュワラ寺院を中心として、それを取囲む同心囲帯の区域も大きく歪んでいる。この大きな歪みを生んだのは、自然の地形、高低への対応の歴史的積み重なりであるが、最も大きいのは王宮の建設である。

以上のように、都市のかたちとしては、「シャーストラ」のいう理念型とは大きく異なるマドゥライであるが、その求心的囲帯構造が今日も生き続けていることを示すのが山車の巡行を伴う都市祭礼である。

⑧マドゥライでは、タミル暦に従って月に一度祭礼が行なわれるが、巡行を伴う祭礼は、ミーナクシー・スンダレーシュワラ寺院によって各月に行なわれる。巡行路は基本的に四つの同心方格状街路のどれかが用いられる。この祭礼は、『マドゥライ・スシャラ・プラーナ』に記されているシヴァとミーナクシーに関する神話を基にし、一年を通してその神話を再現するという意味を持つが、それとともに、都市の同心囲帯状の空間構造も再生され続けることになるのである。

プラーナは、古来のカースト（ジャーティ・ヴァルナ）制に基づく棲み分けに触れているが、ジャーティ毎の棲み分けは今日のマドゥライでも見ることができる。

⑨マドゥライ中心市街に居住する有力な五つのカーストは、ブラーフマン、ヤーダヴァ、チェッティヤール、サウラシュトラ、イェンガーである。王宮などの建設に伴って、移住が行なわれてきており、建設当初を再現する手掛かりはない

が，古くから同じ地域に居住しているのが南インドの商人カーストであるチェッティヤールである．チェッティヤールをヴァイシャとすると，北にブラーフマンが居住することと合わせて，『アルタシャーストラ』の記述に符合していることになる．ただ，このジャーティ毎の棲み分けの解体は，現在急速に進行しつつある．

マドゥライにおける住居は，プラーナにも記述されるような極めて簡素なかたちが19世紀末頃までは一般的であったと推測されるが，その基本は中庭を持つ中庭式住居である．

⑩マドゥライの住居の基本型は，タミル語でティナイと呼ばれるベランダ，クーダムと呼ばれるホール，ナダイと呼ばれる廊下，プージャー（神像礼拝儀式）のためや寝室・倉庫として使用される部屋，台所，バックヤード（裏庭）から構成される中庭式住居である．これは，南インドにおける伝統的な住居形式を基に都市的集住の進行とともに形成されたもので，マドラス・テラスと呼ばれる．街区，同心囲帯も，このマドラス・テラスによって構成されるのが基本である．

しかし，マドゥライでは土地の細分化，建物の高層化が一貫して進んできており，街区組織も大きく崩れつつあることは，以上細かく分析したところである．

にもかかわらず，とりわけ，都市祭礼の持続を軸として，マドゥライは生き続けていくであろう．マドゥライは，そうした意味で「生きられた曼荼羅都市」である．

第 III 章

ジャイプル

Jaipur

1 ジャイプルの都市形成
 1-1 ジャイ・シンII世
 1-2 ジャイプルの建設過程
 1-3 ジャイプルの発展

2 ジャイプルの空間構造
 2-1 都市のかたち
 2-2 都市計画理念を巡る諸説
 2-3 都市地図 (1925-26 年) の分析

3 ジャイプルの住居と住区構成
 3-1 ジャイプルの住居
 3-2 住区構成

4 住区の変容
 4-1 地区特性
 4-2 住区の変容
 4-3 ブラニ・バスティの変容

5 曼荼羅都市・ジャイプル

第III章
ジャイプル

図III-0-1 ●ナハルガル・フォートから王宮を望む（布野修司撮影）

図III-0-2 ●ナハルガル・フォートからプラニ・バスティを望む（布野修司撮影）

III

ジャイプル

　ジャイプルは，マハーラージャ（藩王）であり，政治家であり武人であるとともに，天文学者・数学者でもあったジャイ・シン Jai Singh II 世(1688〜1743)によって計画され，建設された都市である．ジャイプルとは，「ジャイ・シンの都市（プル）」という意味である．ジャイ・シン II 世は，ムガル帝国第 VI 代皇帝アウラングゼーブ Aurangzeb から，サワイ Sawai (1 と 4 分の 1 の意) の称号を贈られ，サワイ・ジャイ・シンと称する．建設時の正式都市名は，サワイ・ジャイプルという．サワイという称号がいつ欠落したかは明らかではないが，単にジャイプル (Jypore, Jeipor という表記もある) と呼ばれてきた．18 世紀末から 19 世紀初頭まで，ジャイナガル Jainagar とも呼ばれた．同じように，ジャイ・シンの「都市（ナガラ）」という意味である

　繰り返し述べてきたように，ヒンドゥー都市の理念型をそのまま形象化する都市はそう多くはない．南インドの寺院都市の代表といってよいマドゥライは，その理念型を早くに具象化し，歴史の変転にもかかわらず，そしてそれに伴う変容を被りながらも，「生きられた都市」として存続し続け，今日に至るまでその空間構造を，寺院中心の構成として，都市祭礼の巡行形式として，また都市住居の配列構造として伝える稀有の例である．

　ヒンドゥー都市の理念型に関わる都市として，広いインドといえども事例にこと欠く中で，他に唯一例を挙げるとすれば，このジャイプルということになる．

　ジャイプルは明らかに整然としたグリッド・パターンの都市である．ナイン・スクエア＝3×3 の構成をしているように見えるが東南に不可思議な突出がある．また，全体の基軸が東西南北に対して傾いている．『マーナサーラ』にいう村落都市パターンの「プラスタラ」に依るという説があり，街区分割パターンにそれが窺えるが，全体が「プラスタラ」の叙述に一致するわけではない．幾つかの謎がある．それが本章のテーマである．

　しかし，いずれにせよ北インドにはこのような計画都市は他にはない．

　ジャイプルは，マドゥライのように古代にさかのぼる都市ではなく，18 世紀初頭に計画されたまったく新たな計画都市である．ジャイ・シン II 世という天才の頭脳を通じた理想のヒンドゥー都市と思われるのがジャイプルである．そして，ほぼ同時期に，はるか東方，ロンボク島にバリ・マジャパヒトのカランガスム王国の植民都市，すなわちまったく新たな計画都市として建設されたのがチャクラ

第 III 章

ジャイプル

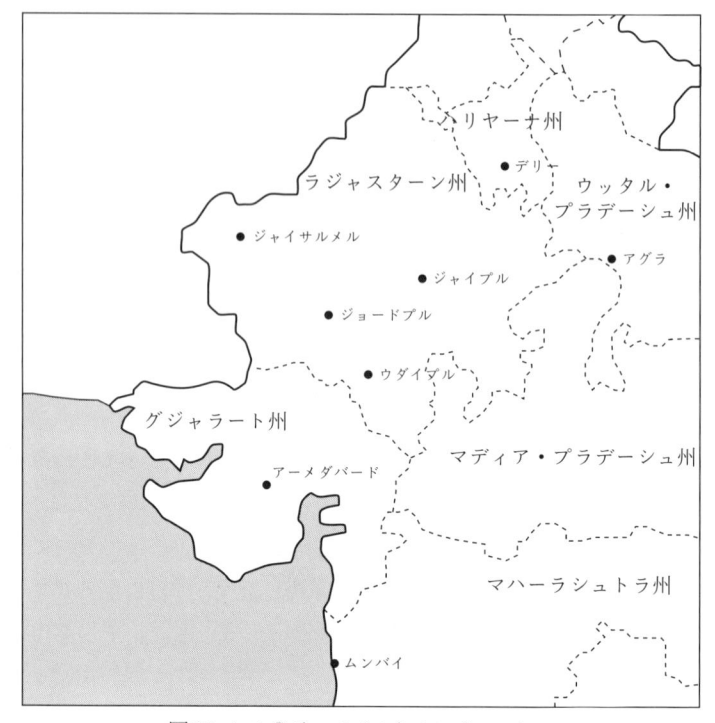

図 III-1-1 ● ジャイプルとラージャスタン

ヌガラである．

　ジャイプルは，ラージャスターンの州都であり，行政，交易の中心都市である．また，北インドのヴィシュヌ派の重要拠点の一つでもある（図 III-1-1）．ラーマ派，クリシュナ派などあらゆるヴィシュヌ信仰の各派拠点があり，その最も重要な寺院，僧院がある．例えば，ゴーディヤ Gaudiya・ヴィシュヌ派の最も重要なゴヴィンダデーヴァ Govindadeva 寺院がある．ラーマナンディ派の本部ガルタが郊外にあり，バランディ派 Balandis の僧院がある．また，ジャイプルはジャイナ教の拠点でもある．

　18 世紀の北インドは騒然とした時代である．ナディール・シャー Nadir Shah の襲撃の後，デリー・アーグラ Agra・マトゥラー地域は，アフマド・シャー・アブダリ Ahmad Shah Abdali の侵入を度々受けている．また，南からマラタの侵入を受け始めたのもこの時期である．さらに，シク教徒がパーンジャブへの交易ルー

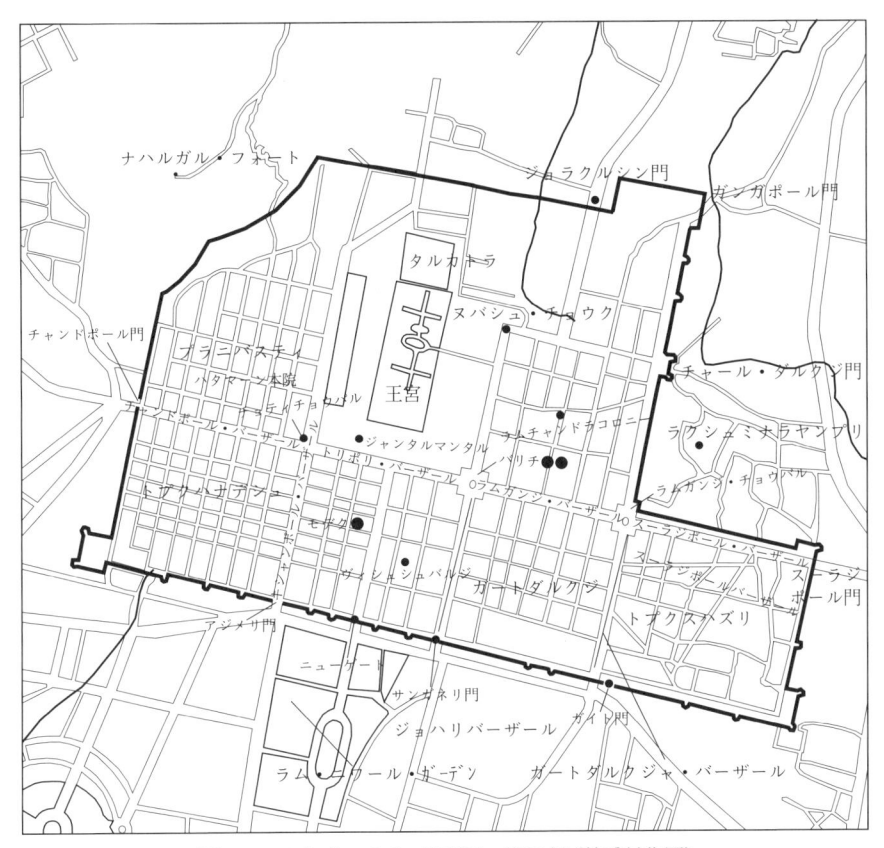

図III-1-2 ●ジャイプル都市図 2000年（朴重信作図）

トを麻痺させたのも18世紀前半である．この時期，ジャイプルは戦乱を逃れた商人たちの避難所となり，とりわけ金融業，宝飾業で大きな役割を果たすことになる．政治的，経済的，宗教的な意味で，その地が重要性を増す中で計画建設されたのがジャイプルであった．ジャイプルは，こうして，その建設当初から金融と宝飾の中心で有り続けて今日に至っている．とりわけエメラルドについては世界で最も重要な都市の一つである（図III-1-2）．

　ジャイプルは，今日，ピンク・シティと呼ばれる．街全体がピンク（赤砂岩）色をしていることによる．もともとは白であったのであるが，すべての通りを緑，黄色，……等に塗り分けてみて，最終的にピンク色に決定したという．ラム・シン

第 III 章
ジャイプル

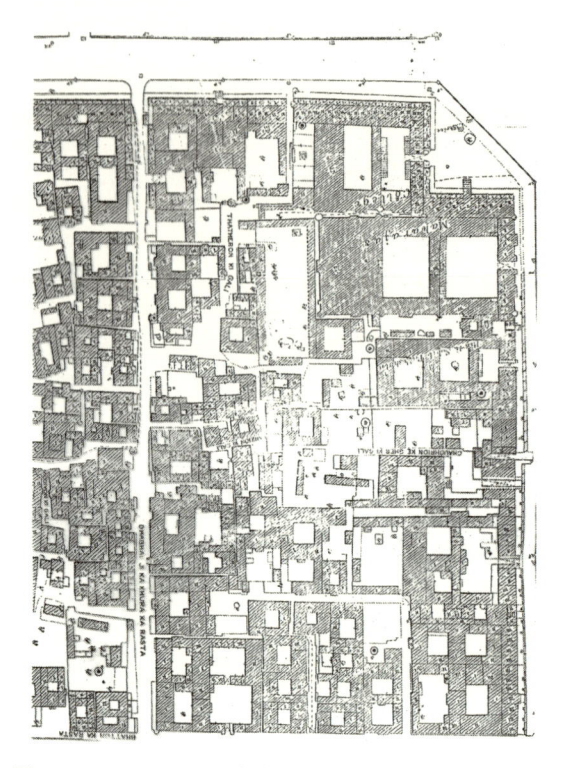

図 III-1-3 ●ジャイプル都市図　1925-28 年：Survey of India

Ram Singh の治世（1835 〜 1880 年）のことである[351]．

　ジャイ・シン II 世は，実に多能の人であり，弱小であったジャイプルを一躍ラージャスターン随一の藩王国にした政治家である一方，宗教，そして天文学に造詣が深く，さらに都市計画家としては同時代に並ぶもののない存在である．おそらく，普請狂という意味では，ムガル帝国第三代皇帝アクバルに並ぶ才能を持ったマハーラージャであったのがジャイ・シン II 世である．そうしたジャイ・シン II 世によって建設されたジャイプルの都市計画は，その宗教，科学に対する造詣，そのコスモロジーと深く結びついている．本章では，そのコスモロジーと都市理念，そしてジャイプルの変容について明らかにしよう．

　はじめにでも述べたように，臨地調査[352] の過程で，1925 年から 1928 年にかけてインド調査局によって作製された，旧市街全体をカヴァーする都市地図（1/1000）

図43葉（市域40葉　市外3葉）を入手することができた（図III-1-3）．その都市地図には，建築物の外形とともに階数が記載されており，現在との比較によって，70年間の変化を明らかにすることもできる．都市地図は，ジャイプル市の改革に伴って作製されたものであり，それ以前の諸制度に基づく都市計画の到達点を克明に記す貴重なものである．

その都市地図には，宗教施設，路上のチャイティヤ（聖祠），井戸などがプロットされている．それぞれのチョウクリ（街区）から選んだ地区でチェックしてみると，驚くべきことに，宗教施設についてはほぼすべてが同じ位置に存在することが明らかになった．1920年代中葉の都市地図の分析を大きな手掛かりとして，ジャイプルの構成について考えたい．

1
ジャイプルの都市形成

1-1 ジャイ・シンⅡ世

3000のマンサブダール mansabdar(軍事・行政担当の家臣)[353]を持つアジメール Ajmer の支配者であったヴィシャン・シン Vishan (Visnu) Singh の息子として生まれたジャイ・シンⅡ世はわずか11歳のときに死んだ父の後を継ぐ(1700). アジメールは, アメール, ダウサ Dausa, バスワ Baswa という三つのパルガナ parganas (行政地区)からなるラージャスターンの小さな国にすぎなかったが, ジャイ・シンⅡ世が死んだときには, 今日のジャイプル, シカル Sikar, ジュンジュヌ Jhunjhunu などを含む大国家となっていた. ジャイ・シンⅡ世の30年以上にも及ぶ治世は, ラージプート Rājpūt 王朝史上特記すべき輝かしいものとされる[354]. ラージプートは, サンスクリットで王子を意味するラージャプトラ rājaputra に由来する. 古代からのクシャトリヤの子孫であると称してこの呼称を用いた. ラージプート族が多く住むラージャスターン地方はラージプターナ Rājputāna (ラージプートの土地)と呼ばれる. 1206年, デリーにイスラームの政権(デリー・サルタナット Sultanate)が成立し, 1526年にムガル帝国がその政権を引き継ぐが, この間, 滅亡を免れたラージプート諸侯は, デリーの政権に服属しつつラージャスターンに地方勢力として存続し, しばしば離反, 独立してムガル帝国と争った. 18世紀に入るとムガル帝国は弱体化するが, このときに登場したのがジャイ・シンⅡ世である.

ジャイ・シンⅡ世は, インドの古典文学や宗教思想を学び, また伝統医学など諸科学の探求に極めて熱心であった. 特に, 数学と天文学に造詣が深く, グプタ

図III-1-4 ●ジャイプル俯瞰（布野修司撮影）

図III-1-5 ●ジャンタル・マンタル（布野修司撮影）

朝のアーリヤヴァタによる天文学や15世紀のサマルカンドSamarkandの天文学，さらに西欧の近代天文学を取り入れた上で，ジャイプルのみならず，シャージャハナバードShājahānabad, マトゥラー，ウジャインUjjain, ヴァーラーナシーの5か所に巨大な天文台（ジャンタル・マンタルJantar Mantar）を建てた（図III-1-5）．西欧の天文学については，1727年頃ムガル帝国の宮廷に送られていたイエズス会の修道院長エマヌエル・デ・フィゲレドEmmanuel de Figueredoを通じて，当時有

第 III 章
ジャイプル

名であったデ・ラ・ヒレ De La Hire(1640-1718) の天文表(1702) を入手し，さらにポルトガルから専門家を招いたというが，詳細ははっきりしていない[355]．天文学の専門家といっても当時は少なくわざわざインドまで足を伸ばす西欧人は少なかったのは当然であるが，ジャイ・シン II 世はゴアのポルトガル総督にも専門家派遣を頼み込んでいる．

サマルカンドの天文学とは，ティムール Timūr 朝（1370 ～ 1507）の第四代君主，ティムールの孫，ウルグ・ベグ Ulugh Beg(在位 1447 ～ 49) の天文学のことで，1420年ごろサマルカンドの東郊に大天文台[356]を建設し，ここで行なった観測を基礎に天文表を作った．これには 1018 個の恒星の位置観測が含まれている．ジャイ・シン II 世は，この天文表を訂正更新しようとしている．そのために作ったのが各種の天文観測装置である．ジャイプルにあるのは，サムラット・ヤントラ Samrat Yantra, シャシュタムサ・ヤントラ Shashutamsa Yantra, ラシヴァラヤ・ヤントラ Rasi Valaya Yantra, ジャイ・プラカサ Jai Prakas, ラム・ヤントラ Ram Yantra などである．彼はそうした装置を駆使して，黄道の傾きを正確に測定している．また，春分（秋分）点を正確に測定している．

ジャイ・シン II 世は，ヴィシュヌ派のヒンドゥー教徒で，当代の第一人者であった．シヴァ派およびシャクティ Shakti 派も北インドで有力な宗派であるが，ジャイ・シン II 世は，とりわけシャクティ派を退け無視している．ジャイプルには今日でもそれらの有力寺院はない．最も重要な寺院はゴヴィンダデーヴァとゴピナート Gopinath である．ジャイ・シン II 世は，とりわけゴヴィンダデーヴァの信奉者であった．ゴヴィンダ（670 頃-720 頃）は，ヴェーダンタ哲学に仏教哲学を持ち込んだガウダパーダ（640 頃-690 頃）の弟子で，『ブラーフマン・スートラ』の注釈を著し，ヴェーダンタ学派中最も有力な不二一元論派の開祖となったシャンカラの師と伝えられる．彼はゴヴィンダの像を 1735 年に王宮に設置している．

1-2 ジャイプルの建設過程

ジャイプルの都市計画にあたって，主任建築家としてその任に当たったのはベンガル出身のブラーフマン，ヴィディヤダール Vidhyadhar[357]である．起工式は，1727 年 11 月 29 日である．しかし，はるかそれ以前，1718 年に天文台（図 III-1-5）

ジャイプルの都市形成

の建設は開始されていたという記録がある．また，ジャイ・ニワス Jai Niwas 庭園なども，それ以前から計画は実行に移されており，1729 年には，現在も残る市壁，市門すなわち外形は完成している．

　主として A. K. ロイ Roy[358] によって，1920 年代中葉までのジャイプルの建設過程と発展の歴史をまとめると以下のようになる．

　①ジャイプルが建設された土地は，もともとアーグラとアジメールを結ぶ街道が東西を横切り，デリーからの街道が南北に走る交通の要所にある．もともと，ナハルガル Nahargarh，タルカトラ Talkatora，キシャンポール Kishanpole など六つの村があった．それらの地名は現在も残っている．北と東西を山で囲われ，南に開けた低地は，防御上，一定の都市規模確保の上で絶好の地と考えられた．

　②その北方 11 キロメートルに位置したアンベール Amber 城で生まれ，わずか 11 歳で父の跡をついだジャイ・シン II 世は，最初，この地に狩小屋を建てたが，やがてタルカトラ（池）を掘り，小さな居城と庭園を作った．ジャイ・ニワス庭園 (1726) である．新都は，この庭園を王宮の中に取り込む形で建設されることになる．

　③起工式は，1727 年 11 月 29 日．記録によれば，天文台は 1718 年に建設が開始されていた．ジャイ・ニワス庭園などの建設はそれ以前から開始されており，1729 年には，現在に残る市壁，市門すなわち外形は完成していた．

　④建設以降，多くの商人が移住し，急速に発展していく．今日残る邸宅ハヴェリ haveli は，ジャイ・シン II 世が招いた有力商人の建設したものである．建設にあたっては，ヴィディヤダールの指示（高さなど形態規制が行なわれた）に従うことが求められた．

　⑤チャンドポール Chandopole・バザールからラムガンジ Ramganj・バザールへ至る東西の幹線道路にある，チョウパル chaupar と呼ばれる三つの広場は 1734 年までに建設された．また，主要街路沿いの店舗も，ジャイ・シン II 世によって建設された．統一的な都市景観は，こうした市場，店舗によって最初期に形成される．主要な街区は，1734 年までには完成したと考えられる．

　⑥ジャイプルは，今日，北インドにおけるヴィシュヌ派ヒンドゥー教の重要な拠点都市の一つとされる．ラーマ教，クリシュナ教などほとんどすべての宗派の主要な寺院が立地する．ジャイ・シン II 世が建設したのは，スーラジ Suraji（太陽）

第Ⅲ章
ジャイプル

図Ⅲ-1-6 ● スーラジ門とスーラジ・バーザール（布野修司撮影）

寺院(1734)，ゴヴィンダデーヴァ寺院(1735)，カルキジ Kalkiji 寺院(1740)である．ジャイプルは，また，ディガンバル Digambar 派のジャイナ教の拠点でもあり，著名な学者を輩出している．特に，1750〜1830年の間，市の行政に当たったのはジャイナ教徒であった．

⑦行政拠点としてのジャイプルには，多くの行政官や軍人が居住することになった．その行政官の俸給として与えられた土地をジャーギール Jagir と言い，ジャイプルに土地を所有する層をジャーギールダール Jāgirdār と呼んだ．18世紀後半には，そのジャーギールダールのために住宅を建設し，年収の一割を徴収する施策が採られた．トプクハナ・ハズリ Topkhana Hazuri を除くチョウクリ（街区）に多くの住宅が建設された．こうした王国主導の計画的住宅建設によって，都市開発のガイドラインが作られたと考えられる．

⑧ジャイ・シンⅡ世を継いだイシュバリ・シン Ishvari Singh(1743〜1750)は抗争に明け暮れるが，その勝利を記念して建設されたのが，今日でもランドマークとなっている，トリポリア Toriporia・バーザールの七層の塔イシャル・ラット Isar Lat (1749)である．また，ジャイプル繁栄の象徴としてハワ・マハル Hawa Mahal（風の宮殿，図Ⅲ-1-7）を建設した(1799)のは，プラタップ・シン Pratap Singh (1778〜1803)である．

⑨19世紀に入ると，マラータ族[359]の侵入によってジャイプルは衰退する．1830

図 III-1-7 ●ハワ・マハル（布野修司撮影）

年代におけるジャイプルの住宅数は約2万戸，人口は8万～10万と推測されている[360]．1870年の最初のセンサスによれば，城壁内，2万2356戸，11万6563人，城壁外が5330戸，2万1314人である[361]．

⑩ラム・シンの治世（1835～1880）になると，ジャイプルは再び活況を呈する．水道，ガス灯が設置され，病院，学校，大学，博物館が建設された．道路が舗装され，建物がピンク色[362]に塗られたのはラム・シンの時代である．また，この時期の大きな変化は，王宮の正門トリポリア・ゲイトから南へ，チョウラ・ラスタ Chaura Rasta が主要道路と位置付けられ，ラム・ニワス庭園へ向かってニュー・ゲイトが作られたことである．1881年のセンサスのときに作られた最初の印刷地図（図III-1-8）によると，トプクハナ・ハズリを除くすべてのチョウクリが開発されていることが分かる．当時まだ空き地があったチョウラ・ラスタを除くとラム・シンの死んだ1880年から都市地図が作られた1926～28年頃まで大きな変化はない．

⑪マド・シン Madho Singh III 世（1880～1922）の治世は再び衰退の時代となる（図III-1-9）．1899-1900年の飢饉もあって，また，ペストやインフルエンザの流行で，市壁内の人口は1901年の13万2091人から1911年の11万1585人，さらに1921年の9万4216人と減り続けている．

⑫マン・シン Man Singh II 世（1922～1940）が11歳でマハーラージャとなると，市の行政は州議会によって執行されるようになる．英国人を含む州議会は，諸制

第 III 章
ジャイプル

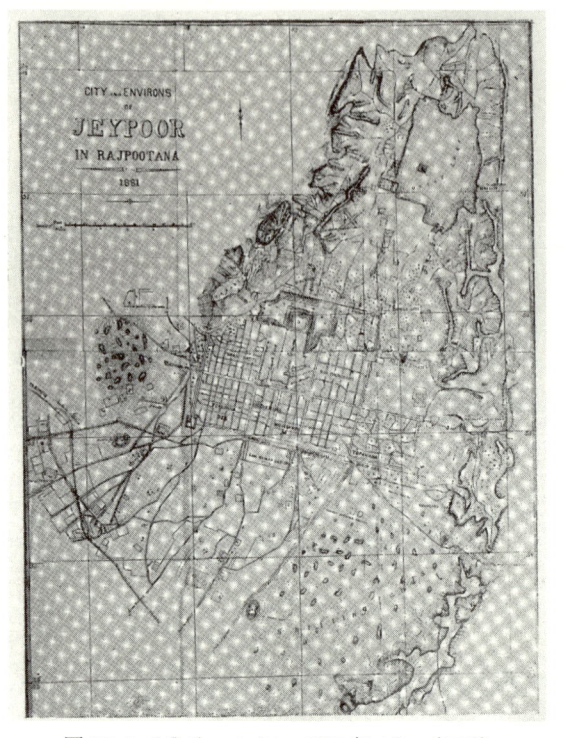

図 III-1-8 ● ジャイプル　1881 年：Roy (1978)

度の近代化を計る．例えば，この時期まですべての市門は夜 11 時に閉められていたのであるが，チャンドポール門は 24 時間開放されるようになる (1923)．ジャイプル市の機構が改革されたのが 1926 年，新市法が準備されたのは 1929 年である．また，ジャーギールダールへの俸給が現金支給になるのが 1928 年である．

1-3 ジャイプルの発展

文献資料[363]から明らかにできるジャイプルの人口の推移は表 III-1-1 のようである．マド・シンの時代の後期にジャイプルが衰退したことがよく分かる．また，各チョウクリの人口構成は表 III-1-2 のようである．市壁内の人口は，1881 年の段階で，ある均衡状態にあったことが分かる．すなわち，ジャイプルの人口は

ジャイプルの都市形成

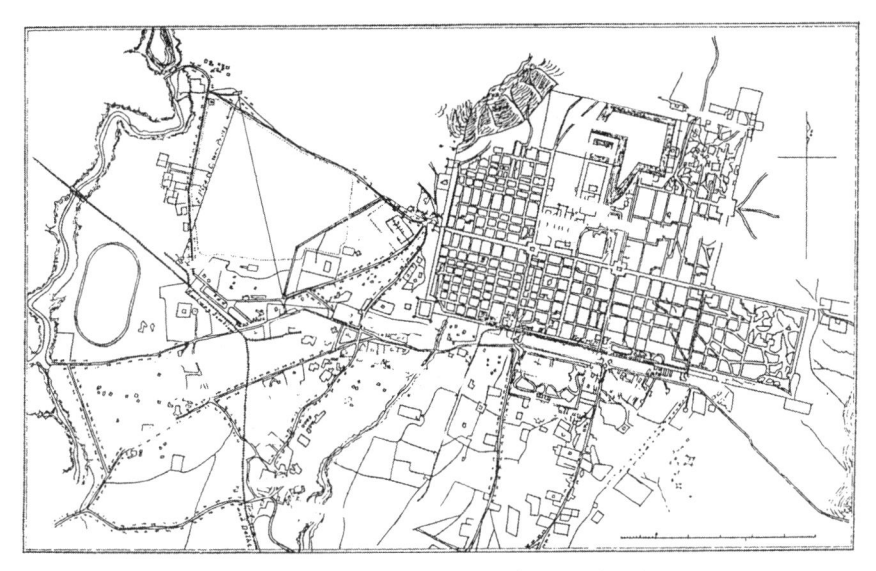

図 III-1-9 ● ジャイプル　1909年：Roy (1978)

表 III-1-1 ● ジャイプルの人口変化：センサスより作製

年	市壁内の人口	市街の人口	計	年	総人口
1870	116,563	21,324	137,887	1931	140,179
1881	125,785	16,793	142,578	1941	175,810
1891	132,421	26,366	158,787	1951	291,113
1901	132,091	28,076	160,167	1961	403,444
1911	111,585	25,513	137,098	1971	667,937
1921	94,216	25,991	120,207	1981	977,165

表 III-1-2 ● チョウクリの人口変化：Roy (1978)

チョウクリ	1881	1891	1921
Purani Basti	18,263	18,860	19,981
Topkhana Desh	20,182	20,575	14,723
Modi Khana	8,822	9,658	2,650
Bishesharji	13,435	11,928	7,783
Ghat Darwaja	22,121	21,015	15,138
Topkhana Hazuri	12,297	12,512	10,251
Ramchandraji	18,729	18,049	12,545

半世紀の間はほぼ一定であった．専ら，人口を減少させたのはトプクハナデシュ Topkhanadesh, モディクハナ Modikhana, ビシェシュアルジ Bishesharji の三つのチョウクリである．

　1930 年代以降，人口増加が始まる．1931 ～ 41 年の 10 年は市壁外，特に南部郊外の人口増加が大きい[364]．大学，病院が建設されるなど市街の開発が行なわれるのである．また，マハーラージャが南郊のランバーグ Rambāgh パレスを主たる居住の場所としたことも大きい．多くの人々が市の南部に住居を建設し始めるのである．

　第二次大戦後の変化は著しい．独立 (1947) 直後には約 40 万人に膨れ上がっている．戦後に多くの工場が立地し始めたことが人口増加の要因である．また，ラージャスターン州の州都となったことも戦後の急激な発展の大きなきっかけとなった．

　1991 年のセンサスではジャイプル市の総人口は 145 万 8483 人に達する．10 年で 50 万人強が増加したことになる．人口増加率は，1941 ～ 51：65.6 パーセント，1951 ～ 61：38.6 パーセント，1961 ～ 71：65.6 パーセント，1971 ～ 81：46.3 パーセント，1981 ～ 91：49.3 パーセントである．1991 年の人口密度は 6956 人／平方キロメートルである．インドにおける人口問題は深刻である[365]．ジャイプルの人口は，2011 年に 421.6 万人に膨れ上がるとされ，2001 年までに 25 万戸の新築住戸が必要とされると推計されている[366]．

　各地区ごとに十年の人口変化を示せば表 III-1-3 のようになる．また，センサスの基礎となる住区区分を図 III-1-10 に示している．ジャイプル市全域は 50 のワード Ward（行政区域）に分けられている．ワード 1 ～ 26 が市壁内，ワード 27 ～ 38 が市壁外近接地区，ワード 39 ～ 50 が郊外地区となる．チョウクリは幾つかのワード（区）からなる．それぞれ，プラニ・バスティ Purani Basti (1 ～ 5)，ラムチャンドラ (7 ～ 11)，トプクハナデシュ (12 ～ 16)，モディクハナ (17, 18)，ビシェシュアルジ (19, 20)，ガート・ダルワジャ Ghat Darwaja, (21 ～ 24)，トプクハナ・ハズリ (25, 26) となる．

　センサスの項目は，人口（性別），世帯数，住戸数，識字者／非識字者数（性別），就業者／非就業者数（性別，職業別），スケジュールド・カースト[367]（指定カースト）数（性別）と詳細にわたっている．職業は，I 耕作者，II 農業労働者，III 採集狩猟林

表 III-1-3 ● ワードの人口，世帯，住戸数：センサスより作製

ワード	No.	総人口81	総人口91	増加率	世帯数81	世帯数91	増加率	世帯平均91	住戸数91	人／住戸91
	1	16144	34468	213.5%	2990	6426	214.9%	5.36	6391	5.39
	2	12235	21227	173.5%	2188	3886	177.6%	5.46	3830	5.54
	3	12535	26629	212.4%	2354	4817	204.6%	5.53	4817	553
	4	8287	25591	308.8%	1562	4216	269.9%	6.07	4143	6.18
	5	23270	22300	95.8%	4441	3931	88.5%	5.67	3926	5.68
	6	26846	28647	106.7%	4776	4747	99.4%	6.03	4590	6.24
	7	22116	42244	191.0%	4053	6576	162.3%	6.42	6507	6.49
	8	17608	35988	204.4%	2870	4886	170.2%	7.37	4854	7.41
	9	17482	29477	168.6%	2972	4040	135.9%	7.30	3946	7.47
	10	14379	24205	168.3%	2479	3981	160.6%	6.08	3981	6.08
	11	14094	22387	158.8%	2194	3409	155.4%	6.57	3403	6.58
	12	12144	30752	253.2%	1789	3992	223.1%	7.70	3853	7.98
	13	13255	16510	124.6%	1849	2516	136.1%	6.56	2514	6.57
	14	23680	26814	113.2%	3887	4292	110.4%	6.25	4267	6.28
	15	15520	27999	180.4%	2090	4784	228.9%	5.85	4751	5.89
	16	15684	20488	130.6%	2538	3427	135.0%	5.98	3390	6.04
	17	9545	29916	313.4%	1749	5291	302.5%	5.65	5218	5.73
	18	10822	31231	288.6%	1950	4907	251.6%	6.36	4762	6.56
	19	12270	31273	254.9%	1866	4061	217.6%	7.70	4027	7.77
	20	8926	33724	377.8%	1585	6349	400.6%	5.31	6272	5.38
	21	12144	23816	196.1%	2076	4713	227.0%	5.05	4696	5.07
	22	13344	26421	198.0%	2324	4974	214.0%	5.31	4961	5.33
	23	13408	23054	171.9%	2354	4525	192.2%	5.09	4505	5.12
	24	10804	46968	434.7%	1961	10435	532.1%	4.50	10389	4.52
	25	10899	33288	305.4%	2035	6718	330.1%	4.96	6671	4.99
	26	11575	37471	323.7%	2127	7523	353.7%	4.98	7501	5.00
平均		14578	28957	218.0%	2502	4978	219.0%	5.97	4929	6.03
最大		26846	46968	434.7%	4776	10435	532.1%	7.70	10389	7.98
メジアン		13300	28323	197.1%	2191	4730	209.3%	5.92	4643	5.97
最小		8287	16510	95.8%	1562	2516	88.5%	4.50	2514	4.52
小計		379016	752888		65059	129422			128165	
	27	11834	35446	299.5%	2202	6069	275.6%	5.84	6045	5.86
	28	15918	48083	302.1%	2851	9411	330.1%	5.11	9397	5.12
	29	16678	48544	291.1%	2820	9706	344.2%	5.00	9699	5.01
	30	27975	35742	127.8%	4815	7425	154.2%	4.81	7370	4.85
	31	30130	62283	206.7%	5695	12198	214.2%	5.11	12146	5.13
	32	16380	31674	193.4%	2377	5714	240.4%	5.54	5714	5.54
	33	17064	32249	189.0%	2080	5710	274.5%	5.65	5651	5.71
	34	15984	23003	143.9%	2859	4430	154.9%	5.19	4393	5.24
	35	37825	24746	65.4%	7458	3715	49.8%	6.66	3698	6.69
	36	15056	16782	111.5%	2997	2730	91.1%	6.15	2729	6.15
	37	22412	23318	104.0%	4414	4365	98.9%	5.34	4361	5.35
	38	18339	21057	114.8%	3021	3681	121.8%	5.72	3556	5.92
小計		379016	752888	198.6%	65059	129422	198.9%	5.82	128165	5.87
27-38		245595	402927	164.1%	43589	75154	172.4%	5.36	74759	5.39
39-50		352554	302668	85.9%	68643	58003	84.5%	5.22	107620	2.81
総計		977165	1E+06	149.3%	177291	262579	148.1%	5.55	310544	4.70

第 III 章
ジャイプル

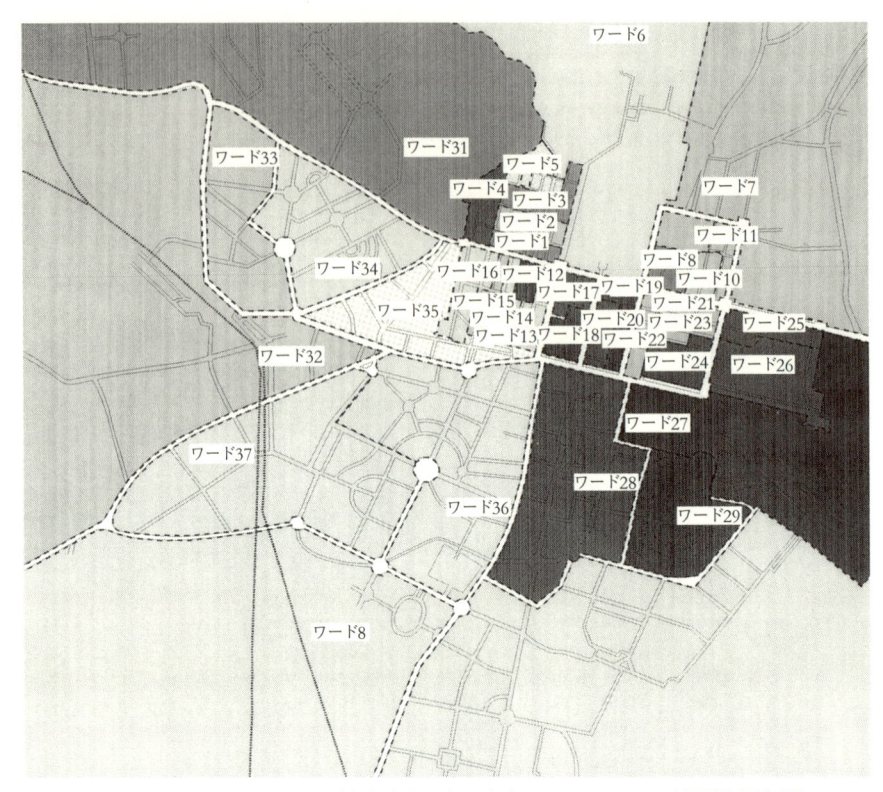

図 III-1-10 ● ジャイプルの行政区分と人口密度：センサスより（布野修司作製）

業水産業等，IV 鉱業，V 製造業（a 家内工業　b 家内工業以外），VI 建設業，VII 商業，VIII 交通運輸通信業，IX その他という分類になっている．10 年の変化をここでは人口，世帯数，住戸数を中心に見ると以下のようである．

　すさまじい人口増であるが，中に人口減のワードがある．ワード No. 5, 35, 39, 40, 43, 44, 46, 47, 48, 49, 50 である．もともと不法占拠地区であった市壁内の No. 5，再開発の行なわれた市壁に近接する No. 35 を除けば，いずれも近郊農村地区である．近郊から都心への移動が一貫して大きいことが指摘できる．

　3 倍以上の人口増を示すのがワード No. 4, 17, 20, 24, 25, 26, 28 である．以下，2.5 倍以上（＜ 3 倍），No. 12, 18, 19, 27, 29, 41，2 倍以上（＜ 2.5 倍），No. 1, 3, 8, 31, 42，1.5 倍以上（＜ 2 倍），No. 2, 7, 9, 10, 11, 21, 22, 23, 32, 33 である（図 III-

1-10).チョウクリ単位で見ると,モディクハナデシュ,ビシェシュアルジ,トプクハナ・ハズリが3倍を超える.ガート・ダルワジャの南東のワード No. 24 は,4.34倍もの増加率をしめす.全体として,市の南東部が急激に膨張していることが分かる.都市地図と比較してみると,市壁内でまだ建て詰まっておらず,空地など余地が残っている地区である.

また,プラニ・バスティのワード No. 4 が3倍を超えるが,北西部では建て詰まった後,さらに流入が続いていることが分かる.

世帯数および住戸数の増加率は総じて人口増加率より低い.一世帯当たりの人数,一住戸当たりの人数が増えており,世帯,住戸に人口を吸収する形で人口増加が進行中であることが推測される.市壁内(No. 1〜26)の世帯当たり人数の平均は 5.97 人,戸当たり人数の平均は 6.03 人である.

2
ジャイプルの空間構造

2-1 | 都市のかたち

　ジャイプル全体の形態は図III-2-1のようである．1881年にはこのかたちができあがり，1925〜27年までそう大きな変化はないことは上に見た通りである．当初の構想はともかく，このかたちで完成と考えることができる．

　城壁内は格子状の街路パターンで構成されるが，北西部と南東部が変則的である．北西部は，ナハルガル城砦が築かれた山によって格子が欠ける形になっており，南東部は東に1ブロック突出する形になっている．

　中央にジャンタル・マンタル（天文台）と王宮が位置する．王宮の北には，タルカトラと呼ばれる人工の池がある．また，王宮の中に，最も重要な寺院，ゴヴィンダデーヴァがある．

　後述するように，全体はチョウクリと呼ばれる街区が9ブロック（3×3のナイン・スクエア）からなるという説があるが，明確に区切られ，名前がつけられているチョウクリは，プラニ・バスティ，トプクハナデシュ，モディクハナ，ヴィシェシュヴァルジ Visheshvarji，ガート・ダルワジャ，ラムチャンドラ・コロニー Ramchandra Colony，トプクハナ・ハズリの七つのチョウクリである．このうちモディクハナとヴィシェシュヴァルジは，もともと一つのチョウクリであったものがチョウラ・ラスタの建設によって二つに分かれたものであるから[368]，明確なのは6ブロックである．王宮部分を2ブロックとし，ラムチャンドラ・コロニーの北を1ブロックと数えれば，全体は9ブロックとなる．

　全体は城壁で囲われており，南に4，東西北にそれぞれ1，城門が設けられてい

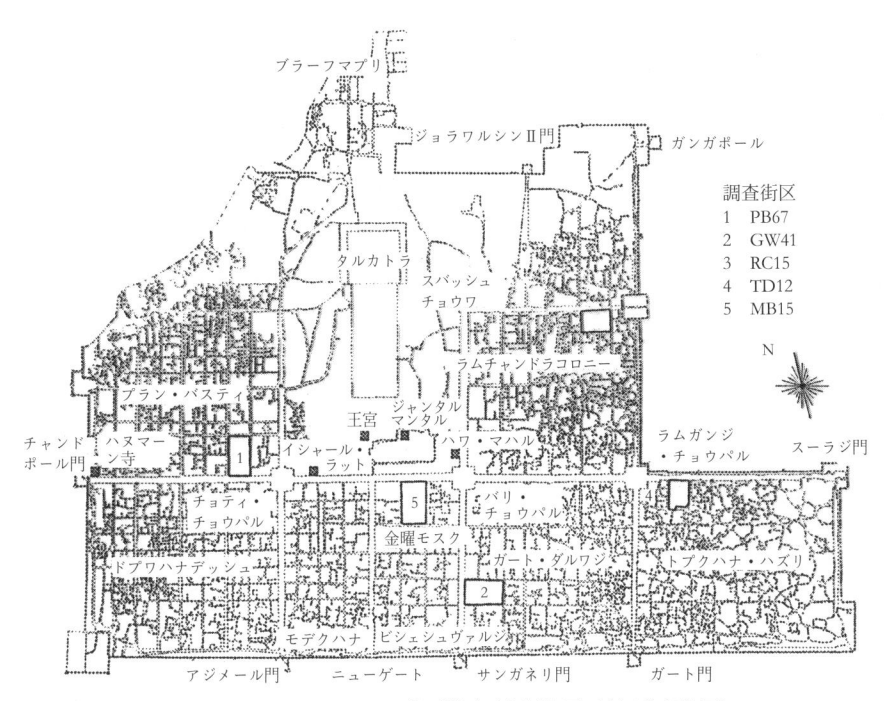

図 III-2-1 ● ジャイプルの街区構成（布野修司，渡辺菊真作図）

る．南の新門（ニュー・ゲイト）はチョウラ・ラスタの建設に伴うものであり，建設当初は三つであった．

　中央東西に，幹線街路が 15 度程時計回りに傾いて一直線に走っている．西のチャンドポール（月）門からスーラジポール Surajpole（日）門（図 III-1-6）まで，チャンドポール・バーザール，トリポリア Tripolia・バーザール，ラムガンジ Rmganj・バーザール，スーラジポール・バーザールが順に並ぶ．また，その幹線街路と南北の大通りの交差点にチョウパルと呼ばれる広場が三つ，チョティ Chhoti・チョウパル，バリ Bari・チョウパル，ラムガンジ・チョウパルが作られている．さらに，それぞれのチョウパルから南へキシャンポール・バーザール，ジョハリ Johari・バーザール，ガート・ダルワジャ Ghatdarwaja・バーザールが作られている．バーザールは，間口 2 間程（3.6～4.0 メートル）の店舗が一直線に並ぶ大通りである．バーザールはジャイプルの都市景観を特徴付けている．

　住居は基本的にはハヴェリと呼ばれる中庭式住居である．当初は 2 階建てまで

であったが，現在では中心部は4～6層建てになっている．街区内にはヒンドゥー寺院や聖祠が数多く分布している．

2-2 都市計画理念を巡る諸説

　ジャイプルに関する研究は少なくない．主要な文献は末尾に挙げる通りである．都市史に関わるものとしては，すでに随所で援用してきたロイが諸文献を整理している[369]．また，J. サルカル Sarkar (1984) も文献をまとめている．第一次資料としては，カパドワラ Kapaddwara と呼ばれる内務局の公文書，ヒンディー語，ラージャスターン語，サンスクリット語，ペルシア語の作品，旅行記などがあり，19世紀後半以降は，諸種の報告書，辞典類がある．

　都市計画，建築の分野でジャイプルに関わるものとして，『アルタシャーストラ』，『マーナサーラ』に関するものも含めればきりがないが，I 章で見たように，代表的なものは，ラム・ラズ Ram Raz (1834)，ハヴェル (1913)，B. B. ダット Dutt (1925)，カーク (1978)，ベグデ (1978) などである．日本では小西正捷[370]がロイ等を援用して包括的に論じている．また，飯塚キヨらがインドの都市形態を論じている[371]．さらに，応地利明[372]が S. A. ニルソン Nilsson[373]の説を踏まえて，諸説の統一的解釈を試みている．インドにおける建築学，都市計画学の分野におけるジャイプル研究は，B. ゴシュ Ghosh[374]，K. ジェイン Jain[375]，N. ラジバンシー Rajbanshi[376]などがある．急激な人口増加にどう対応するかが，今日の都市計画上の大きな課題となっている．

　ジャイプルの都市計画そのものについてのジャイ・シン II 世およびヴィディヤダールによる直接の記録はない．その計画理念をめぐっては，実現された具体的な形態の解釈として議論されてきた．共通するのは，古代にさかのぼるインドの宇宙観と結びついた都市理念との関わりを指摘する点である．

　第 I 章で見たように，『マーナサーラ』は，幾つかの村落あるいは都市の形態パターンを挙げている．そのうちの「プラスタラ」タイプが原型になっていると最初に主張したのが，ハヴェル[377]である．ダット[378]も基本的にその説を採っている．しかし，ジャイプル全体の形態は，門の数，幹線街路によって区切られるチョウクリの数など，プラスタラの形態とは明らかに異なる．「プラスタラ」の形態と

は無縁であることを強く主張するのがロイである.

　一方,全体の区画割りはナイン・スクエア(3×3=9分割)システムあるいは9×9のプルシャ・マンダラに基づく,という説が一般的になされる.しかし,東南部に突出するチョウクリ(トプクハナ・ハズリ)があり,不完全である.それに対しては,北西の区画が山腹にかかって実現できないため,東南部にその代替を計画したという説明がなされる[379].中国の風水説にいう「稗補」[380]の考え方があるとすれば興味深い説となる.

　グリッドが時計回りに15度傾いていることも様々な解釈を生んできた.北東部にある沼地および地形の傾きがその理由であるとする説がある[381].また,ジャイ・シンII世の星座である獅子座の方向に合わせて傾いているとするのがニルソンである.さらに,軸線の傾きは日影を作り,風の道を考慮したためだというのがラジバンシーである.

　グリッド・パターンについては,ヨーロッパの諸都市の影響があると主張するものもある[382].ヨハン・バプティスタ・ホマン Johann Baptista Homann の地図が1725年にニュールンブルグで出版されており,数多くのグリッド・パターンの都市図が掲載されていることを根拠としている.

　以上のような解釈を踏まえ,統一的解釈を試みるのが応地利明である.その『アルタシャーストラ』に基づく都城の復元案が極めて説得力があることはI章で確認した(I-2-2).応地は,ジャイプルについて,その理念型がそのまま実現しているわけではないが,基本的に古来のシャーストラが用いられているとする.王宮北方のブラーフマプリ Brahmapuri の存在はヒンドゥー理念がジャイプルに用いられている一つの証左である,というのが第一点である.チョウクリの分割パターンとしては,『マーナサーラ』などにいう「プラスタラ」が用いられている,というのが第二点である.そして,軸線の傾きについてはニルソン説を採用しつつ,チャンドポール(月)門,スーラジ(日)門がスーラジ寺院(太陽神殿)を焦点にする軸線をなしているため南にずらせなかったとする,というのが第三点である.

　ジャイプルの空間構造の特徴をまとめると以下のようになるであろう.

　a. 都市中心に王宮そして中心寺院,さらに天文台が配された,極めて求心的な構造をしている.王=神=宇宙一体の構造を示していると考えられる.ジャイプ

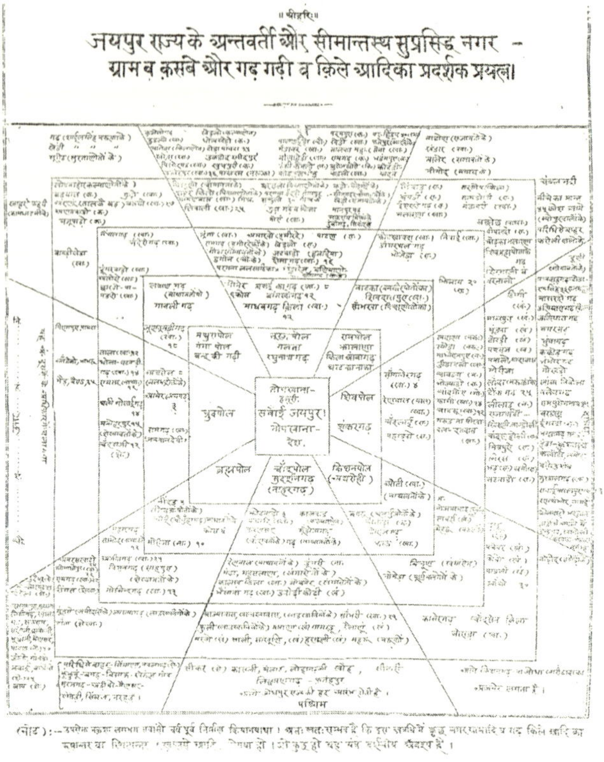

図Ⅲ-2-2 ●ジャイプルとコスモロジー：Gole (1989)

ルを描いたとされる年代不詳の地図（図Ⅲ-2-2）[383]は，各ジャーギールが記されており徴税のための地図だとされるが，ジャイプルの求心構造を極めて明快に表わしている．

b.『マーナサーラ』にいう「プラスタラ」の記述そのものがはっきりしないが，大きく四つの街区からなるとすると，それには合わない．また，同心囲帯の構造がジャイプルに見られない．具体的に周回路が明確ではない．ただ，各街区を異なる分割パターンで分割することが行なわれている点は，以下に詳細に検討するが，「プラスタラ」に従っている．

c. 全体構造としては，チョウクリを単位とするナイン・スクエアが意識されているように見える．『マーナサーラ』は，特にこのパターンを挙げるわけではない

が，分割パターンとしてあり得ないわけではない．ただし，西北角が欠け，東北角のチョウクリも明確でなく，南東部が飛び出しているのが特異である．以下に検討するように，当初は四つのチョウクリで計画されていた可能性もなくはない．チョウパルが三つ設けられているのはナイン・スクエアの構造としてはやや不自然で，ラムガンジ・チョウパルは，東方への拡張を意識したものと考えることもできる．

d. 全体構造を，チャンドポール（月）門とスーラジ（日）門を結ぶ主要街路が大きく規定している．『マーナサーラ』などヴァーストゥ・シャーストラは，同心囲帯の構造を強調しているが，東へ向かう街路を主要街路するのはヒンドゥーの理念に沿うものである．スーラジ寺院を焦点にする軸線というのが応地説であるが，正確に東を向いていない理由としては，やはり北西の山の存在と土地の勾配が考慮されたと考えるべきであろう．風の道，日陰もそれなりに考慮されたと考えられる．最初にタルカトラを掘って王宮の位置を決めていることから，土地の制約は計画決定の大きな要素である．また，都市建設に先だって天文台を作っていることから，獅子座の方向を意識したという可能性も否定できないであろう．

e. ブラーフマプリが王宮北方に存在することは，北方，東方を優位に置く『アルタシャーストラ』の理念に沿うものである．当初におけるカーストの棲み分けについては，資料はないが，現状については以下に若干検討しよう．

以上の確認を基に，これまで，まったく問題にされてこなかった街区構造を中心に計画内容を以下にみたい．

2-3 都市地図（1925〜28年）の分析

(1) 都市地図の表記と構成

都市地図群は，"Jaipur City and Environs"と題され，1925〜26年（一般チョウクリ A群）と1927〜28年（王宮周辺　B群）の二群に分けられる（図III-2-3）．A群は，ブロック番号がふられた城壁内26枚，城壁外3枚からなる．また，B群はA〜Nの14枚からなる．縮尺は1000分の1で統一されており，すべてにサーベイ・オブ・インディア監督官ジョス・ムティ Jos Mutti のサインがある．測定の単位としてはフィートが用いられている．

第Ⅲ章
ジャイプル

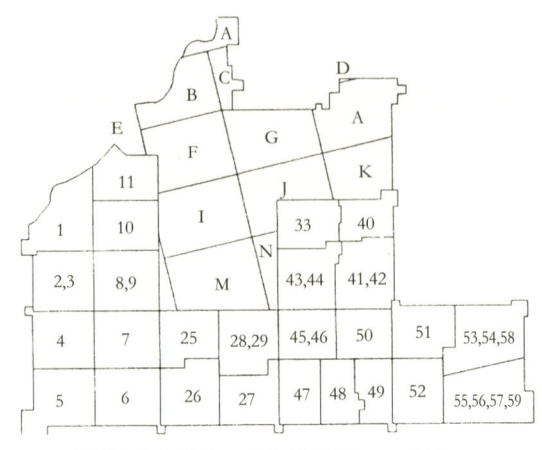

図Ⅲ-2-3 ● ジャイプル都市図マップ No.

マン・シンⅡ世(1922～1940)が11歳でマハーラージャとなると，市の行政は州議会によって執行されるようになる．英国人を含む州議会は，諸制度の近代化を計る．例えば，この時期まですべての市門は夜11時に閉められていたのであるが，チャンドポール門は24時間開放されるようになる(1923年)．ジャイプル市の機構が改革されたのが1926年，新市法が準備されたのは1929年である．都市地図は，まさにジャイプル市の改革に伴って作製されたものであり，それ以前の諸制度に基づく都市計画の到達点を克明に記す貴重なものである．

ホイールメジャーを用いて，プラニ・バスティ地区の街区幅，街路幅を実際に測定し都市地図をチェックしたところ，極めて正確な測量に基づく地図であることが確かめられた．また，ロイ(1978)が1973年の測定値を列挙しているが[384]，地図上でも正確であることが確認された．

(2) 街路寸法

Ⅰ章でみたように，『マーナサーラ』は冒頭(第Ⅱ章)に細かく寸法体系について述べている(I-3-2)．村落の最小規模が100ダンダ×200ダンダ，最大規模が7200ダンダ×1万4400ダンダといった記述があり，ダンダ(ダンダは肘尺の4倍とされる．約6フィート 約1.8メートルほど)が古来単位として使われてきたと考えられる．また，一般にハスタ(肘尺 約45センチメートル)という単位がインドで用いら

れてきた (I-3-3).

　一方，ジャイプル周辺では，記録を見ると土地の計測の単位としてビガ bigha が使われていた[385]．長さの単位と面積の単位に同じビガが用いられ，縦横それぞれ1ビガの正方形の面積も1ビガになる．ところがそれがまちまちで1924年に地区コミッショナーに任命された E.R.K. ブレンキンショップ Blenkinshop[386] によれば，100 フィートから185 フィートまで約40 もの異なったビガがあったという．一方，ジャンタル・マンタルに用いられる数値（最高高さが90 フィート）をみても，さらに，以下に検討する計測値を見ても，フィート，インチがすでに単位として用いられていたことが考えられる[387]．どの地域でもほぼ共通に用いられる身体寸法（30 センチメートル程度，45 センチメートル程度）を考慮し，また，都市地図がフィートで計測されていることから，以下の分析はフィート（1 フィート．=30.48 センチメートル）を単位として行なったが，結果としても，フィートを単位として計画されたことが裏付けられる．

　まず，街路幅を全域について計測してみると[388]，相当のばらつきがあることが分かる．一本の街路でも場所によって幅が異なる場合があるのである．上述したように，ロイは，1973年の実測値に基づいて，幹線街路幅はおよそ108 フィート（72 hastas）であり，他の道路には基準はないと断じている．しかし，幾つかのヒエラルキーがあることは明らかである．トプクハナデシュについて例示すると（図 III-2-4），幹線街路（大路）は平均33 メートル（28〜35 メートル），次に道幅の広い街路（中路）は14〜17 メートル，続いて，6.5〜9 メートル（小路），およびさらに狭い細街路3〜5 メートルがおよそ区別されるのである．

　帝国地名辞典[389]には，幹線街路の幅は111 フィートで，他はその2分の1または4分の1である，という記述がある．20世紀初頭の記述であり，建設当初の証左にはならないが，全域についての測定を基にすれば，何段階かの基準寸法が設定されていたと考えるのが自然である．

　ゴシュは，街路は111 フィート（74 キュービット cubits），54 (36), 27 (18) と断定的に書いている[390]が根拠不明である．また，2分の1, 4分の1になっていないことの説明がない．27 は星の数を表わすというが，そうだとすると明らかにフィートを単位としていたことになる．

　第一の問題はどこからどこまでを街路幅と設定したかである．その設定によっ

第Ⅲ章
ジャイプル

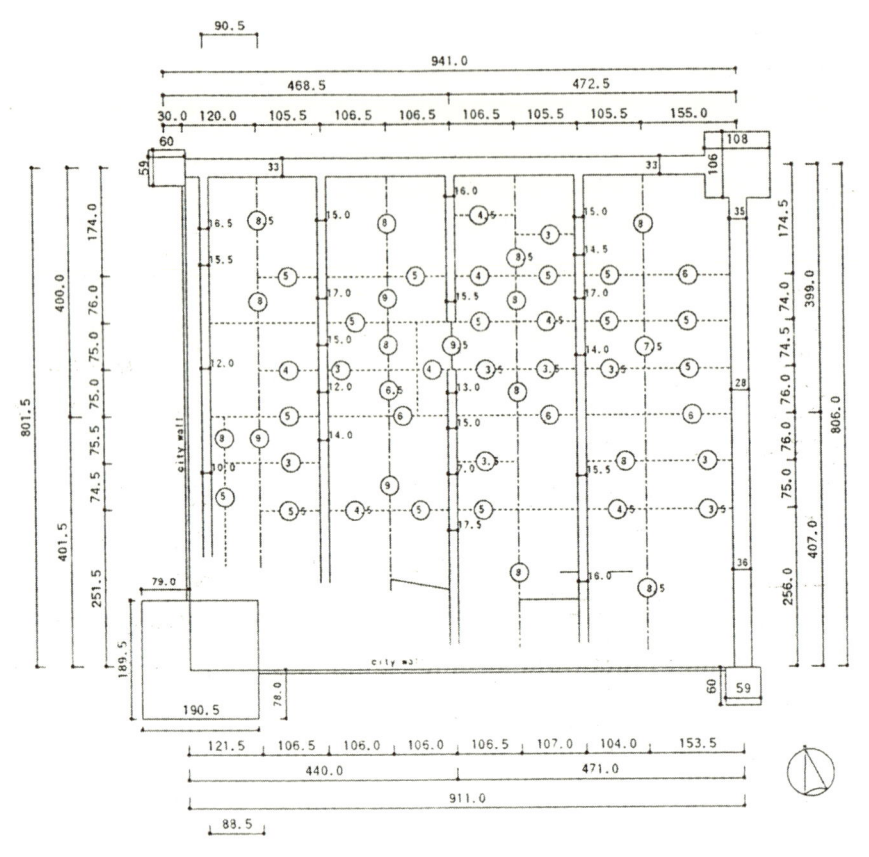

図Ⅲ-2-4 ●トプクハナデシュの街区寸法（布野修司，渡辺菊真作図）

て計測値も異なるのである．幹線街路の場合バーザールが並ぶ．店舗（間口3〜4メートル，奥行9.0メートル）と歩道の間に，6フィートほどの半公共的な空間マンダパ（ヴェランダ，テラス）が設けられており，その空間に増築している場合とそうでない場合で街路幅は一見異なる．増築可能な線までを街路（含歩道）と考えると，ほぼ100フィートである．両側に5〜6フィートのヴェランダの幅を加えると110〜112フィートになる．111フィートという帝国地名辞典の記述はほぼ妥当と考えてよい．一つの根拠は，城壁の突出部分の寸法にラウンド・ナンバー（丸めた数字）が使われていることである．チャンドポール門およびサンガネリ門，アジメリ門，ガート門の場合，200フィート四方であり，スーラジ門の場合，400フィート

表 III-2-1 ●チョウクリの規模（布野修司作製）

	北辺	東辺	南辺	西辺
プラニ・バスティ	-----	778.0	911.0	-----
トプクハナデシュ	911.0	806.0	911.0	801.5
モディクハナ＋ヴィシェシュヴァルジ	839.5	809.0	839.0	806.5
ガート・ダルワジャ	911.0	801.0	817.5	807.5
ラムチャンドラ・コロニー	817.0	773.5	817.0	787.5
トプクハナ・ハズリ	942.5	828.0	1043.0	802.0
平　均　　　　　　単位　メートル	884.2	799.25	889.8	801.0

四方なのである．

　各街路幅も100フィート（30.48メートル）を基準に，50フィート（15.24メートル），25フィート（7.62メートル），12.5フィート（3.81メートル）と考えれば計測値の段階的分布を理解できる．マンダパが設けられる大路，中路の場合，両側合わせて10フィートを加えれば110フィート（33.5メートル），60フィート（18.3メートル）となり，計測値に合う．街路の計画寸法は極めて単純に設定されていたと考えられる．また，三つのチョウパルの広さを計測すると，106メートル〜108メートル四方となる．一辺350フィート（106.67メートル）の正方形として計画されたと考えられる．

　以上の考察は，さらに以下の街区構成についての分析において確信される．

(3) 街区と街路体系[391]

　チョウクリ（街区）の寸法には，考えられているよりもばらつきがある（表III-2-1，図III-2-5）．

　南北方向の寸法は，北側は崩れていてそもそも明確ではないけれど，778.0（2552.5フィート）〜787.5メートル（2583.7フィート）の幅がある．南側も，東端部は大きくずれ（828.0メートル），中央でも801.0メートル（2628.0フィート）〜807.5メートル（2649.3フィート）の幅がある．東西方向も西から911.0メートル（2988.8フィート），839.5メートル（2754.3フィート），817.0メートル（2680.4フィート），942.5メートル（3092.2フィート）とほとんど規則性がない．南側の4ブロックは，両端が大きく，中央の二つが小さい区画になる．ただ，チャンドポール門の芯とチョティ・

第Ⅲ章
ジャイプル

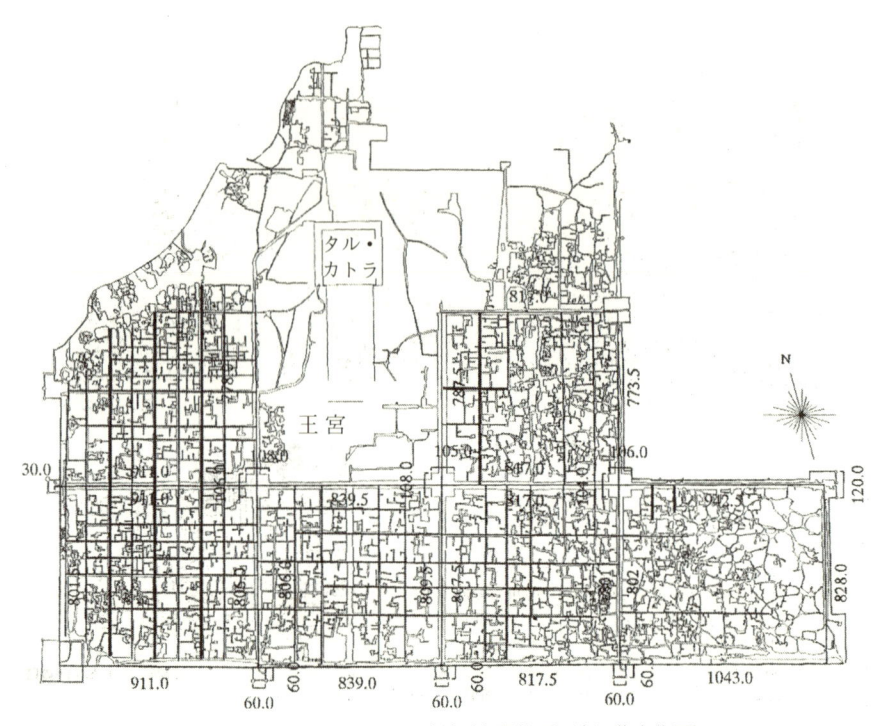

図Ⅲ-2-5 ●チョウクリの寸法（布野修司，渡辺菊真作図）

チョウパルの芯との間を測ると941.0メートルとなり，チャンドポール・バーザールとスーラジポール・バーザールの長さがほぼ等しいことが注目される．チョティ・チョウパルの芯とアジメール門の芯を測ると836.1メートル，バリ・チョウパルの芯とサンガネリ門の芯を測ると837.5メートルとなる．王宮の南のチョウクリ（モディクハナ＋ヴィシェシュヴァルジ）の形はほぼ正方形といってよい．他は正方形のものはなく，大きさも同じものはない．

　街路パターンを見ると，比較的グリッドが明確であるチョウクリとグリッドが崩れた区域がまず区別できる．グリッドが崩れているのは，トプクハナ・ハズリの全域，ラムチャンドラ・コロニーの東4分の3，ガート・ダルワジャの東部，およびトプクハナデシュの西南部である．王宮から離れた周辺部は迷路状の街路パターンが目立つ．また，比較的グリッドがはっきりしているのは，まず，トプクハナデシュ，続いて，プラニ・バスティ，モディクハナ＋ヴィシェシュヴァルジと

なる．

　トプクハナデシュを見ると，南北の50フィートほどの中路によってまず全体が四つに区分され，さらに小路によってそれぞれが二つに割られることによって，八つのブロックが縦に分割されている．これは，プラニ・バスティも同様である．そして，東西の細街路によってさらに分割が行なわれるが，はっきりしているのは6本である．南部に幅の広いブロックが残されているが，そこにもう一本街路が想定されていることが見て取れるから，全体は8×8のブロックで計画されていると考えられる．これは，『マーナサーラ』にいう，チャンディタ（あるいはマンドゥーカ）・パターンの分割である．

　まず，東西方向のブロック幅を見るとほぼ均等に104〜107メートル（約350フィート）で割られていることが分かる．チョティ・チョウパルの芯とチャンドポール門の芯の間941.0メートル（3087.3フィート）が500フィート＋350フィート×6＋500フィート＝3100フィートで割られたと推測できる．南北方向のブロック幅は，北端と南端を除くと74〜76.5メートル（約250フィート）である．チョウクリの周辺部を除くとおよそ350フィート×250フィートが基準住区ブロックになっている．

　プラニ・バスティを見ると，西北部が欠けていることもあって分割は不明瞭である．8×8のブロックに分けられていることは推測されるが，東西街路間の幅が異なり，ブロックの大きさは幾つかに分かれる．トプクハナデシュとは違う分割パターンが計画されていたことが推測される．

　他のチョウクリは以上の二つのチョウクリとは異なる．第一に指摘できるのは，50フィートスケールの中路がないことである．チョウラ・ラスタは後に作られたものであり，他には王宮の東のラムチャンドラ・コロニーの南北街路（10.5〜13メートル）を除くと25フィート以下の街路のみで区画される．計画の度合いは低いと考えてよい．

　モディクハナ＋ヴィシェシュヴァルジ，ガート・ダルワジャ，ラムチャンドラ・コロニーとも，南北街路によって六つのブロックに分割される．比較的はっきりしているモディクハナ＋ヴィシェシュヴァルジを見ると6×6の分割意図が見て取れる．東西のチョウパルの350フィート分を除いてブロック幅を見ると，384.4フィート，395.3フィート，428.1フィート，390.4フィート，356.5フィートと

第 III 章
ジャイプル

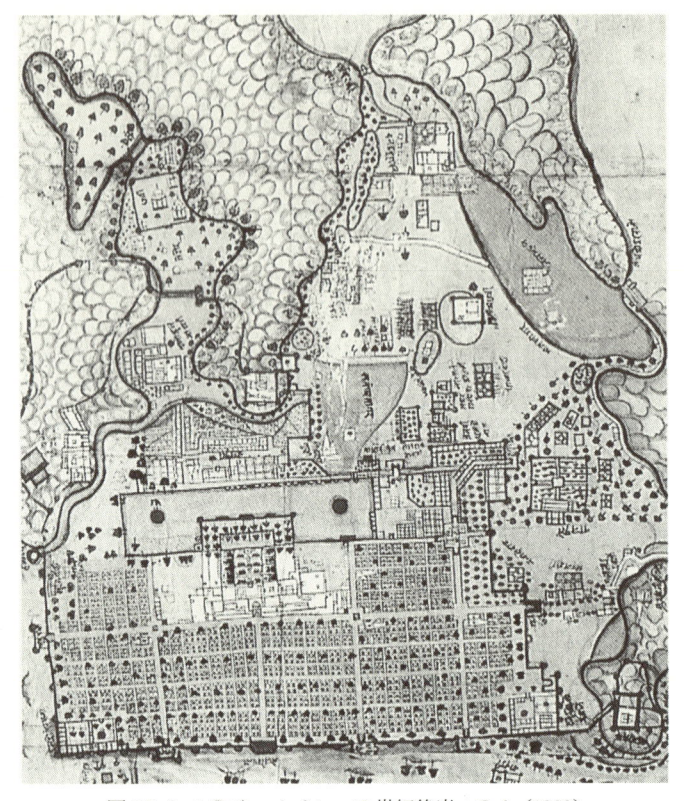

図 III-2-6 ●ジャイプル　18世紀後半：Gole (1989)

およそ400フィートの間隔で分割されているのである．チョウパルの芯々間829.5メートル（2754フィート）が175フィート＋400フィート×6＋175フィート＝2750フィートと割る構想があったと推定される．東西街路による南北の分割は均等ではなく，住区ブロックの大きさは様々である．18世紀後半の作成とされる地図[392]（図III-2-6）では，各チョウクリはすべて8×8に分割されているけれど実際の分割パターンとは大きく異なっている．そもそも，それ以前に，チョウクリの数，配列がまったく異なっている．

　以上より，街路の寸法体系からチョウクリの計画性の度合いを順序付けると，1　トプクハナデシュ，2　プラニ・バスティ，3　モディクハナ＋ヴィシェシュヴァルジ，4　ガート・ダルワジャ，5　ラムチャンドラ・コロニー，6　トプクハ

ジャイプルの空間構造

ナ・ハズリとなる．以上の順序は，ジャイプルの発展の順序と考えてよい．

　以上，極めて整然としたグリッド・パターンと考えられているジャイプルが，実際には必ずしもそうではないことが明らかとなる．ジャイプルの空間構造についてまとめると以下のようになる．

　①東西南北の幹線街路によって区切られるチョウクリの大きさは一定ではない．街区を正確に同じ大きさにする理念は必ずしもないと思われる．ただ，三つのチョウパルは同じ大きさ（350フィート四方）で作られており，当初から現在の形態が計画されていたと考えてよい．3×3のナイン・スクエアの理念の存在の当否は判断できないが，計画理念の上で東西幹線街路の重要性ははっきりしている．古来の重要な街道であり，地形的にも尾根沿いになること，スーラジ（太陽）神殿への軸線を形成することなどから，まず東西幹線街路が決定されたと考えられる．

　②街路寸法にははっきりとしたランクがあり（100フィート（30.48メートル），50フィート（15.24メートル），25フィート（7.62メートル），12.5フィート（3.81メートル）），そのヒエラルキーに従って住区を構成する計画理念があった．しかし，次第にその理念は崩れていった．

　③街路体系から各チョウクリの発展順序が明らかになる．当初，はっきりと計画されたのは，トプクハナデシュ，プラニ・バスティ，そして，モディクハナ＋ヴィシェシュヴァルジである．街路寸法から見ると，王宮を含めた4ブロックが当初の計画域であった可能性がある．王宮に残された No. L. S./14 という地図[393]（図III-2-7）には四つのチョウクリしか描かれておらず，上の推測を補強するように思える．ただ，二つ目のバリ・チョウパルの東に幹線街路の延長らしきものが描かれているから，建設途中，もしくは，より大きな規模が予め想定されていたとみるのが妥当である．

　④トプクハナデシュは，8×8＝64（チャンディタ＝マンドゥーカ）の均等な住区に分割する理念のもとに計画されている．インド古来の都市計画理念が意識されていることは明らかである．また，プラニ・バスティ，モディクハナ＋ヴィシェシュヴァルジは別の分割パターンが試みられている．地位やカーストによってブロックの大きさを変えるという「プラスタラ」の理念が見られるという説は否定し難い．当初四つのブロックであったとすれば，「プラスタラ」の全体の形態にも

第Ⅲ章
ジャイプル

図Ⅲ-2-7 ●ジャイプル　No. L. S./14: Roy (1978)

似ていることになる．
　⑤街路パターンは周辺部に至るほど崩れる．また，その分布はモスクの分布と重なる．ムスリムの居住とともに，グリッド・パターンは崩れていったと考えられる．

3
ジャイプルの住居と住区構成[394]

3-1 ジャイプルの住居

(1) ハヴェリ

　インド調査局作製の都市地図（1925～28年）を見るとロの字型の中庭式住居がびっしりと並んでいる．規模は大小様々である（図III-3-1）．大規模な住居の中には，中庭（チョウク chowk）を複数持つものもある．大規模な邸宅はハヴェリと呼ばれる．

　規模，中庭の数は異にするけれど，ハヴェリは幾つか共通の特徴を持っている．列挙すれば以下のようである（図III-3-2）．
　a. 中軸線を持ち，基本的に左右対称である．
　b. 中軸線上に入口，中庭が置かれる．
　c. 中庭が垂直方向，水平方向の動線の核になる．
　d. 奥に行くほど，上層階に行くほどプライバシーの度合いは強くなる．
　e. 各戸へは専用の階段が設けられることが多い．
　f. プライバシーの確保のために，曲がりくねった動線が採られることが多い．
　g. 中庭回りは屋根のみで壁は設けられない．
　h. トイレ，バス，台所などは端部に設けられる

　極めて単純で明快な平面形式であるが，独特の要素によって変化あるファサードを作り出している．また，中庭回りの柱や開口部に様々な意匠が施されている．王宮やハワ・マハルのファサードがジャイプルの景観を特徴付ける諸要素をよく示している．開口部の上部に設けられる日除け用の庇チャジャ chajjas, 屋上の四

第 III 章
ジャイプル

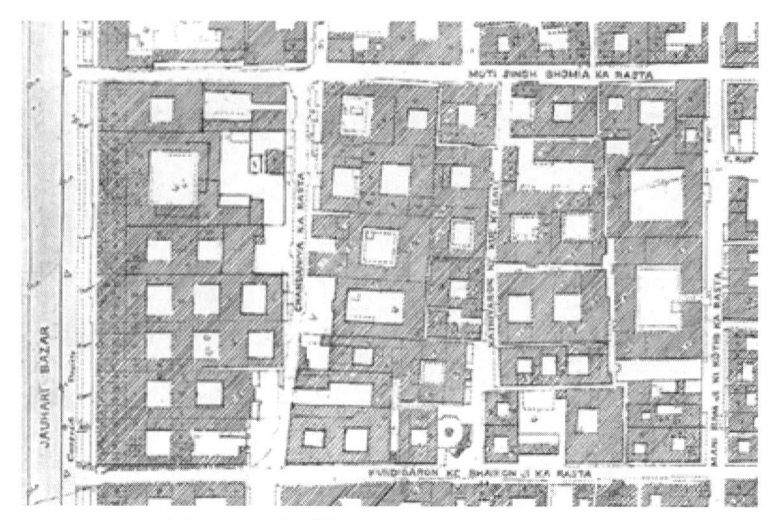

図 III-3-1 ●都市図に見るハヴェリ：Survey of India

デヴィ・シン・キ・ハヴェリ

ダロガジ・キ・ハヴェリ

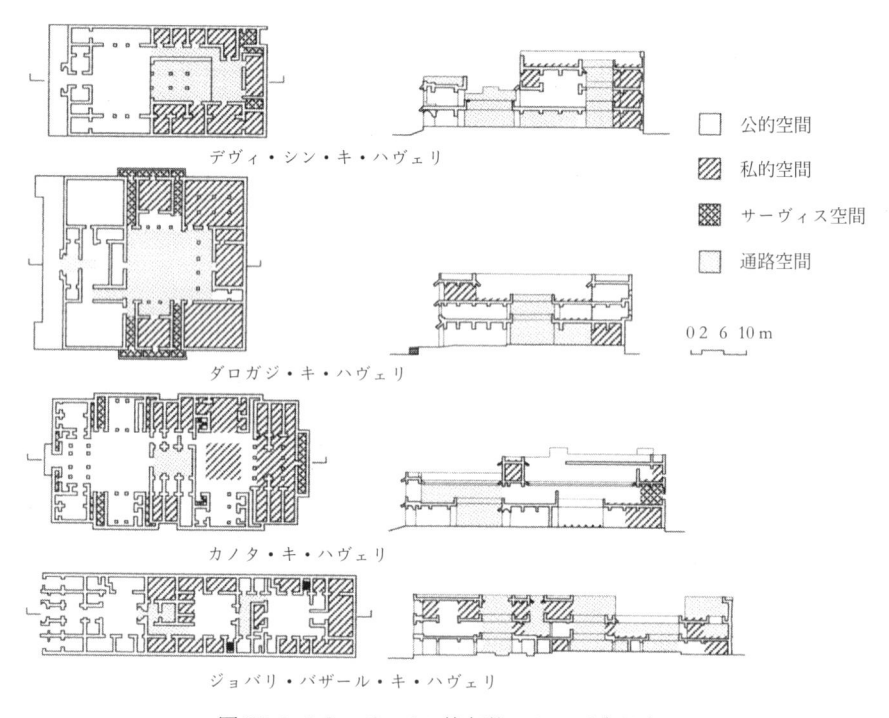

カノタ・キ・ハヴェリ

ジョバリ・バザール・キ・ハヴェリ

□ 公的空間
▨ 私的空間
▩ サーヴィス空間
□ 通路空間

0 2 6 10 m

図 III-3-2 ●ハヴェリの基本型：Jain et al (1994)

隅に置かれる4本柱のチャトリ chattries, 壁面から突き出したバルコニー, ジャロカ jharokhas などが印象的である. 幾つかのアーチの形式, イーワーン[395]に似たニッチ, ドーム, 楕円ドームなどもラージャスターンの建築様式を作り出している.

構造は石造もしくは煉瓦造である. 壁は荒石積みでモルタルで仕上げられている. 上述のように, ラム・シンの治世に決定されて, 主要通りはピンク色(赤褐色)であるが, その他の場所は白い壁が多い. 屋根, 床の荷重は伝統的なアーチ, ヴォールトで支えられている. 中庭に面した回廊, バルコニーは持ち送りで支えられている. 柱のスパンは3～5メートルと短く, 壁は35～50センチメートルと厚い.

ジャイプルはタール砂漠の入口に位置し, 高温乾燥の砂漠気候に近い. したがって, 日照の確保よりも夏に日影を作ることが基本になっている. 中庭の大きさと高さは, 夏の午後日影となるように決められるのが原則である. また, 西日を遮るために西側は高い壁が作られる. 中庭は夜間に冷気を蓄える空間となり, 屋上は夕涼みの空間として用いられる.

チャトリやチャジャも断熱のための要素である. 屋根にはスルキ surkhi と呼ばれる小石の層が作られる. 壁厚が厚いのも断熱のためである. また, 開口部は夏の熱気を防ぐために最小限にされている.

(2) 住居の類型

ジャイプルの住居の基本型はロの字型の中庭式住居である. 典型的なものを挙げれば, ダロガジ・キ・ハヴェリ, デヴィシン・キ・ハヴェリ, カノタ・キ・ハヴェリ, ジョハリバーザール・キ・ハヴェリとなる(図III-3-2)[396]. 規模が大きくなると, 奥行きが長くなり, 中庭の数が増えていく. 平面の系列は分かりやすい.

都市地図を見ていくと, しかし, 他のタイプの住居も見分けることができる. 特に, 未だ建てづまらない住区にはI字型, L字型, コの字型などの平面型をみることができる(図III-3-3). また, 大通りに面した地区には店舗および店舗併用住宅の形態を見ることができる. さらに, 住居の規模, 階数, 立地(街路に面するかどうか), エントランスの向きなどで住居を分類できる.

極めて模式的には, 図III-3-4のような基本単位を考えることができる. 敷地

第 III 章
ジャイプル

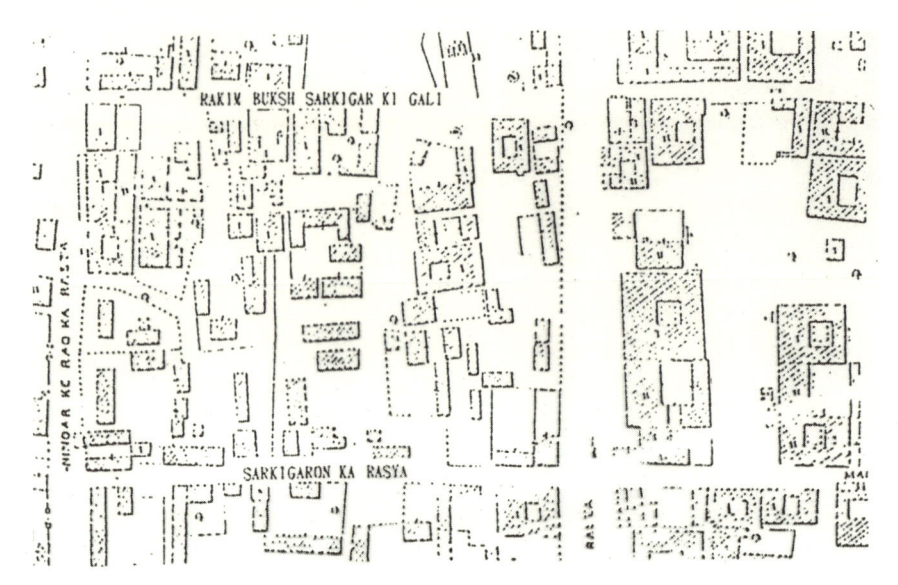

図 III-3-3 ●都市図に見る周辺部の住居：Survey of India

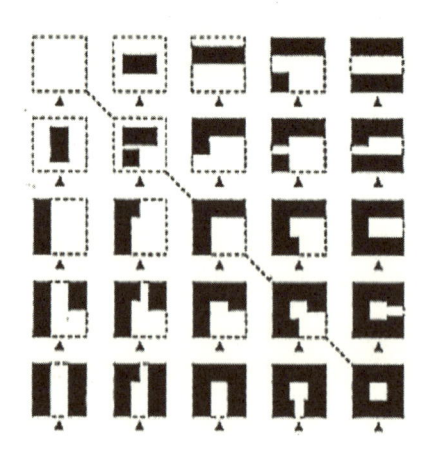

図 III-3-4 ●ハヴェリの類型（布野修司作製）

にまず一棟建てられ，次第に中庭を囲む形で中庭式住居（ハヴェリ）が形成されるという図式である．図 III-3-4 に図 III-3-2 の幾つかの類型を見ることができる．また，図 III-3-1 は図 III-3-4 の単位の組み合わせと考えることができる．各単位を幾つか連結することによって住居が成り立っていると考えると，都市地図の外

形（屋根伏形状）を容易に類型化できる．具体的に見ることのできる主要な住居類型は図III-3-1のようである．幾つかのチョウクリから任意に選んでその分布を示すと表III-3-1のようである（図III-1-1に各街区の位置を示している）．

ロの字型が基本型になっていることは一目瞭然であるが，表の街区を集計すると全体の半数（49.8パーセント）を占める．コの字型が9.6パーセント，ロの字型を二つ繋げたタイプが9.3パーセントと続く．型は明確に確立している．

ただ，住宅の規模は様々である．トプクハナデシュについて見ると（表III-3-2），24平方メートル〜1050平方メートルとかなりのばらつきがある．住戸規模の分布から貧富の階層の分布をある程度窺える．王宮周辺に大規模なハヴェリが分布しており，周辺には少ない．西に位置するプラニ・バスティとトプクハナデシュは当初に計画されたチョウクリであるが必ずしも大規模な住戸は多くない．街区も，最も細かく分割されているのは西に位置するプラニ・バスティとトプクハナデシュである．すなわち，敷地規模の小さい住居は，西および西南の区画に多い．ロの字型が三つ連なるタイプはジョハリ・バーザールに地区に集中している．街区規模によって奥行きが深い敷地割りになっているためだと理解できる．先に確認したように（III-2-2），王宮北にブラーフマプリという地名が見え，あくまで推測にすぎないが，『アルタシャーストラ』のいう，ブラーフマン＝北，クシャトリヤ＝東，ヴァイシャ＝南，シュードラ＝西という理念があったかもしれない．現在も西には清掃業者など低所得者層が居住している．

都市地図を丹念に見ると住宅規模がそろっている地区がある．計画的に開発された地区である．行政拠点としてのジャイプルには，多くの行政官や軍人が居住することになった．前述したように，その行政官の俸給として与えられた土地をジャーギールと言い，ジャイプルに土地を所有する層をジャーギールダールと呼んだ[397]．18世紀後半には，そのジャーギールダール のために住宅を建設し，年収の一割を徴収する施策が採られた．トプクハナ・ハズリを除くチョウクリに多くの住宅が建設された．こうしたマハーラージャ主導の計画的住宅建設によって，都市開発のガイドラインが作られたことは言うまでもない．

第 III 章

ジャイプル

表 III-3-1 ●住居類型の分布

(住居類型アイコンを T1〜T28 として表記)

	T1	T2	T3	T4	T5	T6	T7	T8	T9	T10	T11	T12	T13	T14	T15	T16	T17	T18	T19	T20	T21	T22	T23	T24	T25	T26	T27	T28
PB67			2					4	2	1	37						2		1		1			4	1			
GW41	1			1	2				1	13	1			1		2	1	1	1		2	10	3					
RC15	1	4	1	3		5	1	1	5	1	2	30	1		1	1		1		1			3	1				
TH12		1	1	2	1	3			11	1	1	11	1	2			2		1				3					
MB15		5	2	1		5			7			49	1					1	3				6	2				

表 III-3-2 ●住区規模と住戸数：布野修司作製

Residential quarter	East-West (m)	North-South (m)	Area (m²)	Number of dwellings	Dwellings inside the quarter	Largest dwelling (m²)	Smallest dwelling (m²)	Galli	Well	Shrine
TD12	95	154	14630	74	46	840	24	2		
TD13	99	159	15741	52	27	720	54	2	1	1
TD14	97	159	15423	48	16	600	66	2		
TD15N	94	75	7050	18	5	522	45		2	1
TD15S	97	83	8051	35	16	450	36	1		3
TD16N	95	82	7790	26	13	675	63	1	1	1
TD16S	95	69	6555	32	9	340	42			
TD17	94	153	14382	44	15%	551	32	1	2	2
TD22	95	70	6650	22	6	400	35	1		
TD23	98	68	6664	28	9	550	52	0	1	
TD24	95	69	6555	39	11	252	32	0		1
TD25	95	69	6555	26	5	330	100	0		
TD26	96	70	9170	29	9	1050	40	0	1	2
TD27	96	70	6624	34	9	420	49	0		2
TD28	131	70	9170	29	9	1050	40	0	1	2
TD32	93	69	6417	27	10	396	60	0		
TD33	97	71	6887	23	6	440	33	0		
TD34	96	70	6720	31	11	306	66	0		
TD35	99	72	7128	30	11	529	54	1	1	2
TD36	98	71	6958	48	27	342	28	0	1	3
TD37	98	70	6939	28	8	364	60	0	1	1
TD38	132	71	9372	39	17	504	45	1	1	2
TD42	98	68	6664	30	12	600	42	1	0	0
TD43	99	70	6930	28	8	364	60	0	1	
TD44	99	70	6930	28	8	364	80	2	1	1
TD45	95	72	6840	33	6	500	36	0	0	0
TD46	96	70	6720	26	9	440	28	0	1	2
TD47	96	71	6816	33	10	288	42	0		
TD48	134	70	9380	25	30	750	81	0		
TD55	97	72	6984	32	10	400	49	0	1	2
TD65	95	72	6840	29	9	414	48	0	1	0
TD566	95	148	14060	72	38	450	33	0	1	1
TD57	96	70	6720	55	29	238	25	1	1	5
TD67	96	71	6816	40	19	275	90	1	2	4
TD58	135	69	9315	26	7	840	28	0	1	1
TD68	135	73	9855	36	11	1000	63	1	1	5
Total	3651	2979	299772	1256	473	18044	1753	18	25	43
average	101	83	8,327	35	13	501	49	0.5	0.7	1,194

3-2 住区構成

(1) 住区規模

　チョウクリを分割する街路間の間隔はチョウクリ毎に異なっている．また，グリッド・パターンは，トプクハナデシュ，プラニ・バスティ，モディクハナ＋ビシェシュアルジ，ガート・ダルワジャ，ラムチャンドラ・コロニー，トプクハナ・ハズリの順に崩れていく．都市地図からグリッドが明確なすべての住区の規模（東西，南北の幅）をプロットすると図Ⅲ-3-5のようになる．また，チョウクリ毎に平均住区面積を示せば表Ⅲ-3-3のようである．平均住区面積は1.47ha（東西110.6メートル，南北125.4メートル）であるが，かなり多様である．ただ，最もグリッドがはっきりしているトプクハナデシュについて見ると，三つの住区タイプからなっており，幾つかの支配的な住区規模がある．東西幅については，95〜100メートルが54（42.9パーセント），110〜115メートルが12（9.5パーセント），130〜135メートルが10（7.9パーセント），南北幅については65〜75メートルが40（31.7パーセント），105〜115メートルが12（9.5パーセント），145〜155メートルおよび205〜215メートルがともに10（7.9パーセント）といった長さが目立つ．この分布には，当初の計画寸法が反映していると考えてよい．すなわち，上述したように，350ft×250ft（106.7メートル×76.2メートル）が基準区画になっている．また，東西方向は，当初，500ft＋350ft×6＋500ft＝3100ftと割られていたと考えてよい．

(2) マルグとラスタ

　ジャイプルでは，街区のことをラスタrastaあるいはマルグmargという．ラスタはヒンディー語で「通り」を意味する．また，マルグもサンスクリット語で「通り」を意味する．『マーナサーラ』が，村落類型に触れる中で，ナンディヤーヴァルタについて，ラトヤー，ヴィーティー，マルグ，マハー・マルグという通りについて触れていることは，第Ⅰ章で見た（I-3-2(3)）．街区（の名称）を「通り」と称するということは，すなわち，ジャイプルの街区は基本的に両側町である．同じ通りに面している住居が一つのマルグ（ラスタ）を形成するのである．

　ただ，同じ通りであっても，ラスタの名は場所によって異なる．ジョハリ・

第III章
ジャイプル

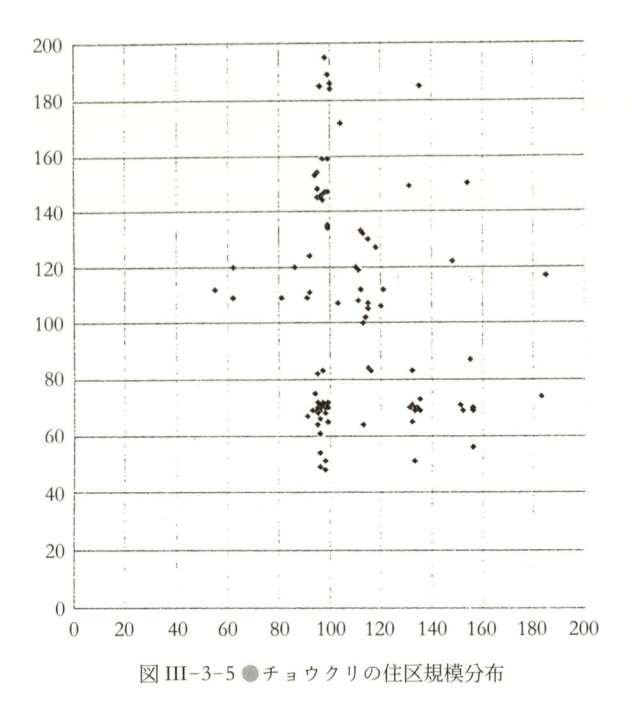

図 III-3-5 ● チョウクリの住区規模分布

表 III-3-3 ● チョウクリの住区構成

チョウクリ	東西	南北	面積	ガリ	井戸	聖祠
プラニバスティ (35)	103.9	135.1	14135.7	0.8	1.7	0.7
トプクハナデシュ (36)	101.4	82.8	832.7	0.5	0.7	1.2
モディクハナ＋ヴィシェシュヴァルジ (29)	125.6	125.8	15560.2	0.6	1.1	1.5
ガート・ダルワジャ (17)	107.6	126.5	13780.5	0.6	1.1	1.7
ラムチャンドラ・コロニー (9)	130.2	254.7	33748.9	2.9	6.1	3.1
平　均	110.6	125.4	14157.0	0.8	1.5	1.3

（　）内は住区数・面積は m^2. 東西, 南北は m.

　バザールから一本西（ヴィシェシュヴァルジ・チョウクリの東）の通りを見ると，北からハヌマンジ・カ・ラスタ Hanuman ji ka Rasta, コチャワロン・カ・ラスタ Kotyahwalon ka Rasta, バラ・ガンゴロン・カ・ラスタ Bara Gangoron ka Rasta と名前が変わっていく．東西ラスタと交差する毎に名前が変わるのである．すなわち，街路で囲まれたブロックが一つの単位となっている．ラスタの名は，ヒン

表 III-3-4 ●チョウクリのモハッラ数と人口

チョウクリ	モハッラ数	人口 (1881)	人口 (1921)
ガンガポール	15	7,750	11,145
サルハド*	9	4,174	
プラニバスティ	50	18,263	
トプクハナデシュ	43	20,182	14,723
モディクハナ	8	8,882	2,650
ヴィシェシュヴァルジ	19	13,435	7,783
ガードダルワジャ	44	22,127	15,138
トプクハナ・ハズリ	13	28,729	25,245
ラムチャンドラジ	20	28,729	2,545

＊9のモハッラからなるサルハドは王宮に接する．モハッラは1921年に再組織化される．

ドゥー教の神々，職業，勲功あった人物などからとられている．

『ヴィディヤダール・ナガラ』[398]は，「個々のマルグの大きさは160メートル×160メートルから110メートル×110メートルである．この規模は，典型的なマルグは40から50戸の住居で構成される．マルグが一体感を持って社会的文化的活動を行なうのに適している．マルグの住民は一つのカースト，あるいはサブカーストに属し，また，同じ職業に就いている．」と書いている．実際の住区規模は上に示した通り正確ではないが，カースト毎の住み分けと街区との関係ははっきりしている．カースト集団は，ジャーティ集団であるとともに，一種の自治組織でもある．また，一般にカースト集団は内婚集団を形成するが，サブカーストは外婚集団である．マルグは，したがって，一つの巨大な家のように強い結束力を持つ．マルグは，カースト制度を基盤にすることによって強固なコミュニティーの単位となっているのである．主要通り沿いのバーザールとは異なり，チョウクリ内の店舗や工房を営むのはマルグの住人である．工房，店舗の種類からカーストをある程度判断できる．通りを歩いてみれば，また，チョウクリ内の店舗，工房の分布を見ると，同一職業が通り毎に固まる傾向にあるのは明白である．近代化の流れの中で，カースト・コミュニティーと一体化したマルグの特質は崩れつつある．一方，サンスクリット化[399]によって逆にカースト・コミュニティーの結束力が強められる傾向もある．

1881年のセンサスには，チョウクリ毎のモハッラ mohalla[400]（マルグ）の数が記されている（表III-3-2）．1881年の地図（図III-1-8）を見るとトプクハナ・ハズリ

第 III 章
ジャイプル

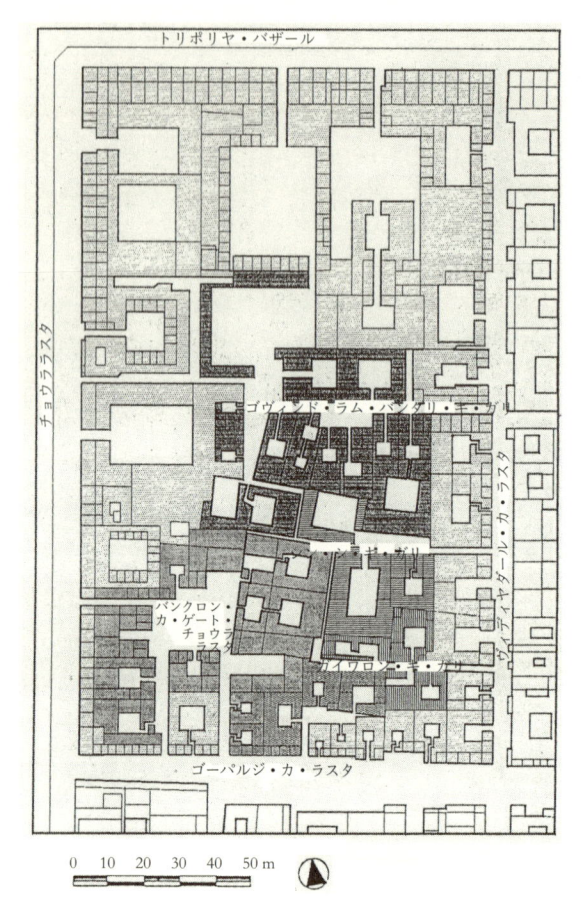

図 III-3-6 ● ヴィシェシュワラジの街区構成（荒仁作製）

を除いたすべてのチョウクリが開発され，王宮の北サルハッドにも人々が居住し始めている．市壁内の人口は，全インドでセンサスが開始された 1881 年が 12 万 5785 人，1891 年が 13 万 2421 人である．プラニ・バスティ(50)，トプクハナデシュ(43)，ガート・ダルワジャ(44) が人口 2 万人前後のチョウクリである．およそ 1 マルグの人口は 400 〜 500 人である．

　マド・シン III 世（1880 〜 1922）の治世は衰退の時代となる[401]．1899 〜 1900 年の飢饉もあって，また，ペストやインフルエンザの流行で，市壁内の人口は 1901 年の 13 万 2091 人から 1911 年の 11 万 1585 人，さらに 1921 年の 9 万 4216 人と減

ジャイプルの住居と住区構成

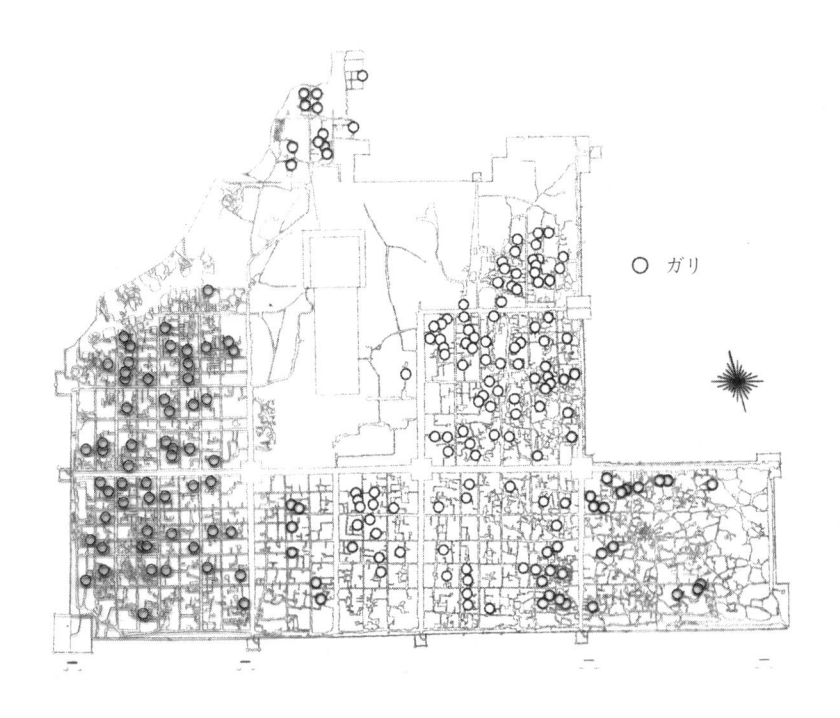

図 III-3-7 ●ガリの分布

り続けるのである．1920年代半ばの都市地図に描かれた住区は1881年の段階とそう変わりがないと考えてよい．実際，当時まだ空き地があったチョウラ・ラスタを除くとラム・シンの死んだ1880年から大きな変化はないのである．各チョウクリのマルグの数を見ると，およそ，街区の数に一致していることが分かる．プラニ・バスティとトプクハナデシュは，当初8×8のブロック，ガート・ダルワジャは6×6に分割する構想があり，各街区を住区単位としていたと考えてよい．

(3) ガリとゲル

都市地図を見ると住区の中にガリ gali という記入がある．すなわち，一つの住区（マルグ，ラスタ）は幾つかのガリからなる．ガリとはヒンディー語で「路地」を

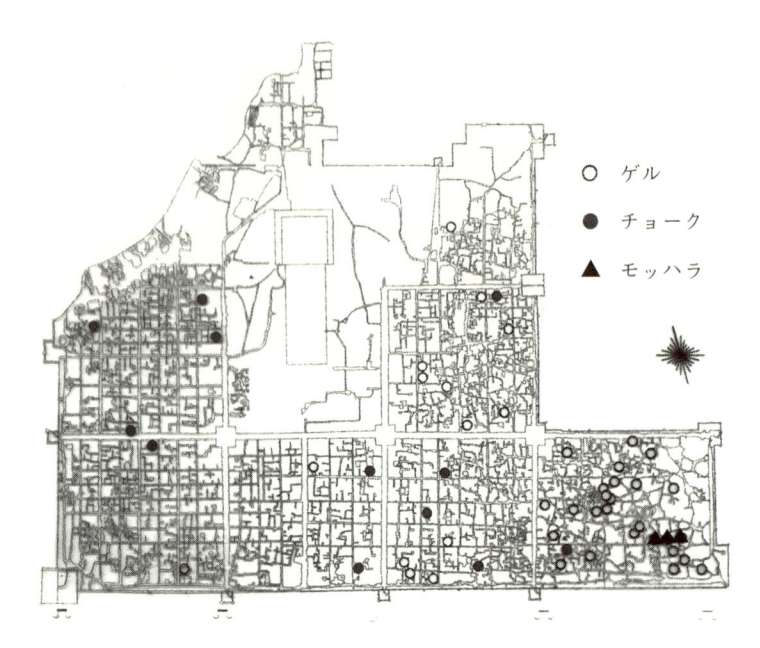

図 III-3-8 ●ゲル，チョウク，モッハラの分布

意味する．袋小路（クル・ド・サック）となる場合が多い．ガリは，ラスタ，マルガと同様，通りであると同時に住区の単位（下位単位）である．街路幅はラスタより一般に狭い．主要入口が面する通りによって所属するガリが決定されている．すなわち，住区はガリによって再分割される．同じような長方形の住区でも細分割のされ方によって多様な住区が生み出されている．

図 III-3-6 は，ヴィシェシュワラジの北西の街区の構成を示している．袋地状のガリ，ラスタの構成がよく分かる．都市図に描かれたガリは図 III-3-7 のように分布している．数戸の住戸から成るガリから10戸以上から成るガリまで様々である．ガリによる住区の分割パターンは一定ではなく，状況に応じて多様に分割が行なわれたことが分かる．

また，都市地図にはゲル gher と呼ばれるスペースがある．バンワロンカ・ゲート・チョウラ・ラスタ Banwalon ka Gate というラスタは，都市地図では，シュリ・ジャンキナート・ジ・カ・ゲル Shri Jankinath Ji Ka Gher となっている．ゲル

図 III-3-9 ● モスクの分布

は邸宅を意味するガル gharからきているという．路地の奥の中庭のようなオープンスペースをいう．ゲルの回りを住居や工房，店舗が囲む形で住区を構成するのである．ゲルと同様な空間は多い．チョウクもその一つである．チョウクとは中庭のようなオープンスペースのことをいう．チョウクとは本来「四角」という意味で，住居の中庭がチョウクと呼ばれる．チョウクリ，チョウパルもチョウクという言葉が変化したものである．ゲル，チョウクの分布は図 III-3-8のようである．ゲルの名は東部に集中している．

(4) 住区と諸施設

都市地図には，建物の階数などとともに，ヒンドゥー寺院，モスクなど宗教施設，聖祠，井戸などの位置が示されている．各チョウクリについて，住区規模，ガリ数，井戸数，聖祠数を表 III-3-2のようにまとめてみると，基本的な住区構成が

第Ⅲ章
ジャイプル

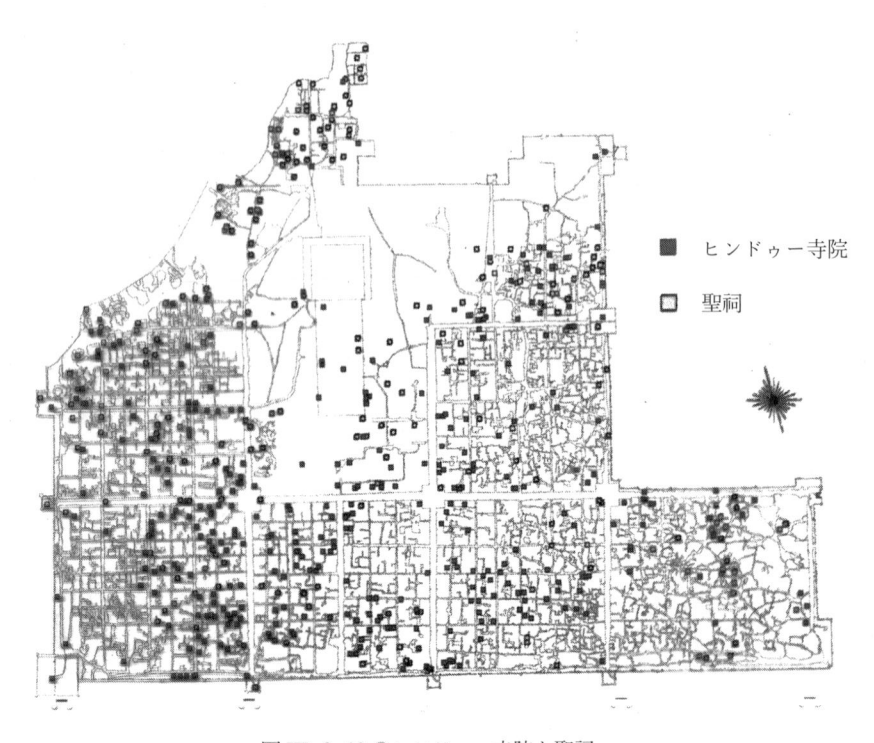

図Ⅲ-3-10 ● ヒンドゥー寺院と聖祠

明らかとなる．まず，全体的分布として指摘できるのは，ヒンドゥー教の寺院，聖祠は全域に分布するのに対して，モスクの分布は一部に偏っていることである（図Ⅲ-3-9）．モスクが分布するのは，ラムチャンドラ・コロニー，ガート・ダルワジャ，トプカハハズリ，そしてトプクハナデシュの南西部である．要するに市域の周辺部であり，グリッド・パターンが崩れた地区にモスクが集中的に立地するのである．

　もう一つ指摘できるのは，住区単位に井戸などが設けられていることである．チョウクリ毎の平均を表Ⅲ-3-2に示している．基本的に各住区に井戸，聖祠が一つずつ置かれる計算となる．

4
住区の変容[402]

4-1 地区特性

センサスによって各地区(ワード)の特性を見てみると(表 III-4-1, 2)、主として以下のような諸点が指摘できる。ワードの区分は図 III-1-10 に示している。

①就業率(平均値、最大値、中央値、最小値)は、1981 (27.0 パーセント, 35.9 パーセント, 26.5 パーセント, 24.9 パーセント), 1991(28.25 パーセント, 33.06 パーセント, 28.14 パーセント, 25.31 パーセント)とそう大きなばらつきはない。

②製造業のうち、家内工業従事者率 1991 (1.12 パーセント, 8.29 パーセント, 0.46 パーセント, 0.11 パーセント)が高いのは、ワード No. 12 (8.29 パーセント ← 2.30 パーセント (1981 年), No. 9 (8.17 パーセント ← 2.59 パーセント), No. 11 (6.76 パーセント ← 2.73 パーセント)である。1981 年の家内工業従事者率(1.39 パーセント, 3.29 パーセント, 1.20 パーセント, 0.28 パーセント)に比べて全体として減っており、三つのワードの増加はかなり目立つ。

③家内工業以外の製造業従事者率 1991 (6.19 パーセント, 11.38 パーセント, 5.74 パーセント, 1.83 パーセント)が高いのはワード No. 7(11.38 パーセント), No. 12(10.00 パーセント), No. 6 (9.87 パーセント), No. 11 (9.76 パーセント), No. 14 (9.62 パーセント)などである。製造業全体で 15 パーセントを超えるのが No. 12, 11, 9 である。ラムチャンドラ・コロニー およびトプクハナデシュに製造業が分布してきたことが指摘できる。

④建設業 1991 (1.57 パーセント, 7.62 パーセント, 1.17 パーセント, 0.22 パーセント)の比率が目立って高いのが No. 24 (7.62 パーセント)である。人口が急激に増えつ

第 III 章

ジャイプル

表 III-4-1 ● ワードの特性　チョウクリの特性

ワード No.	就業者数 91	就業率 91	耕作者	鉱業	家内工業	家内工業以外	製造業率	建設業	商業	scheduled 91
1	9701	28.1%	19	13	183	1938	6.15%	326	2456	6285
2	6064	28.6%	8	9	121	1132	5.90%	95	2149	131
3	7491	28.1%	2	27	156	1444	6.01%	325	2154	5213
4	6978	27.3%	56	11	161	1428	6.21%	166	2591	2079
5	6494	29.1%	7	7	149	1674	8.17%	295	1797	1793
6	7929	27.7%	7	14	250	2828	10.74%	296	1675	2746
7	11331	26.8%	219	9	716	4807	13.07%	376	2085	2284
8	9806	27.2%	14	68	628	2499	8.69%	606	2341	10266
9	7607	25.8%	2	3	2408	2399	16.31%	88	1051	914
10	6707	27.7%	6	10	344	1985	9.62%	82	1792	402
11	6035	27.0%	3	4	1513	2184	16.51%	197	719	3363
12	8249	26.8%	2	6	2550	3074	18.29%	104	1025	1294
13	4457	27.0%	4	10	528	1421	11.80%	36	1280	102
14	7688	28.7%	6	8	921	2579	13.05%	156	2002	4953
15	8508	30.4%	21	7	513	2280	9.98%	95	3414	244
16	5994	29.3%	13	1	261	1245	7.35%	93	2359	243
17	8607	28.8%	26	24	416	2141	8.55%	194	2867	253
18	8206	26.3%	7	4	422	2543	9.49%	303	1719	3725
19	8328	26.6%	9	2	567	2825	10.85%	275	1615	4982
20	9523	28.2%	142	106	162	2249	7.15%	569	2284	5747
21	7307	30.7%	9	28	38	681	3.02%	182	3036	208
22	8214	31.1%	11	21	118	945	4.02%	157	3288	800
23	6763	29.3%	7	23	62	421	2.10%	457	1890	3193
24	14939	31.8%	777	1333	108	2076	4.65%	3579	1490	19502
25	9595	28.8%	36	33	94	841	2.81%	1293	2823	4797
26	10854	29.0%	590	42	112	1231	3.58%	908	3245	3094
27	10348	29.2%	14	29	279	1815	5.91%	386	3463	3183
28	13350	27.8%	222	58	122	1934	4.28%	1215	3263	5082
29	12288	25.3%	113	37	135	1444	3.25%	1215	2902	10137
30	10631	29.7%	50	26	109	1532	4.59%	1270	2128	8477
31	17667	28.4%	378	52	165	3102	5.25%	1378	4694	6230
32	9779	30.9%	67	9	103	2259	7.46%	630	1514	3039
33	8573	26.6%	47	11	183	2274	7.62%	442	1409	4618
34	7186	31.2%	38	17	31	956	4.29%	224	2254	1265
35	6571	26.6%	15	2	158	1580	7.02%	243	1684	1272
36	5422	32.3%	14	31	20	601	3.70%	106	1967	510
37	6663	28.6%	29	15	53	1115	5.01%	233	2026	1929
38	6961	33.1%	21	23	29	923	4.52%	256	591	3722

表III-4-2 ● チョウクリの特性

ワード No.	就業者数91	就業率91	耕作者	鉱業	家内工業	家内工業以外		建設業	商業	scheduled 91
プラニ・バスティ	36728	28.2%	92	67	770	7616	6.44%	1207	11147	15501
スパッシュ・チョーク	7929	27.7%	7	14	250	2828	10.74%	296	1675	2746
ラムチャンドラ	41486	26.9%	244	94	5609	13874	12.63%	1349	7988	17229
トプクハナデシュ	34896	28.5%	46	32	4773	10599	12.54%	484	10080	6836
モディクハナ	16813	27.5%	33	28	838	4684	9.03%	497	4586	3978
ビシェシュワルジ	17851	27.5%	151	108	729	2039	4.26%	844	3899	10729
ガートダルワジャ	37223	31.0%	804	1405	326	4123	3.70%	4375	9704	23703
トプクハナ・ハズリ	20449	28.9%	626	75	206	2072	3.22%	2201	6068	7891
27-38	115439	28.7%	1008	310	1387	19535	5.19%	7598	27895	49464
39-50	82226	27.2%	834	352	864	20004	6.89%	6747	17311	30700
総　計	411040	3	3845	2485	15752	87374	7.07%	25598	100353	168777

つある地区であり，建設業従事者が流入層であることが推測される．

⑤商業1991（7.08パーセント，12.75パーセント，6.80パーセント，2.81パーセント）は全域で営まれているが，1割を超えるのは，No. 2（10.12パーセント），4（10.12パーセント），15（12.19パーセント），16（11.51パーセント），21（12.75パーセント），22（12.44パーセント）である．プラニ・バスティ，トプクハナデシュの西部，バーザール沿いに多い．

⑥極めて興味深いのが指定カーストの分布である．1981年（9.09パーセント，27.31パーセント，7.26パーセント，0.27パーセント）と1991年（10.48パーセント，41.52パーセント，8.92パーセント，0.62パーセント）で平均値はそう変わらないものの，分布の偏りも大きいのである．特徴的なワードを挙げれば，No. 1（23.04パーセント→18.23パーセント：1981年→1991年），2（0.27パーセント→0.62パーセント），3（0.49パーセント→19.58パーセント），8（5.76パーセント→28.53パーセント），10（1.04パーセント→166パーセント），11（3.27パーセント→15.02パーセント），13（2.08パーセント→0.62パーセント），14（26.39パーセント→18.47パーセント），15（9.49パーセント→0.87パーセント），16（27.31パーセント→1.19パーセント），17（0.50パーセント→0.85パーセント），19（0.39パーセント→15.93パーセント），20（0.28パーセント→17.04パーセント），21（1.12パーセント→0.87パーセント），24（0.64パーセント→41.52パーセント）などである．1981年の段階では，指定カーストが居住するのはNo. 1, 14, 16に限定さ

れていたのが，No. 1, 3, 8, 11, 14, 19, 20, 24 に拡大している．最も急激に変化したのは No. 16, No. 24 である．住区は急速に流動化しつつある．

4-2 住区の変容

　急激な人口増加によって，ジャイプル旧市街がどのように変容してきたのか，四つの地区について現地調査によって，1925〜28年の都市地図との比較を行なった．選定したのは（図III-2-1にその地区を示す），プラニ・バスティから No. 1 (213.5パーセント)・2(173.5パーセント)(A地区 図III-4-2)，ラムチャンドラ・コロニーから No. 8(204.4パーセント)(B地区 図III-4-3)，トプクハナデシュから No. 14 (113.2パーセント)(C地区)，トプクハナ・ハズリから No. 25 (305.4パーセント)(D地区)のワード（の一区画）である（括弧内のパーセントは1981年から1991年の人口増加率）．70年間の変化は著しいが，全体として，平面的に基本的な骨格は変わっていないことが明らかである．空地に新築という建て詰まりはもちろん各地区で見られるが，専ら垂直方向への増改築による変化が進行してきている．

　一方，地区による差異も指摘できる．1925〜28年から1996年の間に新築[403]された住戸数は，それぞれ A地区：33戸 (501戸)，B地区：3戸 (41戸)，C地区：2戸 (15戸)，D地区：15戸 (75戸) である（括弧内は調査地区の総戸数）．No. 8, No. 14 は極めて安定していると言ってよい．No. 25 の変化は著しい．当初，開発が遅れた地域であることが分かる．

　ワード No. 14 は，10年間の人口増加はほとんどない．1925〜28年と比べた空間的変化は1981年にはすでに飽和状態にあったと考えてよい．指定カーストの居住がもともと多い地区である．また，開発が先行した地区特性を示している．それに対して No. 25 は，空地に新築の形が多い．街路パターンも乱れ，ムスリムが多く居住する地区である．近年激しく変化している．No. 8 は王宮に近接し，宅地割りもすでに安定している．しかし，10年で2倍もの人口を吸収しつつある．前述したように，指定カーストの増加が特徴的である．

　空間的に余裕がある地区に人口流入が続き，垂直方向への増築が一貫して行なわれつつある．居住者の属性はそれぞれであるが，各地区は，各段階の人口密度を示し，次第に飽和状態を迎えつつあると言ってよい．最も初期に開発されたプ

B地区階級分布　1925-28　　　　1996

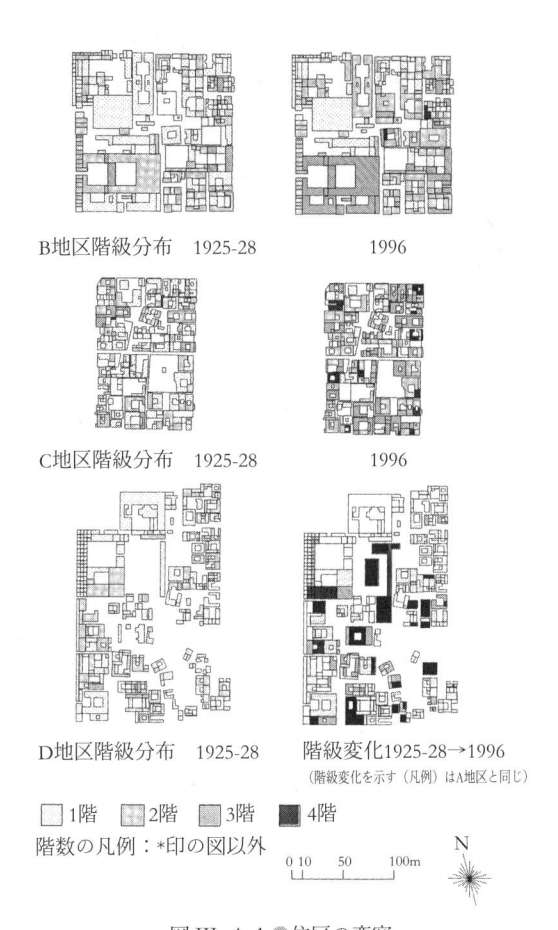

C地区階級分布　1925-28　　　　1996

D地区階級分布　1925-28　　　階級変化1925-28→1996
　　　　　　　　　　　　　　（階級変化を示す（凡例）はA地区と同じ）

☐1階　☐2階　▨3階　■4階
階数の凡例：*印の図以外

図III-4-1 ●住区の変容

ラニ・バスティについて，以下に少し詳細に見てみたい．

4-3 プラニ・バスティの変容

　1925〜28年の段階で，全468戸のうち平屋（I）が145戸（30.98パーセント），一部2階建て（I+）が119戸（25.43パーセント），2階建て（II）が126戸（26.92パーセント）である．一部3階建て（II+：53戸），3階建て（III：25戸）合わせて78戸（16.67パーセント）で4階（IV：以下0, I, I+, II, II+, III, III+, IV等略記する）以上の住

第 III 章
ジャイプル

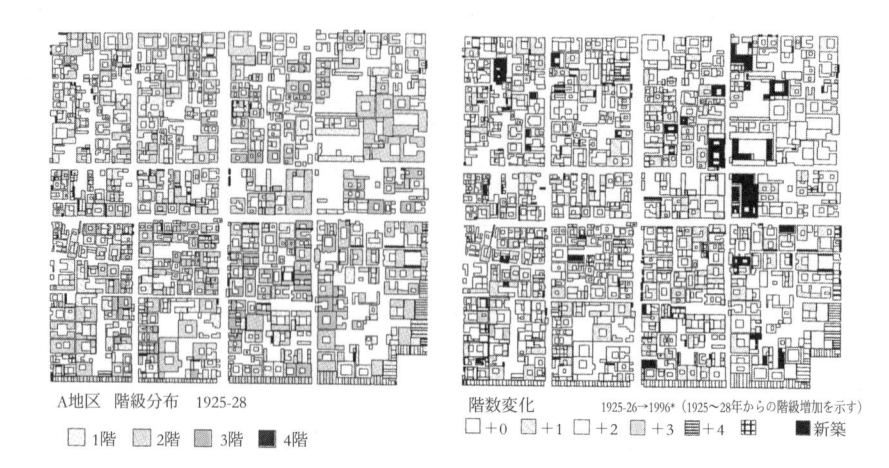

A地区　階級分布　1925-28
□1階　□2階　▨3階　■4階

階数変化　1925-26→1996*（1925〜28年からの階級増加を示す）
□+0　□+1　▨+2　▨+3　▨+4　■新築

図 III-4-2 ●住区の変容

戸はない．基本はいわゆるロの字型の中庭式住居ハヴェリである．III のうち，ロの字型をとるのは20戸（内中庭を二つもつものが2戸）で，1920年代半ばにすでに III は一般的に見られたと考えてよい．分布に大きな特徴はみられないが，幹線道路のチャンドポール・バーザールとキシャンポール・バーザール寄りに，大型住戸，また，II が多いことが見て取れる．III は，むしろ幹線道路沿いになく，街区内部に見られる．幹線道路沿いは上述したように最初に一定の形態規制のもとに建設されており，III は，その後の段階で建設されたことが推察できる．III 以上の住戸の分布は，そうした意味で都市化（建て詰まり）の指標となる．

1996年と比較してみると，個々の住宅の階数変化は次のようである．II が空地（0）になった例（1例），III が I に変わった例（2例）など階数を減じた例（計4例）もあるが，階数は増加している．I が63戸（12.57パーセント），I ＋が51戸（10.18パーセント），II が141戸（28.14パーセント），II ＋が69戸（13.77パーセント），III が121戸（24.15パーセント），III ＋が24戸（4.79パーセント），IV が26戸（5.19パーセント），IV ＋以上が5戸（1.00パーセント）と，高層化は明らかである．

個々の変化のパターンで目立つのは，II → III：44戸（パーセント），I → II：43戸（パーセント），I ＋→ II：30戸（パーセント），I → III：24戸（パーセント）などである．階数に変化のないもの[404]は，I：51戸（10.18パーセント），I ＋：42戸（8.38パー

4
住区の変容

図 III-4-3 ●三階建て以上のハヴェリの分布

セント），II：48戸（9.58パーセント），II＋：18戸（3.59パーセント），III：17戸（3.39パーセント）と全体で35.13パーセントを占める．ABCDの全地区を会わせた各階数間の遷移確率を求めてみると，ほぼ半世紀単位（70年間）でどういう変化が起こったかがわかる．

　1920年代半ばにすでに骨格を決定したジャイプルは，当初は平屋ないし二階建ての中庭式住居を基本としていた．一方，1925〜28年の段階で三階建てがすでに見られる．その分布を図III-4-3に示す．この分布は人口密度の分布を示していると考えてよい．グリッドの街路パターンにもかかわらず，王宮を取り囲む円の形の分布が興味深い．この図は，ジャイプルの発展過程を示す．また，当時のジャイプルの社会構成を窺う興味深い手掛かりを与えると考える．

　ジャイプルの独立後の人口増加は著しい．市壁内の空き地が建て詰まる一方，

専ら垂直方向の増築によって人口を吸収してきた．1980年以降の変化はとりわけ著しい．市の南東部が特に膨張しつつある．カースト制のもと，各カーストの居住地は限定されてきた．上記の地区特性が残るのはカースト制のためでもある．しかし，センサスから急速な流動化が起こりつつあることが窺える．一つの指標として，指定カーストの流入がその方向を示している．

　以上のような変容によって，ジャイプルの居住環境は多くの問題を露呈し始めている．インフラストラクチャーに関わる都市計画上の問題とともに中高層化による日照問題等環境問題が意識され始めている[405]．ハヴェリという都市型住宅と類い希な都市計画によってユニークな景観を誇ってきたジャイプルも，未曾有の人口増加によって，ユニークな景観の保存問題とともに居住問題を抱え，新たな対応が必要とされているのである．

5
曼荼羅都市・ジャイプル

　ジャイプルは，以上に明らかにしたように，天才ジャイ・シンⅡ世によって，宇宙の構造を写すべく構想され，建設された曼荼羅都市である．ジャイプルの空間構造についてまとめよう．

　①ジャイプルの中心に置かれるのは，王宮であり，中心寺院であるゴヴィンダデーヴァであり，そして天文台（ジャンタル・マンタル）である．王権と祭祀権が明快に中央に集中して配されている．そして，宇宙の原理を探る天文台がその前に置かれているのが極めてユニークである．ジャイプルの場合，すべてを統合する中心に位置していたのはジャイ・シンⅡ世である．予め作られた都市の起源となる王宮背後のタルカトラ（池）と庭園を合わせると広大な面積を王宮＋神域は占めている．

　②王宮を中心とする都市の全体構造は，しかし，必ずしもはっきりしない．少なくとも，多くの「ヴァーストゥ・シャーストラ」が説いてきたような，同心囲帯状の空間構造をジャイプルはしていない．全体を大きく規定しているのは，チャンドポール（月）門からスーラジ（日）門に至る一直線の幹線大通りである．すなわち，チャンドポール・バーザール，トリポリア・バーザール，ラムガンジ・バーザール，スーラジポール・バーザールの一直線の連続である．

　③一説に『マーナサーラ』のいう村落・都市類型の一つ「プラスタラ」に基づくという説があるが，全体構造としては異なっている．当初建設された王宮を含めた四つの街画（チョウクリ）については，「プラスタラ」に従っているように思われる．すなわち，異なった街区分割を行なう「プラスタラ」の特徴をプラニ・バスティ，トプクハナ・デシュ，モディクハナ＋ヴィシェシュヴァルジの3チョウク

リは示している．そうした意味では，ジャイプルの造営に当たって「プラスタラ」が意識されていることは間違いない．しかし，その場合，王宮が中心になく，北東の区画が極めて不自然である．また，②の幹線軸＝中央大通り，城壁などは予め計画され，比較的早期に完成しており，全体が「プラスタラ」というのは受け入れ難い．

　④王宮を中心にして全体構造を考えると，チョウクリ（街区）を単位として全体を3×3＝9のナイン・スクエアで構成しようとしているように見える．筆者はこの説をとるが，上辺が大きく崩れており，特に北西角のチョウクリが欠けていること，さらに，南東角にチョウクリが東に向かって張り出していることが不可解である．すべてが予め計画されていたことを重視すれば，北東部の欠損を南東部で補った，という説も成り立つであろう．しかし，ナイン・スクエアの完結性をそれで象徴できるかどうかは疑問である．完結性を考えるのであれば，幹線道路に設けられたチョウパルの，特にラムガンジ・チョウパルが不自然である．すなわち，南東部の突出街区トプクハナ・ハズリに見合うチョウクリがその北に作られてこのチョウパルは意味を持つ筈である．ラムガンジ・チョウパルの存在は，ジャイプルが東へ発展していく，そのシステムを示しているようにも思えるのである．その場合，当初の市域規模は，防御，居住人口など機能的な要因によって決められたと考えられる．

　⑤王宮中心という原理に対して，第二の原理，すなわち，スーラジ（太陽）寺院に向かう軸線が極めて重要視されていることは明らかである．この軸線が東西軸から15度南に振れていることの意味付けが問題となるが，何らかの天文学的位置付けがあったことは想像に難くない．獅子座の方向という説も，それなりに説得力がある．しかし，第一には，スーラジ寺院との関係が重視されたと見なすべきであろう．自然地形が一方で重視され，その結果，北東部の欠損，軸の傾きが選択されたのである．

　⑥各チョウクリの大きさは，東西南北の平均で，およそ885メートル×800メートルである．しかし，一定ではない．むしろ想像以上にばらつきは大きい．また，街路幅もかなりまちまちである．しかし，当初の街区設計がフィートを単位として行なわれ，各寸法の決定にラウンド・ナンバー（丸めた数字）が用いられていることは明らかである．各門の大きさは200フィート四方あるいは400フィート四

方，チョウパルの大きさは，350フィート四方である．街路幅は，100フィート（30.48メートル）を基準に，50フィート（15.24メートル），25フィート（7.62メートル），12.5フィート（3.81メートル）にヒエラルキカルに構成されている．

⑦各チョウクリの分割パターンは，「プラスタラ」のいうように，それぞれ異なっている．トプクハナデシュを見ると，全体は8×8のブロックで計画されている．これは『マーナサーラ』にいう，チャンディタ（あるいはマンドゥーカ）・パターンの分割である．モディクハナ＋ヴィシェシュヴァルジ，ガート・ダルワジャ，ラムチャンドラ・コロニー とも，南北街路によって六つのブロックに分別される．これは『マーナサーラ』にいう，ウグラピータ・パターンの分割である．分割パターンから各チョウクリの発展順序が明らかになる．

⑧分割された街区の各住区の規模もまた様々であるが，この住区が居住集団の単位となる．ジャイプルでは，住区のことをラスタあるいはマルグという．ラスタとはヒンディー語で「通り」を意味する．また，マルグもサンスクリット語で「通り」を意味する．個々のマルグの大きさは160メートル×160メートルから110メートル×110メートルで，典型的なマルグは40から50戸の住居で構成される．マルグの住民は一つのカースト，あるいはサブカーストに属し，また，同じ職業に就くのが一般的である．すなわち，カースト集団は，ジャーティ集団であるとともに，一種の自治組織でもある．一つの住区（マルグ，ラスタ）は幾つかのガリあるいはゲルからなる．ガリとはヒンディー語で「路地」を意味する．袋小路（クル・ド・サック）となる場合が多い．ゲルは邸宅を意味するガルからきているという．路地の奥に中庭のようなオープンスペースをいう．ガリとゲルは，ラスタ，マルガと同様，通りであると同時に住区の単位（下位単位）である．

⑨ジャイプルの住居の基本型はハヴェリと呼ばれる中庭式住居である．ハヴェリとは邸宅を意味し，北インド一帯で見られるが，マドゥライで見た中庭式住宅のような南インドの形式とはまったく異なる．大きく中庭をとって，それに各部屋が面する．場合によって，合同家族が居住する集合住宅ともなる．また，今日では数階に及ぶものも珍しくはない．ジャイ・シンⅡ世は，建設当初，このハヴェリを計画的に建設させ，住区の骨格を作りあげた．また，主要幹線通り沿いに設けられた店舗住宅はその骨格形成に大きな寄与をなした．

以上のように，ジャイ・シンⅡ世の「宇宙を孕む夢」を今日にまで伝えるジャ

第 III 章
ジャイプル

イプルは，その骨格をよく残している．しかし，その変容は著しく，その将来への連続については予断を許さない状況にある．

第 IV 章

チャクラヌガラ

Cakranegara

1　ロンボク島とチャクラヌガラ
  1-1　ロンボク島の生態
 1-2　ロンボク島の歴史——チャクラヌガラとバリ・カランガスム
  1-3　ロンボク島の諸民族と集落

2　チャクラヌガラの空間構造
  2-1　街路体系と宅地割
  2-2　住区単位——カラン
  2-3　祭祀施設と住区構成

3　棲み分けの構造
  3-1　ロンボク島の社会と住居
  3-2　チャクラヌガラの住民構成
  3-3　棲み分けの構図

4　マジャパヒト王国の首都
  4-1　マジャパヒト王国
  4-2　首都の復元

5　曼荼羅都市・チャクラヌガラ

第IV章

チャクラヌガラ

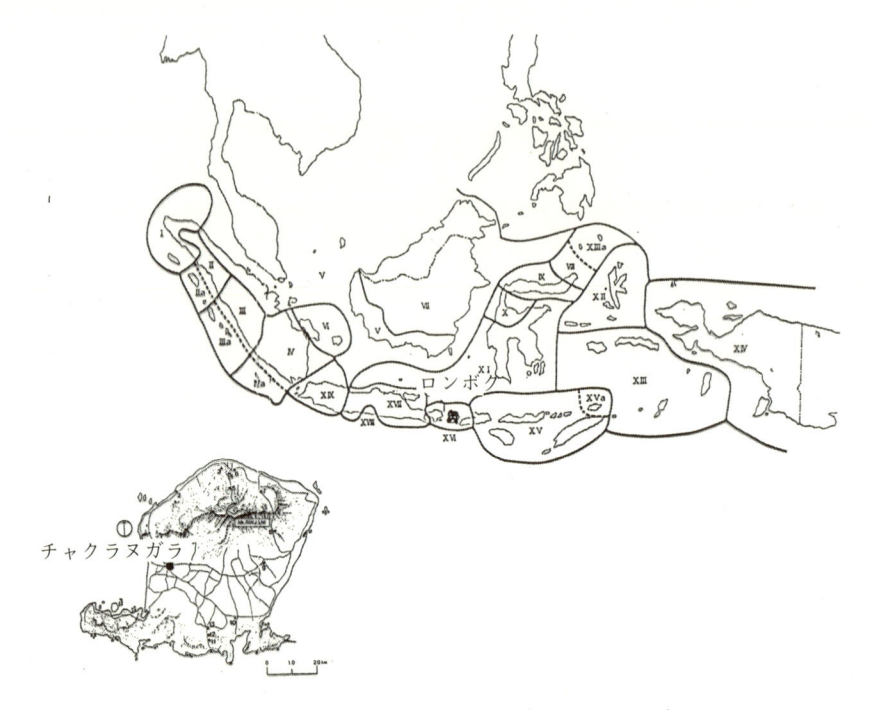

図IV-0-1 ● インドネシアの慣習法圏とロンボク島

　ジャイ・シンII世がジャイプルを建設しているちょうどその頃，ヒンドゥー世界の東の果て，バリ島のさらに東に隣接するロンボク島で一つの都市が建設されていた（図IV-0-1）．チャクラヌガラという．本書がこの都市の発見を出発点としていることは冒頭に触れた通りである．まず，チャクラヌガラをありのままに検討しよう．そして，その空間構造がどのような系譜に連なるのかを考えよう．

　チャクラヌガラは，18世紀初頭にバリのカランガスム王国の植民都市として建設された．その中心の寺であるプラ・メール[406]が建設されたのが1720年，王宮に隣接するプラ・マユラが建設されたのが1744年である．18世紀前半には都市の基礎が作られたとみてよい．

　その都市理念には，ジャワのマジャパヒト王国やバリ・ヒンドゥー王国の都市理念が何らかの形で反映していることが推測される．興味深いのは，マジャパヒト王国の14世紀の年代記『ナーガラクルターガマ（デーシャワルナナ）』がチャクラヌガラの王宮で発見されていることである[407]．

314

格子状の街路パターンをしたチャクラヌガラの存在はこれまでの都市史研究において，また，インドネシア研究において，まったく触れられることがなかったのであるが，その街路パターンと宅地割りに関する実測調査から，一定の寸法体系に基づいて計画的に建設されたことが明らかとなった．街路幅は，マルガ・サンガ（東西約36メートル　南北約45メートル），マルガ・ダサ（大路　約18メートル），マルガ（小路　約8メートル）の三つのレヴェルからなり，マルガ・ダサで囲まれたブロックを街区単位としている．ブロックは南北に走る3本のマルガで四つのサブ・ブロックに分けられ，それぞれのサブ・ブロックは，背割りの形で南北10ずつ計20の屋敷地プカランガン pekarangan に区画される．マルガを挟んで計20のプカランガンのまとまりを同じくマルガと言い，2マルガで1クリアン，さらに2クリアン をカランという．また，聞き取り調査からも，もともとバリからカランと呼ばれる一定の地域集団，あるいは祭祀集団が移住してきて建設されたことが分かっている．

　まず，ジャワおよびバリ・カランガスムとロンボクの歴史的関係を基にチャクラヌガラ建設の背景を明らかにしたい．そして，臨地調査[408]に基づいて，チャクラヌガラの中心寺院であるプラ・メールの祭祀集団と住区組織との興味深い対応関係を明らかにする．また，続いて，祭祀集団のバリにおける出身地を，地名およびカラン名を基に考察する．そして，以上を基にチャクラヌガラの当初の構成について明らかにしたい[409]．

　そして，最後にチャクラヌガラと本書で扱った諸都市を比較しながら，マジャパヒト王国の首都について考えてみたい．

1
ロンボク島とチャクラヌガラ

1-1 ロンボク島の生態

　ロンボク島は，南緯8度に位置し，東にはバリ島が西にはスンバワ Sunbawa 島が隣接している．インドネシア，西ヌサ・トゥンガラ Nusa Tenggara Barat 州に属し，州都マタラム Mataram がある．東西，南北ともに約80キロメートルの幅を持つ（5435平方キロメートル）．インドネシア語でロンボクというと「とうがらし」という意味であるが，もともとは，島の東部のある地域の名であった．原住民であるササック Sasak 族は，スラパラン Selaparang と呼んでいたという．

　地形はバリ島によく似ている（図 IV-1-1）．中央にインドネシア第二の活火山，リンジャニ山 Gunung Rinjani（3726メートル，1901年に噴火した記録がある）が聳え，大きく三つの地域に分けられる．すなわち，荒れたサバンナのような風景が見られる，リンジャニ山を中心とする北部山間部，豊かな水田地帯の広がる中央部，それに乾いた南部の丘陵地帯である．

　北部山間部は火山帯であり，リンジャニ山とバルー山 Gunung Baru（2376メートル）に囲われたスガラ・アナック Segara Anak 湖（2008メートル）を中心として，東はナンギ山 Gunung Nangi（2330メートル），西はプニカン山 Gunung Punikan（1490メートル）をそれぞれピークとした山並みに続き，ロンボク島を南北に切断している．スガラ・アナック湖は硫黄分が多く，湖より北海岸へ流れるロコック・プテック Lokoq Puteq 川は乳濁色となっている．ロコック・プテックとは文字どおり白い川という意味である．

　南部丘陵部は，西部半島から300～400メートルの高さに立ち上がり，北東へ向

ロンボク島とチャクラヌガラ

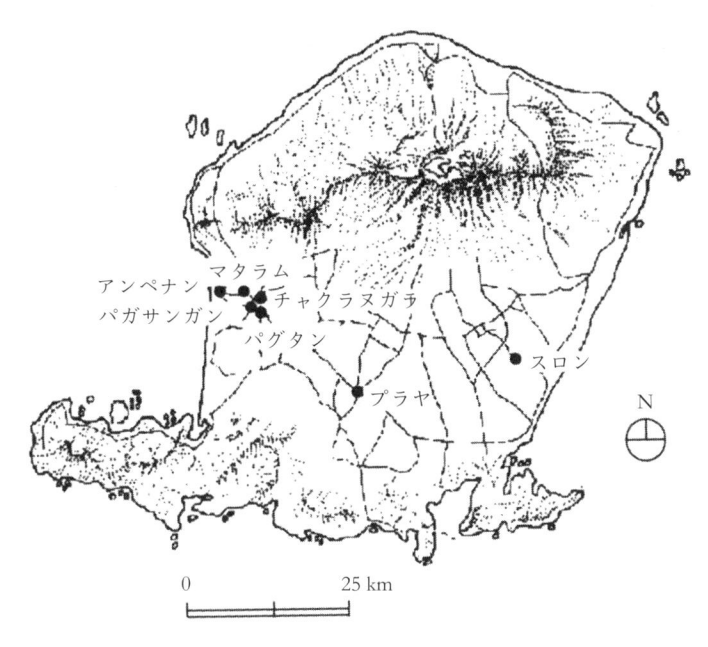

図IV-1-1 ●ロンボク島の主要都市（脇田祥尚作図）

かって伸び，東部半島へ連なる．マレジェ山 Gunung Mareje（716 メートル）をピークとする．

　人口のほとんどが居住する中央平野部は，およそ東西56キロメートル，南北25キロメートルの広さを持つ．大きく二つの地域に分かれ，北東部の水に恵まれ肥沃な地域＝西ロンボクと，さほど水に恵まれず，そう豊かではない南東部の地域＝東ロンボクとからなる．中央部は鼠や昆虫の害あるいは水害や干魃の害で飢饉が度々襲っている．1966年には5万人が飢餓のために死亡している．インドネシア政府が，今日も，他島への移住を推奨しているのはそうした自然条件のためである．

　二つの地域は19世紀までは深い森ジュリン Juring によって隔てられており，それぞれダウ・ジュリン Dawuh Juring，ダンギン・ジュリン Dangin Jurin と呼ばれる．西ロンボクにはバリ人が住み，東ロンボクにはササック族が住んできた．

　気候は，1年は乾季と雨季に分かれ，4月から9月が乾季に，10月から3月が雨

317

季に当たる．乾季と雨季の差は著しく，乾期には北部山間部はサバンナのような景観となる．バリ島より若干乾燥している．雨期は風が強い．山間部盆地の朝夕の気温の変化は激しい．

知られるように，バリ島とロンボク島の間にはウォーレス線[410]が走る．A. R. ウォーレス（1823年〜1913年）[411]は，鳥類，哺乳類の分布を基に地球上を六つの地区に分割したが，その東洋区とオーストラリア区の境界が二つの島の間にある．その線の西と東では，植物も含めて生物相に大きな断絶がある．のみならず，人間活動の形態においても大きな境界がある．大雑把にいって，ウォーレス線の西は稲と水牛の世界であり，東は芋と豚の世界である．

現在，稲作が盛んだが，もともとは根菜類をベースとした島といってよい．バナナ，ココナツが島全体で採れる他，コーヒー，タバコ，野菜，米などの穀物を産する．リンジャニ山の麓の盆地は，にんにくが名物である．

樹木はチーク，マホガニーを産する．ビンタングル Bintangur，クサンビ Kesanbi，ブングル Bungur，フィグ Fig といった地域産材は建材や家具に用いられる．

自然環境に関する以上の特性から，ロンボク島について以下の生態区分を考えることができる[412]．

A 北部山間部
　A-1 山岳部 原生林で覆われ，人々は居住しない
　A-2 山間部 乾季雨季の差が著しい．人口密度は粗である．ほとんどが火山灰地．焼き畑と水稲耕作の両方を行なう．
B 中央平野部 人口の大半が居住．集約的な灌漑農業を行なう．西部の方が水に恵まれ，土地も肥沃である．
　B-1 西部
　B-2 東部
C 南部丘陵部 河川がなく，水が乏しい．灌漑農業を行なう．

1-2 ロンボク島の歴史——チャクラヌガラとバリ・カランガスム

考古学的発掘に依れば，紀元前6世紀にはロンボク南部に人類が居住していた

とされる[413]. ベトナム南部およびバリ, スンバなどと同種の人種であるという. また, ロンボク島の主要な民族であるササック族は, 北西インドあるいはビルマから移動してきたとされる. ロンボク島の歴史については三つの大きな外部からの影響を考えることができる. 15世紀から16世紀にかけてのジャワ文化の強い影響, 17世紀のバリとマカッサル Macassar の政治的影響, 18世紀初頭からのバリの政治支配の強化である. しかし, いずれにせよ, 17世紀以前の歴史はよく分かっていない. ここでは, バリのヒンドゥー王国のロンボク支配を中心にロンボクの歴史を必要な範囲で確認しておきたい.

(1) ジャワ化

ジャワの王国がロンボクを直接政治的な支配下に置いたという決定的な証拠はないのであるが, 『ナーガラクルターガマ (デーシャワルナナ)』の中にマジャパヒト王国にロンボク島は属しているという記述が見られる. また, R. ゴリスは, ロンボク北東部の山地にあるスンバルン Sembalun 盆地に居住している人々は, 自分達はジャワ・ヒンドゥーの子孫であり, マジャパヒト王国の王の親戚あるいは兄弟がスンバルンの村の近くに埋葬されていると信じていることを報告している[414]. スンバルン盆地には, 音楽や舞踊, 言語, 神話上の人物や聖なる物の名にジャワ・ヒンドゥーの強い影響を見ることができ, 何らかの繋がりが想定される.

9世紀から11世紀にかけて, ササック族の王国が存在した. ロンボク年代記 Babad Lombok[415] によれば, ロンボク最古の王国は, クチャマタン・サンベリア Kecamatan Sambelia のラエ村 Desa Lae にあったというが, その後, クチャマタン・アイクメル Kecamatan Aikmel のパマタン Pamatan に王国が生まれる. 場所はスンバルン盆地であろうと考えられている. そうした前史があって, ジャワの影響が及んでくる. マジャパヒト王国の王子ラデン・マスパヒト Raden Maspahit がバトゥ・パラン Batu Parang という国を建てたという[416]. この国が, 今日, スラパランと考えられている. スラパランは, 上述のようにロンボクの別名である.

また, 13世紀には, プリギ Perigi 国という名が知られる. ジャワからの移住であり, ロンボク島はプリギ島と呼ばれた. また, ブロンガス Belongas のクダロ Kedaro 国が知られる. 『ナーガラクルターガマ (デーシャワルナナ)』は, 幾つかの

第 IV 章
チャクラヌガラ

小国の名を記している．マジャパヒト王国は 1343 年にバリに侵攻，その勢力がロンボクに及ぶのはその翌年である．スラパランおよびクダロはマジャパヒトに隷属することになる．マジャパヒト王国崩壊の後，小さな国が林立する．その中で著名なのはラブハン・ロンボク Labuhan Lombok のロンボク王国である．

(2) イスラーム化

ロンボクには，15 世紀前半，1506 年から 1545 年の間にイスラームがもたらされた．ロンボク年代記は，ギリ Giri のススフナン・ラトゥ Susuhunan Ratu が布教を命じ，ロンボクにはススフナン・パンゲラン・プラペン Pangeran Prapen を遣わしたと伝える[417]．プラペンは，武力でイスラームへの改宗を行なった後，スンバワそしてビマへ向かう．その間に大半の住民は土着の宗教に再び帰依したという．プラペンが戻り，再度イスラーム化に成功するのであるが，その際，一部の人々は山に逃げ込んだ．また，一部は服従したけれど改宗はしなかったという．

20 世紀初頭の社会学者，バン・エルデ[418]および G. H. ブスケ[419]は，ササック族の中には宗教的に三つのグループがあるとする．いわゆる，ブダ Bodhas とワクトゥ・テル Waktu-telu とワクトゥ・リマ Waktu-lima の三つである．ブダはリンジャニ山のある北部山岳地帯，また，南部山岳地帯の 2, 3 の村に 20 世紀初頭までは見られた．ブダは言語・文化・民族的にはササック族であるが土着の宗教を信奉し続けた，イスラーム化を逃れて山岳地帯に逃げ込んだ人々だとされる．同様に，ロンボク島の年代記によると，服従したが改宗させられなかった人々がワクトゥ・テルであり，服従し改宗させられた人々がワクトゥ・リマ である[420]．

(3) バリ・カランガスム王国の進出

バリ人のロンボク支配の歴史については，アルフォンス・ファン・デル・クラーンが政治経済史的視点から明らかにしている[421]．

17 世紀初頭にはカランガスムのバリ人が幾つかの植民地を作り西ロンボクに政治的影響を及ぼしていた．一方，同時期，スンバワからのマカッサル人がアラス海峡を渡って東ロンボクを支配していた．17 世紀を通じて，ロンボク島はバリのカランガスム王国とスンバワを支配していたマカッサルの争いの場となる．クラーンによれば，バリとササックとの長期にわたる争いは，四つの時代に分けら

れる.

　第一期は，1678年から1740年で，バリ人が東進を続けた時期である．スンバワにまで勢力を伸ばしたがその支配には失敗する．ロンボク支配には成功し，ササック人の支配する全地域に政治的支配を及ぼした．ロンボク年代記はササックの貴族間の不和を描いている．

　第二期は，グスティ・ワヤン・テガ Gusti Wayan Tegah がロンボクを支配した1740年から1775年である．バリ人の支配が強まり，ササック族が独立する機会はほとんどなかった．この時代，バリに対する表だった反乱はない．第一期から第二期(1678年〜1775年)の時期は，ロンボク島に対するバリ人支配の基盤が整備された時期である．この期間には，多くのヒンドゥー教寺院が建設され，チャクラヌガラのプラ・メールが建設されたのは1720年，またプラ・マユラが建設されたのは1744年である．チャクラヌガラの都市基盤は18世紀初頭から中頃にかけて整備されたと考えられる．

　第三期は，1775年から1838年にかけての分裂の時代である．グスティ・ワヤン・テガが1775年に没した後，二つの対立するバリ人の間に争いが勃発した．1800年頃，さらに王宮内での対立が王国の分裂を再び引き起こした．19世紀初めには四つの対立する王国が西ロンボクに分立することになった．主要な王国はチャクラヌガラ（いわゆるカランガスム・ロンボク），マタラム，パガサンガン Pagasangan，パグダン Pagutan である（図IV-1-2）．この期間，バリの東ロンボクに対する支配力は弱まり，ササック貴族は彼らの地域での独立を果たした．

　第四期は1838年から1849年の間であり，バリ王国は再統一を果たす．まず，1838年，マタラムとチャクラヌガラ間の争いの結果，マタラムが勝利し，分立する四王国が統一される[422]．続いて，カランガスム王国のマタラム分王国のラトゥ・アグン Ratu Agung II世王は，東ロンボクへの侵攻を行なう．そして1849年に，王はカランガスムとロンボクの統合を果たすこととなるのである[423]．

1-3 ロンボク島の諸民族と集落[424]

　ロンボク島の原住民は上述のようにササック族である．全人口のうち約9割を占める．ササック族は，イスラーム化の受容に際てし三つに分かれる．上述した

第IV章
チャクラヌガラ

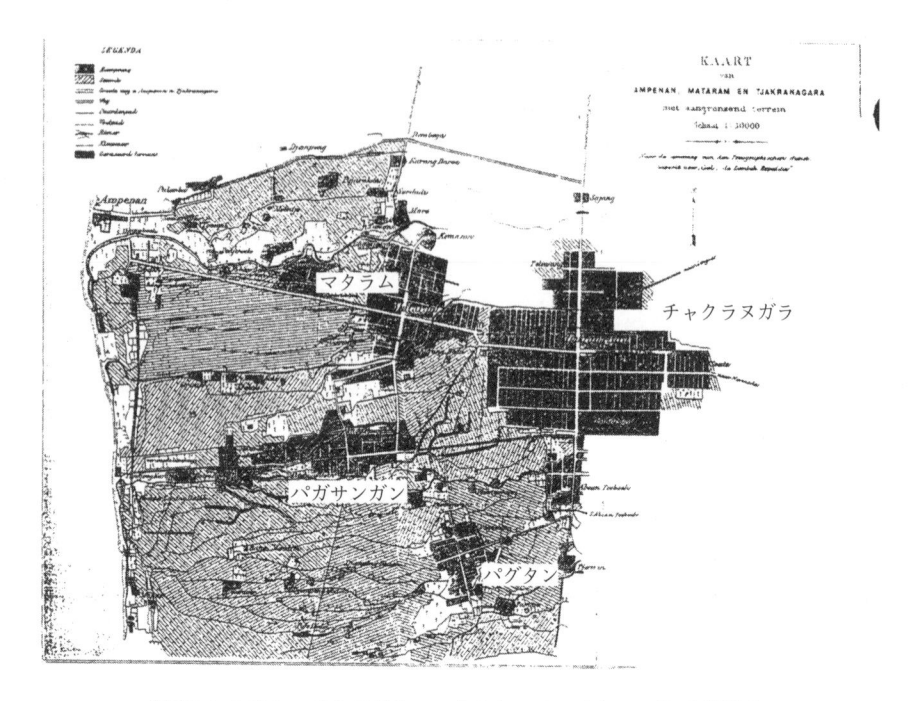

図 IV-1-2 ●チャクラヌガラ・マタラム・アンペナン：Cool (1980)

ように，ブダとワクトゥ・テル（あるいはワクトゥ・ティガ[425]）とワクトゥ・リマの三つである．ブダは見られなくなくなるのであるが，ワクトゥ・テル，ワクトゥ・リマの区別は今日も一般的に用いられる．ワクトゥ・リマとは「5回」，すなわち，1日に5回お祈りする敬虔なムスリムを意味するという説が有力である．ブダは，一説によると「ブッダ（仏陀）」に由来するという．

　残りの1割で主要なのはバリ人である．バリ人は，バリ・ヒンドゥーの生活様式を維持しており，強い文化的影響をササック族に与えてきた．ほとんどがチャクラヌガラを中心とした西ロンボクに住んでいる．カランガスムなどバリにおける出自の村との関係を強く意識している場合が多い．ササックとバリは歴史的経緯もあって敵対的な関係が現在でも問題となる．ササック族は，オランダをバリ支配からの解放者として位置付けて，必ずしも批判的ではない．

ロンボク島とチャクラヌガラ

他に，少数だがチャイニーズ，ジャワ人，アラブ人，マカッサル（ブギス Bugis）人，スンバワ人などがいる．港町，アンペナン Ampenan には，カンポン・アラブ，カンポン・ブギス，カンポン・ムラユ（マレー）などの名前が現在も残っている．

マカッサル人は漁業を営み，その特徴的な高床式住居は小さな島々や海岸部に分布する．その大半は近年になって居住し始めたものである．

チャイニーズのほとんどは広東出身で極めて重要な役割をしている．最初はオランダとともに安価な労働力の担い手として入島したと言われるが，経済活動において力を持っていった．現在は，西ロンボクのアンペナンとチャクラヌガラという二つの交易センターに集中して居住する．1966年までは，東ロンボクにもラブハン・ハジ Labuhan Haji という重要な港町にチャイニーズの居住区があったのであるが，1965年の9.30事件以降，正統派イスラーム教徒の間に反チャイニーズ感情が高まり，チャイニーズの住宅がすべて焼き払われるという事件が起きた．その結果，チャイニーズはアンペナン周辺に移住することになり，結果として，ラブハン・ハジは港としての機能を停止することになる．チャイニーズの経済活動にしめる大きさをこの事件は示している．

ジャワ人は，ロンボクでは主として政府行政機関あるいは軍人の仕事に従事する．アラブ人は宗教生活において特別な位置を占める．ムハンマドの子孫ということで様々な特典があり，宗教指導者の多くはアラブ人である．カンポン・アラブと呼ばれるアラブ居住地に他の民族とは独立して住む．結婚もアラブ人間で行なう．経済活動においてはチャイニーズとライバル関係となる．

1990年のインドネシア政府のセンサスによると全人口は240万3025人で，その内訳は，西ロンボク85万8996人，中央ロンボク67万8746人，東ロンボク86万5283人である．

19世紀末の正確な人口は不明であるが，その時代のオランダ人が概算した数値がある．ウィレムスティンの推計[426]では，計65万6000人（ササック人60万人・バリ50万人・その他ブギス人，マドゥラ人，アラブ人，チャイニーズ6000人）であった．テン・ハベの推計[427]では，計40万5000人（ササック人38万人，バリ人2万人，ブギス人・チャイニーズ5000人）であった．A. v. d. クラーン[428]は，実際のところは，この二つの調査の中間で，総計53万人（ササック人49万人・バリ人3万5000人・その他5000人）であったとする．

323

表 IV-1-1 ● ロンボク島の民族構成：Solichin Salam, "LOMBOK Pulau Perawan", Kuning Mas Jakarta, 1992

民族集団	バリ人	スンバワ人	マカッサル人	チャイニーズ	ジャワ人	アラブ人	その他	総計
西ロンボク	47,800	2,000	1,400	7,300	2,400	1,500	1300	63,700
中ロンボク	1600	100	400	200	800	200	100	3,400
東ロンボク	300	12,200	8500	100	900	400	400	22,800
計	49,700	14,300	10,300	7,600	4,100	2,100	1,800	89,900

　1920 年の最初のセンサスでは，総人口は 61 万 7781 人と記録される．それから半世紀を経た 1971 年のセンサスでは，158 万 1193 人（34 万 8099 世帯　平均 4.5 人／世帯）となる．行政区域（カブパテン Kabupaten）別には，西ロンボクが 50 万 9812 人，中央ロンボクが 47 万 6986 人，東ロンボクが 59 万 4595 人である．94 パーセントがササックで，残り 6 パーセントがバリ人，スンバワ人，マカッサル人，チャイニーズ，ジャワ人，アラブ人である．その地域分布は表 IV-1-1 のようである[429]．バリ人は西に，スンバワ人，マカッサル人が東に分布することが一目で分かる．

　ロンボク島の中心都市といえばマタラムである．西ヌサ・トゥンガラ州の州都でもある．かつてのアンペナン，マタラム，チャクラヌガラ（それぞれ下位行政単位であるクチャマタンを構成する）からなる．アンペナンはオランダの植民地時代に港町として栄えた都市である．マタラム，チャクラヌガラおよびパグダン，パガサンガン，パグダンはいずれもバリのいわば植民都市として建設された．他の都市としては中央ロンボクのプラヤ Praya，東ロンボクのスロン Selong がある．プラヤはロンボク島中部の中心都市である．プラヤはかつてはササック族のバリ支配に対する反乱の拠点であった．また，スロンはロンボク島東部の都市である．町の中心には大きなモスクがあり，バリの影響が色濃く残されている西部の都市とは異なっている．ジャワ都市などインドネシアのイスラーム都市に近い．

　クチャマタン・マタラム（7 クルラハン），クチャマタン・アンペナン（7 クルラハン），クチャマタン・チャクラヌガラ（9 クルラハン）からなるマタラム市の人口は 27 万 4765 人（1990 年）である[430]．西ロンボクの他のクチャマタンも含めると 85 万 8996 人であり，中心都市としての大きさは明らかである．

2
チャクラヌガラの空間構造[431]

　実測調査に基づいて，まず街区構成を明らかにしよう．チャクラヌガラの屋敷地には古い壁を有するものが残っている．日干し煉瓦を積んで作られ，テンボッtembok壁と呼ばれる．計画当初の形態を明らかにする目的で古いテンボッ壁の残る地点を選んで，屋敷地の寸法，街路復員について計測した．図に計測地点を示す（図IV-2-1）．西側半分（右京）は比較的グリッドがしっかりしており，東側半分（左京）は崩れている．ただ，左京の北東部を中心に，古い壁が残されており，当初から計画されていたことが推測される．道路幅員については，屋敷地の壁と壁の間（内法）を測定した．

2-1 街路体系と宅地割

　市全域を踏査してみると，チャクラヌガラの街路体系は三つのレヴェルからなっていることが分かる（図IV-2-2）．街路幅が広いものから順に，マルガ・サンガ，マルガ・ダサ，マルガと呼ばれる．マルガは，サンスクリット語で「通り」を意味する．第I章の『マーナサーラ』の村落類型の記述，また，第III章のジャイプルでも同じように使われていることは確認した通りである．サンガは9[432]，ダサは10を意味する．マルガ・サンガはチャクラヌガラの中心で交わる大通りである[433]．このマルガ・サンガは正確に東から西，北から南に走り，四辻を形成する．マルガ・ダサが各住区を区画する通りであり，マルガが各住区の中を走る通りである．

　実測によるとマルガ・サンガの幅は東西の通りで約36.50メートル，南北の通

第 IV 章

チャクラヌガラ

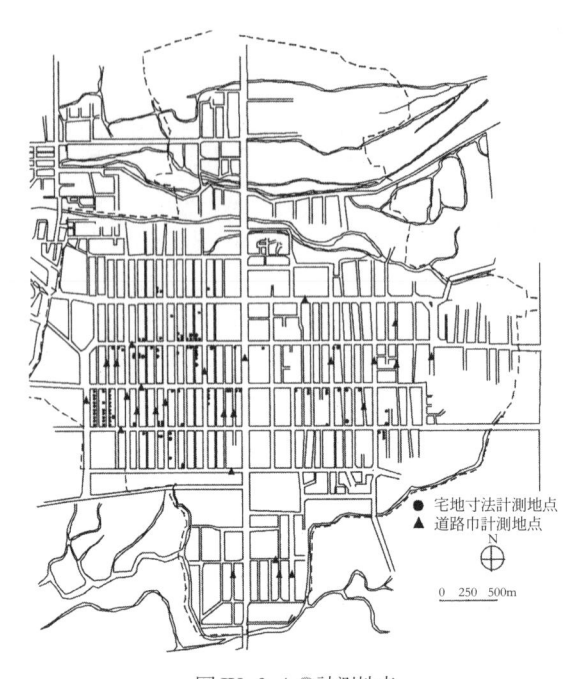

図 IV-2-1 ●計測地点

りで約 45.00 メートルである．古い壁はほとんど残されておらず，現状の中心部付近の平均値である．マルガ・ダサの幅は，平均 17.20 メートル（測定数 12）であるが，12.86〜2160 メートルとばらつきがあって平均には意味がない．マルガ・ダサのうち，街区の骨格がしっかりしている壁の残存状態が良い地点の値を取り出すと，18.70 メートル，18.56 メートル，18.54 メートル，18.36 メートル，18.07 メートル，17.80 メートル，16,90 メートル（以上平均 18.13 メートル）と計画的であることははっきりしている．マルガの幅もばらつきがあるが，壁の保存状態が良いところを取り出すと，8.52 メートル，8.38 メートル，7.89 メートル，7.87 メートル，7.71 メートル，7.52 メートル（以上平均 7.98 メートル）とほぼ一定しており，計画的である．チャクラヌガラの街路幅員は，およそ 8 メートル，18 メートル，36 メートル（45 メートル）というヒエラルキーを持っていることは確認できる．

チャクラヌガラの街路について興味深いのがタクタガン tagtagan[434]である．タクタガンとは街路の両側に設けられた植栽スペースである．古老たちによれば，

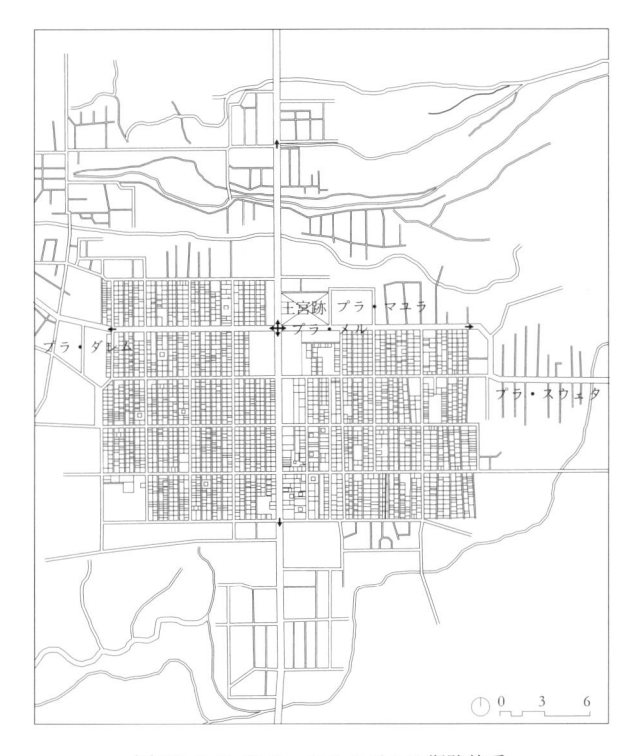

図 IV-2-2a ●チャクラヌガラの街路体系

「テンボッ壁と道の間のタクタガンの所有権は王に属した」という[435]．ただ，アダット adat（慣習法）では，タクタガンはプカランガン（屋敷地）に属しており，ココナツや果樹を植え，果実を獲ることができた．また，ウパチャラ upacara（祭）の際に用いられた．逆に，プカランガンの中で儀式を行なうことは禁じられていたという．すなわち，タクタガンは，今日の言葉で言うと，半公半私の空間であった．植栽が行なわれ都市景観を演出し，祭祀の際には祝祭空間となる場所であった．しかし，近年は私有化が進行している．1867～8年にチャイニーズがマルガ・サンガのタクタガンを商業地として買い上げている[436]．今日では，マルガ・サンガ沿いのタクタガンはほとんどがチャイニーズ所有の商店として利用されている．また，マルガ・ダサやマルガ沿いのタクタガンも屋敷地に取り込まれている例が多く見られる．計測した街路幅員のばらつきはこのためである．すなわち，

第 IV 章

チャクラヌガラ

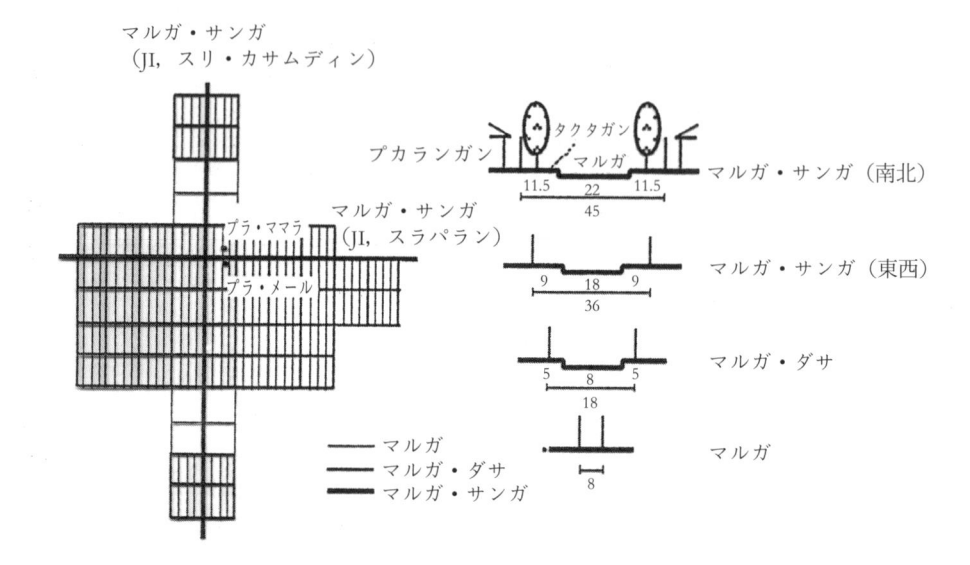

図 IV-2-2b ● チャクラヌガラの街路体系（脇田祥尚作製）

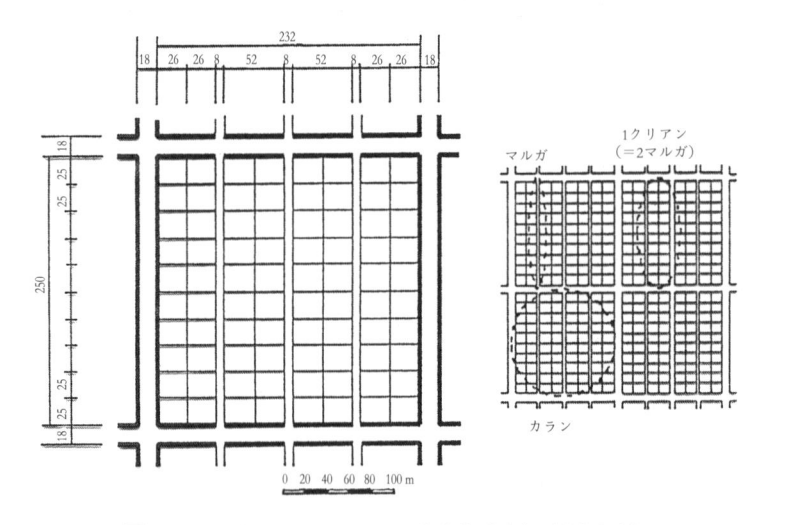

図 IV-2-2c ● チャクラヌガラの街路体系（脇田祥尚作製）

境界が曖昧になっているからである．実測したタクタガンの幅員は，マルガ・サンガの場合，11.60 メートル，マルガ・ダサの場合，4～6 メートルの幅があった．

　チャクラヌガラの計画性は，プカランガン（屋敷地）の区画の測定からよりはっきり裏付けることができる．古い壁の残るプカランガン 112 について計測した結果，東西方向の平均は 26.43 メートル，最大は 30.44 メートル，最小は 25.08 メートル，また南北方向は平均 24.96 メートル，最大は 27.73 メートル，最小は 21.55 メートルであった．四捨五入してメートル単位にまるめ，最頻値をとると，東西が 26 メートル，南北が 24 メートルである．

　プカランガンが計画的に区分されたことは幾つかの聞き取り調査でも明らかになった．チャクラヌガラの中心地区に住む古老によれば[437]，「プカランガンの計画寸法は 25 メートル×25 メートルであり，宅地を測る単位としてトンバ tomba がある」「トンバは槍の長さであり約 2.5 メートル，25 メートルというのはその 10 倍である」という．そして，「タクタガンの幅は 2 トンバ，約 5 メートルである」という．また，別のインフォーマントによれば，「1 プカランガンは 8 アレ are（800 平方メートル）であり，正方形である．」という[438]．これには，「1 プカランガンは 6 アレ（600 平方メートル）である．」[439] という異説がある．

　実測によると厳密に正方形のプカランガンは存在しない．ただ，トンバに幅があるとすれば，ほぼ正方形と言ってよい．いずれにせよ，宅地規模について基準が設けられていたことは明らかである．上の実測値による屋敷値の平均面積は，26.43 メートル×24.96 メートル＝ 659.69 平方メートル（25 メートル×26 メートル＝ 650 平方メートル）でおよそ古老の話に符合していることになる．

　以上のデータを基に計画寸法について考察してみよう．一つの手掛かりはトンバという単位である．

　マルガ・ダサで囲まれたブロックは，マルガで縦（南北）に四つの部分に分けられ，短冊状の各小ブロックは，背割りする形で南北方向に 10 宅地ずつ合わせて 20 宅地からなる．トンバを約 2.5 メートルとすると，その 10 倍がプカランガンの南北の長さ（25 メートル）となり，さらにその 10 倍がマルガ・ダサで囲まれたブロックの長さ（250 メートル）になる．マルガ・ダサのダサがササック語で 10 を意味するのは，10 を以上のように基準としたからであろう．

　東西方向のブロックの長さを計算すると，およそ，屋敷値寸法（東西）26 メート

ル×2×4＋マルガ幅8メートル×3＝232メートルとなる．マルガ・ダサの幅を18メートルとし，中心までの寸法9メートルを両端で加えると232メートル＋9メートル×2＝250メートルになる．マルガ・ダサで囲われる1ブロックの寸法は，ほぼ250メートル×250メートルの正方形として計画されたというのが推論となる．南北方向は内法，東西方向は芯々というかたちである．いずれにせよ，寸法体系としてトンバを単位に10×10，100×100という単位でプカランガン，そして街区ブロックが考えられていることは明らかである．

2-2 住区単位——カラン

　寸法計画の面からは，以上のように，マルガ・ダサで周囲を囲まれたブロックが一つの住区を構成していたと考えられる．また現在のカランの構成パターンもマルガ・ダサを境界とするものがあり，マルガ・ダサで囲まれたブロックが一つの住区を構成していたと考える一つの根拠になる．さらに聞き取り調査からも住区構成の基本理念が明らかとなる．

　古老の話によると[440]，南北に走る1本のマルガに10ずつの宅地が向き合う形が住区の基本単位である．そして，この両側町をマルガと呼び，二つのマルガで1クリアンを構成する．クリアンとは，バリでは，コミュニティーの単位であるバンジャールの長を意味する．また，2クリアンすなわち80プカランガンで一つのカラン（住区）を形成する，という．

　現在，カランはインドネシアの行政組織においてはルクン・ワルガ RW[441]に対応する組織となっているが，かつては祭祀組織の単位であったと考えられる．「建設当初，各カランはバリの同一集落出身の人々で構成されていた．また，当初，チャクラヌガラは33のカランからなり，各カランに一つのプラがあり，チャクラヌガラの中心寺院であるプラ・メールにそれに対応する祠があった．そして，各カランに長がいた」と伝えられる[442]．実際，プラ・メールには，今日も33の祠がある．

　バリ島にはカランと呼ばれる住区は見られない．バリではカランとはシュードラの屋敷地の意味である[443]．T. G. ピジョー Pigeaud[444]によるとカランという語は，チャクラヌガラの王宮で発見された『ナーガラクルターガマ（デーシャワルナナ）』

の12章「(王家と宗教コミュニティーに属する)領土一覧」の76編6節に見られる「カラギャン kalagyans」に起源を持つという.「1. 今,描写されていないのはカラギャン kalagyans(職人の場所)のことである.ジャワのすべてのデサ deshas(村 地域)に広がっている.」という描写がある.

バリの居住単位はバンジャールと呼ばれている.バンジャールは形式的には集団の単位であり,公共施設の管理・地域の治安維持・民事紛争の解決を行なう.そして,その長はクリアン・バンジャールである.現在,チャクラヌガラのバリ人の間ではバンジャールもカランも使われるが,バンジャールが社会組織の単位であるのに対してカランは土地の単位を意味する.同じ土地出身の地縁集団としての性格を合わせ持つのがカランである.

現在のチャクラヌガラのカランの分布を見ると,マルガ・ダサで囲われたブロックがそのままカランとなるものは必ずしも多くない.むしろ,南北に,あるいは東西にマルガ・ダサを越えてカランが形成されている場合が多い.しかし,基本的には,上のマルガないしクリアン を単位としてカランが形成されていることははっきりしている.逆に,マルガ,クリアン の単位が崩れているところは,当初の計画域外か,大きな変化を被った地区と見なすことが可能である.

2-3 祭祀施設と住区構成[445]

(1) プラとプラ・メール

イスラームが支配的なロンボクにあって,西ロンボク地域にはプラと呼ばれる聖地が各地に存在する(図IV-2-4).プラとはバリではヒンドゥー寺院を意味するが,ロンボクにはヒンドゥーとムスリムの双方の聖地となっている興味深いプラ・リンサール Pura Lingsarがある.ヒンドゥー教徒,ムスリム双方の礼拝対象はクマリク kemariq と呼ばれる.プラ・リンサールを含めた西ロンボクのプラは基本的に聖なる山リンジャニ山の方向を基本として配置されている[446].チャクラヌガラの立地を考える上でもプラの配置は極めて大きな意味を持っていると考えられる.

チャクラヌガラの中心にはプラ・メールが位置する(図IV-2-3).メール(メール山,須弥山)の名が示すように,世界の中心であり,ロンボクのプラのうち最大

第 IV 章

チャクラヌガラ

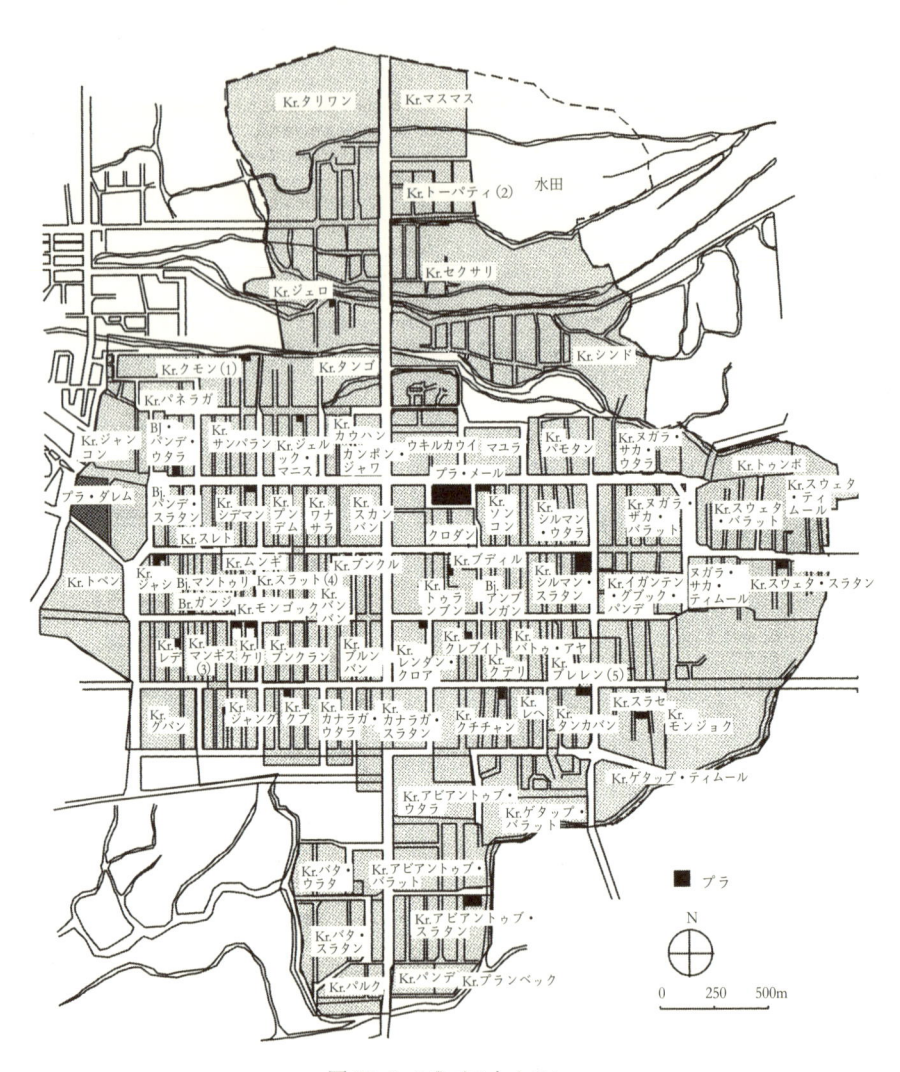

図 IV-2-3 ●プラとカラン

のものである．東西にのびるチャクラヌガラの主要道に面し，周囲は赤煉瓦の高い壁に囲まれて建っている．上述したように，バリのカランガスム王国の王，アグン・マデ・ヌガラ Agung Made Ngurah によって，ロンボク島の当時のすべての小王国を統合する試みとして，1720年に建立された．

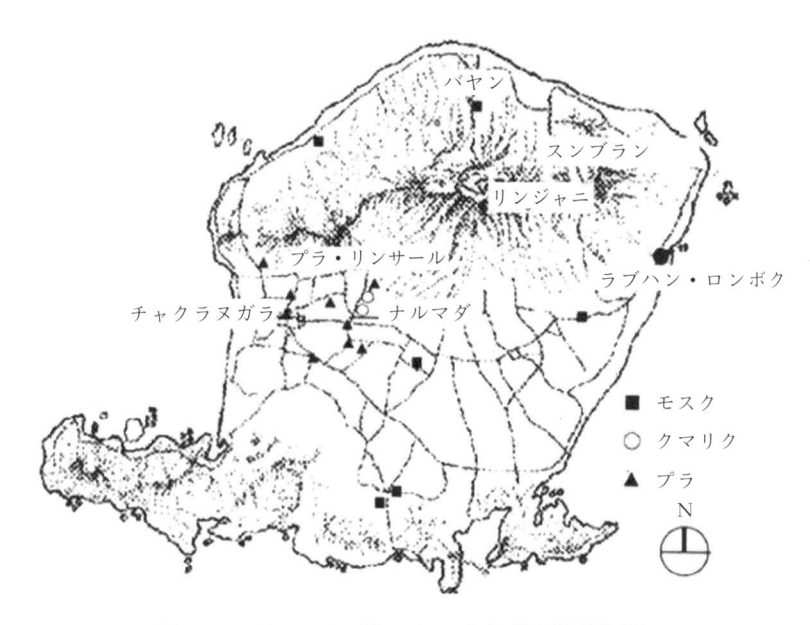

図 IV-2-4 ●ロンボク島のプラの分布（脇田祥尚作図）

チャクラヌガラの西端にはプラ・ダレム pura dalem（死の寺）が，東端にはプラ・スウェタが位置する．プラ・プセ pura puseh（起源の寺），プラ・デサ，プラ・ダレムの三つの寺のセットはカヤンガン・ティガ Kayangan tiga と呼ばれ，バリの集落には原則として設けられている．ただ，バリの場合は南北にカヤンガン・ティガが配置されるのが原則である．チャクラヌガラの場合，東西に並んでいるのが異なっている．聖山リンジャニ山は，チャクラヌガラの北東に位置しているのであるが，この差異はチャクラヌガラの全体構成を考える上で注目すべき点である．

プラ・メールは，ヒンドゥー教のブラーフマン神，ヴィシュヌ神，シヴァ神に捧げられる．敷地は，東西方向に三つの部分に分けられ，東からスワ（Swah　天上界　ロンボクではジェロ・プレ Jero Pure (Jeroan) 以下同様），ブワ（Bwah　人間界　ジャベ・テンガ Jabe Tengah），ブール（Bhur　地下界　ジャベ・プサン Jabe pesan＋ジャヴァヤン Jabayan），からなる（図 IV-2-6）．この構成は，バリの三界概念と同一の概念を基に宇宙の構造を象徴的に表現している．

第 IV 章

チャクラヌガラ

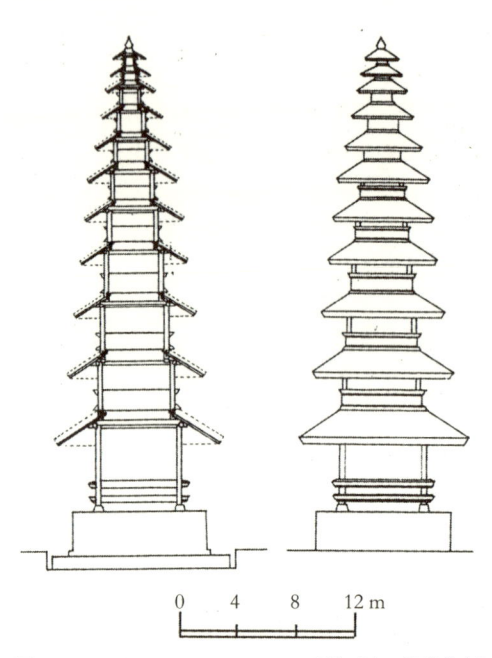

図 IV-2-5 ●プラ・メールの 11 重塔（脇田祥尚作製）

　敷地の中央に段差があり東側の方が高くなっている．ブールと呼ばれる一番西の空間には，北側に門があり，西北端に丸太をくり貫いて作った鐘鼓を掲げたバレ・クルクル Bale Kulkul と呼ばれる見張り塔がある．門の形式は，バリのプラに見られるチャンディ・ブンタール candi bentar と呼ばれる分割門である．ブワには，参道を挟んで両側に建物とブリンギンの木[447]がある．この建物は，バリの寺院の例から考えると，お供えの準備をしたり，ガムラン音楽を演奏したりするための建物である．

　プラ・メールの東端部の領域スワには様々な神々を奉る塔や小祠が配置されている．中央の塔は 11 層の屋根を持ち（11 重塔），シヴァ神を祀る．屋根はアラン・アラン alang alang と呼ばれるチガヤで葺かれている．チガヤを固定するためには竹釘が使われている．構造材はナンカ[448]であり，細かい彫刻がなされている．その構造は，日本の木造の塔とは異なり，箱を積み重ねたような形式である（図 IV-2-5）．北側の塔は 9 層の屋根を持ち（9 重塔），ヴィシュヌ神を奉る．この塔の屋根は瓦で葺かれている．南側の塔は 7 層の屋根を持ち（7 重塔），ブラーフマン神を奉

チャクラヌガラの空間構造

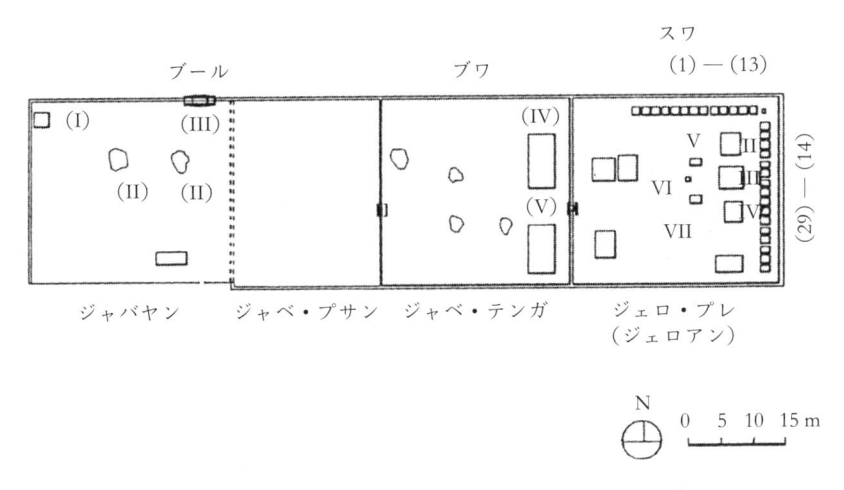

```
         ブール            ブワ              スワ
                                        (1)―(13)
```

図 IV-2-6 ●プラ・メールの敷地図（脇田祥尚作製）

り，同じく瓦葺きである．

　北東の角には，男神サンブ Sambhu を奉る石造の小塔がある．塔の前には，同じく小さな石塔が三つ置かれ，北からリンジャニ山，男神ウングルラ Ungerurah，サンガ・アグン（大聖祠）に捧げられる．そして，高くそびえ立つ三つの塔を囲むようにして，北側に13棟，東側に16棟，計29棟の小祠が建てられている．それぞれの祠にカラン名が書かれている．プラの管理者によれば，チャクラヌガラと周辺の村を合わせた33のカランによって維持管理がなされているという．

(2) プラとカラン

　33のカラン名は表 IV-2-1 のようである．11のバンジャール・マントリ Bj. Mantri と30のカラン・アロンアロン Kr. Aron Aron は実際は同じカランを意味する．2, 3のバンジャール・パンデ・ウタラ（北）とスラタン（南）Br. Pande Utara & Selatan のように，あるいは4のクリ Keri 1, 2 のように，もともと一つであったものが二つに分かれたように見えるカランもある．さらに，13のカラン・サンパラン Kr. Sampalan のように I と 13 の両方を管理しているカランもあって，当初の状況は不明である．

　33というカランの数については偶然ではない．先述した通り，古く，ヴェーダ

第 IV 章

チャクラヌガラ

表 IV-2-1 ●プラ・メールの 33 の小祠とカラン（布野修司作製）

カラン	No.	カラン	No.	カラン	No.	カラン	No.	カラン	No.
1 スラヤ	-1	9 Kr. クチチャン Kecicang	-9	17 Kr. クルブート Kelebuit	-18	25 Bj. ガンジ Ganjih	-26	33 Kr. クロダン Klodan	VII
2 プンデム Pendem	-2	10 Kr. ブンクル Bemgkel	-10	18 Kr. レデ Lede	-19	26 Kr. ジャシ jasi	-27		
3 スウェタ	-3	11 Bj. マントリ Mantri	-11	19 アンガン・トゥル Anggan Telu	-20	27 Bj. トゥンガ・ブレ Tungak Bele	-28		
4 クリ 1 / クリ 2	-14 / -4	12 Kr. シドゥメン Sidumen	-12	20 ヌガラ・サカ Negara Sakah	-21	28 Kr. ソンコン Songkong	-29		
5 Siluman	-5	13 Kr. サンパラン Sampalan	(13), I	21 Kr. ジェロ Jero	-22	29 Kr. Bangbang	II		
6 カウハン Kauhan	-6	14 レンダン・クロル Rendang Kelor	-15	22 Kr. クブ Kubu	-23	30 Kr. Aron Aron	III, IV		
7 ブルンバン Belumbang	-7	15 ジェルック・マニス Jeruk Manis	-16	23 Bj. Pande Selatan / Bj. Pande Utara	-24 / -25	31 Kr. Kurobut	V		
8 チャリック・カウル Carik Kaul	-8	16 Kr. プカンドラン Pekandran		24 Kr. Tulamben	-26	32 Kr. Tangkaban	VI		

No. は図 IV-2-6 の番号

の神々が 33 と考えられていた．古代アーリヤ人にとって神々は自然現象を神格下したものであり，天界・空界・地界の三界（トライ・ローカ）のいずれにも神々は存在すると考えられていた．天神デーヴァや太陽神スーリヤ Sūrya，その具体的な力としてのサーヴィトラなどは天上界に，雷神インドラ，風神ヴァーユなどは空界に，地神プリティヴィー，火神アグニ，酒神ソーマなどは地界に，各界に 11 神，合わせて 33 神が配される[449]．この 33 という数字は，地域において様々なヴァリエーションを生み，拡大していく．もともと，3 という数字は，「三千世界」とか「神々の数三億三千万を数えたり」というように，インド世界においては「多」という概念と結びついていた．

いずれにせよ，第 I 章でみたように，ヒンドゥー教にも仏教にも宇宙論的数としてこの 33 という数は持ち込まれている．南方上座部系仏教においても，メール山（須弥山）の頂上に住むとされる神々が 33 である．両者の宇宙観には共通点が多

表 IV-2-2 ● バリ島の集落名を持つカラン

	バリ島の集落名	対応聖祠		バリ島の集落名	対応聖祠		バリ島の集落名	対応聖祠
1	クブ Kebu = Kubu	22	7	トゥーパティ Tohpati	無し (2)	13	レンダン Rendang	14
2	クボン Kebong = Kemong	無し (1)	8	マンギス Manggis	無し (3)	14	ジュルック・マニス Jeruk Manis	15
3	アンガントゥル Anggantelu	19	9	シデメン Sidemen	12	15	ブルンバン	7
4	スラヤ Seraya	1	10	サンプラン Samplan	13	16	ブンクル	10
5	マントリ	11	11	パンデ Pande	23	17	ブレレン	5
6	ジャシ Jasi	26	12	スラット Selat	無し (4)			

表 IV-2-3 ● チャクラヌガラの行政区分とカラン数

クチャマタン Kecamatan	ヒンドゥー	イスラーム	計
西チャクラヌガラ	21	5	26
東チャクラヌガラ	12	3	15
北チャクラヌガラ	9	6	15
南チャクラヌガラ	4	3	7

い．

　東南アジアでは，33 は，家臣や高官の定員数として，あるいは王国を構成する地方省の数としてしばしば登場する数である．I 章でみたように（I-4-4），古い伝承を示すビルマ（ミャンマー）の年代誌は，インドラ神をはじめとする神々によって，須弥山の上に 32 の門を持つ都市が建設されたという．32 の門は 32 の属領に対応するもので，32 人の封臣に囲まれて，その中心に王が住んでいたことを示唆する．具体的に比定されるのは，ピュー族が築いたシュリークシェートラである．また，ペグーなどの例がある．チャクラヌガラの東西に走る主要道を挟んで北側に位置するプラ・マユラには 33 の噴水が設けられている．

　中心寺院をプラ・メールと称する一点からも，メール山を中心とする宇宙像が何らかの形でチャクラヌガラに反映していると考えるのはごく自然である．

337

第 IV 章
チャクラヌガラ

　プラ・メールの 33 の小祠に書かれたカラン名と現在のカラン名を比較すると，時代の経過により変化が見られる．建設当初は存在したが，時代の経過によりその住区組織自体が消滅し，現在は存在しないプラも確認された．また，祠を維持管理するカランはチャクラヌガラの格子状の都市計画地域外にも存在することが明らかになった．8 のカランは，近郊南に位置するクディリという町に存在することが判明した．現存するカランおよびプラは全部で 27 であった（表 IV-2-1）．

①プラ・メールに小祠が存在する住区組織自体が消滅し，現在は存在しないカラン（16, 24, 31）．

②プラ・メールに小祠が存在し，カラン名も存在するが，住区内に対応するプラが無いカラン（2, 6, 33）．

　ただ，多くのカランは現存しており，ほとんどのカランは 18 世紀初頭の建設当初から存続してきたと考えてよいと思われる．

　一方，チャクラヌガラの各カランは基本的にそれぞれ対応するプラを持っている．カランとプラの位置をプロットすると図 IV-2-3 のようになる．プラを持たないカランも見られ，カランとプラの対応関係は崩れているが，基本的にはカランがプラを中心としたまとまりであることは現在も変わらない．

　興味深いのは，南のプラ・アンガン・トゥル Pura Anggan Telu である．この地域は中心部と同様の町割りがなされている．当初から計画されたとみてよい．北は，プラ・ジェロがあり，東はプラ・スラヤがあり，プラ・スウェタがある．チャクラヌガラはオランダとの戦争で一度大きく破壊されており，必ずしも現状からは当初の計画理念を決定することはできないが，プラ・メールに属するプラの分布域がおよそ当初の計画域を示していると考えてよいと思われる．

　チャクラヌガラの東西マルガ・サンガ以南の地域を旧市街であったと考えると，マルガ・ダサで四方を囲まれたブロック 32 からなる．王宮のあるブロックを加えると 33 になり，プラ・メールの祠の数に一致する．チャクラヌガラの 1 カランを建設当初はマルガ・ダサ，もしくはマルガ・ダサとマルガ・サンガで囲まれたブロックで構成する概念があったということが考えられる．その場合，プラ・メールも王宮も中心にはないことになるが，南北の前哨基地を構成要素と考えれば，まさに中心に位置している．バリの集落原理も当然持ち込まれていると考えられるのである．さらに，リンジャニ山によって軸線が東西に変換されているロ

図 IV-2-7 ●チャクラヌガラ住民の出身地（1〜17 の番号は表 IV-2-2 の番号と対応）

ンボク島の方位概念も考慮すべきである．

　街区の構成は，むしろ，中国都城の理念が持ち込まれた日本の都城に近い．実にユニークなヒンドゥー都市がチャクラヌガラである．

(3) 出身地とカラン

　チャクラヌガラは，バリ島カランガスム王国の植民都市として18世紀前半に建設された経緯を持つ．バリからロンボク島への移民はどのように行なわれたのか，また，どのように住区が構成されたのかについては，出身地を聞くことである程度推察できる．聞き取り調査によれば，「各カランの名前は出身地のバリの集落の名前であり，各カランの居住者はその集落の出身者」ということであった．昭和17年発行日本陸軍陸地測量部作成のバリ島地図でバリ島の地名の確認を行なうと[450]，確認できたのは17カランである（図 IV-2-7）．15のカラン名がバリ島のカランガスム県に，一つがブレレン Buleleng 県に，一つはブレレンという県名と同じカラン名である．

　カランの名称は，バリ島の集落の名称から取られたということはほぼ間違いないと考えられる．また，集団で移住した人が，自分達の出身地の名前を移住先の

第 IV 章
チャクラヌガラ

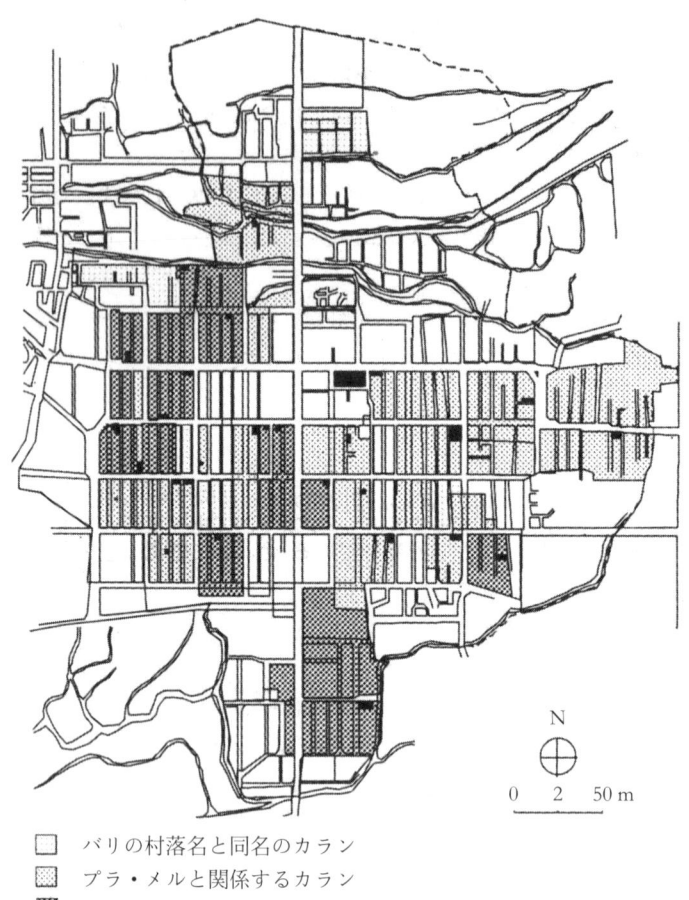

図 IV-2-8 ● バリ島の地域名をもつカラン

凡例:
- □ バリの村落名と同名のカラン
- ▨ プラ・メルと関係するカラン
- ▩ プラ・メルと関係するバリの村落名と同名のカラン
- ■ プラ

土地の名称とすることは，特に植民都市ではよく見られる事象である．現在もバリ島における出身地は強く意識されており，カランはバリ島の同村落の出身者により形成されたことは間違いない．

　プラ・メールの小祠を維持管理するカランの名前と，バリ島でも確認された 17 の村落名称を比較すると，12 が共通する．少なくとも，この 12 のカランは，チャ

クラヌガラ建設当初から設立された住区であると考えられる．バリと関わりを持つカラン名は西部（右京）に集中する．格子状の街区割りが西部地域によりはっきりと残されていることと合わせて，当初，西部地域から建設され居住が開始されたと考えてよいと思われる（図IV-2-8）．

　プラの分布を見ると，南の突出部分にカラン・アビアントゥブ・スラタン Kr. Abiantubuh Selatan (20) がある．この地域は，中心部と同様の町割りがなされており，当初から計画されたとみてよい．北は，カラン・ジェロ Kr. Jero (21) があり，東はスウェタ (3) がある．チャクラヌガラはオランダとの戦争で一度大きく破壊されており，必ずしも現状から当初の計画全体は決定できないが，プラ・メールに属するプラの分布域がおよそ当初の計画域を示していると考えてよいと思われる．

3
棲み分けの構造

3-1 ロンボク島の社会と住居

　19世紀後半のロンボク社会においては，バリ人の王とバリの支配階級であるトリワンサ triwangsa 層[451]が強大な勢力を所有していた．行政バウダンダ baudanda，司法プダンダ pedanda，灌漑，徴税の監督スダハン sedahan などすべての官僚プンガワ punggawa はトリワンサ層に属する．敗北したササックの貴族高官プルワンサ perwannsa のみが，バリ人の地区長プンガワのための村長あるいは徴税人の役割を果たすだけであった．

　バリ人のロンボク支配の社会的基盤は，しかし，東西ロンボクにおいて異なっていた．西ロンボクにおいては，バリ人の支配権は17世紀初頭より確立されており，ササック王国は存在していなかったために，バリ人の支配者と被支配者としてのササック人との関係は比較的調和的であった．ササックの農民は，ワクトゥ・テル に属し，同じ社寺におけるバリ人の宗教儀式や礼拝に参加している．また，通婚もしばしば見られている．さらに，水田耕作についても，バリ人とササック族は同じ灌漑組織スバック subak に属した．すなわち，社会的統合のプロセスが進行しつつあった．

　東ロンボクにおいては，バリ人の支配権は1840年代に再確立したにすぎず，バリ支配に不満を持つササック貴族が存在していたために，トリワンサ層とササック人との関係は友好的ではなかった．ササック人，とりわけプルワンサは，ワクトゥ・リマ に属し，バリ人を異教徒として非難し抵抗し続ける．ササックの農民たちはプルワンサを強い文化的紐帯を持つリーダーとして戴いていたのである．

しかし，にもかかわらず，東ロンボクにおいても基本的には，約50のプンガワがプリを拠点にバリ人の権力を維持していたとされる．

　バリ人による征服以前の土地所有制度については直接の手掛かりはないのであるが，19世紀後半の状況からある程度推測される．ファン・フォレンホーエンのインドネシアの慣習法圏のモデル[452]によって，およそ復元できるのである．バリ以前のロンボクには村落を越える政治組織は存在していないが，村落内には貴族プルワンサ，自由農民カウラ kaula，奴隷パンジャ panjak の三階層が区別されていた．土地の私的権利についても貴族と農民とでは異なり，農民の私的権利は制限を受ける．共同体は，ある共同の目的がある場合，また，農民が村落賦役の義務を果たさない場合には農民の土地を収奪できた．さらに，農民は村落外に土地を持つことを許されない．それに対して貴族の場合は，共同体規制として，非耕作地を手放すことのみが禁じられる．バリ人の征服以前の土地所有制度は次のような特徴を持っていたとされる[453]．

　①共同利用権は村落内の非耕作地に関して認められていた．共同体もその成員も自由に非耕作地を利用する権利を有していた．
　②共同利用権は農民の土地所有権を制限する．
　③共同利用権は貴族の土地使用権を犯すことはできない．

　それに対して，バリ征服以降はバリの王ラージャとトリワンサ層が絶大の権力を持つ．共同利用権はバリの王に移行することになる．共同体のすべての財産権は王のものとなり，非耕作地の権利も王のものであった．新しく開墾しようとする農民は王の許可を得なければならなかった．

　農地には大きく分けて二つの種類があった．一つは，ドルウェ・ダレム druwe dalem と呼ばれる王が直接所有している土地，もう一つはドルウェ・ジャブ druwe jabe と呼ばれる王宮外に住む人が所有する土地である．

　ドルウェ・ダレムには3種類ある．①プンガヤ pengayah と呼ばれる土地は，毎年一定の税と賦役の労働という条件で農民が耕作できる．土地の譲渡は禁止されていた．②プチャトゥ pecatu と呼ばれる土地は，税を納めなくてもよいが賦役のある小さな扶地である．王は，バリの農民シュードラ sudra と信頼できるササック人に与えた．またこの土地の所有権は，王の警護人や職人等にあった．この土地の1年以上の譲渡は禁止されている．③ワカップ wakap と呼ばれる土地は，税

第 IV 章

チャクラヌガラ

も賦役も無い扶地である．王はこれらの土地を寺院やモスクや灌漑組織に与えた．そこの生産物は，それらの施設の維持に充てられた．譲渡は禁止されていた．

　ドルウェ・ジャブにも二つのタイプがあった．①ドルウェ・ジャブ・バリは，王がバリの貴族に与えた大きな扶地であった．王は，その土地から税と賦役は集めなかった．さらに，バリの貴族達は税を集め，自分の目的のために賦役を利用した．②ドルウェ・ジャブ・ササックは，ササック人の貴族が所有する土地であり，条件はバリのものと同様であった．

　こうした土地所有制度はロンボク社会に三つの重要な結果を及ぼした．第一は，ササック人の村落の自律性を徹底的に奪ってしまう．西ロンボクでは，バリの支配は2世紀の間にわたって存続していたので，社会政治機構としての村はすでに無く，バリの王や貴族が土地を直接統治していた．東ロンボクでは，村は社会政治機構として存在したが，ササックの貴族である村の長は単なる徴税人にすぎなくなってしまう．第二は，ササック農民の社会的地位を下落させたことである．自由農民は土地所有権を持っていたのであるが，単なる耕作権のみ持つだけとなるのである．限定された労働権および収穫権を持つだけなのである．農民は農奴的になったということを意味する．第三には，バリのシュードラには無税の土地があてがわれるというように，ササック族よりバリ人の方が土地の所有に関して優遇されたということがある．

　こうして，19世紀後半のロンボク社会は，王を頂点にバリのトリワンサ，バリの農民と繋がるピラミッドと，敵対関係にはあるがバリの王を頂点にササック貴族，ササックの農民と繋がるピラミッドの二つのピラミッドから構成されていた．もちろん，相対的にはバリのピラミッドの方が高い地位を占めていた．

　IV-1-3で概観したように，ロンボク島には原住民であるササック族の他，バリ島から移住してきたバリ人および海洋民族であるブギス人，東に隣接するスンバワ島から来たスンバワ人等様々な民族が居住している．東海岸のラブハン・ロンボクの周辺には，スンバワ人の住居集落を見ることができる．地床式が支配的であるロンボクにあって，切妻高床の住居形式は目立つ．また，北西部にはブギス人の移住集落を見ることができる．海洋民族であるブギス人は，移住，出稼ぎを頻繁に行なうことで知られる．住居の形態はスラウェシ Sulawesi 島中南部に見られるものとほぼ同じである．高床式で切妻屋根を持つ．平面は三部屋で構成さ

図IV-3-1 ●デサ・バヤンの構成（脇田祥尚作製）

れる．スラウェシ島では炉を高床上に設けているが，ロンボク島のブギス人はかまどを床下に設置する傾向にある．地床式のかまやを住居とは別に設けることが多い．地床式住居が一般的なロンボク島にあって，その形式を釜屋にとりいれたと考えられる．

　ササック族の住居は，移住してきたブギス人，スンバワ人等の住居と異なり，ジャワ，バリと同様，地床式住居が一般的である．地床式住居は大きく二つのタイプに分けられる．一つはバヤン Bayan を中心とした地域一帯に見られるバレ bale と呼ばれる住居である（図IV-3-1, 2）．6本柱の高床の倉庫（イナン・バレ Inan Bale）が住居内に存在するのが特徴である．イナン・バレには，壺などの貴重品，にんにくなどの根菜類などが貯蔵されている．住居内には間仕切りはなく，ベッド，かまど，家具などが置かれる．

　もう一つは，サデを中心にロンボク島各地に見られる住居形式である．この住居は，1.0〜1.5メートルの土壇上に築かれるのが特徴である．住居前部には，サンコ sankoh（テラス）があり，セミ・パブリックな空間として使用されている．女性による機織り仕事や談笑の行なわれる空間である．住居内は炊事，就寝のためのスペースとしてプライベートに用いられる．一般にかまどは奥を背にして左側に

第Ⅳ章

チャクラヌガラ

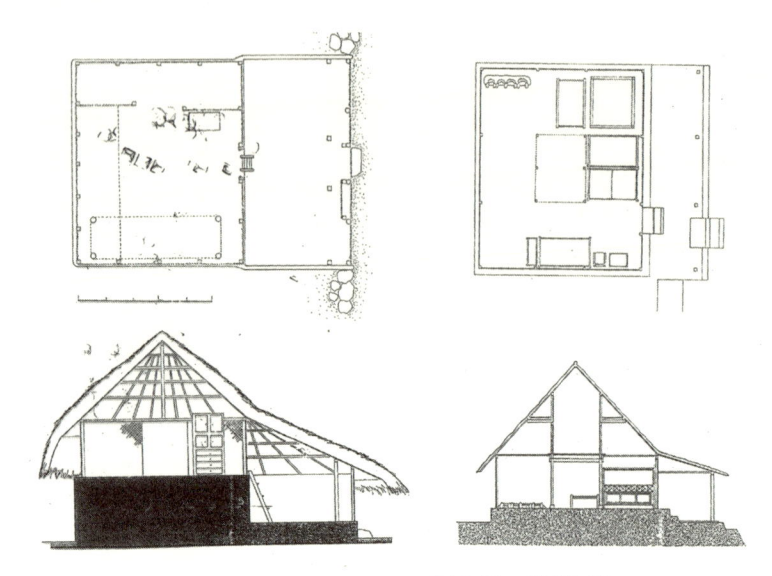

図Ⅳ-3-2 ●デサ・バヤンの住居(脇田祥尚作製)

配置される．ベッドはなく，寝るときには草を編んで作ったゴザを敷いて寝床を作る．

　地床式といっても，両者ともに二つのレヴェルが使い分けられていることが興味深い点である．

　サンコと同様，セミ・パブリックな空間として機能する建物にブルガ berugak がある．ブルガは，地床式の住居とは対照的に，6本の柱を持つ高床式の壁のない建物である．バヤンの周辺では，ブルガは住居に対応し，それぞれ平行に配列される．住居とブルガがセットになって，生活空間をかたちづくっているのである．バヤン地域外では，集落全体に数棟しか見られないのが一般的である．機能的にも，集会所や儀礼場として用いられ，パブリックな色彩が強くなる．

　穀倉は，モンジェン Monjeng，サンビ Sambi，ゲレン Geleng，アラン Alang の四種類が区別される．サンビはロンボク島全般で見られる．4本と6本という柱数の違いはあるが，イナン・バレとまったく同一の構法によって建てられる．モンジェンは最も規模が小さく，住居のテラスあるいはブルガの脇に配置される．日常に使用する米を貯蔵しておくためのものである．バヤンに数多い．それに対しゲレンは最も規模が大きく，住居と同じ大きさのものも見られる．倉の部分とそ

れを支える柱の部分が分かれ，ネズミ返しを持つ．柱の膨らみが特徴的である．アランは釣り鐘型の特異な形態をしている．倉の部分と柱の部分が分離しているという点ではゲレンと同様である．

そうしたなかで，西ロンボク一帯には，バリの住居集落パターンが見られる．最も典型的なのがチャクラヌガラである．チャクラヌガラの周辺のパガサンガン，パグダン，北西海岸のタンジュン Tanjung にも同様のパターンをみることができる．

チャクラヌガラでは，住宅地は正方形に近く，その中に建築物が数棟配置される．北東角に屋敷神を祀るスペースが設けられる．バリの住居と基本的には同じ住居形式である．チャクラヌガラやタンジュンでは，人々はロンボク島移住後もバリ島での生活様式を維持し続けている．ただ興味深いことに，タンジュンでは，屋敷神を祀るスペースが北西角に配置される．ロンボク海峡に臨む海辺に近いために，ロンボク島のリンジャニ山よりもバリ島のアグン山に聖性を与えた結果ではないか．西海岸に位置するヒンドゥー寺院プラ・スガラにおいてもバリ島へのオリエンテーションが重視されている．

3-2 チャクラヌガラの住民構成

クチャマタン・チャクラヌガラの人口（1990年）は，およそ7万4000人である．宗教別の人口構成をクルラハン毎にみると，格子状の町割に含まれるクチャマタンは西チャクラヌガラ，東チャクラヌガラ，北チャクラヌガラ，南チャクラヌガラの四つに，ヒンドゥー教徒が数多く居住する．クルラハン毎に宗教別のカラン数をみると，西チャクラヌガラ，東チャクラヌガラでは75パーセント以上が，ヒンドゥー教徒が主流を占めるカラン，北チャクラヌガラ，南チャクラヌガラでも50パーセント以上がヒンドゥー教徒のカランとなっている（表IV-3-1）．

具体的な住民分布を見てみると，まずムスリムについて著しい特徴を指摘できる．ムスリムが居住するのは市の周辺部である（図IV-3-4）．西側については，ほぼマルガで囲われるブロックの境界に沿ってムスリムが居住する．バンジャール・パンデ・ウタラの西の1クリアンはムスリムが居住し，バンジャール・パンデ・スラタンの西にはヒンドゥー教徒が居住する．チャクラヌガラの，かつての

第 IV 章

チャクラヌガラ

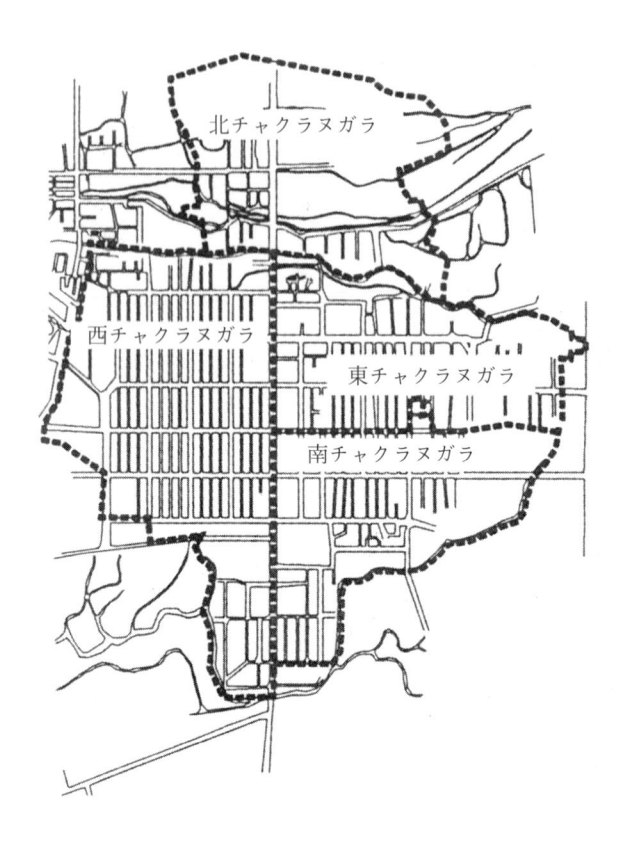

図 IV-3-3 ●チャクラヌガラの行政区分（牧紀男作製）

境界はバンジャール・パンデ・ウタラの西であったことが推測される．カラン・サンパランの北は後にムスリムの居住が行なわれた地区であろう．南は，アビアントゥボ Abiantubuh の周囲がムスリム居住区である．そして，カラン・ゲタップが製鉄で知られるムスリム居住区である．カラン・ゲタップは，低所得者層が居住する地区でもある．東のデサ・スガンテンは，四つのカランにわけられるが，いずれもムスリム居住区である．グリッド・パターンは東部でより崩れていることが，こうしたムスリム居住区の分布で理解できる．北についても周辺部にムスリムが居住する．ヒンドゥー教徒の居住区をムスリムが取り囲んでいる形である．都心部でムスリムが居住するのはカンポン・ジャワとカラン・ブディルの極く一部である．

棲み分けの構造

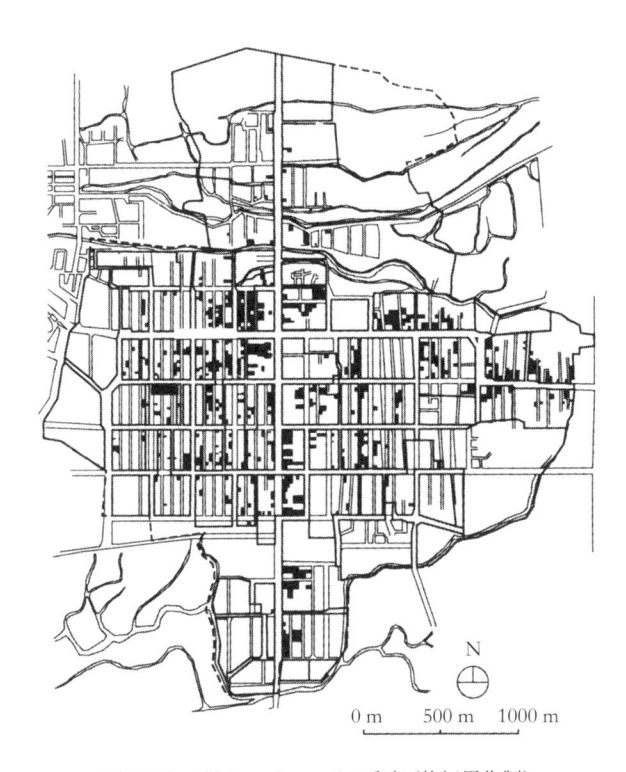

図 IV-3-4 ●チャイニーズの分布（牧紀男作製）

　チャイニーズは，全域に点々として分布している（図 IV-3-2）．まず，商業地域であるチャクラヌガラの中心部，四辻のあるあたりに集住している．金を扱う商店が中心部に多く見られるが，その経営者のほとんどはチャイニーズである．また，幹線道路沿いにチャイニーズは居住する．主として商業活動に従事するのがチャイニーズである．

　モスク，プラといった宗教施設や商業施設等都市施設の分布と各カランの構成から住区構成を見てみると以下のようになる．モスク，プラの分布はムスリムとヒンドゥー教徒の分布に関わる．モスクは，上述したムスリムの分布と一致する．また，市の中心部に三つ建設されている．他の宗教施設として，キリスト教会が三つ，中国（仏教）寺院がある．

　パサール pasar[454]（市場）は，中心部の他，およそ東西南北に一つずつ五つあり，

349

第 IV 章

チャクラヌガラ

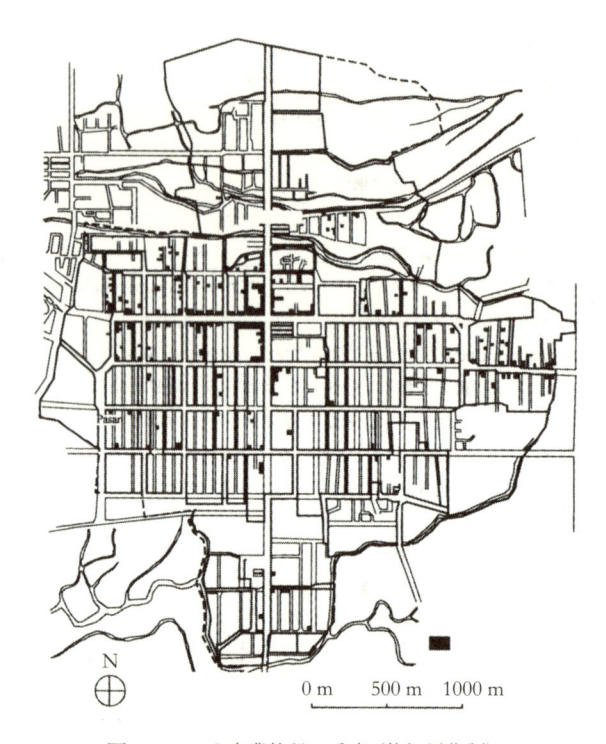

図 IV-3-5 ●商業施設の分布（牧紀男作製）

生鮮食料品など日常品を販売している．商業施設は，マルガ・サンガの大通りに集中している（図 IV-3-3）．近隣住区に密接に関わる学校は各住区ごとに，幾つかのカラン毎に設けられている．

3-3 棲み分けの構図[455]

(1) ヒンドゥー地区とイスラーム地区

　ヒンドゥー地区とイスラーム地区の空間構成の差は一目瞭然である．歩いていても，すぐさまその違いが分かる．ヒンドゥー地区は極めて整然としているのに対して，イスラーム地区に入ると雑然としてくる．街路は曲がり，細くなる．果ては袋小路になったりする．住宅もてんでバラバラの向きに建てられる．空間構成とは別の次元であるが，イスラーム地区に入るとすぐさま取り囲まれる．居住密

図 IV-3-6 ●ムスリムの分布（牧紀男作製）

度は高く，コミュニティーの質も明らかに異なっている．

　ヒンドゥー教徒の住居の場合，屋敷地構成は，必ずしもバリ・マジャパヒトの典型的構成と同じではないが，北東の角にサンガを持つのは共通である．近年，敷地は様々に分割され，あるいは併合され，その構成は変化してきている．

　イスラーム地区の中には，カラン・スラヤのように，もともと，きちんと街区割りがなされたカランもある．なぜなら，北部には，整然としたヒンドゥー教徒の屋敷地が存在するからである．しかし，その街区割りは大きく変更されている．細街路が自在に作られ，その街路に沿って住居群が建てられる．袋路も多い．塀で囲まれた屋敷地の中に分棟で配置するパターンと街路を伸ばしていくパターンとはまったく対比的である．

図 IV-3-7 ●ヒンドゥー住区とイスラーム住区（脇田祥尚作製）

(2) カーストの分布

　ヒンドゥー教徒の分布をカースト別に見ると次のようである．インドの場合と同様，バリでも，ブラーフマン，(ク) サトリア (K) Satriya (クシャトリヤ)，ウェシア Wesya (ヴァイシャ)，スードラ Sudra (シュードラ) の四つのカーストが区別される．さらに，ワルナ Waruna (ヴァルナ 色) 制に似た下位分類を持つとされる．もっとも，インドのように厳格な制度として機能してはいない．

　それぞれ称号によって区別される．ブラーフマンの場合，男はイダ・バグース Ida Bagus，女はイダ・アユ Ida Ayu 略してダユ Dayu と呼ばれる．もし，母親が父親より低いカーストに属すと，子どもはグスティ Gusti ないしグスティ・バグース Gusti Bagus (女性の場合，イダ・マデ Ida Made もしくはイダ・プトゥ Ida Putu) と呼ばれる．クシャトリヤは，極めて複雑になるのであるが，プレデワ Predewa, プンガカン Pengakan, バグース Bagus, プラサンギアン Prasangiang といったタイトル (称号) を持つ．歴史的経緯から，デワ・アグン Dewa Agung, チョコルダ Cokorda, アナック・アグン Anak Agung も用いられる．ほとんどのウェシアは，グスティと

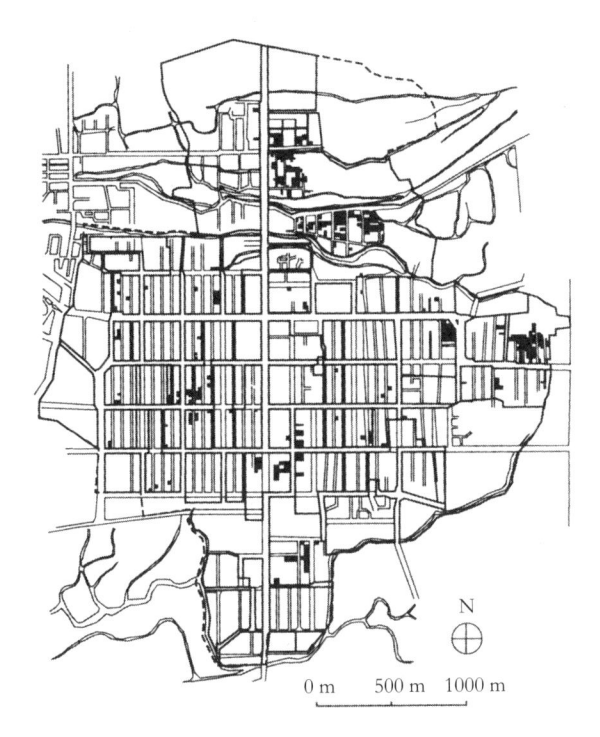

図 IV-3-8 ●ブラーフマの分布（牧紀男作製）

呼ばれる．スードラの場合，大半がそうであることから，バリ・ビアサ（Bali biasa 一般のバリ人）あるいはジャバ Jaba と呼ばれる[456]．

インドの場合，『マーナサーラ』のいうように，北がブラーフマン，東がクシャトリヤ，南がヴァイシャ，西がシュードラに振り分けられるのが基本であるが，まず，ブラーフマンの分布（図 IV-3-5）で目立つのが北部である．そして，東部である．また，南の突出部の東北部にも目立つ．南西，西部の中央部にも見られるが，北東部へのブラーフマンの偏りは大きな意味を持っていると考えられる．北東の方角には聖山リンジャニがあり，チャクラヌガラ周辺のプラの分布や構成については，オリエンテーションがはっきりと意識されていると見てよいからである[457]．個々の屋敷の東北角にもサンガ（屋敷神）が配されているのである．インドそのものではなく，バリ・ヒンドゥーの方位観がそのまま持ち込まれていると見

第IV章

チャクラヌガラ

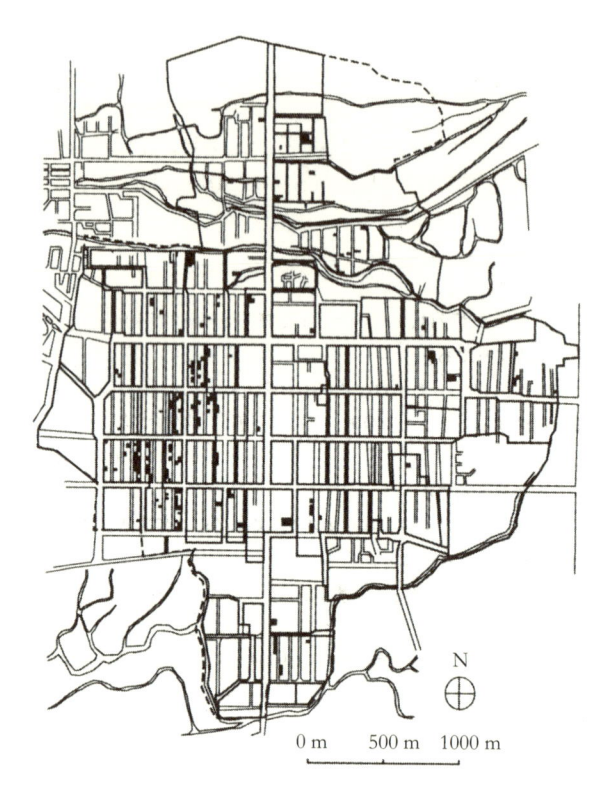

図 IV-3-9 ● クサトリアの分布（牧紀男作製）

てよいだろう．

　サトリア，ウェシアについては，称号ははっきり意識されているが，カーストについては居住者の認識が極めて曖昧である．特にウェシア意識が希薄である．グスティをウェシアと考えると全域に分布するが，どちらかというと東部の分布が厚い．それに対してクシャトリヤと答えるものの分布は西部に厚い．称号ごとの分布を見ると，アグン，ラトゥといった王家に関わる称号，またチョコルダあるいはデワは，数も限られるけれど，東部の王宮の周辺に分布する．

　以上のように，比較的数の多いサトリア（図IV-3-6）とグスティ（図IV-3-7）には分布の偏りが見られる．サトリアは西部に，グスティは東部に偏っているといってよい．グスティをウェシアと見なせば，カースト毎の棲み分けははっきり

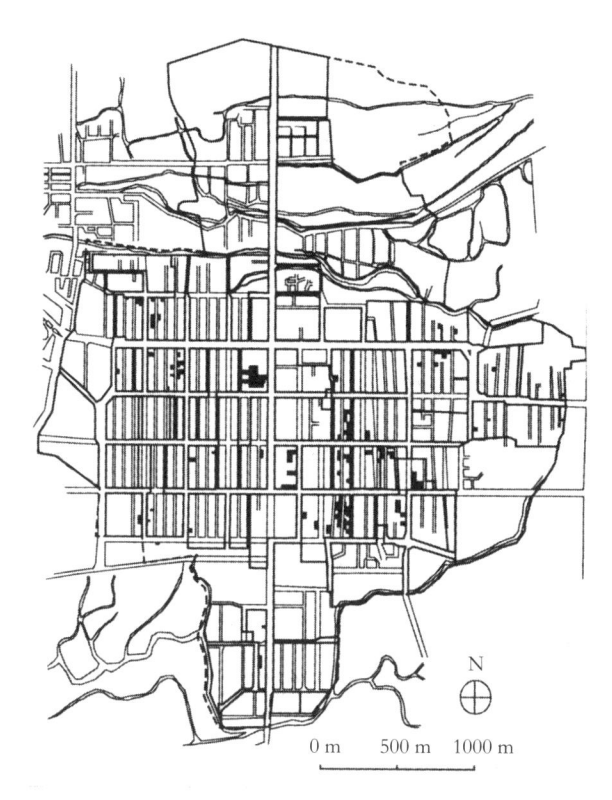

図IV-3-10 ●グスティの分布（牧紀男作製）

していたと見てよいだろう．

　スードラ，すなわちバリ・ビアサは全域にわたって分布する．ただ，当初は，前節で明らかにしたように，出身地ごとに，まとまって棲み分けられていた．

　チャクラヌガラの棲み分けの構造をまとめると以下のようである．

①ヒンドゥー教徒は，中心街区を占め，イスラーム教徒は周辺部に居住する．
　また，屋敷地，街路の形態には明確な違いがある．
②カラン毎にプラ，モスクが設けられるが，市の中心部にもモスクが設置されている．
③チャイニーズは，全域に居住するが，基本的には商業活動に従事し，幹線道路沿いに居住する．

④ヒンドゥー教徒は，基本的にカースト毎に棲み分けを行なってきた．
⑤僧侶階層としてのブラーフマンは，北および東に居住する．この分布から見て，南北の突出部は当初から計画されていたと考えられる．
⑥幾つかの称号のうちサトリアは西部に，グスティは東部に厚く分布する．
⑦アグン，ラトゥといった王家に関わる称号は，王宮の周辺に分布する．

4
マジャパヒト王国の首都

　チャクラヌガラは，カランガスム王国の植民都市である．カランガスムは，バリ・ヒンドゥー王国として並立したギアニャール Gianyar，クルンクン，バンリ Bangli，カランガスム，タバナン Tabanan，デンパサール Denpasar，ヌガラ Nugara，シンガラージャ Singaraja の8王国の一つである．1343年にバリはマジャパヒト王国によって征服される．そして，17世紀以降，八つの王国が覇を競う状況となっていた．まずはマジャパヒト王国とバリの歴史を振り返ろう．

4-1 マジャパヒト王国

　マジャパヒト王国[458]は，第Ⅰ章4-5で概観したように，古マタラム王国（832〜929）→クディリ王国（929〜1222）→シンガサリ王国（1222〜1292）→マジャパヒト王国（1293-1525頃）と続く，ジャワにおける最後のヒンドゥー王国である．

　マジャパヒト王国は，シンガサリ王国最後の王クルタヌガラ Kertanagara の女婿ヴィジャヤ Wijaya によって建国される．それを助けたのが大元ウルスの軍隊である．1294年にジャカトワン Jakatowan の反乱が起こり，クディリ軍によってクルタヌガラ王は殺害される．ウィジャヤはわずかな手勢を率いてマドゥラ島へ脱出，翌年シンガサリ王国攻撃のためにトゥバン Tuban に上陸した元軍に降伏を申し出て，ジャヤカトワンを共同して倒すのである．直後に，ウィジャヤは元軍を攻撃，退去させることに成功したというのが経緯である．クビライが死去した1294年に，ウィジャヤはクルタラージャサ Kertarajasa 王（在位1293〜1309）としてマジャパヒト王国初代の王となった．その名は，首都を置いた場所（トロウラン Trowlan）

第IV章

チャクラヌガラ

に生えていたマジャの実が苦かった（ジャワ語でパヒト pahit）ことから名付けたという．以降の王位の継承は，『ナーガラクルターガマ（デーシャワルナナ）』，『パラトン』などを基に明らかにされている．注目すべきは，後継争いから，東王宮と西王宮があったことである．

　1331年に反乱が起こるが，これを鎮圧するのに功績があったのがガジャ・マダ Gajah Mada である．以降，1364年に死去するまで王国の宰相（マハーパティ）として，大帝国を建設することになる．ガジャ・マダの最初の対外的行動がバリへの軍事侵攻である．バリ島のワルデマワ Warudemawa 王国を征服し，ゲルゲル Gelgel 王国を興したのが1343年である．14世紀後半アヤム・ウルク Hayam Wuruk 王（在位1350～1389）の時代にマジャパヒト王国は最盛期を迎えた．『デーシャワルナナ』が書かれたのはこの時代である．アヤム・ウルク王の死後，マジャパヒト王国は徐々に衰退し，15世紀以降インドネシア一帯に勢力を拡大してきたイスラーム勢力に押され，1525年頃に滅亡する．

　マジャパヒトの王都は，湾岸の交易都市スラバヤへ流れるブランタス川から少し離れた，現在のモジョケルト Mojokerto の西，トロウランと呼ばれる地域に位置していた．この川に面するマジャパヒト王国の港町はブバット Bubat と呼ばれ，インド人やチャイニーズなど外国人貿易商人が住む隔離された区画があった．マジャパヒト王国の港は，他にスラバヤ，グレシク Gresik およびトゥバンにあった．小規模な集落は，シンガサリ，バヤランゲス Bayalanges，パトゥカンガン Patukangan，サデン Sadeng，クタ Keta，パジャラカン Pajarakan およびゲンディン Gending などにあった．マジャパヒト王国の領域は，大きく下流のジャンガラ Janggala と上流のカディリ Kadir（クディリ）の二つに分けられていた．

　交通は，主として水運によって行なわれブバットへの輸送に使われていたブランタス川は，現在では水量がかなり減少しているが，かつてははるかに大きな河川であったと考えられる．陸運は，主に牛車などによる隊商によって行なわれた．

　D. H. ブルヘル[459]によれば，マジャパヒト王国は内陸国家であると同時に海運国家であった．その勢力圏はジャワの西部と中南部，北スラウェシを例外として，現在のインドネシアの全域とマレー半島の一部にまで及んでいた．マジャパヒト王国は，強力な艦隊を持ち，海域世界を支配したのである．マジャパヒト王国は農業国家と交易国家の性質をあわせ持った国家であった[460]．ただし，王族・貴族

が直接交易に携わることはなかった．基本的には内陸の農業を生産基盤としていたといってよい．

4-2 首都の復元

(1) 既往の復元案

ヒンドゥー・ジャワ期，そしてマジャパヒト王国については，その遺構をめぐって，クロム[461]らの多くの論考があるが，その首都の全体像は必ずしも明らかになっていない．その首都復元の試みとして，これまでM. ポント（1924年）[462]，W. F. スタッタハイム（1948年）[463]，ピジョー（1962年）[464]によるものがある．

①ポント：1924年（図IV-4-1）

ポントの復元案は自らの発掘調査に基づいている．しかし，最初の復元案であるにもかかわらず，後の復元案に比べて非常に詳細である．調査のみに忠実な復元とは考えにくく，大部分が建築家的構想の産物であると考えられる．主として参照されているのは，イスラーム期の王宮，ジョクジャカルタ Jogjakarta およびスラカルタ Surakarta の王宮である．そして，最新の発掘調査資料との決定的な相違点がある．実際のマジャパヒトの建設領域はポントが考えるよりもはるかに広大であった．

②スタッタハイム：1948年（図IV-4-2）

スタッタハイムの復元案は自らの『ナーガラクルターガマ（デーシャワルナナ）』の翻訳研究資料および比較対象都市の調査資料（ジャワ島のジョクジャカルタとバリ島のクルンクン）に基づいている．ただ，復元と言っても大まかなレイアウトを示しているにすぎない．

③ピジョー：1962年（図IV-4-3）

ピジョーの復元案は自らの『ナーガラクルターガマ（デーシャワルナナ）』の翻訳研究資料に基づいている．文章に忠実に行なわれているが，概念図を示すに止まっている．

マジャパヒト王国の首都の復元にあたっての直接的な参考資料としては，まず『ナーガラクルターガマ（デーシャワルナナ）』の首都についての記述がある．そして，発掘遺構がある．発掘遺構については，必ずしも，その全体は明らかにされて

第 IV 章

チャクラヌガラ

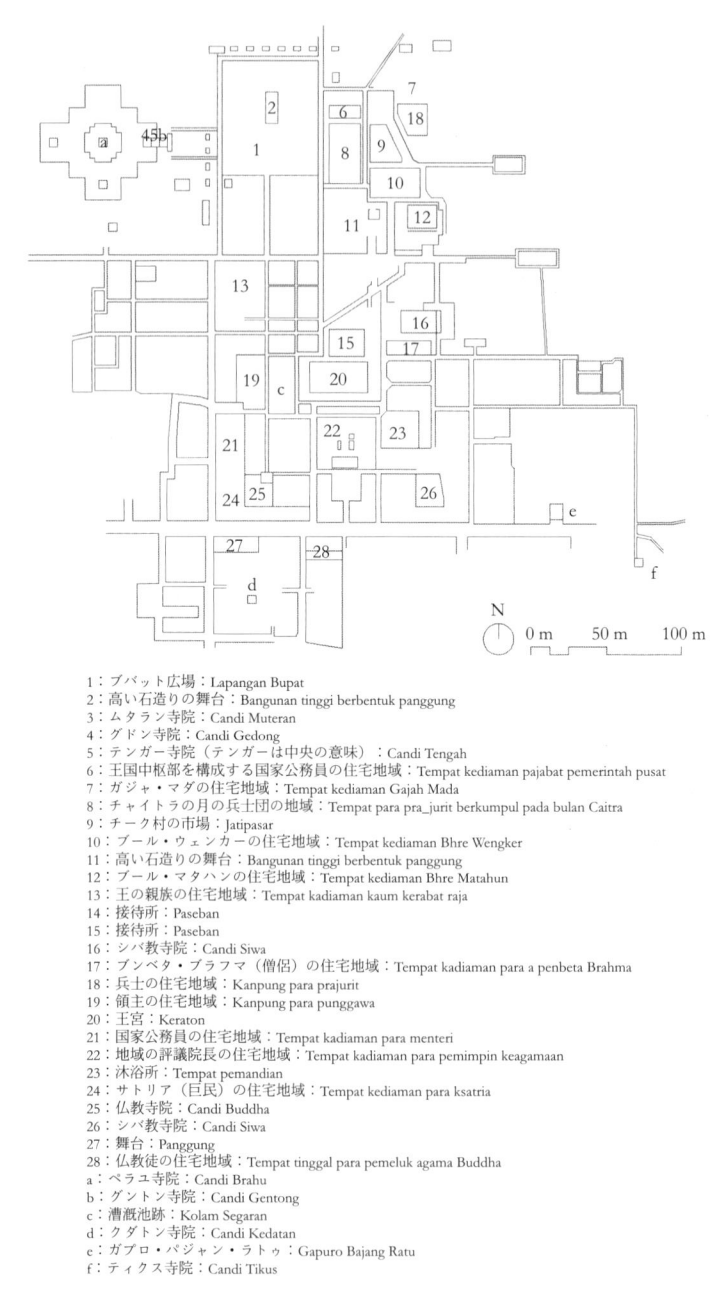

```
 1：ブパット広場：Lapangan Bupat
 2：高い石造りの舞台：Bangunan tinggi berbentuk panggung
 3：ムタラン寺院：Candi Muteran
 4：グドン寺院：Candi Gedong
 5：テンガー寺院（テンガーは中央の意味）：Candi Tengah
 6：王国中枢部を構成する国家公務員の住宅地域：Tempat kediaman pajabat pemerintah pusat
 7：ガジャ・マダの住宅地域：Tempat kediaman Gajah Mada
 8：チャイトラの月の兵士団の地域：Tempat para pra_jurit berkumpul pada bulan Caitra
 9：チーク村の市場：Jatipasar
10：ブール・ウェンカーの住宅地域：Tempat kediaman Bhre Wengker
11：高い石造りの舞台：Bangunan tinggi berbentuk panggung
12：ブール・マタハンの住宅地域：Tempat kediaman Bhre Matahun
13：王の親族の住宅地域：Tempat kadiaman kaum kerabat raja
14：接待所：Paseban
15：接待所：Paseban
16：シバ教寺院：Candi Siwa
17：ブンベタ・ブラフマ（僧侶）の住宅地域：Tempat kadiaman para a penbeta Brahma
18：兵士の住宅地域：Kanpung para prajurit
19：領主の住宅地域：Kanpung para punggawa
20：王宮：Keraton
21：国家公務員の住宅地域：Tempat kadiaman para menteri
22：地域の評議院長の住宅地域：Tempat kadiaman para pemimpin keagamaan
23：沐浴所：Tempat pemandian
24：サトリア（巨民）の住宅地域：Tempat kediaman para ksatria
25：仏教寺院：Candi Buddha
26：シバ教寺院：Candi Siwa
27：舞台：Panggung
28：仏教徒の住宅地域：Tempat tinggal para pemeluk agama Buddha
 a：ベラユ寺院：Candi Brahu
 b：グントン寺院：Candi Gentong
 c：潅漑池跡：Kolam Segaran
 d：クダトン寺院：Candi Kedatan
 e：ガプロ・バジャン・ラトゥ：Gapuro Bajang Ratu
 f：ティクス寺院：Candi Tikus
```

図 IV-4-1 ●マクレーン・ポントの復元　1924 年：Pont, H. Maclaine, "De historische rol van Majapahit", Overdruk uit Djawa 6e jaargang, 1926

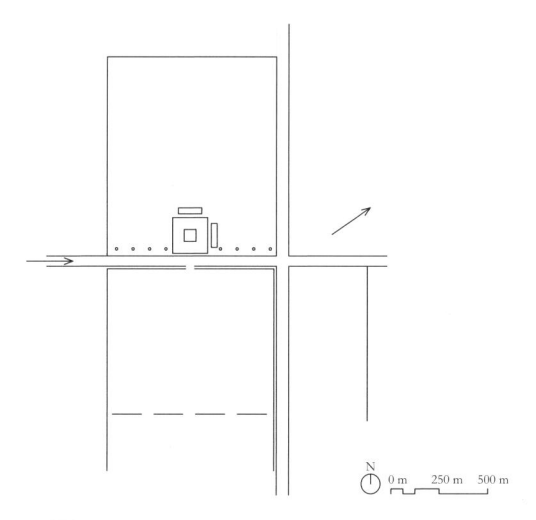

1：王宮：kuta
2：ワクトラの宮殿：purawaktra
3：ブバット広場：lebuh agung(bubat)
4：木：brahmasthana
5：主門：gopura
6：四辻：panggung
7：市場：peken agung
8：広場：lebuh(pahoman barasamuha)
9：主中庭：wanguntur
10：広間：witama
11：待合室：wecma panangkilan
12：集会所：nggwan caiwaboddha
13：祠堂：rijk stempelerf
14：シバ教徒の住居地域：residence ciwaieten
15：仏教徒の住居地域：residence buddhisten
16：酋長の住居地域：residence mantri's
17：ベンケルの宮殿：pura van Wengker
18：マタフンの屋敷地：delew van Matahum
19：ダーハの大臣の屋敷地：dalem(ikuwa)van patih van Daha
20：マジャパイトの大臣の屋敷地：dalem (kuma) van patih van Majapahit
21：kadharmmadhyaksan kacaiwan
22：kadharmmadhyaksan keboddihan

図 IV-4-2 ●スタッタハイムの復元：Stutterheim（1948）

はいない．ここでの考察は，発掘現場で入手した2003年段階の想定図面，航空写真を基にしている．さらに，ジャワにおける他の王都など，他の都城との比較が大きな手掛かりとなる．これまでの復元は専らイスラーム期以降のジョクジャカルタ，あるいはスラカルタの王宮がモデルとして参照されてきた．ここでは，本書全体が扱った都市が比較の対象である．

第IV章
チャクラヌガラ

```
              ↑                              ↑
    ナラバティ（クディリの大臣）の領地    ガジャ・マダ（マジャパイトの大臣）の領地

                        ┌──┐
                        │市場│
                        └──┘
              細長い集会所 ═══         ＊ 聖なる四辻
   木に囲まれたリング（闘鶏場）○
                  ┌────────┐
                  │  主門   │
              ・  │        │  ・
   王族の住居群 ・ │   王    │ ・ シバ教聖職者の住居群    ┌──────┐
              ・  │        │  ・                          │ペンケルの屋敷地│
                  │  城壁   │                            └──────┘
                  └────────┘
                 仏教聖職者の住居群
                        ↓                    ↓
                  仏教の主教の領地      シバ教の主教の領地
```

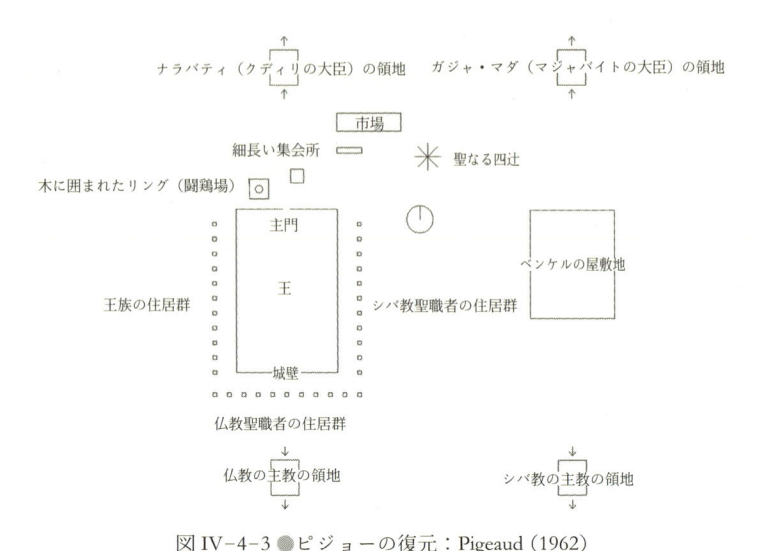

図 IV-4-3 ●ピジョーの復元：Pigeaud (1962)

　マジャパヒトの発掘調査はポントによって始められた．現在は，インドネシアの国立考古学研究機関[465]によって進められているが，発掘調査を典拠としたマジャパヒト復元案はポントによるものを除いてまだない．
　2003年7月における発掘調査で明らかになっているのは図 IV-4-4 のようである．ここで明らかになった最も特筆すべき点は，その広大で整然とした人口運河である[466]．それに伴うと考えられる建設領域の規模は，これまで推定されてきたものよりもはるかに広大であった．ただし，その広大な地域で発掘調査が行なわれているのはごく一部である．

(2) 『ナーガラクルターガマ（デーシャワルナナ）』における首都の記述
　『ナーガラクルターガマ（デーシャワルナナ）』は，I-4-5で述べたように，マジャパヒト王国の宮廷詩人プラパンチャ Mpu Prapanca が1365年に著した詩篇で，ロンタル椰子に古ジャワ語で記された全98節からなる．1894年にロンボク島において，1979年にバリ島において，それぞれ写本が発見されている．14世紀に東南アジア最大の勢力であったマジャパヒト王国の当時の姿は，この文献のみが伝えると

4
マジャパヒト王国の首都

図IV-4-4 ●発掘現況（川畑良彦作製）

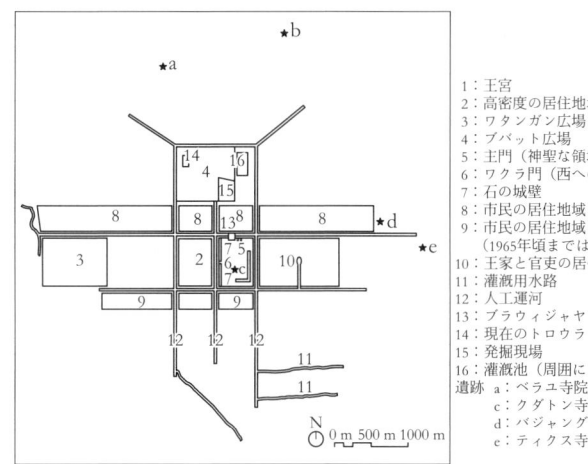

1：王宮
2：高密度の居住地域（中国陶器が多数出土）
3：ワタンガン広場
4：ブパット広場
5：主門（神聖な領域への入り口／彫刻が施された大門）
6：ワクラ門（西への大門）
7：石の城壁
8：市民の居住地域
9：市民の居住地域
　（1965年頃までは各住居の門が多数残っていた）
10：王家と官吏の居住地域
11：灌漑用水路
12：人工運河
13：ブラウィジャヤの舞台
14：現在のトロウラン博物館
15：発掘現場
16：灌漑池（周囲には接待所）
遺跡　a：ベラユ寺院　b：ウリンギンラワン寺院（主門）
　　　c：クダトン寺院（王宮）
　　　d：バジャングラトゥー寺院（後門）
　　　e：ティクス寺院（女王の沐浴所）

　ころである．
　『ナーガラクルターガマ（デーシャワルナナ）』はこれまでに，クロム[467]，スタッタハイム，ピジョー，スプモ[468]，ロブソンなどの多くの研究者により翻訳され，注釈が加えられている．中でも，ピジョーの『14世紀のジャワ』は5巻に及ぶる英訳・研究書であり，その出版以降参照されてきた古典である．そのピジョーを踏まえて，再度の翻訳を行なったのがロブソンによる『デーシャワルナナ』である．
　『ナーガラクルターガマ（デーシャワルナナ）』の首都に関する記述を見よう．番号は節項に当たる番号と行番号である．
　その要旨は以下のようである．ピジョーとロブソンの翻訳の比較を表IV-4-1に示す．ピジョー訳を基にした牧紀男による首都の概念図[469]は図IV-4-5に示される．

8.1.1　　分厚く，高い赤レンガの周壁は王宮の周囲を取り囲んでいる．
8.1.2　　王宮の西門の前には深い水路に囲まれた街区がある[470]．
8.2.1　　王宮の北側には正門がある．
8.2.3　　王宮の北側には市場があり，その南には，非常に細長い形の建物が建っている．
8.2.4　　毎年そこで集会が行なわれる．建物の南側には非常に大きく神聖な

363

表 IV-4-1 ●マジャパヒトの首都に関する『デーシャワルナナ』(『ナーガラクルターガマ』)の記述（川畑良彦作製）

	[ロブソン]	[ピジョー]
8.1.1	荘厳な王宮の配置について述べよう．周壁は赤れんがでできており，周囲をぐるりと取り囲み，分厚く，高い．	以下に描写されているのは，王宮の配置である．素晴らしく，その周壁は赤煉瓦で作られており，ぐるりと周りを取り囲み，分厚く，高い．
8.1.2	西側の"王宮の入口"(palace-mouth)は，深い水路(encircled water)に囲まれた広場(square)がある．	西の門の口(gate's mouth)は，大きな広場(field)に面しており，その中央には深いリング(ring)がある．
8.2.1	北側は非常に豪華な儀礼用の；正式な門(ceremonial gate)があり，その扉は鉄でできていて，無数の図案で装飾されている．	北側は主門(main gate)があり，非常に豪華で，鉄の扉は，数えきれない図で飾られている．
8.2.2	その脇の東側には，立派な高い塔(tower)が建っており，その基部(base)は白いセメントで塗られている．	東には隣接して立派な建物があり，監視塔(watchtower)は高く，その胸壁(parapet)は漆喰で白く塗られている．
8.2.3	北側の市場の南には，隣接して，非常に長く，並外れた宿泊所(resthouse)が建っている．	北側にあり，市場の南側のすぐ近くには，非常に長く，最高に素晴らしい建物(building)がある．
8.2.4	毎年 Caitra 月になると，そこには集められた軍隊(troops)が集合する．この南側には別世界のように素晴らしい十字路がある．	毎年 Caitra 月には，そこは王の家臣達(Royal servants)の集まる会合の場となる．南側は神聖で壮大な十字路がある．
12.1.1	街の周り(side of the city)に沿って配置された"土塁"(bulwarks: 施設群)の配置について述べよう．	以下に描写されるのは，街の形(shape of the town)に沿って配された近隣の街区(adjacent wards)の配置である．
12.1.2	東側は，シヴァ教の僧侶たちがおり，彼らの長はブラーフマラージャ Brahmaraja 猊下である．	東は高潔なシヴァ教の僧侶達がいる．その長は，敬虔で神聖なブラーフマラージャであり，高名な方である．
12.1.3	南側は仏教徒達がおり，彼らの長はナディ Nadi 僧院長である．	南側には仏教徒達がいる．その長はナワン nawang 崇拝を実践している高名なナディ大司教である．
12.1.4	西側は王の親族の貴族達と公務員，侍従長たちが住んでいる．	西側は貴族，高級官吏，優れた侍従達がおり，みな輝かしき王の親族である．
12.2.1	広場に隔てられた東側には最も見事なウェンカー Wengker 王子の邸宅がある．	そして東には，広場を挟んで，とても素晴らしいウェンカー王子の邸宅がある．
12.2.2	インドラとシャチーのように，王子はダハ Daha の王女とそこに住んでいる．	インドラがシャチーとともにあるのが当然であるように，王子はダハの王女とある．

12.2.3	マタフン Matahun の王子とラセム Lasem の王女が離れていない所に住んでいる.	高名なマタフンの守護者とラセムの王女はその中の離れていない所に居を構えている.
12.2.4	その南のそう遠くはない場所には，彼らの邸宅があり，明るく，美しい.	南に位置し，そう遠くない所に，守護者の邸宅があり，豪華で壮大である.
12.3.1	北側の，大きな市場の北には素晴らしく豪華な住区 (quarters) がある.	北にある大きな市場の北側には，荘園 (manor) があり，壮大で豪華である.
12.3.2	ウェンカーの王子の弟君のような方が，ここ (here) におられる方の一人である.	明らかに高名なのは，ウェンカーの王子の弟君で，彼は立派な荘園 (manor) の領主である.
12.3.3	この誠実で王女につくし，忠実で政策の問題に熟達したダハの大臣は，	誠実で王女を愛し，忠実で，管理能力に長けている，ダハの大臣である.
12.3.4	Narapati 候という名で知られており，王国の誇りである.	ナラパティ候の名で世に賞される彼は，王国の壮大な光景を作り出した.
12.4.1	北東は，非常に優れたマジャパヒトの大臣であるガジャ・マダの住区 (quarters) である.	北東は，高名なマジャパヒトの大臣，ガジャ・マダの荘園 (manor) である.
12.4.2	勇敢な将校であり，戦術に明るく，忠誠と王への献身も厚く，	勇敢で，経営に長け，信頼され，誠実で王に従順な将校で，
12.4.3	雄弁で話術に長け，礼儀正しく，忍耐強く，常に絶えず努力する人であり，	雄弁で話が上手く，正直で冷静であり，しっかりと努力し，
12.4.4	政務の監督者であり，世界の最高の統治者である王の座を守っている.	王宮の監督者であり，世界の最高統治者である王子の安定を守っている.
12.5.1	そして，王宮の南側には，とてもうまい具合に信仰の戒律の管理者達 (administrators of religious low) の住区 (quaters) がある.	また，王宮の南の住区は，僧侶達 (bishops) の荘園 (manors) があり，とても壮大である.
12.5.2	東側はもちろんシヴァ教徒達を頂点とし，西側には仏教徒達が上手く配されている.	東にはシヴァ教徒達の場があり，最も素晴らしく，言うまでもなく仏教徒達の場が西にあり，荘厳で，美しく配置されている.
12.5.3	その他の (other) 高級将校達や貴族達の住区 (quaters) については，ここでは述べずにおこう.	高名な高級官吏達や，一般の (common) 貴族達の荘園 (manors) に関しては述べることをしない.
12.5.4	数があまりにも多いからである. が，各々が独自の優れた住区 (quaters) を持ち，街を彩っている.	数のためである. 各々の荘園 (manors) の違いが王都の荘厳な面を生み出している.
12.6.1	マジャパヒトの王宮は，太陽と月のように並ぶものが無く，	月や太陽の様子がそうであるように，確かに，マジャパヒトの王宮は比類なくそこにある.

第 IV 章
チャクラヌガラ

12.6.2	各々独特の魅力を持つその中庭や多くの住区は，太陽や月の放つ光の輝きに例えられる．	月や太陽の光輪のように，多くの壮大さの異なる住区が次々と取り囲んでいる．
12.6.3	ダハをはじめとする残りの様々な都市（12_6_4へ続く），星や惑星のようである．	ダハを頂点とする膨大な数の街が，星や惑星のようにある．
12.6.4	庇護を求めて御前に下る多くの他の島々や周りのすべての国々は（12_6_3へ戻る），	他の島や周り中の国々が，庇護を求めてたくさん御前に入ってくる．

＊：下線部は両者の翻訳が異なる部分

　　　　　十字路がある．
12.1.1 　街の周りに沿って取り囲むように様々な住区や施設群が立ち並んでいる．
12.1.2 　王宮の東側は，ブラーフマラージャをはじめとしたシヴァ教の高僧達が住んでいる．
12.1.3 　王宮の南側はナーディ僧院長をはじめとした仏教の高僧達が住んでいる．
12.1.4 　王宮の西側は王の親族の貴族，高級官吏，侍従長達が住んでいる．
12.2.1 　王宮の東には，広場を挟んでベンケル王子らが住んでいる．
12.2.2 　ベンケル王子はダーハ王女と一緒に住んでいる．
12.2.3-4 　マタフン王子とラセル王女はその南側に住んでいる．
12.3 　王宮の北側にある市場の北には，ナラパティ Narapati 候らが住んでいる．
12.4 　王宮の北東には，ガジャ・マダらが住んでいる．
12.5.1 　王宮の南には，神官や僧侶達が住んでいる．
12.5.2 　東側にシヴァ教徒達，西側に仏教徒達が住んでいる．
12.5.3-4 　その他の高級将校や貴族達が住んでいる地区もある．

(3) 首都のレイアウト

『ナーガラクルターガマ（デーシャワルナナ）』の記述をみると，明らかに王宮中心に記述がなされている．中心に城壁で囲われた王宮があり，西の広場と北側の広場について触れられた後，土塁で囲われた街区が東，南，西の順に説明される．

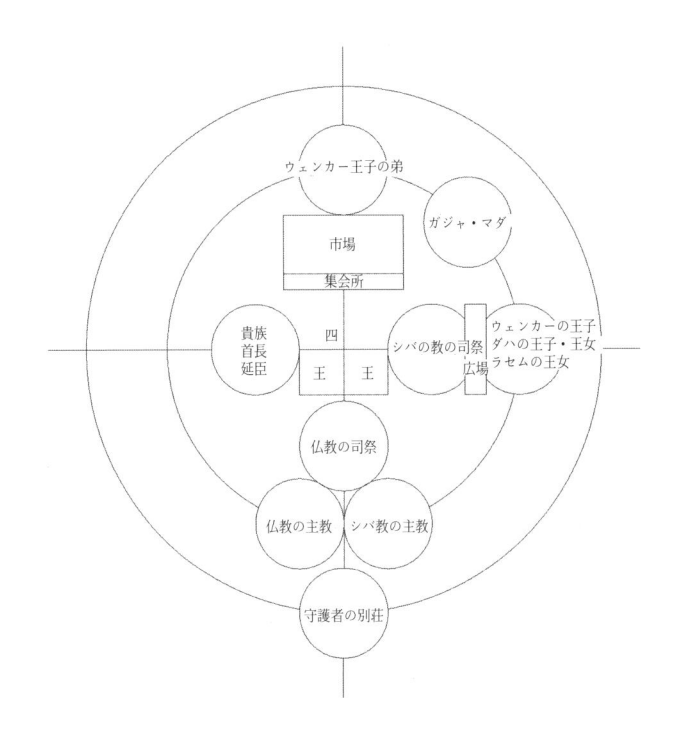

図 IV-4-5 ●『デーシャワルナナ』による首都の構造：牧 (1993)

そして，さらにその周囲について北，北東，南，西の順に述べられる．記述は三重の同心円上に行なわれている．王宮が中心に位置する都城の概念を反映していると見てよいだろう．

　ヒンドゥー・ジャワにおける宇宙観は，当然，インドにおける宇宙観を基にしている．『ブラーフマーンダ・プラーナ Brahmānda-Purāna』などは，サンスクリットの原典をそのまま借用していることが知られている[471]．

　多くの論考があるが，そのポイントは以下の4点である．

①世界の中心としての円形の大陸

②神々の住むその島の中心に聳える宇宙山．

③中心の島の周辺を同心状に取り囲む円環状の海と大陸

④全世界を囲うチャクラヴァラ Cakravala タイプの山壁

　ただ，ジャワという固有の生態環境への適用が問題となる．その適用を示す15世紀のジャワの古文献として『タントゥ・パンゲララン Tantu Panggelaran』[472)]がある．その古文書は，世界の中心をインドからジャワに移しているのである．

　タントゥ・パンゲラランは冒頭に次のように物語る．メール山が世界の中心として築かれると，ジャワは震動した．その後も揺れ続けるので，グル Guru（導師）は，ジャワを安定させるために様々な手段を講じた．しかし，それでもジャワは不安定で，漂い続けた．上から押さえつけるものがないからである．そこで，導師は，ヤクシャなどの神々に命じて，最終的にマハメールをジャンブ・ドヴィーパ（瞻部州）から取り除いてジャワに植えつけたのである．

　メール山をジャワに動かしている間に神々は宇宙山の発する毒（カラ・クタ kala kuta）を飲んですべて死んでしまう．この悲劇を知った導師パラメシュヴァラ Paramesvara は，毒を取り除いて，死んだ神々に不思議な薬を振りかけて生き返らせたのである．

　他に，中心と東西南北の4-5点構成に触れる文献がある．中心の最高山の頂上は導師ジュングリン・サラカ Junggring Salaka の領域である．ウィスヌ Wisnu（ヴィシュヌ）の宮殿マリヤラータ Maliyarata は，その東のやや低い山の頂にある．西，南，北には，それぞれマハーマラ Mahūmara，ダトゥル Dhatr，マドゥスーダナ Madhusādana がある[473)]．これは，ジャワの農村において，核となる村の東西南北四つの村が配置されるモンチョパット moncapat[474)]と呼ばれる方位観念に繋がる．中国で言えば，中心都城の四方に東京，西京，北京，南京を置く五京の制である．また，8方向に守護神を置く配置概念もジャワにもたらされている．バリにおける方位観念ナワ・サンガにその原型が維持されていると考えてよいであろう．

　マジャパヒト王国の首都が王宮を中心とする理念によって構成されていたことは間違いない．その中心部は王宮を中心とした街区のコンプレックスであった．ピジョーは「トロウランは広場と大通りによって区切られた街区によって構成された」としているが，発掘現況図もそれを示している．ピジョーは「現代の街のように都市計画に沿って作られた街ではなかった」というが，発掘図に依れば，中心部は明快に区画されている．とりわけ，王宮とその西の区画は同じ矩形（東西約675メートル 南北約900メートル）である．王宮の東側の区画を区切る運河までの幅

もほぼ675メートルである．少なくとも，中央部は整然と計画されていたと考えてよいだろう．

王宮のある区画を一つの街区単位とすれば，マドゥライのような，すなわち，『マーナサーラ』にいうサルヴァトバドラなどのような同心囲帯の構造より，ジャイプルのようなナイン・スクエアで中心に王宮がある構造が想起される．発掘状況から見ると，王宮とその東西の区画を合わせた三区画を中心として，その周囲から民家の遺構が多く出土している．

問題は土塁で囲われた区域がどの範囲かである．ピジョーは「トロウランは街全体が壁に囲われた都市ではない」としている．また，「12.1.1：街の周りに沿って取り囲むように様々な住区や施設群が立ち並んでいる」とある．マジャパヒトの首都は外郭壁を持たなかった可能性はある．中央の三区画のみで東西は2キロメートルになるから，規模を考えると，主門，後門まで京域が広がっていたとは考えられない．チャクラヌガラも，竹の生えた簡単な土塁で囲われていたとされるが，同じような形であったかもしれない．

問題は，8.2.4にうたわれる「十字路」である．『ナーガラクルターガマ（デーシャワルナナ）』は，「聖なる四辻」は王宮の北に位置している，という．王宮の主門は北門であるから，「聖なる四辻」は北側であろう．ピジョーは「聖なる四辻は，方位のヒエラルキーを考慮すると王宮の北東角に位置したと思われる」としているが，『ナーガラクルターガマ（デーシャワルナナ）』は，王宮の北と西の広場に言及しているから北西角ということも考えられる．

マジャパヒト王国はイスラームに追われてバリに移動するが，バリの8王国の中心にも「十字路」がある．通常は，王宮（プリ）は四つ辻の北側に位置する．『アルタシャーストラ』は，中心の北東に王宮を位置させるし，アンコール・トムの場合も王宮は中心寺院の北側にある．

一説に，バリ島の北側と南側で南北の方位観が逆転（山を聖（浄），海を俗（不浄）とする観念から，南北－浄不浄が反対となる）するように，マジャパヒトの首都では南を聖としていた，というが，北を正門としていること，王宮の北と東に権力者の邸宅が位置することから，その説はとりにくい．主門と後門に通ずる道が交差するのは王宮の北東角であるから，王宮の北東角を聖なる「十字路」と考えるのが妥当であろう．

第 IV 章

チャクラヌガラ

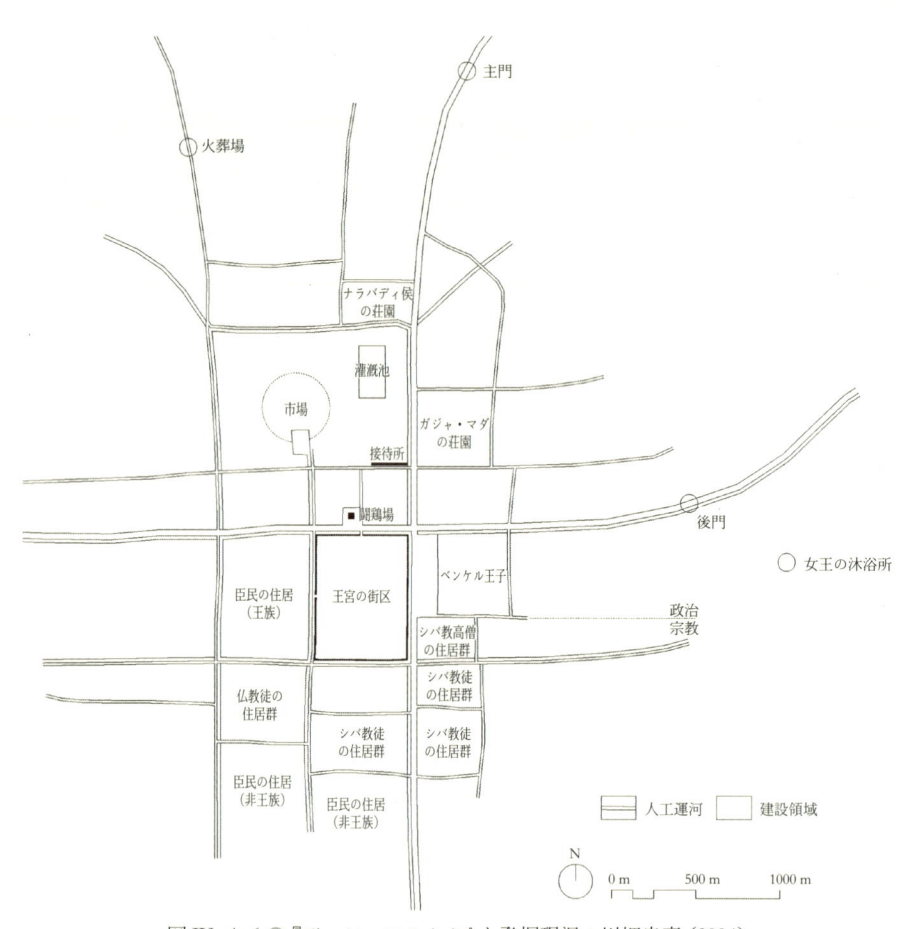

図 IV-4-6 ●『デーシャワルナナ』と発掘現況：川畑良彦 (2004)

　王宮そのものの構成については，カランガスムの王宮の構成を現在もみることができるし（図 IV-4-8），チャクラヌガラについても 19 世紀の状況は分かっている（図 IV-4-9）[475]．バリではギアニャールなどプリの構成からそれを窺うことができる（図 IV-4-10）[476]．ギアツは，ヌガラの中心としてクルンクンの王宮を図示している[477]．いずれも，同様の構成原理によることは明らかである．

　その他の記述を含めて，『ナーガラクルターガマ（デーシャワルナナ）』の記述を発掘調査の現況図に当てはめると図 IV-4-6 のようになる．王族と非王族，シヴァ教徒と仏教徒，現地人と外国人などの間で住み分けが行なわれていたことが

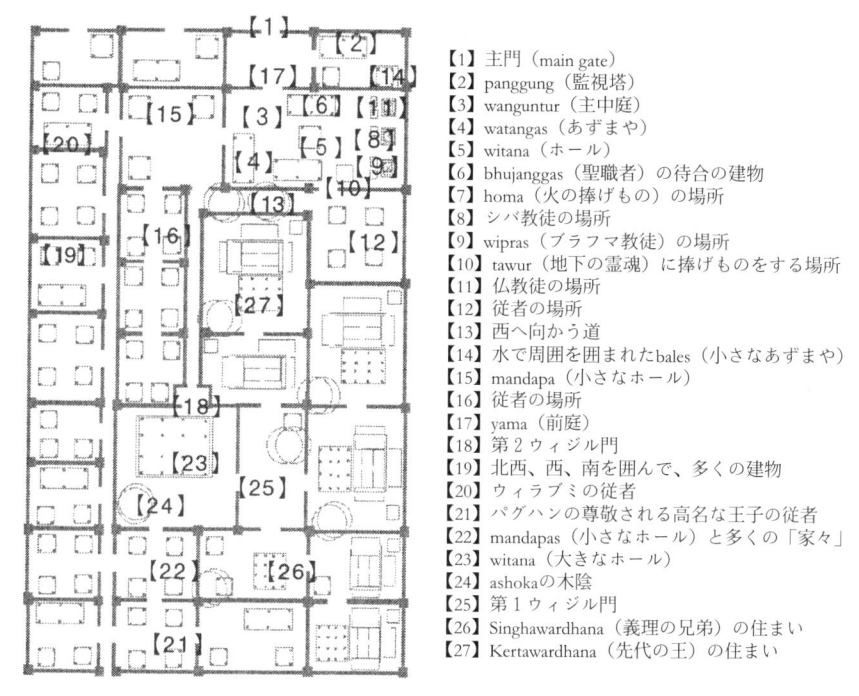

【1】主門（main gate）
【2】panggung（監視塔）
【3】wanguntur（主中庭）
【4】watangas（あずまや）
【5】witana（ホール）
【6】bhujanggas（聖職者）の待合の建物
【7】homa（火の捧げもの）の場所
【8】シバ教徒の場所
【9】wipras（ブラフマ教徒）の場所
【10】tawur（地下の霊魂）に捧げものをする場所
【11】仏教徒の場所
【12】従者の場所
【13】西へ向かう道
【14】水で周囲を囲まれたbales（小さなあずまや）
【15】mandapa（小さなホール）
【16】従者の場所
【17】yama（前庭）
【18】第2ウィジル門
【19】北西、西、南を囲んで、多くの建物
【20】ウィラブミの従者
【21】パグハンの尊敬される高名な王子の従者
【22】mandapas（小さなホール）と多くの「家々」
【23】witana（大きなホール）
【24】ashokaの木陰
【25】第1ウィジル門
【26】Singhawardhana（義理の兄弟）の住まい
【27】Kertawardhana（先代の王）の住まい

図 IV-4-7 ●マジャパヒト王国王都の中心部構成：脇田祥尚（2000）

見てとれる．

ピジョーは「それぞれの街区は中庭を持つ幾つかの住区から成り立っており，住区の中心に主人とその家族が，その周りの住区にその親戚や使用人達が住んでいた」としている．遺構のレリーフに描かれた図像から，各住居はバリの住居のような塀に囲まれた分棟式であったから[478]，街区内部の構造はある程度推測できる．チャクラヌガラの王宮，バリの八つの王国のプリの構成を想起すればよいだろう．脇田祥尚は図 IV-4-7 のような復元案を示している[479]．

王宮（クラトン kraton）とは，カラトゥアン ka-ratu-an のことである．すなわち，ラトゥ（王）の住むところという意味である．同じく王を意味するダトゥ dhatu からカダトン kadhaton とも呼ばれる．カダトンはクラトンに属し，より限定的には王家の居住区を意味する．王宮のある居住区をクラトン・カスナナン Kraton Kasunanan という．

第IV章

チャクラヌガラ

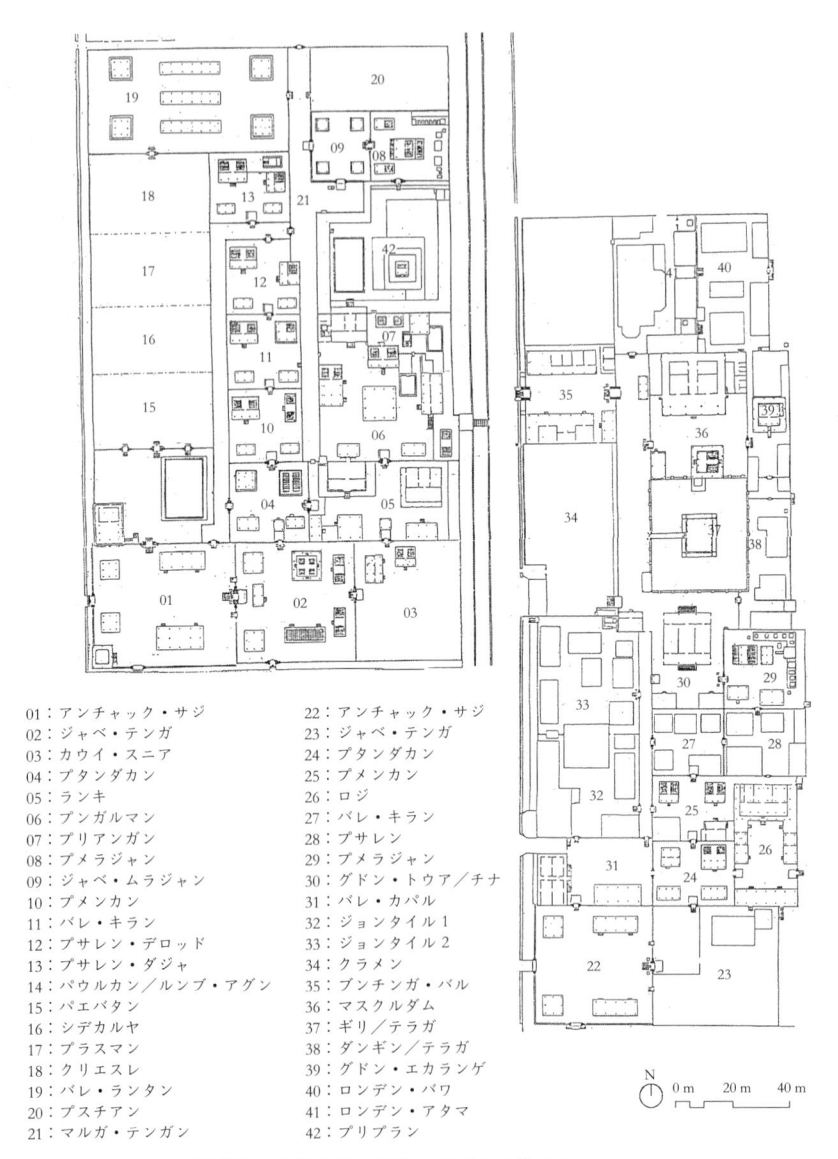

01：アンチャック・サジ
02：ジャベ・テンガ
03：カウイ・スニア
04：ブタンダカン
05：ランキ
06：プンガルマン
07：プリアンガン
08：プメラジャン
09：ジャベ・ムラジャン
10：プメンカン
11：バレ・キラン
12：プサレン・デロッド
13：プサレン・ダジャ
14：パウルカン／ルンブ・アグン
15：パエバタン
16：シデカルヤ
17：プラスマン
18：クリエスレ
19：バレ・ランタン
20：プスチアン
21：マルガ・テンガン
22：アンチャック・サジ
23：ジャベ・テンガ
24：プタンダカン
25：プメンカン
26：ロジ
27：バレ・キラン
28：プサレン
29：プメラジャン
30：グドン・トウア／チナ
31：バレ・カバル
32：ジョンタイル1
33：ジョンタイル2
34：クラメン
35：プンチンガ・バル
36：マスクルダム
37：ギリ／テラガ
38：ダンギン／テラガ
39：グドン・エカランゲ
40：ロンデン・バワ
41：ロンデン・アタマ
42：プリブラン

図IV-4-8 ●カランガセムのプリ：Puri Karangasem

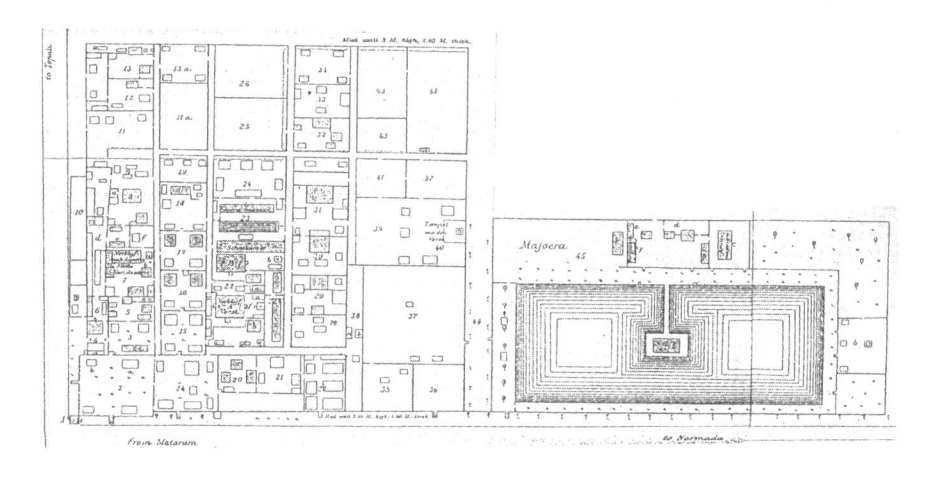

図 IV-4-9 ●チャクラヌガラの王宮とプラ・マユラ：Cool (1980)

　資料の乏しいヒンドゥー・ジャワ期の王宮に対して，イスラーム期のジャワの王宮は幾つか現存する．また，遺構からそのレイアウトがある程度明らかになっている．ポントやスタッタハイムがジョクジャカルタやスラカルタの王宮を参照したのは，それ故にである．その前提は，イスラーム期に入っても王宮を宇宙の中心とする観念は維持されたという仮定である．

　スラカルタの王宮を取り上げて，王宮と宇宙観について論じた T. E. ベーレント[480]も基本的にジャワが世界の中心であるという観念は維持され続けたと考えている．ジャワは，地下のトンネルを通じてイスラームの中心メッカに繋がっていると考えられるのである．そして，世界はマタラムを中心として，クタガラ Kuthagara，ナガラ・アグン Nagara Agung，世界はマンチャ・ナガラ Manca Nagara，パシシール Pasisir という四つの同心円に分けられる．パシシールとはジャワ島北海岸地域のことである．この同心円構造がスラカルタの王宮の空間構成にそのまま投影されているというのがベーレントである．分析そのものは興味深い分析である．

　王宮の構成については発掘の進展を待つしかないが，問題は街区である．マドゥライにしても，ジャイプルにしても，チャクラヌガラでも，街区と住居形式

第 IV 章
チャクラヌガラ

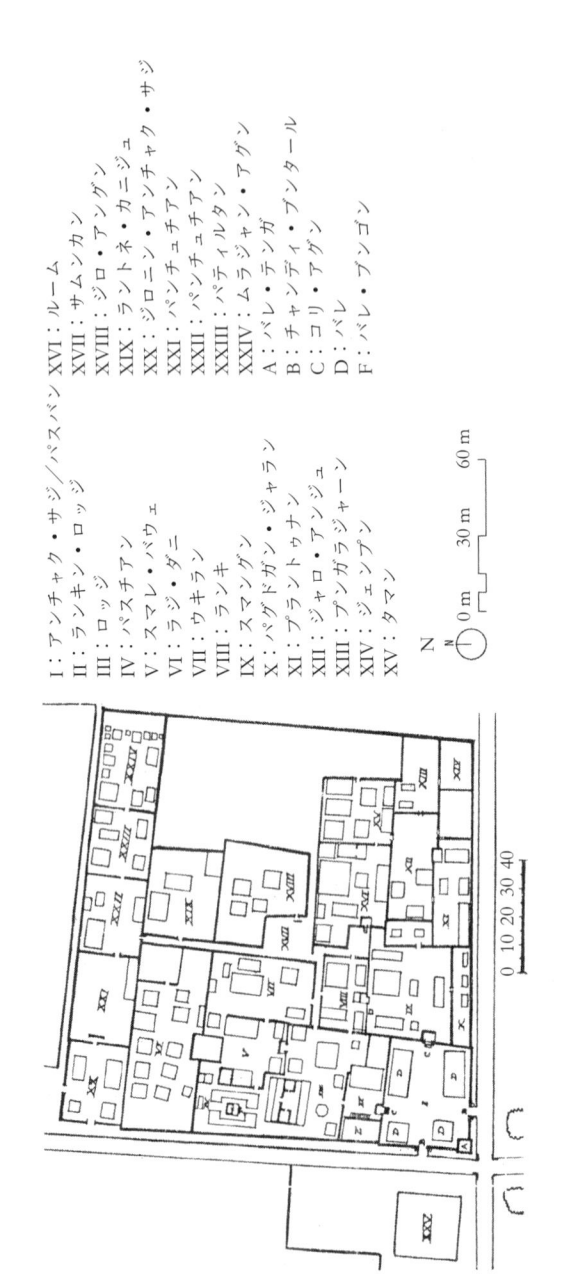

I：アンチャク・サジ/パスバン
II：ランキン・ロッジ
III：ロッジ
IV：パスチアン
V：スマレ・パギェ
VI：ラジ・ダニ
VII：ウキラン
VIII：ランキ
IX：スマンガン
X：パグドガン・ジャラン
XI：ブランドゥサン
XII：ジャロ・アンジュ
XIII：アンガラジャーン
XIV：ジェンプン
XV：タマン
XVI：ルーム
XVII：サムンカン
XVIII：ジロ・アンガン
XIX：ラントネ・カニジュ
XX：ジロニン・アンチャク・サジ
XXI：パンチュチアン
XXII：パティルタン
XXIII：ムラジャン・アグン
XXIV：バレ・テンガ
A：バレ・テンガ
B：チャンディ・ブンタール
C：コリ・アグン
D：バレ
F：バレ・ブンゴン

図 IV-4-10 ● ギアニャールのプリの構成：Moojen (1926)

は本書で明快に明らかにした通りである．素直には，上述したように，バリの王都と王宮が参照されるべきであろう．ただ，マジャパヒトの首都は，バリのヒンドゥー都市より大規模で，より複雑である．マドゥライ，ジャイプル，チャクラヌガラに匹敵する規模である．

だとすれば，チャクラヌガラとの類似性が大きな興味となる．しかし，今のところ発掘されている運河のパターンは，ジャイプルのようなナインスクエアモデルが相応しいように思える．また，水路網のグリッドで構成されるアユタヤが最も近いようにも思える．いずれにせよ，マジャパヒトの首都が，本書で見てきたような曼荼羅都市の一類型であることは間違いない．

発掘の進展を待ちたいと思う．

5
曼荼羅都市・チャクラヌガラ

　チャクラヌガラは，以上に明らかにしたように，プラ・メールを中心とするヒンドゥー理念に基づいた曼荼羅都市である．チャクラヌガラの空間構造についてまとめてみよう．

　①プラ・メールは，すなわち宇宙の中心である．プラ・メールは，ヒンドゥー教のヴィシュヌ神，シヴァ神，ブラーフマン神に捧げられ，それぞれ9層，11層，7層のバリ・ヒンドゥー独特の木造塔で象徴される．また，他の神々の聖祠も配されて，神域を形成している．プラの敷地は，東西方向に三つの部分に分けられ，東を上位とするヒンドゥーの基本的方位観に則って東から西へ，天上界，人間界，地下界に見立てられている．

　②プラ・メールは，チャクラヌガラの中心である，マルガ・サンガと呼ばれる東西，南北の大通りが交差する十字路の東南角に配され，その北，北東角に王宮（プリ）が置かれる．この構成は，『マーナサーラ』等インド古来の「ヴァーストゥ・シャーストラ」が説くところに従っている．

　③プラ・メールは，チャクラヌガラの各住区（カラン）を統合するプラをさらに統合する中心寺院である．各住区（カラン）にはそれぞれプラが置かれるが，その神を奉る聖祠がプラ・メールにも置かれる．すなわち，プラ・メールはチャクラヌガラの人間界をプラとそれに関わる祭祀を通じて統合する中心である．

　④プラ・メールに置かれる住区（カラン）に関わる聖祠の数が33というのは偶然ではない．チャクラヌガラの東西に走る主要道を挟んで北側に位置するプラ・マユラにも33の噴水が設けられている．古くはヴェーダの神々が33と考えられていた．天界・空界・地界の三界の各界に11神，合わせて33神が配される．『倶

舎論』「世間品」のいうメール山（須弥山）の頂上に住むのも33天である（I-2-1）．また，東南アジアでは，33は，家臣や高官の定員数として，あるいは王国を構成する地方省の数としてしばしば登場する数である．33という数も，チャクラヌガラが宇宙の構造を写す曼荼羅都市である一つの証左である．チャクラヌガラ全体の空間構造に関わるが，チャクラヌガラの東西マルガ・サンガ以南の地域を計画区域であったと考えると，マルガ・ダサで四方を囲まれたブロックが左右$4 \times 4 = 16$ずつ計32ブロックからなり，王宮のあるブロックを加えると33になる．明確な根拠はないが，祠の数と同様，ブロックの数も当初から33として計画された可能性は高い．

⑤チャクラヌガラの街路および街区は極めて計画的に設計されている．街路体系は三つのレヴェル，マルガ・サンガ，マルガ・ダサ，マルガからなっている．マルガ・サンガが中央で交差する東西南北の大通りで幅約36メートル（45メートル），街区を区切るのマルガ・ダサが幅約18メートル，街区をさらに分割するのがマルガで幅約8メートルである．街路は両側にタクタガンという果樹などを植えた半公共的植栽空間を持つ．

⑥街区はおよそ250メートル四方であり，南北に走る3本のマルガで4分割される．細分割された四つの街区はそれぞれ南北に背割りする形で$10 \times 2 = 20$の宅地（プカランガン）に分けられる．すなわち，一つの街区は40宅地からなり，1宅地はおよそ25メートル四方である．槍の長さトンバ（約2.5メートル）が長さの単位として用いられていることから，10トンバ×10トンバを宅地の単位，100トンバ×100トンバを街区の単位としたのはほぼ間違いはない．

⑦チャクラヌガラは植民都市であり，上の街区割りは居住者構成の単位としても構想されていたことがユニークである．すなわち，一本のマルガを挟んで左右10ずつ，計20宅地を同じくマルガという．そして，マルガが二つ集まったものをクリアンという．そして，2クリアンすなわち80プカランガンが一つのカラン（住区）を形成する．極めて体系的である．

以上のように，チャクラヌガラは，プラ・メールを中心とする神々の体系と祭祀組織としてのカラン，そして都市計画体系における街区組織としてのカランを一致させた，極めて秩序だった都市であることは明らかである．

ただ，その計画域ははっきりしない．街区組織が整然として維持されていること

とから，④で述べた，マルガ・ダサで四方を囲まれたブロックが左右 4 × 4 = 16 ずつ計 32 ブロックからなり，王宮のあるブロックを加えると 33 となる構成を第一に考えてみるが，こういう構成は，『アルタシャーストラ』や種々の「ヴァーストゥ・シャーストラ」にはみられない形態である．王宮を北に置くという点では，むしろ，長安や平安京など中国都城の系譜が思い浮かぶが，中心にあるのは，あくまでプラ・メールである．

　チャクラヌガラ全体の空間構造を考える上で，重要なのは以下の2点である．

　⑧チャクラヌガラの東西主要幹線道路に沿って，西端にプラ・ダレム（死の寺），中央にプラ・メール，東端にプラ・スウェタという重要寺院が並んでいる．これはバリ島のプラ・プセ（起源の寺），プラ・デサ，プラ・ダレムの三つの寺をセットとするカヤンガン・ティガの構成原理に対応する．ただ，バリ南部では南北に配されるべきところ，チャクラヌガラでは東西に並ぶのが異なる．この軸の転換は，バリ島の聖山アグン山に当たる聖山リンジャニ山がチャクラヌガラの北東に位置していることによっている．バリ・ヒンドゥーにとって海は汚れの方向であり，チャクラヌガラにとって西は海への方向である．

　⑨チャクラヌガラは，北と南に小さく正方形を 2 × 2 に四分割する街区を持つ．これは敵に対する前線基地として設けられた街区であるが，これを含めて考えると，プラ・メールはまさに中心に位置することになる．この構成もまた，集落を頭部，胴体，足の三つの部分からなると見立てる原理である．この南北の突出街区が当初からの計画域であり，特に北の街区が重要視されていることは現在もブラーフマンが多く居住していることからも分かる．

　すなわち，チャクラヌガラの空間構造には，バリにおける空間構成原理が強く作用しているのである．一方，インド的都城の基本特性である同心囲帯状の構成は顕著ではない．城壁が明確に設けられていないのもチャクラヌガラの大きな特徴である．

　⑩カーストの分布を見ると，今日でもある程度居住地ごとの棲み分けははっきりしている．とりわけ興味深いのは，⑧⑨と絡むが，ブラーフマンの住居が北と東へ偏在していることである．

　⑪北東を優位に置く都市全体の構造は，個々の屋敷地における空間構成，すなわち，北西に屋敷神を置くバリ住居の構造と同じである．チャクラヌガラにおい

ても，バリ同様，住居は都市全体，そして宇宙を埋蔵する形式を採っており，住居，街区，都市は入れ子構造になっている．この形式は，他の曼荼羅都市には見られない，明らかにマドゥライ，ジャイプルと異なる，チャクラヌガラ独自のものである．

おわりに

　本書をつらぬくキーワードはチャクラであり，ヌガラである．本書がチャクラヌガラという都市の発見を基にしていることは冒頭に記した．

　チャクラヌガラという都市の歴史的，理念的系譜を探る中で浮かび上がって来るのが，本書で言う「曼荼羅都市」である．「円輪都市」としてもよかったが，「曼荼羅（マンダラ manda-la）」という語の本来の意味―「本質を得る」―とその象徴―「円」―，さらにその歴史的広がりを考えて，そう名付けた．「曼荼羅」が宇宙の空間的構造を様々に形象化するものと考えられてきたことが大きい．本書で問題にしてきたのは都市の空間的構造である．

　大きくは，コスモロジーと都市空間構造の関係がテーマとなるが，チャクラヌガラを出発点としてテーマとなるのはヒンドゥー（インド）的宇宙（世界）観であり，それを形象化する諸都市である．したがって，本書が対象とするのはインドの諸都市あるいはインド文明のインパクトを受けた地域の諸都市の全体ではない．諸都市の歴史は多様であり，その空間構造を規定する諸要素，諸要因は極めて複雑である．具体的に浮かび上がってくるのは，「転輪聖王」（チャクラヴァルティン）の王都である．

　古代インドの理想的帝王とされた「転輪聖王」は本書の随所に出てくる．「転輪聖王」は，古代インドの伝説の中の王ではない．その理念に魅せられ，それを目指し，自ら「転輪聖王」を名乗った歴史的王は少なくないのである．彼らは，自ら「転輪聖王」の証として，王都「曼荼羅都市」を作ろうとしてきた．

　マドゥライの創建神話には，三つの乳房を持った女の子がミーナクシーの化身として誕生し，彼女は八つの方向と七つの海の王チャクラヴァルティン（転輪聖王）になることを望んだ，という話が出てくる．アンコール朝を創始したジャヤヴァルマンII世がデーヴァラージャ＝「神々の王」すなわち「転輪聖王」を宣言し

381

おわりに

たのはよく知られている．ジャヤヴァルマンⅠ世もジャヤヴァルマンⅡ世に先だって「転輪聖王」として自らを権威付けようとしている．ビルマのコンバウン朝のアラウンパヤー，シンビューシン，ボードーパヤーといった王たちもまた「転輪聖王」を認じ，それに相応しい王都を建設しようとした．さらに，ミンドン王が19世紀の半ばに至ってなお，「曼荼羅都市」，すなわちマンダレーを実現しようとしたことは驚くべきことのように思われる．

本書では，いわば「転輪聖王」の王都の系譜に焦点を当てたことになる．そして，本書が明らかにしたのは，「曼荼羅都市」の空間構造に関する三つの類型である．マドゥライ，ジャイプル，チャクラヌガラがそれぞれを代表する．その特性は，それぞれ章末にまとめを示した．

いささか大風呂敷であるが，世界都市史という観点からは，本書は以下のように位置付けられるだろう．

都市の歴史を大きく振り返るとき，それ以前の都市のあり方を根底的に変えた「産業化」のインパクトはとてつもなく大きい．都市と農村の分裂が決定的となり，急激な都市化，都市膨張によって，「都市問題」が広範に引き起こされることになった．この「都市問題」にどう対処するのか，都市化の速度と都市の規模をどうコントロールするかが近代都市計画成立の背景であり，起源である．

「都市化」は，しかし，「産業化」の度合に応じて一様に引き起こされてきたのではない．「工業化なき都市化」，「過大都市化」と呼ばれる現象が，工業化の進展が「遅れた」「発展途上地域」において一般的に見られるのである．結果として，世界中に出現したのは数多くの人口1000万人を超える巨大都市（メガロポリス）である．

「発展途上地域」におけるそうした巨大都市は，ほとんどすべて，西欧列強の植民都市としての起源，過去を持つ．「植民地化」の歴史が，巨大都市化の構造的要因となったことは明らかであろう．植民都市が支配—被支配の関係を媒介にすることにおいて，先進諸国とは異なった，「奇形的」な発展過程を導いたと考えられるのである．すなわち，「植民地化」もまた都市の歴史における極めて大きなインパクトである．

『近代世界システムと植民都市』（京都大学学術出版会，2005年2月刊）で追及したのは，現代都市の構造，その孕む諸問題の遡源である．近代世界システムの成立

と近代植民都市の建設は不可分である.

 近代植民都市を可能にしたものは何か.造船技術であり,航海術であり,天文観測術であり,世界についての様々な知識である.要するに,通俗的な理解であるが,近代的科学技術である.

 その一つが火器であり,それを用いた攻城法,また,それに対応する築城術である.都市の歴史において,さかのぼって大きな画期となるのが,新しい火器,大砲の出現である.それ以前は,攻撃よりもむしろ防御の方が都市や城塞の形態を決定付けていた.

 火薬そのものの発明は中国で行なわれ,イスラーム世界を通じてヨーロッパにもたらされたが[481],火薬兵器が作られるのは1320年代のことである[482].最初に大砲が使われたのは1331年のイタリア北東部のチヴィダーレ攻城戦である.もっとも,戦争で火器が中心的な役割を果たすのは15世紀から16世紀にかけてことで,決定的なのは,15世紀中頃からの攻城砲の出現である.

 ヨーロッパで火器が重要な役割を果たした最初の戦争は,戦車,装甲車が考案され機動戦が展開された,ボヘミヤ全体を巻き込んだ内乱＝フス戦争(1419〜1434)で,グラナダ王国攻略戦(1492)において大砲が絶大な威力を発揮する.レコンキスタが完了した1492年は,クリストバル・コロン(コロンブス)がサン・サルバドル島に到達した年であり,コンキスタ(征服)が開始された年である.こうして火器による攻城戦の登場と西欧列強の海外進出は並行する.近代植民都市建設の直接的な道具となったのは火器なのである.

 火器の誕生による新たな攻城法に対応する築城術とそれを背景とするルネサンスの理想都市計画は,西欧列強の海外進出とともに,「新大陸」やアジア,アフリカの輸出されていくことになる.

 それでは,「西欧世界」が「火器」によって,「発見」「征服」していった「世界」における都市の伝統とはどのようなものであったのか.具体的に,アジアに固有の都市の伝統とは何か.西欧中心主義者は,ギリシャ・ローマの都市計画の伝統をルネサンスの理想都市計画に直属させ,さらに植民都市計画理論と近代都市計画理論を一直線に繋いで,「アジア(非西欧)」を顧慮するところがない.

 今日の「世界」が「世界」として成立したのは,すなわち,「世界史」が誕生するのは,「西欧世界」によるいわゆる「地理上の発見」以降ではない.ユーラシア世

おわりに

界の全体を一つのネットワークで繋いだのはモンゴル帝国である．火薬にしても，上記のように，もともと中国で「発明」され，イスラーム経由でヨーロッパにもたらされたのである．本書で触れたように，モンゴル帝国が広大なネットワークをユーラシアに張り巡らせる13世紀末になると，東南アジアでは，サンスクリット語を基礎とするインド起源の文化は衰え，上座部仏教を信奉するタイ族が有力となる．サンスクリット文明の衰退に決定的であったのはクビライ・カーン率いる大元ウルスの侵攻である．東南アジアにおける「タイの世紀」の表は「モンゴルの世紀」である．

こうして，本書が焦点を当てたヒンドゥー都市（インド都城）の系譜が浮かび上がるだろう．それを，チャクラヌガラ（あるいはマンダレー）という実在の都市に因んで「曼荼羅都市」と名付けたのである．

それでは，他の伝統はどうか．インド都城と対比し得る伝統として中国都城の伝統がある．本書でも，東南アジアの諸都市をめぐって二つを問題にしてきた．大元ウルスが，『周礼』考工記を基にして中国古来の都城理念に則って計画設計したのが大都（→北京）である．中国都城の理念が，朝鮮半島，日本，ベトナムなど周辺地域に大きな影響を及ぼしたことはいうまでもない．日本の都城は，その輸入によって成立したのである．

この中国都城の系譜を，ほとんど唯一，理念をそのまま実現したかに思われる大都に因んで，「大元都市」の系譜と仮に呼ぼう．「大元」とは，『易経』の「大いなる哉，乾元」からとったと言われる．「乾元」とは，天や宇宙，もしくはその原理を指す．

ユーラシア大陸を大きく見渡すと，こうして，都城の空間構造を宇宙の構造に見立てる二つの都市の伝統に対して，都市形態にコスモロジーカルな秩序を見いだせない地域がある．西アジアを中心とするいわゆるイスラーム圏である．少なくとも，もう一つの都市の伝統，イスラーム都市の伝統を取り出しておく必要がある．具体的に焦点とすべきは，「ムガル（インド・イスラーム）都市」である．イスラーム都市の原理とヒンドゥー都市の原理はどのようにぶつかりあったのかが大きな手掛かりとなるからである．ムガルとはモンゴルの転訛である．ここでもモンゴルが絡む．モンゴル帝国は，その版図拡大の過程で，どのような都市の伝統に出会ったのか，13世紀の都市がテーマとなる．

おわりに

　近い将来，本書とともに，『大元都市』，『ムガル都市』もまとめられればと思う．

　仏教，ヒンドゥー教の宇宙観，あるいはそれを具体的に表象する形態としての曼荼羅をめぐっては，数限りない著書があり，深い思索が積み重ねられている．しかし，その理想の世界を具現し，その宇宙観を具体的に表象する都市についての論考はどうかというと意外に少ない．

　第一に，そうした都市の存在そのものについて，ほとんど知られていないのではないか．第二に，知られているとしても，その理解は，宇宙観の図式的理解，解説にとどまっているのではないか．すなわち，宇宙観を共有しながらも，幾つかの形態が採られてきたことは理解されていないのではないか．第三に，理念と具体的（居住）形態の関係が必ずしも理解されていないのではないか．理念と生きられた都市のずれ，理念とその変容について理解されていないのではないか．

　チャクラヌガラ（インドネシア，ロンボク島）という都市の空間構造を明らかにする過程で，以上のような素朴な問いを抱いた．本書は，その問いに答えることを目的としている．

　本書の意義は，以下の点にあると考える．

① インド的都城の理念を古代インドのテキスト（『アルタシャーストラ』，『マーナサーラ』，『マヤマタ』）に即して体系的に整理したこと．
② インド的都城の存在を周辺の「インド化」地域（東南アジア）を含めて体系的に明らかにしたこと．
③ 以上の①②を前提として，マドゥライ，ジャイプル，チャクラヌガラという三つのヒンドゥー都市，本書で言う曼荼羅都市の類型を明らかにしたこと．
④ 上の三つの都市について，具体的な臨地調査によって，理念のみならず，具体的な居住形態の型を取りだしたこと．また，理念と物理的形態のずれ，さらにその変容の過程を明らかにしたこと．
⑤ とりわけ，チャクラヌガラという都市の存在を明らかにしたこと．すなわち，インド的都城の地域的変容についての貴重な事例を提示したこと．具体的に，マジャパヒト王国の首都の復元をめぐって，有力な手掛かりを明らかにしたこと．

　少くとも，建築学，都市計画学の分野で，アジアの都城について体系的に明ら

おわりに

かにする試みはこれまでほとんどない．インド的都城の空間計画について，本書のようなパースペクティブを提示する書はなかったと言ってよい．今後の研究展開のベースとなることを大いに期待したい．本書の刊行については，平成17年度科学研究費補助金（研究成果公開促進費）が得られたことが決定的である（課題番号：175330）．本書刊行の意義を認めて頂いた審査員の諸先生には心より感謝したい．

本書は，単著の形ではあるが，その基になっている臨地調査については多くの若い学徒の参加を得ている．あまりに多数にのぼるために逐一名を挙げないけれど，図表の作製なども含めて，その協力がなければ本書はなりたたなかった．心から感謝したい．

本書の刊行に当たっては，『植えつけられた都市』，『近代世界システムと植民都市』同様，徹頭徹尾，京都大学学術出版会の鈴木哲也さんの御世話になった．「アジア都市論」の構築へ向けてのアジテーションには知的刺激を受け続けている．さらなる精進への誓いを記して感謝の意としたい．

はじめに　註

1) タントラ tantra 文献によれば，普通チャクラは身体に六つある．下から，ムーラーダーラ・チャクラ mūlādhāra - cakra（会陰，四弁蓮華の形），スバーディシュターナ・チャクラ svādhiṣṭhāna - cakra（臍，六弁の蓮華の形），マニプール・チャクラ maṇipūr - cakra（臍上，十弁蓮華の形），アナーハタ・チャクラ anāhata - cakra（心臓，十二弁蓮華の形），ビシュッダ・チャクラ viśuddha - cakra（喉，十六弁蓮華の形），アージュニャー・チャクラ ajñā - cakra（眉間，二弁蓮華の形）である．また，一般にさらに二つのチャクラが加えられる．一つは，サハスラーラ・チャクラ sahasrara - cakra（頭頂，千弁蓮華の形）で，シヴァ神の居処であるとされる．もう一つは，ムーラーダーラ・チャクラの直下にあり，三角形をしたアグニ・チャクラ agni - cakra で，ここには，シヴァ神妃と同一視されるシャクティ śakti（性力）が三重半のとぐろを巻いたクンダリニー kuṇḍalinī という名の蛇の形をして住まっているという．人がヨーガを行ない，息を止めると，体内に生命エネルギーが充満し，これがクンダリニー（性力）を目覚めさせ，脊椎を貫通している管の中を，チャクラを中継点としながら上昇させることができる．クンダリニーがついにサハスラーラ・チャクラに至ると，これは宇宙の根本原理であるシヴァ神と合一したことになる．このとき人は，宇宙を主宰する力を備え，解脱を達成するという．
2) 輪宝とも訳される．インド美術，仏教美術においては，チャクラは車輪形のモチーフとして具体化される．車輪は，強さ，優越性，征服力を象徴すると考えられたという説がある．
3) 車輪形に表わされるが，円盤形の投擲武器の形をとることも多い．ヒンドゥー教では，チャクラはヴィシュヌの持ち物とされる．
4) 釈梼はサンスクリット語のシャーキャムニ Śākyamuni の音訳，釈迦牟尼（〈釈迦族の聖者〉）の略．釈尊（しゃくそん）は釈迦牟尼世尊（尊称）の略．
5) 「転輪王」または単に「輪王」ともいう．
6) 七宝は，仏教では文字通り七つの宝をいう．『法華経』では，金，銀，瑠璃，勝小，瑪瑙，真珠，侍瑰，『大無量寿経』では，金，銀，瑠璃，珊瑚，琥珀，勝小，瑪瑙，『阿弥陀経』では，金，銀，瑠璃，玻砡，勝小，赤珠，瑪瑙を挙げる．転輪聖王がもつとされる七宝は，別の伝承であり，金輪（こんりん）宝，白象（びゃくぞう）宝，紺馬（こんめ）宝，神珠宝，玉女（ぎょくにょ）宝，居士（こじ）宝（大蔵大臣），主兵（しゅびよう）宝（元帥）の七つをいう．
7) Shuji Funo: The Spatial Formation in Cakranegara, Lombok, in Peter J. M. Nas (ed.): Indonesian town revisited, Muenster/Berlin, LitVerlag, 2002
8) Gonda, J., "Sanskrit in Indonesia", Nagar (India), 1952, 2nd ed. New Delhi, 1973. プリ puri はプラに由来し，「宮殿」を意味する．都市に関わる用語については，I 章 3 で検討している．
9) 一つの「坊」を 4×8 に分割する宅地割システム．
10) Pigeaud, Th., "Java in the fourteenth century", Nijhof, 1962
11) Robson S., Desawarnana (Nagarakrtagama) by Mpu Prapanca, translated by Stuart Robson, KITLV Press Leiden, 1995
12) Acharya, P. K. "Architecture of Manasara", Oxford University Press, 1934.
13) カウティリヤ，『実利論』上下，上村勝彦訳，岩波文庫，1984 年．Shamasastry, R., "Arthasastra of Kautilya", University of Mysore, Oriental Library Publications, 1915. Kangle, R. P., "The Kautilia Artasāstra" Part 1 Sanskrit Text with a Glossary, Part 2 An English Translation with Critical and Explanatory Notes, Part3 A Study, Bombay University, 1965. Reprint, Delhi, Motilal Banarsidass Publisher, 1986, 1988, 1992. Rangarajan, L. N., "Kautilya The Arthashastra", Edited, Rearranged, Translated and Introduced, Penguin Books India, 1992.
14) 『広辞苑』第五版
15) そしてさらに，「悟りを得た場所」，さらには「道場」を意味するようになり，「道場」には「壇」

を設けて「如来」や「菩薩」が集まるところから，壇や集合の意味を生ずる．そこから壇上に仏菩薩の像を集めて安置し，ひいては集合像を描いたものを曼荼羅と称するようになったのである．
16) 上村勝彦訳（『カウティリヤ 実利論 古代インドの帝王学』，岩波文庫，1984年）による．カングレー ("The Kautilīya Arthaśāstra") は，mandala を circle と訳している．
17) 小倉泰，『インド世界の空間構造——ヒンドゥー寺院のシンボリズム』，春秋社，1999 年
18) ギアツ，『ヌガラ 19 世紀バリの劇場国家』，小泉潤二訳，みすず書房，1989 年．Clifford Geertz, "NEGARA The Theatre State in Nineteenth-Century Bali", Prinston University Press, New Jersey, 1980
19) Geertz, Clifford, "Peddlers and Princes Social Development and Economic Change in Two Indonesian Towns", The University of Chicago Press, 1963 は，東ジャワのモジョクト（仮名）とバリのタバナンの二つの町を扱う．また，Geertz, Clifford, "The Social History of an Indonesian Town", M. I. T. Press, 1965 は，ヌガラ，デサ，パサールという三つの概念を軸としてインドネシアの都市の発展過程をモデル化している．
20) バリは「博物館」であり，先植民地時代の内インドネシアの文化が無疵で保存されているというのは誤りであり，バリで見いだされるものが存在していたことはジャワや東南アジアの他の地域でそれぞれ証明されるべきであること，またさらに，バリとジャワ東部とでは生態学的に異なっており，地域差を考慮すべきこと，すなわち，バリのヌガラ・モデルは，当然，時間的，空間的修正が施されるべきであることを「序章」で述べている．
21) その「劇場国家」論は，抽象的，観念的モデルとして，さらに③西洋の中世近世国家，④先植民地時代アフリカ国家の一部——エチオピア，アシャンティ，ブガンダ——の理解への適用を示唆しており，「天皇制国家」日本をめぐっても大きな議論を呼んだ．一方，バリは，イスラーム化とオランダ支配を受けておらず，14 世紀と 19 世紀で大きく変化したといっても，その変化は内発的な定向進化的 orthogenetic であったと考えられ，国家，政治体系の構造をモデル化する意味はあるとする．
22) Gonda, J., "Sanskrit in Indonesia", Nagar (India), 1952, 2nd ed. New Delhi, 1973. Juynboll, H. H., "Oudjavaansch-Nederlandsche Woordenlijst", Leiden, 1923.
23) セデスのいう「インド化された indianized 国家」という概念は強すぎる，すなわち，インド文明の直接的移植ないしその影響が広く深かったことをイメージさせることから，ギアツは，「インド化」という概念は用いない．
24) von Heine-Geldern, R., 'Conceptions of State and Kingship in Southeast Asia', Far Eastern Quarterly 2: 15-30.（ハイネ＝ゲルデルン，「東南アジアにおける国家と王権の観念」大林太良訳，綾部恒雄編『文化人類学入門リーディングス』，アカデミア出版会，1982 年）
25) Coedès, G., "Les États Hindouises d'Indochine et d'Indonesie", Paris, 1948.
26) Wolters, O. W., "History, Culture, and Region in Southeast Asian Perspectives", Singapore, Institute of Southeast Asian Studies, 1982, Revised ed., Cornell University Southeast Asia Program, Ithaca, 1999.
27) 20 世紀後半の東南アジア史研究を集大成する形で編まれた『岩波講座 東南アジア史』には，このウォルタースの「マンダラ論」の大きな影響を見ることができる．
28) 応地利明，「アジアの都城とコスモロジー」，布野修司編，『アジア都市建築史』，昭和堂，2003 年，所収．

第 I 章 註

29) Ktēsias. 古代ギリシア，前 5 世紀後半～前 4 世紀前半の歴史家，医師．『ペルシア史』23 巻，『地理書』3 巻，『インド誌』などを著す．
30) Megasthenēs. 紀元前 304 年頃，アレクサンドロスの帝国の東方領を継承したシリア王セレウコ

スとマウリヤ朝の創始者チャンドラグプタとの間に講和が結ばれ，セレウコス朝によって首都パータリプトラのチャンドラグプタの宮廷に派遣された．長期間インドに滞在し，帰国後に『インド誌』を書いた．

31) Gaius Plinius Secundus. 古代ローマの博物誌家．コモ生まれ．古今東西の文献を渉猟し，77 年『博物誌』全 37 巻を完成した．

32) ハラッパーについては，19 世紀初頭にイギリス人探検家のチャールズ・マッソンなどが，歴史的遺構の存在を記録に残している．また，インド考古局を創設する（1862 年）A. カニンガム Cunningam が 1853 年，1856 年に小規模な発掘調査を行なっている．ただ，19 世紀の調査の段階では，「インダス文明」の存在はまったく想定されていなかった．サハニらを発掘調査に促したのは，第三代インド考古局局長 J. マーシャルである．

33) インドにおける考古学の誕生については，Singh, Upinder, "The Discovery of Ancient India Early Archaeologists and the Beginnings of Archaeology", Permanent Black, Delhi, 2004 がある．

34) 残されているのは，いずれも短文で，神の名か，人名，屋号と考えられている．ドーラヴィーラーの城塞の入口には 10 文字からなる看板が掲げられていた．基本字数 400，そして簡単な文法が知られる．ドラヴィダ語系の文法であるとされる．

35) インダス文明の都市計画がシュメールからもたらされたとする代表が R. E. M. ウィーラーである（『インダス文明』，曾野寿彦訳，みすず書房，1966 年．『インダス文明の流れ』，小谷仲男訳，創元社，1971 年）．

36) インダス文明の生産基盤となる小麦生産は，夏季のモンスーン後に起こるインダス川の氾濫に依存した氾濫農耕によって行なわれた．灌漑農耕に基づいたシュメールとは異なる．氾濫ごとに耕地が変わり，またそのために耕地規模も大きくない．後背地の規模が小さいが故に，都市の規模もそう大きくなく，数も少ない．壮大な王宮や王墓が見られないのも，その生産基盤から説明できる．

37) インダス文明の遺跡，都市遺構に関する近年の研究については，小西正捷（「インダス文明論」，『世界歴史 6　南アジア世界・東南アジア世界の形成と展開』，岩波書店，1999 年．）が的確にまとめている．R. H. メドウと J. M. ケノイヤーの，1986 年からの発掘調査（Meadow, R. H. (ed.), "Harappa Excavations 1986–1990", Prehistory Press, Madison, 1991）によると，ハラッパーについては，第一期 初期ハラッパー／ラーヴィー文化相（前 3300～2800 年頃），第二期初期ハラッパー／コート・ディジー文化相（前 2800～2600 年頃），第三期 ハラッパー文化（A（前 2600～2450 年），B（前 2450～2200 年），C（前 2200～1900 年頃）），第四期 ハラッパー文化相・移行期（前 1900～1700 年頃），第五期 後期ハラッパー文化相（前 1700 年以降）という五期の時代区分が提唱されている．

38) 宮崎市定，「中国城郭の起源異説」，『歴史と地理』，1993 年 9 月（『宮崎市定全集 3　古代』，1991 年，岩波書店）．

39) 楊寛，『中国都城の起源と発展』，尾形勇・高木智見共訳，学生社，1987 年

40) Raju, R. and Mainkar, V. B., 'Development of Length and Area Measures in South India—Part1', "Metric Measures" Vol. 7, January, 1964.

41) Allchin, Bridget & Raymond, "The Rise of Civilization in India and Pakistan", Cambridge University Press, Foundation Books, 1996, reprint, 2001.

42) Marshall, J., "Mohenjodaro and Indus Civilization", Vol. I–III, Arther Probsthein, London, 1931

43) Pant, M. & Funo, S., "Stupa and Swastika-A Study on the Planning Principles of Patan, Kathmandu Valley", Research Report submitted to Japan Society for the Promotion of Science, 2004

44) 最近の発掘成果を基にし，コンピューター・グラフィックスによる復元図も示した書に，Chakrabarti, Dilip K. (ed.), "Indus Civilization Sites in India New Discoveries", Marg Publica-tions, 2004 がある．

45) 辛島昇,「序章 南アジア世界の形成」,『インド世界の歴史像』民族の世界史 7, 辛島昇編, 山川出版社, 1985 年
46) その歴史は前 5 世紀初めにここに城塞が建設されたことに始まる. 5 世紀中葉にマガダ国のウダーイン王が首都をラージャグリハからここに移して以降, ナンダ, マウリヤ, シュンガ, カーンバ諸王朝の首都として栄えた. マウリヤ朝のアショーカ王の時代には全盛期を迎え, ここを中心に仏教文化が各地に広まっていた 4 世紀初めのグプタ朝も当初の首都をここに置いた. 637 年に玄奘が訪れた頃にはかつてのパータリプトラは廃墟と化していた.
47) アショーカ王時代の遺跡は市南部のクムラハールで発見されており, チーク材で築いた防塞と東西 8 列, 南北 10 列の砂岩の円柱礎石を持つ列柱ホールが発掘されている.
48) Marshall, J. (ed.), "Taxila", Vol. I-III, University Press, Cambridge, 1951
49) Chakrabarti, D. K., "The Archaeology of Ancient Indian Cities", Oxford University Press, Delhi, 1997
50) 定方晟,『インド宇宙誌』, 春秋社, 1985 年
51) 宇宙の創造には種々の説がある. 本来は幻影のように実在せず, ブラーフマンのみが実在するにすぎないと説かれることもある. 絶対者ブラーフマンが遊戯 (リーラー) のために宇宙の創造を行なったとか, この現象世界はブラーフマンの幻力 (マーヤー) によって現出されたものだともいう. また梵天の卵の中でブラーフマン (梵天) が活発となって宇宙を創造し, 次いで動物, 神, 人間などを創造したとも説明される.
52) 1 ヨージャナは, カーラチャクラでは約 15 キロメートルとされる.
53) サンスクリットで「古い (物語)」を意味し, 一群のヒンドゥー教聖典を指す.『マハーバーラタ』を著述したとされる伝説上の聖仙ビヤーサの作とされ,「第 5 のベーダ」とも位置付けられる. 起源は古く, バラモン教時代に伝えられた神々, 聖仙, 太古の諸王に関する神話, 伝説, 説話に発すると考えられている. 4 世紀から 14 世紀の間に現形の諸プラーナが定着したと考えられている.
54) 古代インドの哲学書. バラモン教の聖典 (ベーダ) の 4 部門のうち最終部門に相当するため「ベーダーンタ Vedānta (ベーダの末尾)」とも呼ばれた. 語義は,「近くに座る upa‐ni‐sad」というサンスクリット動詞としての意味から転じて, 師弟が対座して師から弟子へと伝達される「秘義」をさすようになり, さらに, そうした秘義を収録した文献をさすようになったとされる. そうした意味で「ウパニシャッド」を「奥義書」とも訳する. 現存するウパニシャッドは 200 種以上にのぼるが, 時代も古く内容も重要なもの 14 ないし 17 編が「古ウパニシャッド」と呼ばれ, 前 500 年を中心とした前後の数百年間に成立したものと考えられている.
55) ウパニシャッドの哲人たちは, 個人の本体であるアートマンと宇宙の根本原理であるブラーフマ (梵) とは同一である, すなわち〈梵我一如〉であると説いた. ウパニシャッド以来, アートマンの問題はインド哲学の主要な問題の一つとされる. インド哲学史には, アートマンの存在を認める流れと認めない流れとの二大思潮がある.
56) 『阿毘達磨倶舎論』＝ Abhidharmakośabhāsya. 八つの品と付論的な 1 品からなる. 原理論に続く「世間品」に宇宙の構造が説かれる.
57) 三枝充悳,『世親』, 講談社, 2004 年　竹村牧男,『インド仏教の歴史 「覚り」と「空」』, 講談社学術文庫, 2004 年
58) 『倶舎論』では, 1 ヨージャナ＝約 7 キロメートルとされ, カーラチャクラ (時論) の約半分である.
59) 立川武蔵,『マンダラ』, 学習研究社, 1996 年.
60) Shamasastry, R., "Arthasastra of Kautilya", University of Mysore, Oriental Library Publications, 1915.
61) Kangle, R. P., "The Kautilia Artaśāstra" Part 1 Sanskrit Text with a Glossary, Part 2 An English Translation with Critical and Explanatory Notes, Part3 A Study, Bombay University, 1965. Reprint, Delhi, Motilal Banarsidass Publisher, 1986, 1988, 1992.

62) カウティリヤ,『実利論』上下, 上村勝彦訳, 岩波文庫, 1984年. 上村訳は, 適宜, カングレー訳を参照している.
63) Rangarajan, L. N., "Kautilya The Arthashastra", Edited, Rearranged, Translated and Introduced, Penguin Books India, 1992. シャマシャストリ訳の最後の版 (1929年) から時間が経ってこの間新たな知見も加えられたこと, またその訳がいささか古めかしいこと, また, カングレー訳などが専ら正確さを期すために多くの細かな註が付けられていて, 全体が分かりづらいことから, 思い切って, 全体を再編集するかたちをとっている. 文献学的には問題かもしれないが, 先行訳があるからこその大胆な試みである. 読解を助ける図表も多く, 全体を見通すためにはありがたい. 全体は, 11部に再編集され,「1部 序」,「2部 国家と構成要素」,「3 王」,「4 国家組織」,「5 宝物・財源・会計監査」,「6 市民奉仕・規則」,「7 政府部門」,「8 法・裁判」,「9 秘密作戦」,「10 外交」,「11 防衛・戦闘」からなる.
64) 山崎元一 (「南アジア世界」『岩波講座 世界歴史 6 南アジア世界・東南アジア世界の形成と展開』, 岩波書店, 1999年) は紀元後三世紀頃とする.
65) 英訳では, north-by-east とされる.
66) 第I章3-2 マーナサーラ(1) 寸法体系
67) L. ラジュ & V. B. マインカールの検証 (Raju, L. and V. B. Mainkar, 'Development of Length and Area Measures in South India-Part1', "Metric Measures" Vol. 7, Jan. 1964.) によれば, 1アングラ = 17.86ミリメートル, 1ハスタ = 42.86ミリメートル (24アングラ), 50センチメートル (28アングラ) である. しかし, 現代において統計調査をとっただけであり, 50 Cmという丸い数字が前提になっているのが気にかかる.
68) 都市・要塞の類型の一つ.『マーナサーラ』X章「都市と要塞」には, 要塞の類型,「河岸に設けられる戦略基地」として挙げられる. また, スターニーヤは,『マーナサーラ』で11×11の分割パターンの名称にも使われる.
69) この形について, カングレーは, 下部が幅広になると解釈しているが英語訳は palm-stem (椰子の茎) である.
70) 2ヴィタスティ. 親指と小指を張った長さ. 12アングラが1ヴィタスティ (約9インチ = 22.86センチメートル). 4アラトニが1ダンダ. 2分の1ハスタ.
71) カングレーは, それぞれ, ヴィシュヌ, インドラ, インドラの息子, スカンダに対応するとする.
72) Kirk, K., 'Town and country planning in ancient India according to Kautilya's Arthasastra', Scottish Geographical Magazine 94, 1978
73) Begde, P. V., "Ancient and Medieval Town Planning in India", Sagar Publications, New Delhi, 1978
74) 応地利明,「アジアの都城とコスモロジー」,『アジア都市建築史』, 布野修司編, 昭和堂, 2003年. 応地利明,「南アジアの都城思想−理念と形態」, 板垣雄三・後藤明編,『イスラームの都市性』, 日本学術振興会, 1993年.
75) この点は古代インドで成立した仏教も同じであり, 仏教ではこの時計回りの回路のことを右繞と呼んでいる.
76) 江戸幕府作事方大棟梁の平内(へいのうち)家に伝来した木割書. 1608年 (慶長13) 秋の平内政信の署名, 10年初春の政信の父吉政の署名があり, 成立は江戸初期とされる. 現存するのは写本で, 東京大学 (元禄頃), 東京都立中央図書館 (1898), 小林家 (1846) などが所有する. 門記集 (門), 社記集 (鳥居, 神社本殿, 玉垣, 拝殿等), 塔記集 (塔と九輪), 堂記集 (寺院の本堂, 鐘楼, 方丈等), 殿屋集 (主殿, 塀重門, 能舞台等) の5巻からなる.
77) Rāz, Rām, "Essay on the Architecture of the Hindūs", John William Parker, London, 1834
78) Acharya, P. K. "Architecture of Manasara", Oxford University Press, 1934.
79) Agrawala, V. S. (ed.), "Samaranganasutradhara of Maharajadhiraja Bhoja", Baroda, 1966

80) Mankad, P. A., "Aparajitaprccha of Bhuvandeva", Baroda, 1950
81) Begde, P. V., ibid.
82) ヴェサラ vesala 式というのが中間系とされ，3 類型がセットで示されるのが常である．ヴェサラというのは，馬とロバとの混血雑種ラバのことである．
83) Rāz, Rām, ibid.
84) Havell, E. B., "The Ancient and Medieval Architecture of India: A study of Indo-Aryan Civilization", John Murray, London, 1915
85) Pieper, Jan, "Die anglo-indische Station oder die Kolonialisierung des Götterberges Hindustadtkultur und Kolonialstadtwesen im 19. Jahrhundert als Konfrontation Östlicher und westlicher Geisteswelten", Rudolf Habelt Verlag GmbH, Bonn, 1977
86) 興味深いこととして指摘されるのはヴィトルウィウスの『建築十書』の構成に極めてよく似ていることである．
87) 『アルタシャーストラ』では，パラマーヌ（極微）→ラタチャクラヴィプルシ（車輪塵）→リクシャ（虱子）→ユーカ（虱）→ヤヴァマディヤ（大麦粒）→アングラ（指）という段階構造となっている．ヴァーラーグラ（髪の毛）の段階が抜けている．
88) 混乱することに，『アルタシャーストラ』は，48 アングラを大工・木挽などの 1 キシュクとして，54 アングラを材木を測る 1 ハスタとする．また，両手を拡げた長さ，尋ヴィヤーマ viyama を 84 アングラとする．
89) 一般に 6 フィート＝6 × 30.48 センチメートル＝182.88 センチメートルとされる．
90) 以下，2 rajjus=1 Parudesa, 3 rajjus=1 nivartana, 3 rajjus+2 dandas=1 bahu, 1000 dhanus=1 goruta, 4 goruta=1 yojana まで，長さの単位が挙げられる．ゴールタは「牛の鳴き声」を意味し，2 と 4 分の 1 マイルとされる．2000 dhanus=1 goruta という説もある．
91) P. K. アチャルヤは，第 V 巻の図集では，北辺をソーマとしている．
92) マンドゥーカとは蛙という意味とされる．
93) 立川武蔵・石黒淳・菱田邦男・島岩，『ヒンドゥーの神々』，せりか書房，1980 年．
94) アチャルヤは『マヤマタ』などとの異同を検討している．また，小倉泰（『インド世界の空間構造──ヒンドゥー寺院のシンボリズム』，春秋社，1999 年）は，『イーシャーナシヴァ・グルデーヴァ・パッダティ』という聖典シヴァ派の文献を検討しているが，アーリヤカ→マリーチ，ブーダラ→マヒーダラ，など幾つかの神名と位置が異なっている．アチャルヤの図示もチャンディタとパラマシャーインとでは整合性を欠いている．
95) 釈尊の説教をまとめた初期仏教聖典．サンスクリットの〈アーガマ āgama〉を音写した語．アーガマは「伝承された教え」を意味する．
96) 『ヴィスヴァカルマ・ヴァーストゥ・シャーストラ』は，12 タイプを区別している．また，『マヤマタ』は，街路体系について 8 タイプを区別している．類型の名前のうち三つは異なる．
97) アーヤとナクシャトラ Nakshatra は長さに，ティティとヴァーラは周囲に，ヴャヤとヨニは幅に関係するという．ナクシャトラは，すぐ上に記述がないが，リクシャのことであろうか．概要は以下のようである．68 長さが 8 の倍数で，12 で割った余りがアーヤである．69 長さが 8 の倍数で，27 で割った余りがクシャパー Kshapā である．70 幅が 9 の倍数で，10 で割った余りがヴャヤである．71 幅が 3 の倍数で 8 で割った余りがヨニである．72 周囲が 9 の倍数で，7 で割った余りがヴァーラである．73 周囲が 9 の倍数で，30 で割った余りがティティである．正しい寸法を選ぶためにアーヤから始まる六つの公式を用いる（74）．アーヤがゼロが望ましい．ヴャヤも同様ゼロが望ましい．アーヤがヴャヤより大きければ吉であるが，小さければ凶である（75-77）．リクシャの公式では，（クシャパーが），ナクシャトラ（奇数）であるのが吉で，偶数が凶である（78-79）．ヨニの系では，望ましい数字は数によって決められる（80）．…以下省略．
98) 布野修司他，『地域の生態系に基づく住居システムに関する研究』，新住宅普及会（住宅総合研

究財団), 1981 年
99) プラ, ナガラ, マンガラの呼称については, ナンディヤーヴァルタの項では, 別の説明がなされる. すなわち, ブラーフマンのみが住むのがマンガラ, クシャトリヤ, ヴァイシャその他が住む場合をプラとする. サンスクリットでは, マンガラは「めでたい」「繁栄した」「主要な」といった意味である. プラは, ナガラより大きな都市, 要塞化した都市をいう, という解釈もある.
100) 平安京でいうと坊 (約 480 メートル四方), 保 (約 240 メートル四方) の規模である.
101) Tapasvin, Yati, Brahma-chārin, Yogin と書かれている.
102) パドマと同様, 花弁のかたちをいう, という説もある.
103) ラタ ratha (山車) の走る道という意味である.
104) A. K. アチャルヤは, 2 マイルとしている. 1 mile=1760 yards, 約 1.6 キロメートル.
105) アチャルヤは, インドラを東とするが, 前項 (3-2-(2)) においては, インドラは北東角に割り当てられている.
106) アチャルヤは北西ブロックとするが前後の繋がりを考えると北東の誤りである.
107) サンスクリットでは「スヴァスティカ svastika」あるいは「シュリーヴァツサ Śrivatsa」といい, 吉祥喜旋, 吉祥海雲などと漢訳される. 卍字とも書く. 卍字には中心から右に旋回した右卍字卐と左に旋回した左卍字卍とがあるが, 中国, 日本ではその区別をせず, 日本ではもっぱら左卍字卍が用いられている. 太陽が光を放つありさまを形象化したのが起源であるとされが, アショーカ王碑文中の「スバスティ svasti (〈吉祥〉の意)」という文字を図案化したものとする説など異説も多い. ヒンドゥー教などでは両者に異なった意義付けを与えている.
108) Begde, P. V., ibid.
109) 通常考えれば 13 種である. 各組 3 種で同じ幅でも別であれば 30 種である. アチャルヤは, 次のプラーハーラカについては各組 3 種で 21 種としている.
110) 幅のみの類型であれば 24 種である. 各組 3 種であれば 66 種となる. 3000 d までとすれば 63 種となる. 64 − 1 = 63 という説明は不明.
111) 幅のみの類型であれば 20 種である. 各組 3 種とすれば 60 種となる. 3200 d までだとすると 63 種となる.
112) Thakur, Renu, 'Urban hierarchies, typologies and classification in early medieval India: c. 750–1200', "Urban History" vol. 21, pt. 1, Cambridge University Press, April, 1994
113) Fritz J. M. & Michell, G., "City of Victory", Aperture, New York, 1991
114) Michell, George, "Temples of Tamil Nadu", Marg Publications, 1933
115) タミル・ナードゥ周辺の寺院都市としては, 他に, 本書で焦点を当てるマドゥライがある. また, チダンバラム, スチンドラム, ティルバンナーマライなどが挙げられるが, マドゥライとシュリーランガム以外の都市は門前町の拡大した程度の比較的小規模なものである.
116) 小倉泰, 『インド世界の空間構造——ヒンドゥー寺院のシンボリズム』, 春秋社, 1999 年.
117) Dagens, B., "Mayamata (an Indin treatise on housing, architecture and iconography), Sitaram Bhartia Institute of Scientific Research, New Delhi, 1985.
118) Street for the (temple) chariot. 前述したようにマンガラとは,「めでたい」「繁栄した」「主要な」といった意味である. 一般的には幹線道路, 表通り, という意味である.
119) これは, 前後から 23, 24, 25, 26, 27 本と考えられる.
120) ヴィダンダは,『マーナサーラ』のサムヴィダと同じであり, この記述は同じと考えていい.
121) これがどの類型を示すかは不明である.
122) シュリーランガムの歴史については, 以下の文献がある.
Hari Rao, V. N. (ed.), " Kōli Olugu: The Chronicle of the Srirangam Temple with Historical Notes", Rochouse and Sons, Madras, 1961.

Auboyer, J., "Śrī Ranganāthaswami: A temple of Vishnu in Sriragam (Madras India)", Paris, Unesco, 1969

Tripati, Śrī Venkateswara University, "The Srirangam Temple: Art and Architecture", 1967

123) ヒンドゥー寺院の建造物の塔頂部をいう．

124) 一般にヒンドゥー寺院のことをいう．ガルバ・グリハ（聖室）に対して，前室，拝殿部分を狭義には指す．

125) アラビア語ナーイブ nāib の複数形ヌッワーブ nuwwāb が転訛した言葉で，「代官，長官」の意味．インドのムガル帝国では，地方の知事，代官の称号として用いられた．

126) Coedés, George, "Les états hindouisés d'Indochine et Indonésie", Paris, 1948, 1964, 1968. "The Indianized States of Southeast Asia", East-West Center Press, Honolulu, 1968

127) クロム，N. J.，『インドネシア古代史』，有吉巌編訳，道友社，1985年

128) セデスは「第二次インド化」という．

129) Tambiah, S. J., "World Conqueror and World Renouncer", Cambridge University Press, 1976

130) 矢野暢，『東南アジア世界の論理』，中央公論社，1980年

131) 桃木至朗，『歴史世界としての東南アジア』，山川出版社，1996年

132) 最初期のヒンドゥー諸王国（〜4世紀中葉），2度目のヒンドゥー化（4世紀中葉〜6世紀中葉），扶南の解体（6世紀中葉〜7世紀末），シュリーヴィジャヤの発展・カンボジャにおける分離・シャイレーンドラ王朝の出現（7世紀末〜9世紀初頭），アンコール王朝の建設・スマトラのシャイレーンドラ王朝（9世紀初頭〜末），アンコール王朝とシュリーヴィジャヤの隆盛（9世紀末〜11世紀初頭），三人の大王：カンボジャのスールヤヴァルマンI世・ジャワのアイルランガ・ビルマのアノーラタ（11世紀初頭〜1075年），カンボジャのマヒダラプラ王朝・ビルマのパガン王朝・ジャワのクディリ王朝（1100〜1175年），カンボジャの最盛期・ビルマにシンハラ仏教導入・ジャワのシンガサリ王国（1175〜1266年），蒙古人の征服（13世紀末），ヒンドゥー諸王国の衰微（14世紀前半），ヒンドゥー諸王国の終焉（ポルトガルのマラッカ占領（1511年）まで）と時代を追っている（セデス，『東南アジア文化史』，山本智教訳，大蔵出版，1989年）．

133) 千原大五郎，『東南アジアのヒンドゥー・仏教建築』，鹿島出版会，1982年

134) Reid, Anthony, "Southeast Asia in the Age of Commerce 1450-1680 Volume Two: Expansion and Crisis", Yale University Press, 1993. アンソニー・リード，『大航海時代の東南アジア・拡張と危機』，平野秀秋・田中優子訳，法政大学出版会，2002年．

135) 16世紀における主だった都市として挙げられるのは，アユタヤ，ペグー，マラッカ，パサイ，ブルネイ，デマ（ドゥマッ），グレシクである．また，17世紀について，加えて挙げられるのが，タンロン，キムロン，フエ，プノンペン，パガン，パタニ，ジョホール，アチェ，バントゥン，マタラム，スマラン，ジュパラ，トゥパン，スラバヤ，マカッサルなどである．都市の規模については信頼性の薄い出典も多いが，16世紀にはタンロン，ペグー，そしてアユタヤが10万人規模の都市であったとされる．そして，マタラムも含めて17世紀中葉には15万から20万人に達したと考えられる．

136) 池端雪浦・石井米雄・石澤良昭・加納啓良・後藤乾一・斉藤照子・桜井由躬夫・末廣昭・山本達郎編，『岩波講座　東南アジア史』全9巻別巻1，岩書店，2001年〜2003年

137) 桜井由躬夫，「総説　東南アジアの原史―歴史圏の誕生―」『岩波講座　東南アジア史』1「原史東南アジア世界」，岩波書店，2001年

138) 前田成文，『東南アジアの組織原理』，頸草書房，1989年

139) エリュトラー海とは狭義には紅海を意味するが，アラビア海，ペルシア湾，インド洋，ベンガル湾なども含む広い意味に使われ，沿岸各地の港市と取引される商品に関する詳細な記載がある．著者はエジプトに住むギリシア人商人か船乗りとみられる．成立年代については，紀元40-70年，70-80年，95-130年など諸説がある．

140) 蔀勇造,「インド諸港と東西貿易」(岩波講座『世界歴史』6「南アジア世界・東南アジア世界の形成と展開」, 岩波書店, 1999年) が『エリュトラー海案内記』の記述するインド諸港を明らかにしている.
141) Begley, Vimala and Daniel de Puma (eds), "Rome and India: The Ancient Sea Trade", University of Wisconsin Press, Madison, 1991
142) タミル語で「新しい村」の意.
143) 辛島昇,「古代・中世東南アジアにおける文化発展とインド洋ネットワーク」岩波講座『東南アジア史』1「原史東南アジア世界 (10世紀まで)」, 岩波書店, 2001年
144) 『漢書』地理志の「黄支国」とされる.
145) インド古代の交易については, Chakravarti, Ranabir, "Trade in Early India", Oxford University Press, 2001 がある.
146) Wheatly, Paul, "The Golden Khersonese", University of Malaya Press, Kual Lumpur, 1966
147) 桜井由躬夫,「南海交易ネットワークの成立」(岩波講座『東南アジア史』1「原史東南アジア世界 (10世紀まで)」, 岩波書店, 2001年)
148) カンボジア南部のバ・プノムに比定される.
149) 石澤良昭,「カンボジア平原・メコンデルタ」(岩波講座『東南アジア史』1「原史東南アジア世界 (10世紀まで)」, 岩波書店, 2001年)
150) 石澤良昭,「東南アジア世界」(岩波講座『世界歴史』6「南アジア世界・東南アジア世界の形成と展開」, 岩波書店, 1999年). 建国神話によると, バラモンのカウンディンヤ (混填) が渡来して現地の女王柳葉をめとり, この国を支配したという. 中国史料 (『三国志』『晋書』『梁書』『南斉書』など) では, 4世紀末頃インドから渡来してきた僑陳如 (カウンディンア) が王位に就き,「天竺の法制」を用いて諸制度を改革したという.
151) 1942年にフランス人考古学者ルイ・マレルによって発掘された.
152) 『水経注』,『晋書』の記述によって, 後漢の初平年間, 192年頃とされる.
153) Claeyes, Jean-Yves, "Simhapura. La Grande Capitale Chame", Revue des Arts Asiatiques VII-II, 1931
154) 山形真理子, 桃木至朗,「林邑と環王」(岩波講座『東南アジア史』1「原史東南アジア世界 (10世紀まで)」, 岩波書店, 2001年).
155) 占婆城の略. チャンパー都城の意であるチャンパープラあるいはチャンパーナガラの訳語.
156) 桃木至朗,「唐宋変革とベトナム」(岩波講座『東南アジア史』2「東南アジア古代国家の成立と展開」, 岩波書店, 2001年)
157) 山形真理子, 桃木至朗, 前掲論文.
158) Wolters, O. W., ibid.
159) 深見純生,「マラッカ海峡交易世界の変遷」(岩波講座『東南アジア史』2「原史東南アジア世界 (10世紀まで)」, 岩波書店, 2001年)
160) 深見純生,「シュリーヴィジャヤ帝国」(池端雪浦編,『変わる東南アジア史像』, 山川出版社, 1994年)
161) Kulke, H., "'Kadatuan Srivijaya': Empire or Kraton of Srivijaya? A Reassessment of the Epigraphical Evidence", BEFEO, 80, 1993
162) 片桐正夫編,『アンコールワットの建築学』, 連合出版, 2001年
163) 石澤良昭,「カンボジア平原・メコンデルタ」(岩波講座『東南アジア史』1「原史東南アジア世界 (10世紀まで)」, 岩波書店, 2001年).
164) 石澤良昭,『古代カンボジア史研究』, 国書刊行会, 1982年. 9世紀以降, すなわち, アンコール朝においては, 碑文からプラが消え, 中国史料で言う「郡」ヴィサヤ・プラマーン viṣaya・pramān がスルックの上位単位となるという.

註

165) 石澤良昭,「アンコール＝クメール時代（九—十三世紀）」（岩波講座『東南アジア史』2「東南アジア古代国家の成立と展開（10-15世紀）」, 岩波書店, 2001年).
166) タイ語では塔状の屋根を持つ壮麗な宮殿や神殿をいう. サンスクリットのプラサーダ（寺院）が語源.
167) ギリは, サンスクリットで山の意. キーリーはタイ語.
168) 従来観世音菩薩とされてきたが, シヴァ神という説もある. この寺院から発見された碑文によると, 当時, 仏教とヒンドゥー教がかなり混合して信奉されていたことが分かっている.
169) この名称は,「寺院のある都市」という意味である.
170) 他にもう一つ西向きの寺院があるという.
171) 2001年に石澤良昭ら上智大グループはバンテアイ・クデイ遺跡から大量の廃仏像を発掘した.
172) 石澤良昭,「アンコール遺跡の基本構造と都城の思想」,『古代カンボジア史研究』, 国書刊行会, 1982年.
173) 第五の門について, 応池利明は, 世俗化の現われと解釈する.
174) 元代に著されたのアンコール朝後期の見聞録で, 当時の風土, 社会, 文化, 物産などを記した書である. 著者の周達観（1264ころ～1346）は浙江省温州出身で, 元の成宗の命で真臘招撫の随奉使の従行に選ばれ, 1296年に真臘へ赴き, 97年に帰国した. 1年半の滞在時の詳細な調査報告書であり, 民俗史料として価値が高い. その内容は, 真臘の名称考および温州からの水陸の道程を記した「総叙」に始まり, 城郭（アンコール・トム）, 服飾, 官属, 三教, 産婦, 争訟, 病癩, 死亡, 耕種, 貿易, 車轎, 属郡, 村落, 澡浴, ……など42項目にわたり細かく記載している.
175) 斉藤照子,「経済システムと技術—アンコールとパガンの水利事業—」岩波講座『世界歴史』6「南アジア世界・東南アジア世界の形成と展開」, 岩波書店, 1999年.
176) 石澤良昭,『古代カンボジア史研究』, 国書刊行会, 1982年
177) Higham, Charles, "The Civilization of Angkor", Weidenfeld & Nicolson, 2001
178) Phimaiという名前は古代クメール語碑文に見られるヴィマヤ Vimayaに由来しているという.
179) 古くからフランスの研究者によって紹介されてきた. 日本にも三木栄によって伝えられている. 主要な文献は以下の通りである.
   Aymonier, Étienne, "Le Cambodge", 3vols, Paris, 1900-1903.
   Lajonquéire, Lunet de, "Inventaire Archéologique de l'Indochine", 3vols, Paris, 1907.
   Parmentier, Henri, "L'art Khmer Classique-monuments du quadrant Nord-Est", Paris, 1939.
   Parmentier, Henri, "L'art Architectural Hindou dans l'inde et Extrême-Orient", Paris, 1948.
   三木栄,『暹羅の芸術』, 黒百合社, 1930年
   May, Reginald, "A Concise History of Buddhist Art in Siam", London, 1938.
   Seidenfaden, Erik, "An Excursion to Phimai a Temple City in the Khorat Province", Bangkok, 1920
180) タイの考古学者, S. ディスクンは, ロップリー期（11-13世紀）に位置付けている.
181) 伊東照司,「クメール古跡ピマーイ寺院—タイ国クメール遺跡調査報告（1）—」,『アジアアフリカ言語文化研究』No. 19, 1980年
182) 広くインドの民話に題材を求めた, 釈尊の過去世物語.
183) Briggs, L. P. "The Ancient Khmer Empire", The American Philosophical Society, 1951
184) この20度のずれについては, 磁北が20度ずれていたという説もある.
185)「タイの石造建築の歴史」, 坂本比奈子訳.（石澤良昭編,『タイの寺院壁画と石造建築』, めこん, 1991年所収）
186) Snodgrass, Adrian "The Symbolism of the Stupa", SEAP, Cornell University, 1985.
187) 伊東利勝,「綿布と旭日銀貨—ピュー, ドゥヴァーラヴァティー, 扶南」『岩波講座　東南アジア史』1「原史東南アジア世界」, 岩波書店, 2001年

188) 石井米雄・桜井由躬夫,『東南アジア世界の形成』, 講談社, 1985 年
189) Coedés, Georges, "Les états hindouisés d'Indochine et d'Indonésie", Editions E., De Boccard, Paris, 1964
190) Wyatt, David K.&. Widienkeeo, Aroonrut, "The Chiang Mai Chranicle", Silkworm Books, 1998
191) この三王は, 協力してパガンを攻略した元に対抗したというが, 疑問視もされている(飯島明子,「「タイ人の世紀」再考—初期ランナー史上の諸問題—」(岩波講座『東南アジア史』2「東南アジア古代国家の成立と展開(10-15 世紀)」, 岩波書店, 2001 年).
192) Wijeyewardene, G. (ed.), "The Laws of King Mangrai", ANU Deartment of Anthropology, Canberra, 1986.
193) 飯島明子は, ウィエンをモン人の伝統であるとする. タイの伝統,「タイの世紀」を強調するのではなく, 多民族の混住を前提とする見方を提示している. 飯島前掲論文.
194) 張燮,『東西洋考』, 台北, 正中書局, 1976 年
195) François-Timoléon de Choisy. 厖大な聖俗の歴史書を表わしたことで知られる. 女装の趣味があり, 後世「女装の修道院長 Abbe」と呼ばれた.
196) シュワジ,『シャム王国旅日記』, 二宮フサ訳(ショワジ, タシャール,『シャム旅行記』, 17・18 世紀大旅行記叢書 7, 中川久定・二宮敬・増田義郎編, 岩波書店, 1991 年)
197) Gervaise, Nicolas, "The Natural and Political History of the Kingdom of Siam", Bangkok, White Lotus, 1989
198) スワイ suai は, 後代には金納に移行するが, それ以前は全国各地の物産が租税として国王のもとに集められた. ド・ラ・ルーベルは物納租税として米, 蘇木, 沈香, 硝石, 象, 獣皮, 象牙を挙げているが, これらはアユタヤの主要な輸出品だったことが知られる
199) 原本および写本は 1767 年のビルマ軍のアユタヤ攻撃の際, ほとんど散逸された. その後に収集されたものが 8 種確認されている.
200) 王朝建国者ウートン王に関しては, 6 種の伝記が伝えるが, その素性を断定するまでにはいたらない. V. フリートの伝聞は興味深く, ウートン王は中国から亡命した王子であったが, アユタヤを訪れた際, もとあった町を破壊し占拠する竜に出会い, これを退治し王都を建設したと述べる. 王が中国に出自を持つとの記述は, インド文化の色濃い建造物を鑑みれば, 真実性に疑問が呈されるが, 別の伝記が王朝以前の町の存在を記し, ペストの流行により廃都と化したと述べることに重なるようにも思える. 一方, これを実証する考古学的成果が上がってきており, 12 世紀以前のドヴァーラヴァティー時代にさかのぼる町の遺構が, 島の南方, ワット・クンムアンチャイ, タンボン・バンクラチャで見つかっている. また, アヨータヤーと称する町の存在を島の東に指摘する歴史研究者も存在する. その根拠としては, スコータイ時代の建設と見られるワット・アユタタヤのストゥーパやアユタヤ以前の創建が確実視されるワット・パナンチューン, ワット・ヤイチャイモンコンが挙げられる.
201) クビライ・カーンが侵攻してきた 1282 年には中国人難民が居住し始めたことが分かっている.
202) 石井米雄,『タイ近世史研究序説』, 岩波書店, 1999 年
203) 古代インドの王国コーサラの都. 叙事詩『ラーマーヤナ』の英雄ラーマはこの都で生まれた. その後, 都は北方のシュラーバスティー(舎衛城)に移された. タイ語読みではアヨータヤ, パーリ語形ではアヨージャヤ.
204) 石井米雄,「前期アユタヤとアヨードヤ」(岩波講座『東南アジア史』2「東南アジア古代国家の成立と展開(10-15 世紀)」, 岩波書店, 2001 年).「後期アユタヤ」(岩波講座『東南アジア史』3「東南アジア近世の成立(15-17 世紀)」, 岩波書店, 2001 年).
205) Kasetsiri, Charnvit, "The Rise of Ayudhaya A History of Siam in the Fourteenth and aafifteenth Centuries", Oxford University Press, 1976

206）Tripitaka, Rajadhamma, Nitisastra, Rajasastra, Dhammasastra などに通じ，それを実際応用していたという．
207）Kasetsiri, Charnvit ibid.
208）Garneir, Derick, AYUTTHAYA: Venice of the East, River Books, Thailand, p. 44, 2004. また, Tri A-matayakul: The Official Guide to Ayutthava & Bang Pa-In, Fine Arts Department, Bangkok, 1972. は375の宗教寺院が島内に存在すると記述する
209）王位を争って死んだチャオ・アイ，チャ・イという2人の兄弟を記念して1424年に建立した．1957年に主塔の中から夥しい仏像や銘板が発見された．アラビア語，中国語，クメール語，タイ語で書かれた碑文から，アユタヤに有力な中国人社会が存在しており，建立に協力したことが明らかになった．
210）Chutintaranond, Sunait, Ayutthaya, the Portrait of Living Legend, Sunjai Phulsarp, 1996, pp. 39–67
211）ピブン・ソンクラムのアユタヤ観光計画により島内の既存7道路の修繕，2道路の新設など開発とともに，遺産の保護の発掘調査なども行なっている．
212）増大し続ける開発要求に対し，政府はバンパイン，バンサイ Bang Sai，チャオプラヤ西岸を工業地区に指定し，アユタヤ県はタイ投資委員会（BOI）に誘致特権を提示している．
213）1955–56年に芸術局による発掘調査が行なわれるが，契機となったのは仏教の誕生2500年の祝賀，1955年にビルマと新たな関係樹立を果たし，ビルマの首相が遺産の復元に資金提供したこと，ピブン政権のもとナショナリズム高揚の時期であったことなどである．
214）Pombejra, Dhiravat na, "Court, Company, and Campong Essays on the VOC presence in Ayutthaya", Ayutthaya Historical Study Center, 1992 がオランダ東インド会社（VOC）のアユタヤでの活動の断面に触れている．
215）鈴木康司，二宮フサ，『ショワジ・タシャール　シャム旅行記』，17・18世紀大旅行記叢書7，岩波書店，1991年．ショワジ『一六八五，八六年　シャム王国旅日記』，タシャール『シャム旅行記』とも，シャム（アユタヤ）の都市構造に関わる記述は少ない．
216）Loubere, Simon de La, "The Kingdom of Siam", Oxford University Press, 1969
217）Derick Garneir, ibid., pp. 47–49.
218）F. M. ピント（Fernao Mendez Pinto）がリスボンのイエズス会へ1554年に送った手紙の中でアユタヤを「Venice of the East」と表現したのが最初とされる．
219）Valentyn, F., "Oud en Nieuw Oost Indien", 3 vols, 1724–26, Amsterdam, 1862.
220）応地利明，前掲論文
221）伊東利勝，「綿布と旭日銀貨―ピュー，ドゥヴァーラヴァティー，扶南」『岩波講座　東南アジア史』1「原史東南アジア世界」，岩波書店，2001年
222）歴代の王は以下のようである．Alaungpaya 1752–1760, Naungdawgyi 1760–1763, Hsinbyushin 1763–1776, Singu Min 1776–1782, Bodawpaya 1782–1819（アマラプラ遷都建設1783），Bagyidaw 1819–1837（インワ復都1823），Tharawadddy Min 1837–1846, Pagan Min 1846–1853, Mindon Min 1853–1878　マンダレー遷都建設1857, Thibaw Min 1878–1885.
223）Gutman, Pamela, "Burma's Lost Kingdoms Splendours of Arakan", Orchid Press, 2001
224）大野徹，「パガンの歴史」（岩波講座『東南アジア史』2「東南アジア古代国家の成立と展開（10–15世紀）」，岩波書店，2001年）．以下のパガンの歴史についての記述は，この大野論文に多くを負っている．
225）もちろん，「四角い村」のみではないが，極めて整然と計画されるのが特徴である．
226）パガンの南東50キロメートルにミャンマーのナッ信仰の本山ポパ山がある．
227）パガン朝の王権思想については，伊東利勝，「パガン朝初期における王権の正統化思想」（角田文衞／上田正昭監修・初期王権研究委員会編，『古代王権の誕生 II』，角川書店，2003年）が，碑文の読解を示している．

228) 伊東利勝,「エーヤーワディ流域における南伝上座部仏教体制の確立」(岩波講座『東南アジア史』2「東南アジア古代国家の成立と展開 (10-15世紀)」, 岩波書店, 2001年).
229) 以下の歴史的叙述は, 主として, Aung Thaw, "Historical Site in Burma", The Ministry of Union Culture, Government of the Union of Burma, Sarpay Beikman Press1972 による.
230) オリッサと東南アジア, 西アジアを含めた海外交渉については以下が詳しい. Patnalk, Ashtosh Prasad, "The Early Voyagers of the East The Rise in Maritime Trade of the Kalingas in Ancient India" Vol I, II, Pratibha Prakashan, Delhi, 2033
231) O'Connor, V. C. Scott, "Mandalay and Other Cities of the Past in Burma", 1987. 原著は1907年に出版されたものである.
232) ハンサワディ王宮博物館の復元図によると各辺5門が均等に配置されていない. また, 王宮の規模が極めて巨大である. 具体的な都市設計については, さらなる発掘の成果を待つ必要がある.
233) 定方晟,『須弥山と極楽』, 講談社新書, 1992年.
234) ニャウンヤン朝とも呼ばれる第2次タウングー朝 (復興タウングー朝) の歴史は, 奥平龍二,「ペグーおよびインワ朝からコンバウン朝へ」(岩波講座『東南アジア史』3「東南アジア近世の成立 (15-17世紀)」, 岩波書店, 2001年) が求めている.
235) 外部に対してはアヴァとして知られていた. パーリ語ではラトナプラ Ratnapura と呼ばれ, ヤダナボン Yadanabon と発音される.「宝石の町」という意味である.
236) 岩城高広,「コンバウン朝の成立—「ビルマ国家」の外延と内実—」(岩波講座『東南アジア史』3「東南アジア近世の成立 (15-17世紀)」, 岩波書店, 2001年).
237) 渡辺佳成,「ボードーパヤー王の対外政策について—ビルマ・コンバウン朝の王権を巡る一考察—」,『東洋史研究』第46巻3号, 1987年.
238) 渡辺佳成,「コンバウン朝ビルマと「近代」世界」『岩波講座 東南アジア史』5「東南アジア世界の再編」, 岩波書店, 2001年〜2003年
239) O'Connor, ibid.
240) Thaw, Auny, "Historical Sites in Burma", The Miniscry of Union Culture, Government of the Union of Burma, 1972
241) furlong. 1ファロン (ハロン) = 220ヤード yards, 8分の1マイル = 201.17メートル.
242) Sarayam, Dhida, "Mandalay The Capital City, The Center of the Universe", Muang Boran Publishing House, 1995.
243) 1ヤード yard = 3 ft., 0.9144メートル;
244) マンダレー旧王城の濠の外側については実測が可能である.
245) ディダ・サラヤの記述に見られるワという単位は, タイでも用いられるが, 1wa = 2メートルとされている.
246) ボゴール周辺を拠点とするタルマヌガラのプルナヴァルマン王の功績を讃える, パッラバ文字で書かれた碑文が五つ発見されている. 中国史料では「多羅摩国」という. 西部ジャワに, ヴィシャヴァルマン王に従う「阿羅単」という国があって, 五世紀中葉, 宋の文帝に盛んに朝貢した記録がある.
247) 深見純生,「ジャワの初期王権」(岩波講座『東南アジア史』1「原史東南アジア世界 (10世紀まで)」, 岩波書店, 2001年).
248) ヒンドゥー教であれ, 大乗仏教であれ, ジャワでは寺院を一般的にチャンディという. チャイティヤから来ていると考えられるが, 内部空間を持たないストゥーパと考えられるチャンディ・ボロブドゥールとヴィハーラもしくは経蔵とみなされる多層のチャンディ・サリとチャンディ・プラオサンを除くと, すべて神仏像やリンガを収める祠堂である.
249) 最初にマタラム国の王と自称しているのは, 中部ジャワ・ケドゥー州のチャンガル碑文

(732年) に記される王で，この王はいわゆるサンジャヤ朝の創始者である．
250) 青山亨,「シンガサリ＝マジャパヒト王国」(岩波講座『東南アジア史』2「東南アジア古代国家の成立と展開 (10–15 世紀)」, 岩波書店, 2001 年).
251) Robson, Stuart, "Deśawarnana (Nāgarakrtāgama)", KITLV Press, Leiden, 1995.
252) Brandes J. L. A., "Pararaton (Ken Arok)", Martinus Nijhoff, The Hague, 1920.

第 II 章 註

253) ジョージ・ミッチェル,『ヒンドゥ教の建築——ヒンドゥ寺院の意味と形態』, 鹿島出版会, 1993 年
254) Devakujari, D., "Madurai Through the Ages-from the earliest times to 1801A. D.", Society for Archeological, Historical & Epigraphical Research, 1979 Appendix I Derivation of the Term 'Madurai'
255) マドゥライ・スタラプラーナは様々な時代に様々な言語で記述されてきたが，最も重要なものとしては, Nambi によって書かれた "Tiruvalavayudaiyar Tiruvilaiyadar Purānām" (サンスクリット語, A. D. 12–13 世紀), Paranjoti によって書かれた "Tiruvilaiyadal Purānā (P. T.)" (タミル語, A. D. 16–17 世紀) がある．Tiruvilaiyadal Purānā (P. T.) は「シヴァ神の聖なる遊戯に関するプラーナ」という意味である．
256) デヴァクジャリの説であるが，スリランカでは，マータラ Matara は，マハ Maha ＋トータ tota で，大きな河口を意味し，トータがシンハラ語でタラ tara となった (タミル語ではタイ tai となる, 例えばマーンタイ) と言われる．
257) マライ Malai とはタミル語で「丘 (森)」を意味する．
258) Assistant Director of Statistics Madurai, "Madurai District Statistical Hand Book 2001–2002", 2002
259) 南インド (タミル・ナードゥ州, カルナータカ州, アーンドラ・プラデーシュ州, ケーララ州) には，インド・アーリヤ民族と並ぶインドの2大主要民族であるドラヴィダ民族が居住する．ドラヴィダ民族とはドラヴィダ語族に属する諸言語を用いるインドの先住民族であり，インド総人口の約4分の1を占めている．ドラヴィダ語の中でも主要な言語は，テルグ語，タミル語，カンナダ語，マラヤーラム語であり，4言語の話者で9割以上を占める．
260) マドゥライの歴史については，主として以下のような文献を基にしている．
Aiyar, R. S., "History of the Nayaks of Madura", Asian Educational Services, 1991
Baliga, B. S., "Madras District Gazetteers -Madurai", Government of Madras, 1960
Devakujari, D., "Madurai Through the Ages -from the earliest times to 1801A. D.", Society for Archeological, Historical & Epigraphical Research, 1979
Rajaram, K., "History of Thirumalai Nayak", Ennes Publication, 1982
Rajaram, K., "History of Madurai (1736–1801)", Madurai Univercity Historical Series, 1974
261) アレクサンドリアで活躍した数学者・天文・占星学者・地理学者であったプトレマイオスは数多くの業績を残した知的巨人であった．その業績の一つである『地理学入門』(8巻) を著した彼は，ゲオグラフィア (地理学) を，世界地図を描く学問であるとし，地方図を描くコログラフィアと区別している．第1〜2巻は方格円筒図法を採るチュロスのマリヌスによる世界地図を批判し，円錐図法による地図作成法を説き，第3〜7巻は当時知られていた全世界の約8000地点の経度緯度を地方ごとに列挙し，第8巻では世界地図の区分について述べている．大陸は180よりさらに東に広がるものと考えたこと，アジアとアフリカが南方で陸続きとされインド洋が内海になっていること，インド半島の突出が顕著でなくタプロバネ (現, スリランカ) が過大視されているなどの欠陥もあったが，当時としては最高の地理的知識を集大成したものであり，8世紀にはイスラーム世界に導入され，1409年あるいは10年にはアンゲルスによりラテン語訳され，『コスモグラフィア (宇宙誌)』の名で後世の地図学に大きな影響を与えた．

262) マドゥライはギリシャ語では Madoura と表現されるという. Ayyar, C. P. V. (1916)
263) Begley, Vimala and Daniel de Puma (eds), "Rome and India: The Ancient Sea Trade", University of Wisconsin Press, Madison, 1991 Chakravarti, Ranabir, "Trade in Early India", Oxford University Press, 2001
264) カラブラの出自に関しては様々な議論があるが,最近の研究ではカンナダ Kannada 語族の出身ではないかと言われている.
265) 「バクティ」とは,最高の人格神に肉親に対するような愛の情感を込めながら絶対的に帰依することをいい,普通「信愛」と訳される.バクティの概念を前面に打ち出したのは『バガバッドギーター』が最初である.バクティ運動とは,7 世紀頃から始まった強いバクティ思想の台頭とその伝播を指す.
266) ラージェーンドラ王の碑文には,「マドゥライに巨大な宮殿を築いた」と記されている.
267) Yule & Cordier (Ed.), "The Book of Ser Marco Polo" Vol. II, p. 331
268) Elliot & Dowson, "The History of India as told by its own Historians" Vol. III, P. 24
269) 1311 年にデリー・サルタナット第 2 の王朝ハルジー Khalji 朝の第 2 代皇帝アラーウッディーン・ハルジー Alaaddin Khalji の将軍マリク・カフール Malik Kafur の侵入を受け,1323 年には第 3 の王朝トゥグルク Tughluq 朝のウルグ・ハーン Ulugh Khan によってマドゥライは陥落し,パーンディヤ王国は滅亡する.
270) Stein, Burton, "Peasant State and Society in Medieval South India", Oxford University Press, Delhi, 1980
271) 辛島昇,「古代・中世東南アジアにおける文化発展とインド洋ネットワーク」岩波講座『東南アジア史』1「原史東南アジア世界 (10 世紀まで)」,岩波書店, 2001 年
272) アルコットとはタミル・ナードゥ州北部の古都.「ナワーブ」とはムガル帝国では,地方の知事,代官の称号として用いられた.
273) Devakujari, D. "Madurai Through the Ages-from the earliest times to 1801A. D.", Society for Archeological, Historical & Epigraphical Research, 1979
274) Ayyar, C. P. Venkatarama, "Town Planning in Ancient Dekkan", The Law Printing House, Madras, 1916
275) マッケンジー大佐によって収集されたマッケンジー写本 Mackenzie Manuscripts および碑文集 South Indian Temple Inscriptions をはじめとして,William Taylor による Oriental Historical Manuscript (1835) などがある.
276) Devakujari, D. (1979), ibid. pp. 45-47
277) Devakujari, D. (1979), ibid. pp. 47-48
278) Devakujari, D. (1979), ibid. pp. 82-85
279) 「コイル」という現在では一般的に「寺院」という意味で使用されているが,「寺院」と「王宮」,どちらの意味にも翻訳できる.そのためこの言葉の解釈については論争がある.
280) Smith, J. S. "Madurai, India: The Architecture of a City", Massachusetts Institute of Technology, 1976
281) Smith, J. S. (1979), ibid. pp. 42-46
282) マドゥライのナーヤカの歴史については,R. サチアナタイールの著作 (Sathianathaier, R. Aiyar, "History of the Nayaks of Madura", Asian Educational Services, 1991) がある.
283) 英領期以前の南インドの半独立的な政治的支配者をいう.ヴィジャヤナガル王国末期以降,タミル地方南部と内陸部で,ナーヤカをはじめとする各地の政治権力から称号を授けられ,数か村から数百か村に及ぶ領有地を支配した.
284) Rajaram, K., "History of Thirumalai Nayak", Ennes Publication, 1982
285) プドゥー・マンダパはタミル語で「新しいホール」を意味する.ヒンドゥー寺院の聖室の前

註

にある拝堂，ホール．

286) アマン Amman とはタミル語で「女神」を意味する．
287) 古都市図として, "Madurai Through the Ages-from the earliest times to 1801A. D." に掲載されている 1688 年の地図と "Cambridge's War in India" に掲載されている 1757 年の地図がある．1688 年の地図はダイアグラムに近い地図であるが，1757 年の地図はかなり詳細な地図である．
288) Ayyar, C. P. Venkatarama, (1916), ibid.
289) Ayyar, C. P. Venkatarama, "Town Planning in Early South India", Mittal Publications, Delhi, 1916, Reprint 1987
290) Devakujari, D. (1979), ibid.
291) Meller, H., "Patrick Geddes, Social Evolutionist and City Planner", Routledge, 1990: Kitchen, P., "A Most Unsettling Person", Gollancz, 1975 が伝記としてすぐれている．また，英国植民都市計画史におけるゲデスの位置付けについては，R. ホーム（『植えつけられた都市　英国植民都市の形成』，布野修司＋安藤正雄監訳，アジア都市建築研究会訳，Robert Home: Of Planting and Planning The making of British colonial cities, Rouledge, 1997, 京都大学学術出版会, 2001 年 7 月）が詳細に論じている．アヤールとは 1914 年にマドラスで出会ったという．インドの他にアイルランド（1911-14），パレスチナ（1919-29）で都市計画に携わった．
292) ゲデスは，元ロンドン市議会 (LCC) の議員で，マドラス長官であったペントランド卿に招かれて，ニューデリー計画のためにインドを訪れたのであるが，罷免されている．
293) I. 都市の起源，II. 都市の成長，III. マドゥラ，IV. ヴァンジ，V. コンジェーヴェラム（カンチープラム），VI. カーヴェリーパッティナム KāverippOmpattinamu, VII. 典型的住居，VIII. 住居建設のルール，IX. 住居の中庭（ムンリル Munril），X. 村落外町の中の空地（マンラム Manram），XI. ガーデン・ヴィレッジ，XII. 回顧に分けてまとめている．
294) 詳述されないが，チョーラ王国の首都ウライユールにも触れられる．
295) Paranjoti Munivar's Tiruvilaiyādal Purānam
296) Ayyar, C. P. Venkatarama (1916), ibid.
297) Old Tiruvilaiyādal Purānam
298) アヤールによれば，入口が大きく，出口が小さいのは古代の都市建築に一般的である．ナカル Nakar という言葉は，住居にも宮殿にも用いられるが，表の主入口ヴァーイル Vāyil は裏口プライ Pulai より大きい．
299) Kallādam
300) Maduraikkāñei
301) Śilappadikāram
302) Nedunalvādai
303) 北西，南東といった中間的方位は，健康快適のために避けられたという．
304) Kural
305) Periya. Purānam
306) Kāncippurānam
307) Perumpānārruppadai
308) Kandapurānam
309) Manimēkalai
310) Ayyar, C. P. Venkatarama (1916), ibid., pp. 153-174
311) ミーナクシー・スンダレーシュワラ寺院の物理的構成に関しては，以下の文献を基にしている．
　神谷武夫，『インド建築案内』，TOTO 出版，1996 年
　佐藤正彦，『南インドの建築入門ラーメーシュワーラムからエレファンタまで』，彰国社，1996

年

 ジョージ・ミッチェル著, 神谷武夫訳, 『ヒンドゥ教の建築ヒンドゥ寺院の意味と形態』, 鹿島出版会, 1993 年

 Das, R. K., "Temples of Tamilnad", Bhavan's Book University, 2001

 Jeyechandrun, A. V., "The Madurai Temple Complex", Madurai Kamaraj University, 1985

 Michell, G. (ed.) emple Towns of Tamil Nadu", Marg Publications, 1993

312) ヴィジャヤナガル王国のもとで発展した寺院スタイル. チョーラ朝時代と違って本堂は小さく, 周囲のゴープラが肥大化した. 細部の彫刻は複雑さを持つ.

313) 実際にはミーナクシーの人気が高く, 寺院は一般的にはミーナクシー寺院と呼称され, 巡礼者はミーナクシーの門から寺院に入り, まずミーナクシーに礼拝する. さらに, 祭礼の際, 神々の御輿はミーナクシーの門から出入りする. ミーナクシーが人気のある理由は, ミーナクシーがもともとはタミルの土着神であったことにある. ミーナクシーとは「魚の目を持つ女神」という意で, もともとタミルの土着神であったが, 後にヒンドゥー教に取り込まれていった. その過程で, ミーナクシーの存在をヒンドゥー教の中で正当化するために, ミーナクシーはシヴァと結婚し, 次いでヴィシュヌを兄とするという神話が作られていった.

314) 同心方格状街路は最外縁のヴェリ通りを除いて, チッタレイ通り, アヴァニムーラ通り, マシ通りのそれぞれ 8 ポイントで実測を行なった. 軸線街路については, マシ通りより内側の領域において 4 ポイントで実測を行なった. 北方向に伸びる軸線街路についてはアヴァニムーラ通りと交差する地点までで途切れているため, 2 ポイントでの実測である. 東方向の軸線街路については, ミーナクシー寺院東正面の門からの軸線となる街路にはプドゥー・マンダパが建設されているため, 東正面の門の南に位置するミーナクシーの門から東に伸びる街路を東軸線街路として実測した.

315) Smith, J. S. (1976), ibid., p. 50

316) Balasubramanian, V. "Transformation of Residential Areas in Core City-Madurai", School of Planning & Architecture, New Delhi, 1997, p. 17

317) Rajaram, K., "History of Thirumalai Nayak", Ennes Publication, 1982, pp. 75-77

318) 祭礼の内容と巡行路については, 主に Smith, J. S. "Madurai, India: The Architecture of a City", Massachusetts Institute of Technology, 1976 と現地調査時のミーナクシー寺院での聞き取り調査を基にしている.

319) Kalidos, R., "Temple Cars of Medieval Tamilaham", Vijay Publications, 1989, p. 218

320) チッタレイ祭りの内容については, Michell, G. (ed.), "Temple Towns of Tamil Nadu", Marg Publications, 1993 に詳しい.

321) Rajaram, K. (1982), ibid., p. 76

322) Michell, G. (ed.), "Temple Towns of Tamil Nadu", Marg Publications, 1993, p. 111.

323) ヤーダヴァ Yadhava に属する人々. ヤーダヴァは, タミル地方では主に乳業に従事するカーストを指す.

324) サウラシュトラは織工を職業とするカーストである. 彼らはもともと, インド北西部のグジャラートやマハーラーシュトラの出身であると言われている.

325) 旧城壁内で計 95 のヒンドゥー寺院を確認した. 調査により確認したヒンドゥー寺院は外見上寺院と判断できるものだけである. 寺院と判断したものは, 上に行くほど縮小していくテラスが重なった多層の上部構造(ドラヴィダ式(南インド様式)寺院建築における特徴である)を持つ建物, 神々のレリーフが施された上部構造を持つ建物, もしくは赤と白の縦縞の彩色が施された壁もしくは基壇を持つ建物(その建物がヒンドゥー寺院であるということを示す)で, かつ内部に聖室もしくは神像を確認した建物である. 外見上は住居に見える建物に神像を祀って寺院と称している場合もあるので, 実際のヒンドゥー寺院の数は 100 を超える.

註

326) ガネーシャはシヴァの息子とされ，厄払いの神である．タミル語ではヴィナーヤカと称され，広く信仰されている．
327) アマンとはタミル語で「女神」を意味し，シヴァ神の妻と見なされているものが多いが，元来は土着神であった可能性が高い．
328) 寺院と聖祠はともに神像が安置された構築物であるが，内部空間を持つ寺院に対して，人の入ることのできる内部空間を持たないものを聖祠と呼ぶ．
329) Rajaram, K. (1982), p. 77
330) Devakujari, D. ibid., (1979), ibid., pp. 45-47, pp. 82-85
331) Rajaram, K., (1982), ibid., pp. 81-86
332) Baliga, B. S., "Madras District Gazetteers -Madurai", Government of Madras, 1960
333) Balasubramanian, V. (1997), ibid.
334) Devaraj, D., "A Study on Street Names of Madurai City"
335) 「ブラーフマンへの寄付」という意味．パーンディヤ期にブラーフマン人口の増加とともに成立したブラーフマンの居住地．Balasubramanian, V. (1997), ibid., p. 73
336) 2003年10月，11月に行なった調査では，約130軒の実測を行なった．1907年にイギリスによって作成されたブロック・マップ1/792を調査のベースマップとして，各住居の実測を行なった．ブロック・マップには当時の宅地割りから建物の輪郭まで記されているが，必ずしも現在のものと一致せず，各住居の実測結果から現在の宅地割り図を作成した．各住居の実測に対しては，その1階部分を対象とした．対象地域の建物のほとんどが2階建てか3階建てであるが，2階以上は個々人の居室として使用されていることが多いこと，または他の家族に賃貸されている場合が多いのがその理由である．また実測に際して，姓名，職業，居住人数，出身地，移住年代，建設年代，カーストなどについての聞き取り調査を行なった．
337) Ayyar, C. P. Venkatarama, (1916), ibid.
338) Periya. Purāṇam
339) Pattinappālai
340) Nedunalvādai
341) Maduraikkāñci
342) ベランダ・ホール・廊下のタミル語での呼称，ティナイ・クーダム・ナダイについては，現地での聞き取り調査とBalasubramanian, V. "Transformation of Residential Areas in Core City-Madurai", School of Planning & Architecture, New Delhi, 1997を基にしている．
343) 鉄筋コンクリート（RC）造の場合は，他の部屋と同じ天井高である．ここでは，居間を一般にクーダムとする．
344) 辛島昇他監修，『南アジアを知る事典』，平凡社，1992, p. 625
345) 実測調査の対象街区の選択にあたっては，バラスブラマニアンV. Balasubramanianの"Transformation of Residential Areas in Core City -Madurai" (1997), 施設分布，街路名などから，最も各々のカーストが集中して居住していると推察できる地域を選定した．
346) 臨地調査の際，現地住民によっても「マドラス・テラス」という呼称が使用されていることを確認した．
347) 回答を得られたのは全33軒中25軒である．
348) Balasubramanian, V. (1997), ibid., p. 47
349) 回答を得られたのは全95軒中53軒である
350) ヒンドゥー寺院は一般的に，早朝から正午までと，夕方4時か5時から9時頃まで開かれている．

第 III 章 註

351) 1853年の大英帝国ヴィクトリア女王の夫君アルバート公の訪問に際し，ピンク色で統一された．ピンクは，「歓迎」を意味する色とされる．
352) 調査は，1994年3月10日〜4月2日（布野修司，山根周，青井哲人，荒仁）および1996年9月19日〜10月3日（布野修司，山本直彦，沼田典久，長村英俊，黄蘭翔）に行なった．
353) ムガル皇帝，あるいはマハーラージャに任える政治的・軍事的な有力者は一様にマンサブと呼ばれる一種の位階を授けられた．マンサブはその人のランクを示すザートと準備すべき兵馬の数サクールという二つの数字からなる．マンサブを保持する者がマンサブダールと呼ばれた．
354) 5世紀中葉，フーナ族（エフタル）に伴ってインドに入った中央アジア系種族や土着の諸種族に起源を持つとされる．西部インド，中部インドに幾つかの政権をうちたてた．ラージプートに属する王朝としては，西部インドから北インドに進出したプラティーハーラ朝（8〜11世紀），ラージャスターン地方のチャウハン朝（チャーハマーナ朝，9〜12世紀），中央インドのチャンデッラ朝（10〜13世紀），西部インドのパラマーラ朝（9〜12世紀）とチャルキヤ Chaulkya 朝（ソーランキー Solaṅkī 朝，10〜13世紀），北インドのガーハダバーラ Gāhadavāla 朝（11〜12世紀）などが有力であった．特にプラティーハーラ朝は，ガンガー（ガンジス）上流域のカナウジに都を遷し，一時北インドの覇者となったことで知られる．ラージプート諸勢力の盛んであった8〜12世紀はラージプート時代と呼ばれる．
355) Maclagan, "The Jesuits and the Great Mogul", London, 1930
356) 大天文台は土砂に埋もれてその所在さえも不明であったが，1908年以来ソ連の科学者の手で発掘が行なわれてその全貌が明らかにされ，50年には T. N. カリ・ニヤゾフ Kary-Niyazov の手ですぐれた報告が発表された．ウルグ・ベクの星表は，17世紀のポーランドの天文学者ヘベリウス Hevelius の星図にとり入れられた．
357) 家名をチャクラヴァルティ Cakravarti という（バッタチャルヤ Battacharya という説あり）．ヴィディヤダールは，ジャイプル着工後，1729年に建設大臣に任命されている．しかし，1926年にはジャイガー城砦の建設で褒賞を受けており，計画そのものにも関わったと推測されている．ジャイプルに建造物を建てる場合，ヴィディヤダールに計画書を提出し，許可を得る必要があり，その統一的な都市景観の形成には大きな寄与をなした．
358) Roy, Ashim Kumar, "History of the Jaipur City", Manohar, New Delhi, 1978
359) インド西部，マハーラーシュトラ地方住民のこと．マラーティー Marhati ともいい，一般には次の三つの異なった意味で使用される．第1には，同地方の外部からはマラーティー語を母語とする人々の総称として用いられ，第2に，地方内では最大の単一カースト集団の呼称である．また第3に，シヴァージーを開祖とし17世紀後半からこの地を中心に勢力を拡大した一大ヒンドゥー王国（マラータ王国）の名称としても使われる．
360) 1825年1月にジャイプルを訪れたヘベル Heber 司教が記録を残しており，およそ6万人が住んでいると推測している．また，インド調査局の事務官ボアリウ Boileau が1835年8月に8万戸，40万人という記録を残しているが，自ら誇張があるとする．
361) ER. C. B. Officiating Political Agent, Report on the Political Administration of the Rajpootona States for the year 1870-71, Jeypoor, 1871.
362) ジャイプルは別名ピンク・シティという．もともとは白であったのであるが，すべての通りを緑，黄色，……等に塗り分けてみて，最終的にピンク色に決定したという（Lieut-Col. H. L. Showers: Notes on Jaipur, Jaipur, 1909）．
363) インドで10年ごとの公式のセンサスが行なわれるようになったのは1881年からである．ジャイプルの場合，それに先だってインドで最も早く1870年に行なわれている．最初のセンサ

註

スはマドラスで1871年、カルカッタで1876年に行なわれている。それ以前の記録となると、ジャイプルを訪れたビショップ・ヘーベルの1825年の推計およびA. H. E.ベリューの1835年の記録がある。Roy, Ashim Kumar (1978) に1925年以前のデータがまとめられている。

364) センサスに依れば、1931年に1万4905人であったものが、1941年に2万7308人と、ほぼ倍増している。

365) Ravi, Sri N. (Ed): "The Hindu Survey of the Environment", Madras, 1996 が全インドの主だった都市を取り上げ、都市問題、居住問題を分析している。取り上げられているのは、Delhi, Jaipur, Lucknow, Patna, Bhubaneswar, Calcutta, Guwahati, Ahmedabad, Mumbai, Hyderabad, Madras, Bangalore, Thiruvananthapuram である。

366) Sunny Sebastian: Lack of Preparation (Sri N. Ravi (1996) ibid) の推計。

367) scheduled castes. 指定カースト。四姓の外の下級階層に対するアンタッチャブル untouchables（不可触民）という呼称に代わる公式の呼称。憲法に基づき差別解消のための各種優遇措置が実施されている。

368) ラム・シンの治世（1835-1880年）に王宮の正門トリポリア・ゲイトから南へ、チョウラ・ラスタが主要道路と位置付けられ、ラム・ニワス庭園へ向かってニュー・ゲイトが作られた。

369) Roy: Ashim Kumar, (1978), ibid., p. 247-254

370) 小西正捷、「インドの歴史的都市ジャイプルの都市プランとその特質」、講座考古地理学第3巻『歴史的都市』（藤岡謙二郎編）、学生社、1985年

371) 飯塚キヨ：「都市形態の研究－インドにおける文化変化と都市のかたち」、『SD』臨時増刊、1969年11月。

372) Ohji, T., 'The "Ideal" Hindu City of Ancient India as Described in the Arthasastra and the Urban Planning of Jaipur', East Asian Cultural Studies Vol XXix, Nos. 1-4, March 1990

373) Nilsson, A., "Jaipur in the Sign of Leo", Magasin Tessin, 1987

374) Ghosh, Bijit, 'The Palace Complex of Jaipur', "Urban and Rural Planning Thought", Volume VIII No. 3-4, School of Planning and Architecture, New Delhi, Jul-Dec, 1965. P. 94

375) Jain, K. and Jain, M., "Indian City in the Arid West", AADI Center, India, 1994

376) Rajbanshi, N., "An Enquiry into the Science of raditional Architecture-A Case Study of Jaipur, Indian Institute of echnology, Powai, Bombay, 1993

377) Havell, F. B. (1913), ibid.

378) Dutt, B. B. (1925), ibid.

379) 小西 (1985) が、Davar, S., 'A Filigree City Spun out of Nothingness', Marg xxx-4, 1977 を引いて主張している。

380) 風水説がいう適地に何かがかける場合、例えば、山があって欲しい場合に、風水塔などを建ててその代わりとするといった考え方をいう。

381) Roy, A. K., 'Architectures: the Dream and the Plan', Marg xxx-4, 1977 (小西 (1985))

382) Nath, Aman, "Jaipur", India Book House PVT LTD, 1993. Aman Nath は、地図の中にあるChristian-Erlang に最も似ていると言っている。ヨーロッパの影響は否定できないが、1725年には建設は開始されていたのであり、ヒンドゥーのコスモロジーの影響を完全に否定することはできないであろう。

383) 1941-2年にヒタイシ Hitaishi で発行された地図。Gole, Susan (1989)

384) A. K. Roy (1978) p. 46-47. 1. Johari Bazar の壁から壁が108フィート、ヴェランダからヴェランダが92フィート、2. Haldion ka Rasta 41フィート、…13. Hawamahal 前の道路108フィート、と13地点の測定値が列挙されている。

385) Roy, A. K. (1978), ibid.

386) Blenkinshop, E. R. K., "Note on Settlement Programme", Jaipur, 1924

387) 英国の植民地支配とともに17世紀頃からフィート，インチが用いられていたと考えられる．王宮の設計にはヨーロッパの建築家が登用され，フィート，インチが使用されていた（飯塚キヨ氏の御教示による）．
388) 0.5ミリメートル（50センチメートル）単位で計測した．
389) Imperial Gazetteer of India (24 volumes), Oxford, 1908. East India Gazetteer (2 volumes), London, 1828.
390) Ghosh, Bijit, 'The Palace Complex of Jaipur', "Ubban and Rural Planning Thought", Volume VIII No. 3-4, School of Planning and Architecture, New Delhi, Jul-Dec, 1965. P.94.
391) 布野修司，山本直彦，黄蘭翔，山根周，荒仁，渡辺菊真：ジャイプルの街路体系と街区構成－インド調査局作製の都市地図（1925-28年）の分析その1，日本建築学会計画系論文集，第499号，p. 113〜119，1997年9月
392) ジャイプル王宮博物館の地図 No. 16（64×127センチメートル）．Susan Gole: Indian Maps and Plans, Manohar, New Delhi, 1988
393) Roy, Ashim Kumar, (1978), ibid.
394) 布野修司，山本直彦，黄蘭翔，山根周，荒仁，渡辺菊真 沼田典久：ジャイプルの住居類型と住区構成－インド調査局作製の都市地図（1925-28年）の分析その2，日本建築学会計画系論文集，第508号，p. 121〜127，1998年6月
395) イスラーム建築，特に東方イスラーム（ペルシャ，イラン）の建築に見られる，半ドーム形を上部にもつ門．東西南北4方向に持つ形式を4イーワン形式という．
396) Ramat, Sanskriti, "Architecture of the walled city of Jaipue", Gov. Colledge of Architecture, Lucknow, 1993.
397) Roy, Ashim Kumar, (1978), ibid., pp. 58-59.
398) JDA, "Vidyadhar Nagar", Jaipur, 1994
399) あるカーストが自分たちのカーストの位置を高めること．政治組織としての活動もカーストの結束力を強める．
400) センサスの単位としてモハッラが用いられている．モハッラは，イスラーム社会のコミュニティーの単位をいう．長をモハッラダールという．
401) Roy, Ashim Kumar, (1978), ChapterV 'The Period of Stagnation 1880-1922'
402) 布野修司，黄蘭翔，山根周，山本直彦，渡辺菊真：ジャイプルの街区とその変容に関する考察—インド調査局作製の都市地図（1925-28年）の分析その3，日本建築学会計画系論文集，第539号，p. 119-127，2001年1月
403) 空地に新たに建設されたもの．建て替えられたケースも考えられるが，現地調査によって，そのケースは極めて少ないと判断している．また，階数が変わらなくても，手が加えられたケースは数多い．小さな改修，増改築はほとんどの住戸でなされていると考えていい．
404) 階数の変化のないものであって，変化がないということではない．地図と現状の比較からでも変化の読みとれるものは少なくない．
405) Rajbanshi, Narendra., (1994), ibid.

第IV章　註

406) チャクラヌガラの中心に位置する．メール（メール山，須彌山）の名が示すように，世界の中心と考えられ，ロンボクのプラのうち最大のものである．東西にのびるチャクラヌガラの主要道に面し，赤煉瓦の高い壁に囲まれて建っている．バリのカランガスム王国の王，アグン・マデ・ヌガラによって，ロンボク島の当時のすべての小王国を統合するプラとして，1720年に建立された．

註

407）ナーガラクルターガマは，ロンタル椰子に書かれたジャワの古文書（ライデン大学図書館所蔵）である．ナーガラクルターガマは，言語学者，ブランデス Brandes 博士によって，興味深いことに，チャクラヌガラの王宮から発見された．1894年11月18日のことである．ナーガラクルターガマについては，以下の文献が参照される．Pigeaud, Th. G., "Java in the Fourteenth Century" 5vol. The Hague: Martinus Nijhoff, 1960

408）本稿は以下の4次にわたる調査を基にしている．

第一次ロンボク島調査（1991年12月6日〜12月24日　調査メンバー　応地利明，坂本勉，金坂清則，布野修司，佐藤浩司，脇田祥尚，牧紀男）．島全体の都市，集落の把握．プラ・メル等聖地の実測調査．

第二次ロンボク島調査（1992年9月6日〜10月3日　調査メンバー：布野，牧，脇田，松井宣明，青井哲人，堀喜幸，神吉優美）：現地研究者や古老への都市史に関するヒヤリング調査．宅地割り寸法および住区構成，住み分けの構造に関するフィールド調査．

第三次ロンボク島調査（1993年11月24日〜1994年1月20日　調査メンバー：応地，牧，脇田，吉井康純，山本直彦）：コミュニティー組織に関する調査．宅地割り調査．一部カースト調査．

第四次ロンボク等調査（1994年5月2日〜5月18日　調査メンバー：布野，応地）：各住戸の民族・宗教・カーストに関する悉皆調査．

409）当初の成果として，布野修司他，[ロンボク島の都市・集落・住居の構成原理とコスモロジー——イスラーム世界の都市・集落・住居の形態とその構成原理に関する研究]，住宅総合研究財団研究年報　No. 19 (1992), No. 20 (1994) の他，以下がある．

- アジア都市建築研究その1　住居集落とコスモロジー・「チャクラヌガラ Cakranegara の都市計画」：牧紀男，脇田祥尚，松井宣明，都築知人，山根周，布野修司，日本建築学会近畿支部研究報告集　第32号・計画系　平成4年6月　P. 461〜464
- アジア都市建築研究その2　住居集落とコスモロジー・「西ロンボクにおける聖地とそのオリエンテーション」：脇田祥尚，牧紀男，松井宣明，都築知人，山根周，布野修司：日本建築学会近畿支部研究報告集　第32号・計画系　平成4年6月　P. 465〜468
- アジア都市建築研究その3　住居集落とコスモロジー・「ロンボク島における住居集落の概要とその特性」：青井哲人，脇田祥尚，布野修司：日本建築学会近畿支部研究報告集　第33号・計画系　平成5年6月　P. 333〜336
- アジア都市建築研究その4　住居集落とコスモロジー・「ロンボク島ササック族のワクトゥ・テル 集落デサ・バヤンの空間構造」：脇田祥尚，青井哲人，布野修司：日本建築学会近畿支部研究報告集　第33号・計画系　平成5年6月　P. 337〜340
- アジア都市建築研究その7「ヒンドゥー・マジャパヒトの都市理念　ナーガラクルターガマにみる都市構成」：牧紀男，布野修司：日本建築学会近畿支部研究報告集　第33号・計画系　平成5年6月　P. 349〜352
- アジア都市建築研究その8「チャクラヌガラの住区構成」：田中康治，牧紀男，布野修司：日本建築学会近畿支部研究報告集　第33号・計画系　平成5年6月　P. 353〜356
- アジア都市建築研究その9「チャクラヌガラにいける棲み分けの構造」：堀喜幸，牧紀男，布野修司：日本建築学会近畿支部研究報告集　第33号・計画系　平成5年6月　P. 357〜360
- アジア都市建築研究その10「チャクラヌガラの住区組織」：竹田智征，脇田祥尚，吉井康純，牧紀男，布野修司：日本建築学会近畿支部研究報告集　第34号・計画系　平成6年6月　P. 269〜272
- アジア都市建築研究その11「チャクラヌガラの王宮」：田中禎彦，脇田祥尚，吉井康純，牧紀男，布野修司：日本建築学会近畿支部研究報告集　第34号・計画系　平成6年6月　P. 273〜276

- アジア都市建築研究その12　住居集落とコスモロジー・「ロンボク島ササック族の住居集落の地域類型」：山本直彦，脇田祥尚，吉井康純，牧紀男，布野修司：日本建築学会近畿支部研究報告集　第34号・計画系　平成6年6月　P. 277～280
- アジア都市建築研究その13　住居集落とコスモロジー・「デサ・バヤンにおける住居パターンの変容」：脇田祥尚，山本直彦，吉井康純，牧紀男，布野修司，：日本建築学会近畿支部研究報告集　第34号・計画系　平成6年6月　P. 281～284

410）マカッサル海峡とロンボク海峡を繋ぐいわゆるウォーレス線を境に東部ではオーストラリア系のものが著しくなり，有袋類などがみられる．さらにスラウェシ東岸とチモール島東端とを結ぶウェーバー線によっても幾つかの動物（鹿の類）の分布の境界線が設定されている．

411）イギリスの博物学者．昆虫学者のベイツ H. W. Bates と南アメリカで採集を行なった後，1854年，マレー諸島で動物の地理的分布を調べた．1858年に《変種がもとのタイプから無限に遠ざかる傾向について》が C. ダーウィンの論文とともに発表され，自然淘汰による進化論の提唱となった．著書として『マレー諸島』(1869)，『ダーウィニズム』(1889)他がある．また，評伝として，アーノルド・C・ブラックマン，『ダーウィンに消された男』，羽田節子・新妻昭夫訳，朝日選書，1997年，がある．

412）アリス・ボニマン，高谷好一，「ロンボク島の高地の伝統的稲作」，『東南アジア研究』，26巻1号，1988年6月．アリス・ボニマン，高谷好一，「伝統農業フィールドノート」，第一巻，1988年

413）Hartong, A. M., "Het adatrecht bij de Sasaksse bevolking van Lombok", Mimeo, University of Nijmegen, 1974

414）Goris, R., 'Aantekeningen over Oost-Lombok', TBG, 1936

415）ロンタル椰子に書かれた古文書．ジャワ語で書かれ，20世紀初頭までササック族の識者には読まれていた．

416）Departmen Pendidikan dan Kebudayaan, 'STUDI TEKNIS PURA MERU CAKRANEGARA', Proyok Pelestarian/Pemanfaatan Peninggalan Sejarah Purbakala Nusa Tenggara Barat, 1990-1991

417）P de Roo de la Faille, 'Studie over Lomboksch adatrecht', Adatrechtbundel 15, 1918

418）Van Eerde, J. C., 'Aantekeningen over de Bodha's van Lombok', TBG 43, 1901

419）Bousquet, G. H., "Recherches sur les deux sectes Muselmanes (W3 et W5) de Lombok", Revue des Etudes Islamiques, 1939-40

420）テル telu はササック語で3，ワクトゥ waktu は，「回」という意味で，リマ lima は5を意味する．ワクトゥ・リマ，1日に5回礼拝する敬虔なムスリムだからであるという．ワクトゥ・テルは，アニミズムとヒンドゥー教とイスラーム教の三つが混淆するからという説がある．

421）Kraan, Alfons van der, "Lombok: Conquest, colonization and Underdevelopment, 1870-1940", Heinemann Asia, 1980

422）バリ四王国の間の対立が最高点に達し，マタラム王国の王，グスティ・クトゥ・カランガセム Gusti k'tut Karangasem が，カランガセム軍・イギリス商人の王・ブギス人のイスラーム教徒の助けを得て，チャクラヌガラの王，ラトゥ・ヌガラ・パンジ Ratu Ngurah Panji に対して戦争を始める．結果，マタラム軍は，チャクラヌガラの王宮を征服し，ラトゥ・ヌグラ・パンジと300人の家来が最後の自殺行為的（ププタン puputan）で没することになる．

423）マタラム王は，彼の長男であるラトゥ・アグンⅡ・クトゥッ・カランガセム Ratu Agung 2 K'tut Karangasem に位を譲る．一方，バリのススフナンであるクルンクンのデワ・アグンが指名したイデ・ラトゥ Ide Ratu を空位であるチャクラヌガラ王に据えた．ラトゥ・アグンⅡは，戦争終結以来，西ロンボクに対する事実上の権力を持っていた．そして，イデ・ラトゥの王位を奪い，その結果，クルンクンのデワ・アグンと敵対した．

　一方で，オランダ東インド会社との間の紛争を，他方ではクルンクンとブレレン Buleleng・カランガセムとの間の紛争をうまく利用して，軍隊をバリへ送り，カランガセムのライバルにあ

註

たる分家を転覆させ，彼の指名する人物をカランガセムの王位につけたのである．

18世紀に存在したカランガスム—ロンボク王国は完全に再構築された．グスティ・ワヤン・テガがカランガセム王の領臣で，その上からラトゥ・アグンが支配するという形である．

424) 脇田祥尚, 布野修司, 牧紀男, 青井哲人：デサ・バヤン（インドネシア・ロンボク島）における住居集落の空間構成, 日本建築学会計画系論文集, 第478号, p. 168, 1995年12月
425) ティガ tiga は, インドネシア（マレー）語で 3, テル telu はササック語で 3, 同じ意味である.
426) Willemstijn, H. P., "Militair-aardrijkskundige beschrijving van het eiland Lombok", IMT, 1891 (Kraan, Alfons van der (1980))
427) Have, J. J. ten, "Het eiland Lombok en zijne bewoners", Den Haag, 1894 (Kraan, Alfons van der (1980))
428) Kraan, Alfons van der, "Lombok: Conquest, colonization and Underdevelopment 1870-1940", Heinemann Asia, Singapore, 1980
429) Solichin Salam, "LOMBOK Pulau Perawan", Kuning Mas Jakarta, 1992
430) TIM DEPARTEMEN DALAM NEGERI.HASIL OBSERVASI LAPANGAN DALAM RANGKA PEMBENTUKKAN KOTAMADYA DAREAH TINGKAT・MATARAM. 1991.
431) 布野修司, 脇田祥尚（島根女子短期大学）, 牧 紀男, 青井哲人（神戸芸術工科大学）, 山本直彦（京都大学）：チャクラヌガラ（インドネシア・ロンボク島）の街区構成：チャクラヌガラの空間構成に関する研究 その 1, 日本建築学会計画系論文集, 第491号, p. 135-139, 1997年1月.
432) バリにオリエンテーションに関してナワ・サンガ Nawa Sanga という概念がある．中心と8方位を合わせて9を意味する．
433) 南北がスリ・ハサヌディン通り Jl. Sli Hasanudin, 東西がスラパラン通り Jl. Selaparang と呼ばれる．チャクラヌガラは南緯8度に位置しており, すなわちほぼ赤道直下にあり, 春分の日, 秋分の日近辺には東西のマルガ・サンガに沿って夕陽が沈む．
434) Tagtag とはバリ語で高さの水準, レヴェルのことである．
435) 棟梁大工 Ide Bagus Alit 氏の教示による．
436) P. Jelantic（元教師）氏の教示による．
437) Lala Lukman（元教師）氏の教示による．
438) 棟梁大工 Ide Bagus Alit 氏の教示による．
439) P. Jelantic（元教師）氏の教示による．
440) Lala Lukman（元教師）氏の教示による．
441) インドネシアの行政組織は, 30戸から100戸で構成されるRT（エル・テー Rukun Tetanga ルクン・タタンガ　隣組）をコミュニティーの最小単位とし, → RW（エル・ウェー Rukun Warga ルクン・ワルガ　町内会）→クルラハン（連合町内会）→クチャマタン（区）という構成をとる．
442) Departmen Pendidikan dan Kebudayaan, 'STUDI TEKNIS PURA MERU CAKRANEGARA', Proyok Pelestarian/Pemanfaatan Peninggalan Sejarah Purbakala Nusa Tenggara Barat, 1990-1991
443) 吉田偵吾, 『バリ島民』, 弘文堂, 1992年. P54
444) Pigeaud, Th. H., 'Java in the Fourteenth Century Vol. I-V', Martinus Nijhoff, The Houge, 1960-63
445) 布野修司, 脇田祥尚, 牧紀男, 青井哲人, 山本直彦：チャクラヌガラ（インドネシア・ロンボク島）の祭祀組織と住民組織 チャクラヌガラの空間構成に関する研究その2, 日本建築学会計画系論文集, 第503号, p. 151-156, 1998年1月
446) 脇田祥尚他,「ロンボク島（インドネシア）におけるバリ族・ササック族の聖地, 住居集落とオリエンテーション」, 日本建築学会計画系論文集, No. 489, 1996年11月 p. 97-102
447) Beringin: Banyan Tree. ガジュマルの木. バリ, ロンボクのみならずインド世界一般で, 神聖な木とされている．プラやプリ（祭祀集団の居住区）をはじめ, カランの四辻に植えられている．
448) Nunka, フタバガキ科. ジャック・ウッド.

449）森本達雄,『ヒンドゥー教――インドの聖と俗』,中公新書,2003年.P. 84
450）チャクラヌガラはカランガスムの支配だけでなく,クルンクンの支配を受けた時期もあったので,カランガスム・クルンクン県の地名とチャクラヌガラの住区名との比較を行なった.
451）4 カースト（四姓）のうちのブラーフマナ Brahmana, クシャトリヤ, ウェシャ Wesiya の上位 3 カースト,再生族をいう.
452）van Voollenhoven, C, "Het adatrecht van Ned-Indio", 1881-1931. インドネシアの村落組織についての詳細な議論は,布野修司,『カンポンの世界　ジャワの庶民住居誌』,II-2　ジャワの村落 pp. 106-119, パルコ出版, 1991 年
453）Hartong, A. M., "Het adatrecht bij de Sasaksse bevolking van Lombok", Mimeo, University of Nijmegen, 1974
454）バーザール bazaar を語源とする.
455）布野修司, 脇田祥尚, 牧紀男, 青井哲人, 山本直彦：チャクラヌガラ（インドネシア・ロンボク島）における棲み分けの構造 チャクラヌガラの空間構成に関する研究その 3, 日本建築学会計画系論文集, 第 510 号, p. 185-190, 1998 年 8 月
456）Eiseman, Fred B. Jr, "BALI Sekala & Niskala", Volume I, Periplus Editions, Berkeley-Singapore, 1989
457）アジア都市建築研究その 2　住居集落とコスモロジー②「西ロンボクにおける聖地とそのオリエンテーション」：脇田祥尚, 牧紀男, 松井宣明, 都築知人, 山根周, 布野修司：日本建築学会近畿支部研究報告集　第 32 号・計画系　平成 4 年 6 月　P. 465～468. 脇田祥尚, 布野修司, 牧紀男, 青井哲人：「デサ・バヤン（インドネシア・ロンボク島）における住居集落の空間構成」,日本建築学会計画系論文集, 第 478 号, 61° 68, 1995 年 12 月. 脇田他, 「ロンボク島（インドネシア）におけるバリ族・ササック族の聖地, 住居集落とオリエンテーション」, 日本建築学会計画系論文集, No. 489, 1996 年 11 月 p. 97-102
458）マジャパイト王国については, 主として, 青山亨「シンガサリ＝マジャパヒト王国」（岩波講座『東南アジア史』2「東南アジア古代国家の成立と展開（10-15 世紀）」,岩波書店, 2001 年）による. また, Peter J. M. Nas, The Early Indonesian City, University of Leiden, 1997. Nas, Peter J. M., 'The early Indonesian town: Rise and decline of the city-state and its capital', 1986, Sjamsuddin, R. SH, "Memories of Majapahit", East Jawa Government Tourism Service, 1993, Slametmuljana, "The Empire of Majapahit in the 14th Century", Singapore University Press, 1976 なども参照している.
459）Burger, D. H., "Sociologisch-economische geschiedenis van Indonesia", Martinus Nijhoff, 1975
460）Legge, J. D, "Indonesia", Englewood Cliffs, Prentice Hall, 1964
461）Krom, N. J., "Inleiding tot de Hindoe-Javaansche Kunst", s'-Gravenhage, vol. 1., 2nd edit., 1965
462）Pont, H. Maclaine, "De historische rol van Majapahit", Overdruk uit Djawa 6e jaargang, 1926
463）Stutterheim, W. F., "De kraton van Majapahit", Van Hoeve, 1948
464）Pigeaud, Th. G., (1962), ibid.
465）Staff National Research Centre for Archaeology Republic of Indonesia, Research on the Majapahit City at the site of Trowulan, East Java, National Heritage Board, 1995
466）マジャパイトにおける精巧な運河網の存在は, 最近の研究で明らかになった.
　　Satari, Soejatmi, "Some data on a former city of Majapahit", National Heritage Board, 1995
467）Krom, N. J., "Hindoe-Javaansche Geschiedenis", Martinus Nijhoff, The Hague, 1931
468）Supomo, S., "Arjunwijaya: A kakawin of Mpu Tantular", Nijhoff, 1977; Supomo, S., "The image of Majapahit in later Javanese and Indonesian writing", Heinemann Educational Books, 1979:
469）牧紀男, 『インドネシア・チャクラヌガラの都市構成に関する研究：ヒンドゥーの都市理念の比較考察』, 京都大学修士論文, 1993 年.
470）8.1.2 については, 両者の翻訳が異なっている. 王宮の西門の前についての記述に関して, ピ

ジョーは「中央に闘鶏場がある広場（large field, in the center there is a ring, deep）」と解釈しているが，ロブソンは「深い水路に囲まれた街区（great square in the midst of deep encircling water）」と解釈しているのである．妥当なのは後者である．すなわち，発掘調査資料によると王宮の西側に水路に囲まれた高密度の街区があったとされること，12.1.3 によると王宮の西には王の親族達が住んでいたとされることを勘案すると，王宮の西側は広場（field）であったというよりも，彼らのための街区（square）であったと解釈するのが妥当とである．ピジョーも，12.1.4 の注釈として，王の親族達の家は仮の別邸であり高密度なカンポンのようなものであったことを示唆している．

471) Conda, J., "Het Oud Javaansche Brahmānda-Purāāna" Vol. 6, Bibliotheca Javanica, Bandoeng, 1933.
472) Pigeaud, Th. G., "De Tantoe Panggelaran, een Oud—Javaansch Proza-Geschrift", Uitgegeven, verataald en toegelicht, 's-Gravenhage, 1924. pp. 129-36
473) Santoso, Soewito, "Sutasoma A Study in Javanese Wajirayana", New Delhi, 1975
474) van Ossenbruggen, F. D. E., "Java's Moncapat: Origins of a Primitive Classification System" in P. E. de Josselin de Jong (ed.), "Structural Anthropology in the Netherlands",『オランダ構造人類学』
475) Cool, W. De Lombok Expeditie. The Hague-Batavia, 1934. ——. The Dutch in the East: An Outline of the Military Operations in Lombok, 1894. (trans. E. J. Tayor) London, The Java Head Bookshop, 1980.
476) 川畑良彦,『ギアニャール（バリ・インドネシア）の空間構成に関する研究』，京都大学修士論文，2004 年
477) ギアツ, C.,『ヌガラ 19 世紀バリの劇場国家』，小泉潤二訳，みすず書房，1989 年. Geertz, Clifford, "NEGARA The Theatre State in Nineteenth-Century Bali", Prinston University Press, New Jersey, 1980
478) 塀に囲まれた分棟式住居を描いたレリーフが多数出土している．
479) 脇田祥尚，『ロンボク島の空間構造に関する研究―住居・集落にみる地域性の形成に関する研究』，学位請求論文（京都大学），2001 年.
480) Behrend, Timothy Earl, "Kraton and Cosmos in Traditional Java", Master Thesis, University of Wisconsin-Madison, 1982
481) 文献上の記録として，火薬の処方が書かれるのは宋の時代 11 世紀であるが，科学史家 J. ニーダムらは漢代以前から用いられていたと考えている．
482) バート・S・ホール，『火器の誕生とヨーロッパの戦争』，市場泰男，平凡社，1999. 火器がいつ出現したかについては議論があるが，1320 年代にはありふれたものになっており，gun, cannon といった言葉は 1330 年代末から使われるようになったとされる．火薬の知識を最初に書物にしたのはロジャー・ベーコンである．『芸術と自然の秘密の業についての手紙』(1267)．

主要参考文献

A

Aasen, C., "Architecture of Siam: A Cultural History Interpretation", Kuala Lumpur, Oxford University Press, 1998

Abdurachman, Drs, "Sejarah Jawa Timur", Surabaya, 1976

Abu-Lughod, Janet L., "Before European Hegemony: The World System A.D. 1250-1350", Oxford University Press, 1989: ジャネット・L. アブー＝ルゴド,『ヨーロッパ覇権以前：もうひとつの世界システム』, 佐藤次高・斯波義信・高山博・三浦徹一訳, 岩波書店, 2001 年

Acharya, P.K. Architecture of Manasara Vol. I-V. New Delhi, Munshiram Manoharlal Publishers, 1984. [First edition 1934]

Adas, Michael, "The Burma Delta: Economic Development and Social Change on Asian Rice Frontier, 1852-1949", University of Wisconsin Press, 1974

Agung, Anak Agung Ktut, "KupuKupu Kuning yang Terbang di Selat Lombok Lintasan Sejarah Kerajaan Karangasem (1661-1950)", Upada Sastra, 1991

会田由・飯塚浩二・井沢実・泉靖一・岩生成一監修,『トメ・ピレス　東方諸国記』, 大航海時代叢書 V, 生田滋・池上岑夫・加藤栄一・長岡新治郎訳註解説, 岩波書店, 1966 年

会田由・飯塚浩二・井沢実・泉靖一・岩生成一監修,『リンスホーテン　東方案内記』, 大航海時代叢書 VIII, 岩生成一・渋沢元則・中村孝志訳註解説, 岩波書店, 1968 年.

Aiyar, R.S., "History of the Nayaks of Madura", Asian Educational Services, 1991

Allchin, Bridget & Raymond, "The Rise of Civilization in India and Pakistan", Cambridge University Press, Foundation Books, 1996, reprint, 2001

荒仁,『ジャイプールの都市構成に関する研究』, 京都大学修士論文, 1995 年

荒松雄,『ヒンドゥー教とイスラーム教』, 岩波新書, 岩波書店, 1977 年

荒松雄,『多重都市デリー』, 中公文庫, 1993 年

Archaeological Survey of India, "Architectural Survey of Temples", New Delhi, 1964-

Argüelles, Jose & Miriam, "Mandala", Shambala Publications, 1972

Arnawa, I.G.B.L., "Mengenal Peninggalan Majapahit-Trowulan", Koperasi Pegawi Republik Indonesia Purbakala, 1998

Arumugam, S. Lombok and its Temples. Mataram, Museum of Nusa Tenggara Barat, 1991

Arunachalam, M., "Festivals of Tamil Nadu", Gandhi Vidyalayam, 1980

Assistant Director of Statistics Madurai, "Madurai District Statistical Hand Book 2001-2002", 2002

Auboyer, Jeannine, "Sri Ranganāthaswāmi-A Temple of Vishunu in Srirangam", A Srirangam Temple Publication, 1969

Aung Thaw, "The Excavations at Beikthano", Revolutionary Government of the Union of Burma, Ministry of Union Culture, Rangoon, 1968

Aung Thaw, "Historical Sites in Burma", The Ministry of Union Culture, Government of the Union of Burma, 1972, reprint, 1978

Aung Thwin, Michael, "Pagan the Origines of Modern Burma", University of Hawaii Press, Honolulu, 1985
Aung Thwin, Michael, "Myth and History in the Historiography of Early Burma: Paradigms, Primary Sources, and Prejudices", Athens, Ohio University and Singapore: Institute of Southeast Asian Studies, 1998
綾部恒雄,『タイ族　その社会と文化』, 弘文堂, 1971
Ayyar, P.V.J., "South Indian Customs", Asian Educational Services, 1982
Ayyar, P.V.J., "South Indian Festivities", Asian Educational Services, 1982
Ayyar, C.P. Venkatarama, "Town Planning in Ancient Dekkan", The Law Printing House, Madras, 1916
Ayyar, C.P. Venkatarama, "Town Planning in Early South India", Mittal Publications, Delhi, 1916, Reprint 1987

B

Baal, J. Van, 'Pesta Alip di Bayan', 1976
Bahadur, O.M., "The Book of Hindu Festivals and Ceremonies", UBS Publishers' Distributors Ltd., 1994
Baker, chris et al, "Van Vliet's Siam", Silkworm Books, 2005
Balasubramanian, V. "Transformation of Residential Areas in Core City-Madurai", School of Planning & Architecture, New Delhi, 1997
Balasubramanian, V. "Transformation of Residential Areas in Core City-Madurai", School of Planning & Architecture, New Delhi, 1997
Baliga, B.S., "Madras District Gazetteers-Madurai", Government of Madras, 1960
Ballhatchet, K. & Harrison, J., "The City in South Asia", Curzon Press, 1980
Basu, D.K., "The Rise and Growth of the Colonial Port Cities in Asia", Center for South Pacific Studies, University of California, 1979
Batley, Claude, "The Design Development of Indian Architecture", Academy Editions, 1973
Begde, P.V., "Ancient and Medieval Town Planning in India", Sagar Publications, New Delhi, 1978
Begley, Vimala and Daniel de Puma (eds), "Rome and India: The Ancient Sea Trade", University of Wisconsin Press, Madison, 1991
Behrend, Timothy Earl, "Kraton and Cosmos in Traditional Java", Master Thesis, University of Wisconsin-Madison, 1982
Bernet Kempers, A.J., "Monumental Bali Introduction Archaeology Guide to the Monuments", Van Goor Zonen De Haag, 1977
Bernet Kempers, A.J., "Ancient Indonesian art", Van der Peet, Amsterdam, 1959
Bhandarkar, R.G., "Vaisnavism, Śaivism and Minor Religious Systems", Bhandarkar Oriental Research Institute, 1982 (R.G. バンダルカル,『ヒンドゥー教　ヴィシュヌとシヴァの宗教』, 島岩・池田健太郎訳, せりか書房)
Bhattacharya, B., "Urban Development in India", Dhawan Printing Works, New Delhi, 1979
Bidja, I Made, "Asta Kosala-Kosali Asta Bumi", Penerbit BP, 2000
Billah, M.M., 'SOCIAL SURVEY South Lombok', 1984
Bird, George W., "Wanderings in Burma", London, 1897
Blacker, Carmon & Koewe, Michael, "Ancient Cosmologies", George Allen & Unwin Ltd., 1975 (C. ブラッカー, M. ロック,『古代の宇宙論』, 矢島祐利・矢島文夫訳, 海鳴社, 1976 年)
Blenkinshop, E.R.K., "Note on Settlement Programme", Jaipur, 1924
Boulanger, Chantal, "In the Kingdom of Nataraja", Kazhagam Publication, 1993

Bousquet, G.H 'Recherches sur les deux sectes Musulmanes ('Waktou Telous' et 'Waktou Lima') de Lombok'. Revue des Etudes Islamiques, Vol. XIII, 1939.
ボワスリエ, J.,『クメールの彫像』石澤良昭・中島節子訳, 連合出版, 1986年
Brandes, J.L.A., "Pararatpn (Ken Arok)", Martinus Nijhohoff, The Hague, 1931
Brauen, Martin, "The Mandala: Sacred Circle in Tibetan Buddhism", Shambhala, 1997
Brown, Percy, "Indian Architecture", Taraporevala Sons & Co., Bombay, 1941
Budihardjo, Eko, "Architectural Conservation in Bali", Gadjah Mada University Press, 1986
Building Information Centre, "Asta Kosali (Collection Padanda Made Sidemen, Sanur)", Building Information Centre Bali, Sanur, n.d.
Burger, D.H., "Sociologisch-economische geschiedenis van Indonesia", Martinus Nijhoff, 1975

C

Cady, John F., "A History of Modern Burma", Cornell University Press, 1958
Carey, P.B.R., "The Cultural Ecology of Early Nineteenth Century Jawa", Singapore, 1974
Casparis, J.G., "Prasasti Indonesia" 2 Vols, Bandung, 1950−56
Casparis, J.G "Airlangga. Surabaja," Penerbitan Universitas Airlangga, 1958
Casparis, J.G. "Indonesian paleography" Leiden/Koln: Brill, 1975
Casparis J.G. "Indonesian chronology", Leiden/Koln: Brill, 1978
Cederroth, Seven, 'The Spell of the Ancestors and the Power of Mekkah: A Sasak Community on Lombok', Gothenburg Studies in Social Anthropology 3, 1981
Chakrabarti, Dilip K., "The Archaeology of Ancient Indian Cities", Oxford University Press, Delhi, 1997
Chakrabarti, Dilip K. (ed.), "Indus Civilization Sites in India New Discoveries", Marg Publications, 2004
Chakravarti, Ranabir. (Ed.), "Trade in Early India", Oxford University Press, 2001
チャンドラ, S.,『中世インドの歴史』, 小名康之・長島弘訳, 山川出版社, 1999年
Charnvit Kasetsiri, "The Rise of Ayudhaya A History of Siam in the Fourteenth and aafifteenth Centuries", Oxford University Press, 1976
Chaudhuri, K.N., "Trade and Civilization in the Indian Ocean: An Economic History from the Rise of Islam to 1750", Cambridge University Press, 1985
Chaudhuri, N.C., "Hinduism A Religion to Live By", Chatto $ Windus Ltd., 1979 (ニロッド・C・チョウドリ,『ヒンドゥー教』, 森本達雄訳, みすず書房, 1996年)
チョプラ, P.N.,『インド史』, 三浦愛明, 鷲見東観訳, 法蔵館, 1994年
チョプラ, P.N. 編,『世界の文明と仏教』, 内田信也訳, 東洋堂, 1988年
ショワジ, タシャール,『シャム旅行記』, 17・18世紀大旅行記叢書7, 中川久定・二宮敬・増田義郎編, 岩波書店, 1991年
張燮,『東西洋考』, 台北, 正中書局, 1976年
千原大五郎,『インドネシア社寺建築史』, 日本放送出版協会, 1975年
千原大五郎,『東南アジアのヒンドゥー・仏教建築』, 鹿島出版会, 1982年
Chit, Khin Myo, "King among Men", Parami Books, Yangon, 1996
Sunait Chutintaranond: Ayutthaya the Portrait of Living Legend, Sunjai Phulsarp, 1996.
Sunait Chutitnaranond: 'Mandala', 'Segmentary State' and Politics of Centralization in Medieval Ayudhaya, 1990.
Sunait Chutintaranond: Ayutthaya the Portrait of Living Legend, Sunjai Phulsarp, 1996
Claeyes, Jean-Yves, "Simhapura. La Grande Capitale Chame", Revue des Arts Asiatiques VII−II, 1931

クロー, A.,『ムガル帝国の興亡』, 岩永博監訳・杉村裕史訳, 法政大学出版局, 2001 年
セデス, G.,『インドシナ文明史』, 辛島昇ら訳, みすず書房, 1969 年
セデス, G.,『アンコール遺跡』三宅一郎訳, 連合出版, 1993 年
Coedès, George, "The Indianized states of Southeast Asia", Paris, 1964, The University Press of Hawaii, Honolulu, 1971
Coedès, George, "Les états hindouisés d'Indochine et Indonésie", Paris, 1948, 1964, 1968. "The Indianized States of Southeast Asia", East-West Center Press, Honolulu, 1968
Conda, J., "Het Oud Javaansche Brahmānda-Purāāna" Vol. 6, Bibliotheca Javanica, Bandoeng, 1933
Cool, W. "With the Dutch in the East". 1934 reprint, Java Head Bookshop, London, 1934
Cool, W. De Lombok Expeditie. The Hague-Batavia, 1934. —. The Dutch in the East: An Outline of the Military Operations in Lombok, 1894. (trans. E. J. Tayor) London, The Java Head Bookshop, 1980.
Coomaraswamy, A.K., "History of Indian and Indonesian Art", New York, 1927
Coomaraswamy, A. "Spiritual authority and temporal power in the Indian theory of government" American Oriental Society, New Haven, 1942
Cooper, I. & Dawson, B., "Traditional Building of India", Thames and Hudson, 1998
Covarrubias, Miguel, "Island of Bali", Knoph, New York, 1937, Oxford University Press, Oxford in Asia Paperbacks, 1972（ミゲル・コバルビアス,『バリ島』, 関本紀美子訳, 平凡社, 1991 年）

D

Dagens, Bruno: MAYAMATAM Treatise of Housing, Architecture and Iconography Vol. I-II, INDIRA-GANDHINATIONALCENTER FOR THE ARTS, NEW DELHI, 1994
ダーニー, A.H.,『パキスタン考古学の新発見』, 小西正捷・宋基秀明訳, 雄山閣, 1990 年
Das, R.K., "Temples of Tamilnadu", Bhavan's Book University, 2001
デ＝ヨセリン＝デ＝ヨング, P.E.,『オランダ構造人類学』宮崎恒二・遠藤央・郷太郎訳, せりか書房, 1987 年
Das, R.K., "Temples of Tamilnadu", Bhavan's Book University, 2001
Derick Garneir: Ayutthaya: Venice of the East, River Books, Thailand, 2004.
Dumarçay, Jacques, "The Temples of Jawa", Oxford University Press, 1986
Dumarçay, Jacques, "The Palaces of South-East Asia Architecture and Customs", Oxford University Press, 1991
Departmen Pendidikan Kebudayaan Pusat Penelitian Sejarah dan Budaya Proyek Penelitian dan Pencatatan Kebudayaan Daerah, "Sejarah Daerah Nusa Tenggara Barat", 1977/78
Departmen Pendidikan dan Kebudayaan, 'STUDI TEKNIS PURA MERU CAKRANEGARA', Proyok Pelestarian/Pemanfaatan Peninggalan Sejarah Purbakala Nusa Tenggara Barat, 1990-1991
Departemen Pendidikan dan Kebudayaan, Direktorat Jenderal Kebudayaan, 'Selintas Rumah Taradisional Sasak di Lombok', Museum Negeri Nusa Tenggara Barat, 1987/1988
Departemen Pendidikan dan Kebudayaan, 'Arsitektur Tradisional Daerah Nusa Tenggara Barat', 1991
Desai, W.S., "History of the British Residency in Burma 1820-40", University of Rangoon, 1939
Derick Garneir: Ayutthaya: Venice of the East, River Books, Thailand, p. 44, 2004
Devakujari, D., "Madurai Through the Ages-from the earliest times to 1801 A.D.", Society for Archeological, Historical & Epigraphical Research, 1957, reprint 1979
Dharmayuda, I.M.S., "Desa Adat Kesatuan Masyarakat Hukum Adat di Propinsi Bali", Upada Sastra, 2001
Dinas Pekerjaan Umum Propinsi Daerah Tingkat I Nusa Tenggara Barat, 'Bentuk Bangunan Tradisional

Daerah Tingkat I Nusa Tenggara Barat', 1981
Djafar, Hasan, "Girindrawardhana, Beberapa Masalah Majapahit Akhir", Jakarta, 1974
ドラポルト,『アンコール踏査行』三宅一郎訳, 平凡社, 1970 年
Döhring, Karl, "Buddist Temples of Thailand", white Lotus, 2000
Dowson, J. "A classical dictionary of Hindu mythology and religion, geography, history and literature," Routledge and Kegan Paul, London 1950
Dumarçay, Jacques, "Borobudur", Oxford Yniversity Press, 1978
Dutt, B.B.: Planning in Ancient India, Calcutta & Simla, 1925

E

Ecklund, Judith L., 'Sasak Cultural Change, Ritual Change, and The Use of Ritualized Language', Universitas Gadjah Mada, 1992
Eiseman, Fred B.Jr, "BALI Sekala & Niskala", Volume I, Periplus Editions, Berkeley-Singapore, 1989
Elliot & Dowson, "The History of India as told by its own Historians" Vol. III
Eschmann, A., H. Kulke and G. Tripathi (eds), "The cult of Jagannath and the regional tradition of Orissa.", Manohar, New Delhi, 1978

F

Fakultas Hukum, "Laporan penelitian inventarisasi desa adat Karangasem.", Fakultas Hukum,Universitas Uda; yana., Denpasar, 1978
Fergusson, James, "History of Indian and Eastern Architecture", London, 1876, Revised ed., 1910, Low Price Publications, Reprint, 1994
Fisher, R.E., "Buddhist Art and Architecture", Thames and Hudson, 1993
Fontein, Jan, "The Sculpture of Indonesia", New York, 1991
Forrest, G.W., "Cities of India Past & Present", Publishers and Distributers, Mumbai, 1999
フランク, A.G.,『リオリエント――アジア時代のグローバル・エコノミー』. 山下範久訳, 藤原書店, 2000 年
Friederich, R., "The civilization and culture of Bali", Susil Gupta, Calcutta, 1959 (Original publication in Dutch, 1849-50)
布野修司, 脇田祥尚, 牧紀男, 青井哲人, 山本直彦,「チャクラヌガラ (インドネシア・ロンボク島) の街区構成：チャクラヌガラの空間構成に関する研究 その 1」, 日本建築学会計画系論文集, 第 491 号, p. 135-139, 1997 年 1 月
布野修司, 脇田祥尚, 牧紀男, 青井哲人, 山本直彦,「チャクラヌガラ (インドネシア・ロンボク島) の祭祀組織と住民組織　チャクラヌガラの空間構成に関する研究その 2」, 日本建築学会計画系論文集, 第 503 号, p. 151-156, 1998 年 1 月
布野修司, 脇田祥尚, 牧紀男, 青井哲人, 山本直彦,「チャクラヌガラ (インドネシア・ロンボク島) における棲み分けの構造　チャクラヌガラの空間構成に関する研究その 3」, 日本建築学会計画系論文集, 第 510 号, p. 185-190, 1998 年 8 月
布野修司, 山本直彦, 黄蘭翔, 山根周, 荒仁, 渡辺菊真,「ジャイプルの街路体系と街区構成－インド調査局作製の都市地図 (1925-28 年) の分析その 1」, 日本建築学会計画系論文集, 第 499 号, p.

113〜119, 1997年9月

布野修司, 山本直彦, 黄蘭翔, 山根周, 荒仁, 渡辺菊真, 沼田典久,「ジャイプルの住居類型と住区構成－インド調査局作製の都市地図（1925-28年）の分析その2」, 日本建築学会計画系論文集, 第508号, p. 121〜127, 1998年6月

布野修司, 黄蘭翔, 山根周, 山本直彦, 渡辺菊真,「ジャイプルの街区とその変容に関する考察－インド調査局作製の都市地図（1925-28年）の分析その3」, 日本建築学会計画系論文集, 第539号, p. 119-127, 2001年1月

Funo, S., Yamamoto, N., Pant, M., 'Space Formation of Jaipur City, Rajastan, India-An Analysis on City Maps (1925-28) Made by Survey of India', Journal of Asian Architecture and Building Engineering, Vol. 1 No. 1 March 2002

Funo, S., 'The Spatial Formation in Cakranegara, Lombok', in Peter J.M. Nas (ed.): "Indonesian town revisited", Muenster/Berlin, LitVerlg, 2002

布野修司,『カンポンの世界　ジャワの庶民住居誌』, パルコ出版, 1991年

布野修司編,『アジア都市建築史』, 昭和堂, 2003年

Furnivall, J.S., "Colonial Policy and Practice: A Comparative study of Burma and Netherlands India", New York University Press (Cambridge University Press), 1956

G

Gärtner, Uta & Lorens, Jens, "Tradition and Modernity in Myanmar", Münster, Lit, 1994

Geertz, Clifford, "The Religion of Java", The University of Chicago Press, 1960

Geertz, Clifford, "Peddlers and Princes Social Development and Economic Change in Two Indonesian Towns", The University of Chicago Press, 1963

Geertz, Clifford, "The Social History of an Indonesian Town", Greenwood Press, Publishers, 1965

Geertz, Clifford & Hildred, "Kinship in Bali", The University of Chicago Press, 1975

Geertz, C., "The interpretation of cultures", Hutchinson, 1975

Geertz, Clifford, "Negara The Theatre State in Nineteenth-Century Bali", Princeton University Press, New Jersey, 1980（ギアツ, C.,『ヌガラ　19世紀バリの劇場国家』, 小泉潤二訳, みすず書房, 1989年）

Geertz, Hildred, "The Javanese Family: A Study of Kinship and Socialization", The Free Press of Glencoe, 1961（ギアツ, H.,『ジャワの家族』, 戸谷修・大鐘武訳, みすず書房, 1980年）

Gervaise, Nicolas, "The Natural and Political History of the Kingdom of Siam", Bangkok, White Lotus, 1989

Ghosh, Lipi, "Buram: Myth of French Intrigue", Naya Udyog, Calcutta, 1994

Gnanavel, B., "Conservation Plan for the Historic City of Madurai", School of Planning & Architecture, New Delhi, 2002

Gole, Susan, "Indian Maps and Plans From ealiest times to the advent of European surveys", Manohar, 1989

Gonda, J., "Sanskrit in Indonesia", Nagar (India), 1952, 2nd ed. New Delhi

Goris, R., 'Aantekeningen over Oost-Lombok', TBG, 1936

Goris, R., "Beknopt Sasaksch-Nederlandsch Woordenboek",. Singaradja, Kirtya Liefrink van der Tuuk, 1938.

Ghosh, A., "Jaina Art and Architecture", Bharatiya Jnanpiyh, 1974

Gosling, Betty, "A Chronology of Religious Architecture at Sukhothai-Late Thirteenth to Early Fifteenth Century", Silkworm Books, 1998

Gosling, Betty, "Sukhothai Its History, Culture, and Art", Oxford University Press, 1991

Goris, R., "De strijd over Bali en de zending", Minerva, Batavia, 1934
Grabsky, Phil, "The Lost Temples of Jawa", Seven Dials, 2000s
Gupta, Subhadra Sen, "Tirtha Holy Pilgrim Centres of the Hindus Saptapuri & Chaar Dhaam", Rupa Co., 2001
Gupta, T.N., & Khangarot, R.S., "Amber Jaipur Dream in the Desert", Classic Publishing House, 1994
Gutman, Pamela, "Burma's Lost Kingdoms Splendours of Arakan", Orchid Press, 2001

H

Hall, Daniel G.E., "Europe and Burma", Oxford University Press, 1943
Hall, Daniel G.E., "Early English Intercource with Burma 1587–1743", Frank Cass & Co. Ltd., 2nd edition, 1968
濱田隆,『曼荼羅の世界　密教絵画の展開』, 美術出版社, 1971 年
濱田隆,『日本の美術 173　曼荼羅』, 至文堂, 1980 年
Hanna, W., "Bali profile; People, events, circumstances 1001–1976", American Universities Field Staff, New York, 1976
Harle, J.C., "The Art and Architecture of the Indian subcontinent", Penguin Books, 1986
Harvey, G.E., "History of Burma", Frank Cass & Co. Ltd., London, 1967 (G.E. ハーヴェイ,『ビルマ史』, 東亜研究所訳, 原書房, 1976 年)
Haus der Kulturen der Welt, "Vistāra Die Architektur Indiens", Hatje, 1992
Have, J.J. ten, "Het eiland Lombok en zijne bewoners", Den Haag, 1894
Havell, E.B., "The Ancient and Medieval Architecture of India: A study of Indo-Aryan Civilization", John Murray, London, 1915
Hartong, A.M., "Het adatrecht bij de Sasaksse bevolking van Lombok", Mimeo, University of Nijmegen, 1974
長谷川明,『インド神話入門』, 新潮社, 1987 年
Hefner, Robert W., "Hindu Javanese Tengger Tradition and Islam", Prinston University Press, 1985
弘田弘道,『ヒンドゥータントリズムの研究』, 山喜房佛書林, 1997
廣富純,『ピマーイ (タイ, イサーン) の都市空間構成に関する研究』, 京都大学修士論文, 2005 年
Hobart, Mark, "The Search for Sustenance: The Peasant Economy of a Balinese Village and its Cultural Implication", Universitas Udayana, Denpasar, 1980
Hobart, Mark, "Ideas of Identity: The Interpretation of Kinship in Bali", Universitas Udayana, Denpasar, 1980
Home, Robert, "Of Planting and Planning The making of British colonial cities", Rouledge, 1997: R. ホーム『植えつけられた都市　英国植民都市の形成』, 布野修司＋安藤正雄監訳, アジア都市建築研究会訳, 京都大学学術出版会, Hoo 年
Hooykaas, C., "Agama Tirtha; Five studies in Hindu-Balinese religion", Noord-Hollandsche Uitgevers Maatschappij, Amsterdam, 1964
Hooykaas, C., "Surya-Sevana; The way to God of a Balinese Siva priest, Noord-Hollandsche Uitgevers Maatschappij, Amsterdam, 1966
Hooykaas, C., "Balinese Bauddha Brahmans", North-Holland Publishing Company, Amsterdam/London, 1973
Hooykaas, C., "Cosmogony and creation in Balinese tradition", Nijhoff, The Hague, 1974
Hooykaas, C., "A Balinese temple festival", Nijhoff, The Hague, 1977

Huntington, Susan L., "The Art of Ancient India", Weather Hill, 1985

I

Ikase tan Mahasiswa Arsitektur Fakultas Universitas Indonesia, "Ekskursi Lombok—Pola Pemukiman Masyarakat Lombok", 1990
池田正隆,『ビルマ仏教－その歴史と儀礼・信仰』,法蔵館,1995年
池端雪浦・石井米雄・石澤良昭・加納啓良・後藤乾一・斉藤照子・桜井由躬夫・末廣昭・山本達郎編,『岩波講座 東南アジア史』全9巻+別巻1,岩波書店,2001年～2003年
池端雪浦編,『東南アジア史II―島嶼部』新版世界各国史6,山川出版社,1999年
生田滋・越智武臣・高瀬弘一郎・長南実・中野好夫・二宮敬・増田義郎編集,『モンテセーラ ムガル帝国誌 パイス,ヌーネス ヴィジャヤナガル王国誌』,大航海時代叢書第II期5,池上岑夫・小谷汪之・重松伸司・清水廣一郎・浜口乃二雄訳註解説,岩波書店,1984年
石田尚豊,『曼荼羅の研究』,東京美術,1975年
石井米雄,『タイ国』,創文社,1975年
石井米雄,『世界の歴史――インドシナ文明の世界』,講談社,1977年
石井米雄・桜井由躬夫編,『東南アジア世界の形成』世界の歴史第12巻,講談社,1985年
石井米雄他監修,『東南アジアを知る事典』,平凡社,1986年
石井米雄監修,『講座 仏教の受容と変容2 東南アジア編』,佼正出版会,1991年
石井米雄,『タイ仏教入門』,めこん,1991年
石井米雄,『タイ近世史研究序説』,岩波書店,1999年
石井米雄・桜井由躬夫編,『東南アジア史I―大陸部』新版世界各国史5,山川出版社,1999年
石井米雄,『タイ近世史研究序説』,岩波書店,1999年
石澤良昭,『古代カンボジア史研究』,国書刊行会,1982年
石澤良昭編,『タイの寺院壁画と石造建築』,めこん,1989年
石澤良昭・宇崎真,『埋もれた文明 アンコール遺跡』,日本テレビ出版部,1981年
石澤良昭・生田滋,『東南アジアの伝統と発展』世界の歴史13,中央公論社,1998年
岩生成一,『南洋日本人町の研究』,岩波書店,1966年
岩村忍,『西アジアとインドの文明』,講談社学術文庫,1991年
岩田慶治,『アジアのコスモス＋マンダラ』,講談社,1982年
岩田慶治・杉浦康平編,『アジアの宇宙観』美と宗教のコスモス2,講談社,1989年

J

Jain, K. and M. Jain, "Indian City in the Arid West", AADI Centre, India, 1994
Jaipur Development Authority, "Vidyadhar Nagar", Jaipur, 1994
Jansen, M, Malley, M. & Urban, G., "Forgotton Cities on the Indus", Verlag Philipp von Zabern, 1987
Jeyechandrun, A.V., "The Madurai Temple Complex", Madurai Kamaraj University, 1985
Jones, A.M.B., "Early Tenth Century Java From the Inscriptions: A Study of Economic, Social and Administrative Conditions in the First Quarter of the Century", Dordrecht, 1984
Jordaan, R.E., "Śailendras in Central Javanese History", Universitas Sanata Dharma, Yogyakarta, 1999

K

角田文衞・上田正昭監修, 初期王権研究委員会編,『古代王権の誕生』II 東南アジア・南アジア・アメリカ大陸編, 角川書店, 2003 年

Kalidos, R., "Temple Cars of Medieval Tamilaham", Vijay Publications, 1989

Khanna, Madhu, "Yantra The Tantric Symbol of Cosmic Unity", Thames and Hudson, 1979

カイサル, A.J.,『インドの伝統技術と西欧文明』, 多田博一他訳, 平凡社, 1998 年

神谷武夫,『インド建築案内』, TOTO 出版, 1996

神谷武夫,『インドの建築』, 東方出版, 1996

Kangle, R.P., "The Kautilia ArtaŚāstra" Part 1 Sanskrit Text with a Glossary, Part 2 An English Translation with Critical and Explanatory Notes, Part 3 A Study, Bombay University, 1965. Reprint, Delhi, Motilal Banarsidass Publisher, 1986, 1988, 1992

片桐正夫編,『アンコール遺跡の建築学』, 連合出版, 2001

金岡秀友他,『図説日本仏教の世界 4　曼荼羅の宇宙』, 集英社, 1988 年

上村勝彦,『インド神話』, 東京書籍, 1981 年

上村勝彦,『バガヴァッド・ギーターの世界：ヒンドゥー教の救済』, 日本放送出版協会, 1998 年

辛島昇編,『インド史における村落共同体の研究』, 東京大学出版会, 1976 年

辛島昇編,『インド入門』, 東京大学出版会, 1977 年

辛島昇・桑山正進・小西正捷・山崎元一,『インダス文明－インド文明の源流をなすもの』, 日本放送出版協会, 1980 年

辛島昇編,『インド世界の歴史像』民族の世界史 7, 山川出版社, 1985 年

辛島昇他監修,『南アジアを知る事典』, 平凡社, 1992 年

辛島昇,『南アジア』地域からの世界史 5, 朝日新聞社, 1992 年

辛島昇編,『ドラヴィダの世界』, 東京大学出版会, 1994 年

辛島昇,『南アジアの歴史と文化』, 放送大学教育振興会, 1996 年

辛島昇・坂田貞治編,『南アジア』, 山川出版社, 1999 年

辛島昇,『南アジアの文化を学ぶ』, 放送大学教育振興会, 2000 年

辛島昇編,『南アジア史』新版世界各国史 7, 山川出版社, 2004 年

Karashima, Noboru, "History and Society in South India The Cholas to Vijayanagar", Oxford University Press, 2001

Kartodirdjo, Sartono, "700 Tahun Majapahit Suatu Bunga Rampai", Surabaya, 1993

Kasetsiri, Charnvit, "The Rrise of Ayudhya A History of Siam in the Fourteenth and Fifteenth Centuries", Oxford University Press, Kuala Lumpur, 1976

カウティリヤ,『実利論』上下, 上村勝彦訳, 岩波文庫, 1984 年

川畑良彦,『ギアニャール（バリ・インドネシア）の空間構成に関する研究』, 京都大学修士論文, 2004 年

Keeton, Charles Lee, "King Thebaw and The Ecological Rape of Burma: Political and Commercial Struggle between British India and French Indo-China in Burma 1878–1886", Manohar, 1974

Kenoyer, Jonathan Mark, "Ancient Cities of the Indus Valley Civilization", Oxford University Press, 1998

木村園江,『無着と世親』, 第三文明社, 1975 年

吉祥貞雄,『曼荼羅図説』, 藤井文政堂, 1937 年

Kıtchen, P., "A Most Unsettling Person", Gollancz, 1975

Kirk, K., 'Town and country planning in ancient India according to Kautilya's Arthasastra', Scottish Geographical Magazine 94, 1978

Kloetzli, Randy, "Buddhist Cosmology From single world system to Pure Land", Delhi, 1983
Koch, Ebba, "Mughal Architecture", Prestel-Verlag, 1991
Koentjaraningrat, "Javanese Culture", Oxford University Press, 1985
Koenig, William J., "The Burmese Polity, 1752-1819", Center for South and Southeast Asian Studies, The University of Michigan, ???
Korn,V., "Het adatrecht van Bali, G. Naeff, s'-Gravenhage, 1932
近藤英夫編,『四大文明［インダス］』, NHK出版, 2000年
近藤治,『インドの歴史　多様の統一世界』新書東洋史6, 講談社現代新書, 1977年
近藤治,『インド史研究序説』, 世界思想社, 1996年
近藤治,『ムガル朝インド史の研究』, 京都大学学術出版会, 2003年
小西正捷,『インド民衆の文化誌』, 法政大学出版局, 1986年
Kraan, Alfons van der, "Lombok: Conquest, colonization and Underdevelopment 1870-1940", Heinemann Asia, Singapore, 1980
Krishna Deva, "Temples of India Vol. I-II", Aryan Books International, New Delhi, 1995
Kramrisch, Stella, "The Hindu Temple", Motilal Banarsidass, 1946, 1976
Krom, N.J., "Archeological Description of Barabudur", The Hague, 1927
Kulke, Hermann, "The State in India 1000-1700", Oxford University Press, 1995
Krom, N.J., "Hindoe-Javaansche Geschiedenis", Martinus Nijhoff, The Hague, 1931: クロム, N.J.,『インドネシア古代史』, 有吉巌編訳, 道友社, 1985年
Krom, N.J., "Inleiding tot de Hindoe-Javaansche Kunst", s'-Gravenhage, vol. 1., 2nd edit., 1965
黒川賢一,『ネワール集住地の空間構成原理に関する研究　―ハディガオンを事例として』, 京都大学修士論文, 1997年
栗原正慶,『アユタヤ（タイ）の空間構成とその変容に関する研究』, 京都大学修士論文, 2005年
京都国立博物館他編,『「大英博物館所蔵　インドの仏像とヒンドゥーの神々」展図録』, 朝日新聞社, 1994年

L

Lanchester, H.V., "Town Planning in Madras A Review of the Conditions and Requirements of City Improvement and Development in the Madras Presidency", Constable & Company, 1918
Lansing, S., "The three worlds of Bali", Praeger, New York, 1983
リーチ, E.R.,『高知ビルマの政治体系』, 関本照夫訳, 弘文堂, 1987年
Legge, J.D, "Indonesia", Englewood Cliffs, Prentice Hall, 1964
Lieberman, Victor B., "Burmese Administrative Cycles-Anarchy and Conquest, c. 1580-1760", Prinston University Press, New Jersey, 1984
Loubere, Simon de La, "The Kingdom of Siam", Oxford University Press, 1969

M

マッケイ, M.,『インダス文明の謎』, 宮坂宥勝・佐藤任訳, 山喜房佛書林, 1984年
Maclagan, "The Jesuits and the Great Mogul", London, 1930
前田成文,『東南アジアの組織原理』, 頸草書房, 1989年

牧紀男,『インドネシア・チャクラヌガラの都市構成に関する研究：ヒンドゥーの都市理念の比較考察』, 京都大学修士論文, 1993
真鍋俊照,『曼荼羅の美術』, 小学館, 1979 年
Mankad, P.A., "Aparajitaprccha of Bhuvandeva", Baroda, 1950
Marr, David G. & Milner, A.C., "South East Asia in the 9th to 14th Centuries", Singapore, 1986
Marshall, J. (ed.), "Taxila", Vol. I-III, University Press, Cambridge, 1951
Marshall, J., "Mohenjodaro and Indus Civilization", Vol. I-III, Arther Probsthein, London, 1931
Marshall, J. (ed.), "Taxila", Vol. I-III, University Press, Cambridge, 1951
Martin, Dan, "Mandala Cosmogamy", Harrassowitz, 1988
Masthanaiah, B., "The Temples of Mukhalingam A study on South Indian Temple Architecture", Coamo Publications, 1978
Maspero, Georges, "The Champa Kingdom-The History of an Extinct Vietnemese Culture, White Lotus, 2002
松長有慶・加藤敬,『マンダラ』, 毎日新聞社, 1981 年
松長有慶他,『マンダラの世界』, 講談社, 1983 年
松長有慶他,『密教・コスモスとマンダラ』, 日本放送協会, 1985 年
May, Reginald, "A Concise History of Buddhist Art in Siam", London, 1938.
McPhee, Colin, "A House in Bali", Oxford University Press, 1947
Meister, M.W., "Anadak K. Coomaraswamy: Essays in Early Indian Architecture", Oxford University Press, 1992
Meister, M.W. & Dhaky, M.A., "Encyclopaedia of Indian Temple Architecture South India Upper Drāvidadēśa Early Phase, A.D. 55⁻-1075", American Institute of Indian Studies, University of Pennsylvania Press, 1986
Meller, H., "Patrick Geddes, Social Evolutionist and City Planner", Routledge, 1990
Michell, George (ed.), "Architecture of the Islamic World", Thames and Hudson, 1978
ミッチェル, G.,『ヒンドゥ教の建築―ヒンドゥ寺院の意味と形態』, 神谷武夫訳, 鹿島出版会, 1993 年
Michell, George (ed.), "Temple Towns of Tamil Nadu", Marg Publications, 1993
Michell, George, "The Royal Palaces of India", Thames and Hudson, 1994
Michell, George, "Architecture and Art of Southern India", Cambridge University Press, 1995
三木栄,『暹羅の芸術』, 黒百合社, 1930 年
Mitton, G.E., "The Lost Cities of Ceylon", Navrang, 1916, reprint, 2003
宮治昭,『インド美術史』, 吉川弘文館, 1981 年
宮本久義,『ヒンドゥー聖地　思索の旅』, 山川出版社, 2003 年
宮本延人編,『バリ島の研究』, 東海大学出版会, 1968 年
Moertjipta, Drs & Prasetya, Bambang, "Mengenal Candi Siwa Prambanan dari Dekat", Penerbit Kanisius, 1994
桃木至朗,『歴史世界としての東南アジア』世界史リブレット, 山川出版社, 1996 年
Moojen, P.A.J., "Kunst op Bali Inleidende Studie tot de Bouwkunst", Adipoestaka, Den Haag, 1926
Moojen, P., "Bali; Verslag en voorstellen aan de Regeering van Nederlandsch-Indie", Bond van N.I. Kunstlringen, Batavia, 1920
森本達雄,『ヒンドゥー教―インドの聖と俗』, 中公新書, 2003 年
ムケルジー, A.,『タントラ　東洋の知恵』, 松長有慶訳, 新潮選書, 1981 年
森田一弥,『ラサの都市空間構成に関する研究』, 京都大学修士論文, 1998 年
Muhanmmad Yamin, Hadji, "Tatanagara Madjapahit" 7vols, Jakarta, 1962

Mukherjee, Aparna, "British Colonial Policy in Burma: An Aspects of Colonialism in South-East Asia 1840-1885", Abinav Publications, New Delhi, 1988
村田治郎,『東洋建築史』新訂建築学大系4－II, 彰国社, 1972年
村武精一,『祭祀空間の構造　社会人類学ノート』, 東京大学出版会, 1984年
Myint-U, Thant, "The Making of Modern Burma", Cambridge University Press, 2001

N

Naerssen, F.H. van, "The Cailendra Interregnum", India Antique, Brill, Leiden, 1947
Naerssen, F.H. van and de Iongh, R.C., "The Economic and Administrative History of Early Indonesia", Brill, Leiden/Köln, 1977
Nagaswamy, R., "Studies in Ancient Tamil Law & Society", Government of Tamil Nadu, 1978
中村元,『インド思想史』, 岩波書店, 1968年
中村元,『ヒンドゥー教史』世界宗教史叢書6, 山川出版社, 1979年
中村元,『インド古代史』, 春秋社, 1985年
中村元,『シャンカラの思想』, 岩波書店, 1989年
中村元,『ヴェーダの思想』, 春秋社, 1989年
中村元,『ウパニシャドの思想』, 春秋社, 1990年
Nas, Peter, "Indonesian town revisited", Muenster/Berlin, LitVerlag, 2002
Nath, Aman, "Jaipur", India Book House PVT LTD, 1993
Nath, R., "History of Mughal Architecture" Vol. I-V, Abhinav Publications, 1994
National Research Centre for Archaeology Republic of Indonesia, Research on the Majapahit City at the site of Trowulan, East Java, National Heritage Board, 1995
Nilakata Sastri, K.A. "A History of Souyh India From Prehistoric Times to the Fall of Vijayanagar", Oxford University Press, 1955, 1975, 4th Ed., 2002
Nilsson, A., "Jaipur in the Sign of Leo", Magasin Tessin, 1987
西尾秀生,『ヒンドゥー教と仏教　比較宗教の視点から』, ナカニシヤ出版, 2001年
Noeradyo, S.W.S., "Kitab Primbon Atassadhur Adammakna", Cap-Capan Kaping 5, 1994

O

O'Corner, V.C. Scott, "Mandalay and other Cities of the Past in Burma", White Lotus, Bangkok, 1986
O'Connor, Richard A., "A Theory of Indigenous Southeast Asian Urbanism", Institute of Southeast Asian Studies, 1983, Singapore, 1983
小寺武久,『古代インド建築史紀行』, 彰国社, 1997年
荻原弘明他,『東南アジア現代史IV　ビルマ・タイ』, 山川出版社, 1983年
小倉泰,『インド世界の空間構造――ヒンドゥー寺院のシンボリズム』, 春秋社, 1999年
Oka Saraswati, A.A.A., "Pamesuan", Penerbit Universitas Udayana, 2002
Oliver, P. (ed.), "Encyclopedia of Vernacular Architecture of the World", Cambridge University Press, 1997
大林太良編,『アンコールとボロブドゥール』, 講談社, 1987年
大野徹,『パガンの仏教壁画』, 講談社, 1978年
大野徹,『ビルマの仏塔』世界の聖域10, 講談社, 1980年

大辻絢子,『ドゥライ（タミル・ナードゥ，インド）の都市空間構成に関する研究』, 京都大学修士論文, 2004 年

P

Pant, M., "A Study on the Spatial Formation of Kathmandu Valley Towns- The Case of Thimi", Doctor Thesis (Kyoto University), 2002

Pant, M. & Funo, S., "Stupa and Swastika-A Study on the Planning Principles of Patan, Kathmandu Valley", Research Report submitted to Japan Society for the Promotion of Science, 2004

Pant, M. & Funo, S.,: The Grid and Modular Measures in the Town Planning of Mohenjodaro and Kathmandu Valley A Study on Modular Measures in Block and Plot Divisions in the Planning of Mohenjodaro and Sirkap (Pakistan), and Thimi (Kathmandu Valley), Journal of Asian Architecture and Building Engineering, Vol. 4 No. 1, pp 5159, May. 2005

Parimin, Ardi P., "Fundamental Study on Spatial Formation of Island Village: Environmental Hierachy of Sacred-Profane Concept in Bali", Docter Thesis (Osaka University), 1986

Patnalk, Ashtosh Prasad, "The Early Voyagers of the East The Rise in Maritime Trade of the Kalingas in Ancient India" Vol I, II, Pratibha Prakashan, Delhi, 2003

Pattanaik, Devdutt, "Shiva", Vakils, Feffer and Simons Ltd., Mumbai, 1997

Pearn, B.R., "History of Rangoon", American Baptist Mission Press, Rangoon, 1939

Peerapun, Wannasilpa: The economic impact of histrical sites on the economy of Ayutthaya, Thailand, a dessertation, The Graduate Faculty of The University of Akron, 1991.

Pieper, Jan, "Die anglo-indische Station oder die Kolonialisierung des Götterberges Hindustadtkultur und Kolonialstadtwesen im 19. Jahrhundert als Konfrontation östlicher und westlicher Geisteswelten", Rudolf Habelt Verlag GmbH, Bonn, 1977

Pigeaud, Th. G., "Java in the Fourteenth Century" 5 Vols., Martinus Nijhof, The Hague, 1962

Pigeaud, Th, "De Tantu Panggelaran; Oud-Javaansch Prozageschrift", 1924

Pigeaud, Th, "Literature of Java", Leiden University Press., Leiden, 1967–80

Polak, Albert, 'Traditie en tweespalt in een Sasakse boerengemeenschap (Lombok, Indonesie)', Proefschrift, Rijksuniversiteitte Utrecht, 1978

Pollak, Oliver B., "Empires in Collision: Anglo-Burmese Relations in the mid-nineteenth century", Greenwood Press, 1979

Pombejra, Dhiravat na, "Court, Company, and Campong Essays on the VOC presence in Ayutthaya", Ayutthaya Historical Study Center, 1992

Pont, H. Maclaine, "De historische rol van Majapahit", Overdruk uit Djawa 6e jaargang, 1926

Prijotomo, Josef, "Ideas and Forms of Javanese Architecture", Gadjah Mada University Press, 1984

Punja, S., "Great Monuments of India, Bhutan, Nepal, Pakistan and Shri Lanka", Odyssey, 1994

R

Raffles, T.S., "History of Jawa", London, 1817

Rajaram, K., "History of Madurai (1736–1801)", Madurai Univercity Historical Series, 1974

Rajaram, K., "History of Thirumalai Nayak", Ennes Publication, 1982.

Rajbanshi,. Narendra., "An Enquiry into the Science of Traditional Architecture-A Case Study of Jaipur", Indian Institute of Technology, Powai, Bombay, 1993

Rajbanshi,. Narendra., "Alternative Design of a Housing Cluster in the Walled City of Jaipur", India, Malaviya Regional Engineering college, 1994

Raju, R. and Mainkar, V.B., 'Development of Length and Area Measures in South India — Part 1', "Metric Measures" Vol. 7, January, 1964.

Ramachandra, G.P., "Anglo-Burmese Relations, 1795-1826", Ph.D. Diss., University of Hull, 1977

Ramat, Sanskriti, "Architecture of the walled city of Jaipue", Gov. Colledge of Architecture, Lucknow, 1993.

Rangarajan, L.N., "Kautilya The Arthashastra", Edited, Rearranged, Translated and Introduced, Penguin Books India, 1992.

Ravi, Sri N. (Ed): "The Hindu Survey of the Environment", Madras, 1996

Rawson, Philip, "The Art of South East Asia", London, 1967

Rawson, Philip, "The Art of Tantra", Thames and Hudson, London, 1973

Ray, Nihar-Ranjan, "Sanscrit Buddhism in Burma", Amsterdam, 1936

Rāz, B.R., "Essay on the Architecture of the Hindus", Royal Asiatic Society of Great Britain and Lreland, John William Parker, London, 1834

Reid, Anthony, "Southeast Asia in the Age of Commerce 1450-1680 Volume Two: Expansion and Crisis", Yale University Press, 1993. アンソニー・リード,『大航海時代の東南アジア Ⅰ Ⅱ 拡張と危機』, 平野秀秋・田中優子訳, 法政大学出版会, 2002年

Robb, Peter (Ed.), "The Concept of Race in South Asia", Oxford University Press, 1995

Robson S., Desawarnana (Nagarakrtagama) by Mpu Prapanca, translated by Stuart Robson, KITLV Press Leiden, 1995

Roy, Ashim Kumar, "History of the Jaipur City", Manohar, New Delhi, 1978

S

定方晟,『須弥山と極楽』, 講談社現代新書, 1973年

定方晟,『仏教に見る世界観』, 第三文明社, 1980年

定方晟,『インド宇宙誌』, 春秋社, 1985年

定方晟,『空と無我』, 講談社現代新書, 1990年

定方晟,『異端のインド』, 東海大学出版会, 1998年

三枝充悳,『世親』, 講談社学術文庫, 2004年

Salam, Solichin, "LOMBOK Pulau Perawan", Kuning Mas Jakarta, 1992

Samsad, Sahitya, "Buddhist Monuments", Debala Mitra, 1971

Santoro, A., "Oriental Architecture", Electa/Rizzoli, 1981

Sastri, K.A. Nilakanta, "A History of South India From Prehistoric Times to the Fall of Vijayanagar", Oxford University Press, 1975

Satari, Soejatmi, "Some data on a former city of Majapahit", National Heritage Board, 1995

Sathianathaier, R. Aiyar, "History of the Nayaks of Madura", University of Madras, 1924, reprint, Asian Educational Services, 1991

佐藤正彦,『南インドの建築入門—ラーメーシュワーラムからエレファンタまで』, 彰国社, 1996

佐藤雅彦,『北インドの建築入門—アムリッツアルからウダヤギリ, カンダギリまで』, 彰国社, 1996年 J. Schulze, F., 'Pekerdjahan Prang di Lombok', Albrechtand Rusche Batavia-solo, 1894

セン, K.M.,『ヒンドゥー教』, 中川正生訳, 講談社現代新書, 1999年

Saraya, Dhida, "Mandalay The Capital City, The Center of the Universe", Viriyah Business Co. Ltd., 1995
Sarkar: A History of Jaipur, Dehli, 1984
Sarwono, Eddi, et al, "Laporan Studi Kelayakan Masjid Kuno Bayan Beleq", Departemen Pendidikan dan Kebudayaan-Kantor Wilayah Departemen Pendidikan dan Kebudayaan Nusa Tenggara Barat, 1991/1992
Sathianathaier, R. Aiyar, "History of the Nayaks of Madura", Asian Educational Services, 1991
Seidenfaden, Erik, "An Excursion to Phimai a Temple City in the Khorat Province", Bangkok, 1920
Shamasastry, R., "Arthasastra of Kautilya", University of Mysore, Oriental Library Publications, 1915.
Shamasastry, R., "Arthasastra of Agrawala, V.S. (ed.), "Samaranganasutradhara of Maharajadhiraja Bhoja", Baroda, 1966
シャルマ・ラム・シャラン著, 山崎利男／山崎元一訳「古代インドの歴史」山川出版社, 1985
シベール・シャタック,『ヒンドゥー教』, 日野紹運訳, 春秋社, 2005 年
Shenoy, J.P.L., "Madura-The Temple City", C.M.V. Press, 1937
Simon, Beth (ed.), "The Wheel of Time The Kalachakra in Context", Deer Park Books, 1985
新谷忠彦編,『黄金の四角地帯－シャン文化圏の歴史・言語・民族』, 慶友社, 1998 年
重枝豊,『アンコール・ワットの魅力 クメール建築の味わい方』, 彰国社, 1994 年
重松伸司,『マドラス物語 海道のインド文化誌』, 中公新書, 1993 年
Singer, Noel F, "Old Rangoon: City of Shwedagon", Kiscadale Publications, 1995
Singh, Prahlad, "5 'Stne Observatories' Jantar-Mantars of India", Holiday Publications, Jaipur, 1986
Singh, Upinder, "The Discovery of Ancient India Early Archaeologists and the Beginnings of Archaeology", Permanent Black, 2004
Sjamsuddin, R. SH, "Memories of Majapahit", East Jawa Government Tourism Service, 1993
Skinner, G. William, "Chinese Society in Thailand: An Analytical History", Ithaca, 1957
Slametmuljana, "The Empire of Majapahit in the 14th Century", Singapore University Press, 1976
Slametmuljana, "Nagarakertagama dan Tafsir Sejarah", Jakarta, 1976
Slusser, M.S., "Nepal Mandala-A cultural study of the Kathmandu valley", Princeton, 1982
Smith, B. & Reynolds, H.B. (ed.), "The City as a Sacred Center-Essays on Six Asian Contexts", E. J. Brill, 1987
Smith, Bardwell, "The City as a Sacred Center Essays on Six Asian Contexts", E.J. Brill, 1989
Smith, Donald Eugene, "Religion and Politics in Burma", Princeton University Press, 1965
Smith, J.S. "Madurai, India: The Architecture of a City", Massachusetts Institute of Technology, 1976.
Smithies, Michael, "Marcel Le Blanc, S.J. History of Siam in 1688", Silkworm Books, 2003
Snodgrass, Adrian, "Architecture, Time and Eternity Studies in the Stellar and Temporal Symbolism of Traditional Buildings" V0lume 1, 2, International Academy of Indian Culture and Aditya Prakashan, 1990
Soembogo, R.W., "Kitab Primbon Lukmanakim Adammakna", Cap-Capan Kaping 6, 1994
Srisakra Vallibhotama: Traditional Thai Villages and Cities: an Overview, Culture and Environment in Thailand: A Symposium of the Siam Society, The Siam Society Under Royal Patronage, Bangkok, 1989.
Stein, Burton, "Peasant State and Society in Medieval South India", Oxford University Press, Delhi, 1980
Strachan, Paul, "Pagan", Kiscadale, 1988
Stuart-Fox, David J., "Pura Besaki Temple, Religion and Society in Bali", KITLV Press, Leiden, 2002
Stutterheim, T, "Tjandi Boraboedur", Naqam, Virm en Beteekenis, Bataviat, 1929 (Studies in Indonesian Archeology, The Hague, 1956)
Stutterheim, W.F., "De kraton van Majapahit", Van Hoeve, 1948
Sugich, Michael, "Palaces of India A Traveller's Companion Featuring The Palace Hotels", Pavilion Books Limited, London, 1992

菅沼晃,『ヒンドゥー教－その現象と思想』, 評論社, 1979 年
杉本卓州,『インド仏塔の研究——仏塔崇拝の生成と基盤』, 平楽寺書店, 1984 年
Suleiman, Satyawati, "Monuments of Ancient Indonesia", P.T. Karya Nusantara Cabang Jakarta, 1976
Supomo, S., "Arjunwijaya: A kakawin of Mpu Tantular", Nijhoff, 1977
Supomo, S., "The image of Majapahit in later Javanese and Indonesian writing", Heinemann Educational Books, 1979
Suwondo, Bambang, "Adat dan Upacara Perkawinan Daerah Nusa Tenggara Barat"
鈴木一郎,『仏教とヒンドゥ教』, 第三文明社, 1975 年
鈴木康司, 二宮フサ,『ショワジ・タシャール　シャム旅行記』, 17・18 世紀大旅行記叢書 7, 岩波書店, 1991 年.
Strachan, Paul, "Pagan Art & Architecture of Old Burma", Kiscadale, Singapore, 1989

T

立川武蔵, 石黒淳, 菱田邦男, 島岩,『ヒンドゥーの神々』, せりか書房, 1980 年
立川武蔵,『曼荼羅の神々－仏教のイコノロジー』, ありな書房, 1987 年
立川武蔵,『マンダラ』, 学習研究社, 1996 年
立川武蔵・頼富本宏編,『インド密教』, 春秋社, 1999 年
立川武蔵,『ヒンドゥー教巡礼』, 集英社新書, 2005 年
Tadgell, Christopher, "The History of Architecture in India: From the Dawn of Civilization to the End of the Raj", Phaidon Press Limited, London, 1990
高桑駒吉,『大唐西域記に記せる東南印度諸国の研究』, 森江書店, 1926 年
竹村牧男,『インド仏教の歴史 「覚り」と「空」』, 講談社学術文庫, 2004 年
Tambiah, S.J., "World Conqueror and World Renoucer: A Study of Buddhism and Polity in Thailand against a Historical Background", Cambridge University Press, 1976
田中公明,『曼荼羅イコノロジー』, 平河出版社, 1987 年
田中公明,『両界曼荼羅の誕生』, 春秋社, 2004 年
Tanjaya, B.K., "Asta Kosali", Penerrbit & Toko Buku RIA, 1992
ターパル, B.K.,『インド考古学の新発見』, 小西正捷・小磯学訳, 雄山閣, 1990 年
Taylor, Robert H., "The State in Burma", C. Hurst & Co., London, 1987
田坂敏雄編,『アジアの大都市 [1] バンコク』, 大阪市立大学経済研究所監修, 日本評論社, 1998.
Taylor, Robert H., "The State in Burma", C. Hurst & Co., London, 1987
ターパル, R.,『インド史 1, 2』, 辛島昇, 小西正捷, 山崎元一訳, みすず書房, 1970 年
Tadgell, Christopher, "The History of Architecture in India", Phaidon Press, 1990
Tambiah, S.J., "World Conqueror and World Renouncer", Cambridge University Press, 1976
Than Tun, "History of Buddhism in Burma A.D. 1000–1300", University of London, 1956
Team Penyusun Monografi Daerah Nusa Tenggara Barat, 'Monografi Daerah Nusa Tenggara Barat jilid. 1, 2', Departemen Pendidikan dan Kebudayaan, 1977
Tillotson, G.H.R., "The Rajput Palaces", Yale University Press, 1987
TIM DEPARTEMEN DALAM NEGERI. HASIL OBSERVASI LAPANGAN DALAM RANGKA PEMBENTUKKAN KOTAMADYA DAREAH TINGKAT II MATARAM. 1991.
Tillotson, G.H.R., "Paradigms of Indian Architecture", Curzon, 1998
Tin Hla Thaw, "History of Burma: A.D. 1400–1500", JBRS, XLII, ii, 1959
栂尾祥雲,『曼荼羅の研究』, 高野山大学出版部, 1927 年

坪井善明,『近代ヴェトナム政治社会史―阮朝嗣徳帝統治下のヴェトナム 一八四七―一八八三』, 東京大学出版会, 1991 年

坪内良博,『東南アジア人口民族誌』, 頸草書房, 1986 年

Tucci, Giuseppe, "The Theory and Practice of the Mandala", Rider & Co., 1969, repr. 1989

土屋健治,『インドネシア思想の系譜』, 頸草書房, 1994 年

Tun, Than (Ed.), "The Royal Order of Burma", The Center for Southeast Asian Studies, Kyoto, 1983-85

U

Upadhyay, S.B., Urban Planning, Printwell, Jaipur, India, 1992

Universities Historical Research Center, "Myanmar Historical Journal", Number (3) December, Universities Press, Yangon University Campus, 1998

V

Vallet, Odon, "Une Autre Histoire Des Religios/3 Les spiritualités indiennes", Gallimard, 1999 (オドン・ヴァレ,『古代インドの神』, 創元社, 2000 年)

Van Erp, T., "Barabudur, architectural description", The Hague, 1931

Van Eerde, J.C., 'Aantekeningen over de Bodha's van Lombok', TBG43, 1901

Van Leur, J.C., "Indonesian Trade and Society", The Hague, 1955

Van Voollenhoven, C, "Het adatrecht van Ned-Indio", 1881-1931

ヴァラーハミヒラ著, 矢野道雄・杉田瑞枝訳柱,『占術大集成ブリハット・サンヒター 古代インドの前兆占い』, 平凡社, 1995

Venkatarama Ayyar, C.P., "Town Planning in Early South India", Mittal Publications, Delhi, reprint, 1987

W

脇田祥尚, 布野修司, 牧紀男, 青井哲人,「デサ・バヤン（インドネシア・ロンボク島）における住居集落の空間構成」, 日本建築学会計画系論文集, 第 478 号, p. 61-68, 1995.12

脇田祥尚, 布野修司, 牧紀男, 青井哲人, 山本直彦,「ロンボク島（インドネシア）におけるバリ族・ササック族の聖地, 住居集落とオリエンテーション」, 日本建築学会計画系論文集, 第 489 号, p. 97-102, 1996 年 11 月

脇田祥尚,『ロンボク島の空間構造に関する研究 住居・集落に見る地域性の形成に関する考察』, 学位論文（京都大学）, 2000 年

Wakita, Yoshihisa, S. Funo et al. 'Spatial Organization of the Settlements of Desa Bayan of Lombok Island, Indonesia'. Journal of Architecture, Planning and Environmental Engineering, AIJ, No. 478, pp. 61-68, 1995.

Wakita, Yoshihisa, S. Funo et al. 'Orientation of Holy Places and Settlements of the Balinese and the Sasak in Lombok Island, Indonesia'. Journal of Architecture, Planning and Environmental Engineering, No. 489, pp. 97-102, November 1996.

マドゥ・バザーズ・ワング,『ヒンドゥー教』, 山口泰司訳, 青土社, 1994 年
Warren, Carol, "Adat and Dinas Balinese Communities in the Indonesian State", Oxford University Press, 1993
マックス・ウェーバー,『ヒンドゥー教と仏教：世界諸宗教の経済倫理 2』, 深沢宏訳, 東洋経済新報社, 2002 年
Wheatley, Paul W., "City as Symbol", London, 1967
ウィーラー, R.E.M.,『インダス文明』, 曾野寿彦訳, みすず書房, 1966 年
ウィーラー, R.E.M.,『インダス文明の流れ』, 小谷仲男訳, 創元社, 1971 年
Whitehead, Henry, "The Village of South India", Asian Educational Services, 1999
Wiana, Ketut & Santeri, Raka, "Kasya dalam Hindu", Yayasan Dharma Naradha, 1993
Wijesuriya, G.S., "Buddhist Meditation Monasteries of Ancient Sri Lanka", Department of Archaeology, Government of Sri Lanka, 1998
Wijeyewardene, G. (ed.), "The Laws of King Mangrai", ANU Deartment of Anthropology, Canberra, 1986.
Willemstijn, H.P., "Militair-aardrijkskundige beschrijving van het eiland Lombok", IMT, 1891
Wolters, O.W., "History, Culture, and Region in Southeast Asian Perspectives", Singapore, Institute of Southeast Asian Studies, 1982, Revised ed., Cornell University Southeast Asia Program, Ithaca, 1999.
Woods, W.A.R., "A History of Siam", T. Fisher Unwin Ltd., London, 1926
Wyatt, David K. & Wichienkeeo, Aroonrut, "The Chang Mai Chronicle", Silkworm Books, 1998

V

von Heine-Geldern, R., 'Conceptions of State and Kingship in Southeast Asia', Far Eastern Quarterly 2: 15–30.（ハイネ＝ゲルデルン,「東南アジアにおける国家と王権の観念」大林太良訳, 綾部恒雄編『文化人類学入門リーディングス』, アカデミア出版会, 1982 年）

Y

山崎利男,『悠久のインド』世界の歴史 4, 講談社, 1985 年
山崎元一,『古代インドの文明と社会』世界の歴史③, 中央公論社, 1997 年
山崎元一・石澤良昭編, 樺山紘一・川北稔・岸本美緒・斉藤修・杉山正明・鶴間和幸・福井憲彦・古田元夫・本村凌二・山内昌之監修,『世界歴史 6　南アジア世界・東南アジア世界の形成と展開—15 世紀』, 岩波書店, 1999 年.
山下博司,『ヒンドゥー教　インドという〈謎〉』, 講談社選書メチエ, 2004 年
山下博司,『ヒンドゥー教とインド社会』, 山川出版社, 1997 年
山下博司監修,『ヒンドゥー教』, ポプラ社, 2005 年
柳沢究,『ヴァラナシ（インド）の都市空間構成に関する研究』, 京都大学修士論文, 2001
矢野暢,『東南アジア世界の論理』, 中央公論社, 1980 年
Yoe, Shway, "The Burman: His Life and Notions", New York/London, Reprint, 1909, 1963（国本嘉平次・今永要共訳,『ビルマ民族誌』, 三省堂, 1943 年）
頼富本宏,『密教とマンダラ』, 日本放送協会, 1990 年
楊寛,『中国都城の起源と発展』, 尾形勇・高木智見共訳, 学生社, 1987 年
Yule & Cordier (Ed.), "The Book of Ser Marco Polo" 3 Vol.

Z

Zimmer, Heinrich, "Myths and Symbols in Indian Art and Civilization", New York, 1983

索　引（事項／地名・国名・王朝明・民族名／人名）

事　項

[ア行]
アーガマ 50
アーシュラマ 109
アーディヴィシュヌ 68
アーディトヤ 49-50, 72
アーパヴァトサ 49, 72
アーラヴァイ 193, 248
アーラヤ 77
アーリヤ 72
アーリヤヴァマディヤ 47
アウトカースト 99
アグニ 20, 49-50, 68, 72, 94, 336
アグラハーラ 66, 85
アグラハーラム 219, 227, 236
アサーナ 90
アスヴィン 34
アストラグラーヒン 82
アスラ 66, 68
アタルヴァ・ヴェーダ 50
アチャルヤ 45 →人名も参照
アディティ 49, 57, 66, 68, 72, 90
アナヒラプラ 84
アパヴァトシャ 68
アパラ・ヴィドヤ 44 →ヴィドヤ
アパラージタ 34
アパラジタプルチャ 45, 85
アプラティハタ 34
アマン 213
アライ 228
アラトニ 33, 47-48
アラン・アラン 334
アルカ 72
アルガラ 89
アルタシャーストラ xiv-xv, 27-29, 34, 38-40, 43-44, 47-48, 53, 55, 61, 67, 87, 98-99, 101, 115, 130, 189, 193, 209, 225, 248, 251, 274-275, 277, 291, 369, 378
アングラ 8, 29, 47-48, 53
アンタリクシャー 66, 72
イーサ 49-50, 68, 94

イーワーン 289
イェンガー 218, 250
イスラーム xi-xii, xv, 171, 182, 186, 190, 210, 215, 249, 260, 320-321, 323-324, 350-351, 355, 358-359, 361, 369, 373
インドラ 20, 34, 49, 55, 68, 72, 146, 185, 334-335
インドラジャヤ 68, 72
インドラタターカ 110-111
インドララージャ 72
インド化 xv, xvii, xxii, 100-103, 105-107, 122-123, 146, 151, 167
インド調査局 xiii, 258, 287
ヴァースデーヴァ 68
ヴァーストゥ 44, 51, 88
ヴァーストゥ・ヴィドヤ 45
ヴァーストゥ・シャーストラ 45, 82, 248, 277, 309, 376, 378
ヴァーストゥ・プルシャ・マンダラ xiv, 50-53, 98 →マンダラ
ヴァーストゥスパドラ 93
ヴァーマナ 68, 89
ヴァーユ 20, 50, 66, 72, 94, 336
ヴァーラーグラ 47
ヴァーラーナシー 85
ヴァイガーナサ 45-46
ヴァイシャ 33, 38, 61, 66, 75-78, 83, 225, 244, 251, 291, 352-353
ヴァイジャヤンタ 34
ヴァイシュラヴァナ 34
ヴァイナーヤカ 68
ヴァルナ 20, 34, 43, 49-50, 56, 66, 72, 175, 250, 352
ヴィーティー 64-65, 69, 293
ヴィヴァスヴァト 20, 49-50, 72, 94
ウィーン 127-128, 151
ヴィジャヤ 93
ヴィシュヌ 28, 46, 56, 60-61, 67-68, 72-73, 77-78, 87, 96, 105, 111-112, 149, 180-181, 185, 200, 208, 211, 213, 256, 262-263, 333-334, 368, 376

ヴィスマカルマ 45
ヴィタスティ 47-48
ヴィタタ 49, 90
ヴィダンヴァ 92
ヴィドヤ 44
ヴィドヤスターナ 85
ヴィハーラ 85, 150, 170
ヴィマーナ 96
ヴィヤーマ 48
ヴェーダ 16, 50, 130, 192, 227, 262, 335, 376
ウェシア 352, 354→ヴァイシャ
ヴェッラーラ 99, 223-224
ヴェディバドラ 93
ウグラピータ 49-50, 154, 311
ウディタ 57, 66, 72
ウパチャラ 327
ウパニシャッド 22, 26
ウパピータ 49-50
ウパヤ・チャンディタ 72
ウマ 55
ウリップ 55
ウンダギ 55
エリヴィラパタナ 84-85
エリュトラー案内記 104
閻浮提 xxi→ジャンブ・ドヴィーパ

[カ行]
カーシャパ 45-46
カースト 66, 79, 83, 93, 99, 101, 197, 207, 213-214, 218, 221, 223-224, 235, 239, 250-251, 268, 285, 295, 308, 352, 354, 356
カーダム 198
カーマ 24, 28
カーラ 55, 68, 170
カーラチャクラ 26-27
カーリー 34, 68
カールティケヤ 72
カールムカ 53-54, 60, 76-77, 82, 88
ガイ 164
ガガナ 49
カダトン 369
ガネシャ 68, 72-73, 105, 213-214
カマラー 222
カヤイン 128, 148, 151, 154
カヤンガン・ティガ 333, 378
カライクディ 220-221
カラカーバンダダンダカ 93
カラン xii, 106-107, 315, 330-331, 335, 338-341, 347-351, 355, 376-377
ガリ 297-299, 311
ガル 299, 311
カルヴァタ 76-77, 83, 92
カルタリダンダカ 93
ガルバ・グリハ 174, 201
ガンダルヴァ 66, 68
カンポン x-xi, 323, 348
キシュク 47-48
キュービット 8, 47, 279
クーダム 228-230, 235-236, 240-242, 245, 251
クヴェーラ 20, 34
クシャトリヤ 33, 38, 43, 66, 75-76, 78, 83, 260, 291, 352-354
クシュードラ 65, 89
倶舎論 22, 377
グスティ 352, 354, 356
クタガラ 371
クチャマタン 319, 324, 347
クティカームカダンダカ 93
クブジャカ 83, 92
グラーマ 57-58, 89, 92, 109
クラトン 369
クリアン xii, 315, 330-331, 347, 377
クリシャーヌ 49
クリシュナ 214, 220, 256, 263
グリッド ix, 7, 10, 13, 50, 61-62, 65, 90, 143, 155, 161, 255, 275, 282, 285-286, 293, 300, 307, 325, 348, 375
グリハクシャタ 94
グル 55, 60
クルラハン 324, 347
ケヴァラ・ナガラ 83
劇場国家 xvi, xviii, 100, 182
ケシャヴァ 68
ケタ 83, 92
ケタカ 76-77
ゲル 297-299, 311
原人プルシャ xiv, 50
コートヤード 236
ゴープラ 33, 82, 96, 98, 121, 174-175, 187, 192, 200, 211, 218, 249-250
コイル 185
コイル・オルグ 95
コスモロジー xxi, 20, 40, 87, 114-115, 126, 142, 258
コトマコラ 92
ゴパーラ 68

コラカ 77, 83, 92

[サ行]

サーヴィトラ 49-50, 68, 336
サーマ・ヴェーダ 50
サーラスワテヤム 45
サヴィンドラ 50
サウラシュトラ 210, 218, 221, 224, 250
サカラ 49, 90
サカラディカーラ 45-46
サチャカ 66
サトリア 352, 354, 356→クシャトリヤ
サナトクマーラ 45
サマランガナストラダーラ 45, 85
サミーラナ 94
サムヴィダ 83
サラスヴァティー 68
サルヴァトバドラ 53-54, 60-61, 69, 78, 82-83, 88, 93-94, 98-99, 369
三界 24, 333, 336, 376
サンスクリット ix, xi-xii, xvi, 2, 28, 44, 50, 100-101, 106, 108-110, 114, 123, 165, 170, 260, 274, 293, 295, 311, 325, 367
シヴァ 34, 49, 56, 60, 67-68, 72, 77-78, 106, 110-111, 121, 150, 169, 181, 185-186, 192, 200-201, 205, 208, 211, 213-214, 250, 262, 333-334, 366, 376
シク 256
シビラ 83, 85, 92
ジャーギール 264, 276, 291
ジャーギールダール 264, 266, 291
シャーストラ 28, 44, 78, 193-198, 210, 226, 248-250, 275
ジャータカ 121
ジャーティ 99, 196
ジャイナ 61, 68, 72-73, 180-181, 210, 214, 239, 255-256, 264
ジャナールダナ 68
ジャナヴィーティー 89
ジャナスターナクブジャ 92
シャマ 48
ジャヤーンガ 93
ジャヤンタ 34, 49, 66-68, 72, 90
ジャラダ 91
シャンガム（サンガム）95, 179-180, 183, 205, 218, 248
ジャンブ・ドヴィーパ xxi, 2, 19, 26, 157, 368
シュードラ 33-34, 38, 61, 66-67, 76-78, 83, 92, 291, 330, 343-344, 352-353
『周礼』孝工記 xxi, 382
須弥山 xi, 19-20, 22-24, 26, 126, 146, 154, 331, 336-337, 377→メール山
ショーシャ 49, 66, 72, 90
小乗 19-20, 22→上座部仏教
上座部仏教 20, 101-102, 106, 123-124, 130, 149, 152, 154, 336
ショップハウス 133-134
初転法輪 ix
シルパ・シャーストラ xiii, 44, 87, 114-115, 183-184, 187, 204, 249
シンハラ（スィンハラ）101
スードラ 352-353, 355→シュードラ
スートラグラヒ 44
スーラジ 263, 275, 277, 280, 285, 309-310
スーリヤ 336
スカンダーヴァーラ 83, 85, 92
スグリーヴァ 49, 66, 72, 90
スターニーヤ 29, 72, 83, 85, 92
スタパティ 44
スタンディラ 49-50, 60, 63, 69-70, 74, 79, 81
ストゥーパ xvii, 146, 169-170
スブラーマニャ 68
スリ 34, 55, 124, 214
スリーヴァトサ 90
スリーダラ 68
スリープラティシシータ 88-89
スルック 109
スワ（ヴァ）スティカ 53-54, 60, 65, 70-73, 82, 88-90, 93
スンダレーシュワラ 176, 185, 200-201, 205, 208, 250
セナーパティ 34
セナームカ 83, 85, 92
セリカー 92
瞻部州 xxi, 2, 19, 23, 26, 157, 368→ジャンブ・ドヴィーパ
ソーマ 20, 49, 72, 336

[タ行]

タ・ブローム 114
タール 164
ダイヴァカ xv, 63, 66-67, 69, 80, 91, 94, 98, 164, 176, 204, 248
大乗仏教 19, 20, 27, 107-108, 111, 118, 122, 130, 149, 169-170
ダウヴァーリカ 66, 68, 90

索 引

タクタガン 326-327, 329, 377
タターカ 110
ダヌス 34, 37-38, 48
ダヌルグラハ 47-48, 53
ダヌルムシュティ 47-48
ダルマ ix, 28
ダルマ・シャーストラ 100
ダルマチャクラ ix
ダンダ 8-11, 17, 29-34, 38, 48, 53, 82, 88, 278
ダンダカ 53, 56-58, 60, 62, 65-67, 79, 88-89, 93, 154
タントラ 19, 26, 82
タントリズム 26
タンパック 55
チェッティヤール 218, 220-221, 223-225, 230, 235, 239, 242-245, 250-251
チェン 123
チャームンダー 61, 73
チャイティヤ xiv, 36, 259
チャイニーズ xiii, 133, 135, 137, 323-324, 327, 349, 355
チャクラ ix, xiv, 379
チャクラヴァルティン（チャクラヴァルティラージャ）ix, 2, 82-83, 110, 185, 379→転輪聖王
チャトゥールムカ 53-54, 60, 77-78, 82, 88
チャンダーラ 34, 67, 73, 94
チャンディ 169-170
チャンディタ 40-41, 50, 62-63, 69-70, 72-73, 79-81, 283, 285, 311→マンドゥーカ
チャンドラ 49
チャンラカンタ 49
チョウクリ xiv, 259, 264-266, 268, 271-272, 274-277, 281-285, 291, 293-297, 299-300, 309-311
チョウパル 263, 273, 277, 281-285, 299, 310-311
デーヴァ 24, 75-76, 336
デーヴァラージャ xvii, 100, 110, 114, 124, 130, 379
デーシャワルナナ xii, xvi, 170, 358, 363→ナーガラクルターガマ
ティナイ 228, 230, 235-236, 240-241, 245, 247, 251
ティルタ 85
デサ xvi, 331, 348
デシャ 72, 157
テッパクラム 187, 207, 249
天竺 2
転輪聖王 ix-x, xx, 2, 82, 104, 109-110, 157, 185, 379-380

トヴァスター 45
ドゥルガー 68, 72, 85, 92, 94, 169, 214
ドゥルガーガナパティ 73
トム 110
トリワンサ 342-344
ドロナムカ 83-85, 92
ドワールカー 85
トンパ 329-330, 377

[ナ行]
ナーガ 66, 68, 90, 111, 177
ナーガラクルターガマ（デーシャワルナナ）xii, xvi, 170, 314, 319, 330, 358-359, 362-363, 366, 369-370
ナートゥコータイ 220-221
ナーニヤヴァルタ 60-61, 90, 98
ナーヤカ 182
ナーレンドラ 72, 82
ナイリティ 72
ナイン・スクエア 157, 161, 255, 272, 275-277, 285, 310, 369, 375
中庭式住居 8, 13, 227-228, 236, 246, 251, 273, 287, 289, 306-307, 311→ハヴェリ
ナガラ／ナガリ xvi, 45, 57-58, 83-85, 92, 109-110, 123, 130, 255, 295→ヌガラ
ナガラ・アグン 371
ナガラ式 45
ナガラム 84
ナダール 222, 224
ナダイ 228-230, 235, 240-241, 245, 247, 251
ナラーヤーナ 68
ナラカ 89
ナラシンハ 68
ナワーブ 96, 182
ナンディヤーヴァルタ 53-54, 60-62, 64-66, 69, 73, 82-83, 88-90, 98-99, 176, 293
南方上座部仏教 101, 124→上座部仏教
ニガマ 83, 92
ニャック・ポアン 114
ニルティ 94
ヌガラ／ヌグリ ix, xvi-xvii, 55, 65, 101, 123, 170, 313-316, 318, 321-326, 329-333, 335, 337-339, 341, 347, 349, 353, 355, 357, 369-371, 375-379→ナガラ

[ハ行]
バーザール 43, 92, 94, 184, 192, 195, 199, 263-264, 273, 280, 282, 289, 291, 294-295, 303, 306, 309

バースカラ 72
バーフダンダカ 93
バーラタ 68, 90, 94
バーラタヴァルシヤ 2, 19
パールシュニカ 72, 82
バーン 123
パーンチャラトラム 45
パーンディヤ・ヴェッラーラ 223
パイーサチャ xv, 49, 60-67, 69-70, 74-76, 78, 80, 91, 94, 98, 164, 176, 204, 248
バイラヴァ 68, 72
パヴァナ 49
ハヴェリ 263, 273, 287, 289-291, 308, 311 →中庭式住居
バガヴァットギーター 220
パゴダ 146, 150, 158, 161
パサール 349
パシシール 371
ハスタ 8, 10, 29-33, 47-48, 91, 278
パタナ 76-77, 83-85, 92, 94
パッタダラ 82
パッタバージ 82
パッティナム 84-85, 105, 191, 198, 227
パドマ 53-54, 60, 69-70, 77, 82, 88-89
バドラ 72
バドラカ 93
バドラカリャーナ 93
バドラムカ 93
バドリーナート 85
バナンジュヴァタナ 84-85
パラ・ヴィドヤ 44 →ヴィドヤ
パラージャパチャ 47-48
バライ 110-111, 114-115, 119, 121
バラガ 88-89
パラマーヌ 47
パラマシャーイカ 50, 63, 70, 73, 79, 81
バラモン 16, 48, 219
パララトン 170, 358
バリ・ピアサ 353, 355
バリ・ヒンドゥー xii-xiii, 314, 322, 353, 357, 376, 378
バリ・マジャパヒト 255, 351
ハリハラ 111
パルジャンヤ 56, 68
バレ 345-346
バンテアイ・クデイ 114
ピータ 49, 74-76
ピトリ 49-50, 94

プーシャ 90
プージャー 207, 219, 228, 230, 241-242, 245-247, 251
プーシャン 90
プーダラ 49-50, 68
フィッシュボーン 17, 65, 99
ブヴァネサ 72
プカランガン xii, 315, 327, 329-330, 377
プシュパダンタ 68
プスパダンタ 90, 94
プタヴェーダ 84-85
ブッダ →釈尊
ブドゥー・マンダパ 187, 201, 216, 218-219, 222, 224, 249
プノム・バケン 110-111
プラ xi, 57-58, 66, 83-85, 89, 92, 109, 330-331, 334-335, 338, 341, 347, 349, 353, 355, 376
プラ・スウェタ 333, 338, 378
プラ・ダレム 333, 378
プラ・デサ 333, 378
プラ・プセ 333, 378
プラ・マユラ xi, 314, 321, 337, 376
プラ・メール xi, 314-315, 321, 330-331, 333-334, 337-338, 340-341, 376-378
プラーカーラ 30, 88, 96, 98-99, 174-175, 177, 200-201, 209, 211, 250
プラーナ 19, 50, 84-85, 92, 95, 100, 175, 183, 185, 191-193, 195, 197, 204-205, 210, 218, 226-227, 246, 248, 250-251, 367
プラーハーラカ 82
ブラーフマーンダ・プラーナ 365
ブラーフマン xv, 20, 34, 38-39, 41, 45-46, 49, 55, 57, 60, 63, 66-69, 72, 77, 80, 83, 85, 88-89, 91, 93-94, 96, 99, 114, 164, 176, 185, 194, 196-197, 199, 204, 207, 218-219, 222, 224-227, 230, 232, 234-236, 238-241, 244, 248, 250-251, 262, 291, 333-334, 352-353, 356, 366-367, 376, 378
ブラーフマンヴィーティー 88
ブラーマデーヤ 85
プラキールナカ 88-89
プラサート 110, 118, 133
プラサート・ギリ 110
プラサート・ヒン・ピマーイ 118-119, 122
プラスタラ xiii, 53-54, 60, 73, 75, 82, 88-89, 255, 274-276, 285, 309-311
プラム 85, 87, 104, 177-178
プリー 85

ブリウガ・ラージャ 68
ブリサ 66
ブリシャ 49
ブリティヴィー 49, 336
ブリハット・サンヒター 50-52
プリヤ・カーン 114
ブリンガラージャ 49, 72
ブリンギン 334
ブルガ 346
プルシャ 50
プルワンサ 342-343
ブルンガラージャ 90
ブンガワ 342-343
ペイ 164
ペチャカ 49, 74-76
梵我一如 22, 26, 53

[マ行]

マーナサーラ xiii-xv, xxii, 29, 44-48, 50, 54, 61, 79, 82, 85, 87-88, 92, 94, 98-99, 101, 154, 157, 176-177, 200, 204, 226, 248, 255, 274-278, 283, 293, 309, 311, 325, 353, 369, 376
マーヌシャ xv, 63, 66-67, 69, 80, 91, 94, 98-99, 164, 176, 204, 248
マールタ 49
マクロコスモス xiv, 53
マタ 60, 85, 89
マディラー 34
マド・ヤマヤヴァ 47
マドゥライ・スタラプラーナ 175, 185
マドラス・テラス 232, 238, 251
マヌ 45
マヌ法典 28
マハーバーラタ 46, 220
マハーバドラ 93
マハーピータ 49-50, 74-76
マハーラージャ xvii, 75, 82-83, 255, 258, 265, 268, 278, 291
マヒーダラプラ 114, 116-118
マヘンドラ 66, 72, 90, 94, 110
マヤ 45-46
マヤマタ 44-46, 57, 73, 84-85, 88, 92, 98-99, 383
マラヴァー 223
マルガ xii, 64-65, 69, 298, 311, 315, 325-327, 329-331, 347, 377
マルガ・サンガ xii, 315, 325, 327, 329, 338, 350, 376-377
マルガ・ダサ xii, 315, 325-327, 329-331, 338, 377

マルグ 65, 293, 295-297, 311 →マルガ
マンガラ 57-58, 66, 89
マンガラヴィーティー 88-89
マンサブダール 260
マンダパ 96, 121, 192, 200, 244, 280-281
マンダラ（曼荼羅）xiv, xvii-xviii, xx, xxii, 20, 26, 28, 40-41, 43, 49-53, 87, 98, 104, 100, 107-108, 116, 161, 182, 248, 251, 275, 309, 375-377, 379
マンダレサ 82
マンチャ・ナガラ 371
マンチャプドゥ 220-221, 243
マンドゥーカ 40-41, 43, 50, 60-63, 69, 73, 79-81, 283, 285, 311
ミーナクシー 182, 185-187, 200-201, 205, 207-211, 213-214, 217-224, 242, 249-250
ミーナクシー・スンダレーシュワラ 177, 181, 200, 205, 208-210, 213, 219, 250
ミクロコスモス xiv, 52-53
ミトナ 56
ミトラ 49-50, 66, 68, 72, 94
ミョウ 151, 154, 161
ムアン 123, 151
ムクヤ 49, 66, 68, 72, 90
ムスリム 17, 95-96, 101, 181, 189, 215, 286, 304, 322, 331, 347-349
ムリガ 68, 72
ムリサ 72
メール山（須弥山）xi, 19-20, 23, 110, 115, 119, 126, 154, 331, 336-337, 368, 377
メソコスモス xiv
モスク 215, 300, 349
モンチョパット 366

[ヤ行]

ヤーダヴァ 218, 220, 224, 230, 235, 237-241, 243-244, 246, 250
ヤヴァ 47
ヤジュル・ヴェーダ 50
ヤショーダラタターカ 111
ヤショーダラプラ xxi, 55, 111
ヤマ 20, 34, 49-50, 55, 72
ヤントラ 73, 262
ユカ 47
ヨージャナ 19-20, 22

[ラ行]

ラークササ 90

ラークシャサ 68, 181
ラージャ xvii, 110, 343
ラージャヴィーティー 89
ラージャダーニーヤ（ラージャダーニ）82-83, 85, 92, 177, 204
ラージャディラージャ xvii
ラーマ 68, 130, 132-133, 141, 256, 263
ラーマーヤナ 121, 130
ラーメーシュワラム 85
ラクシュミー 34, 68, 94, 184
ラジュ 8, 10-11, 17, 29, 48
ラスタ 265, 272-273, 283, 293-294, 297-298, 311 →マルグ
ラタ・ドゥーリ 47
ラック・ムアン 126-127, 129, 142
ラトヤー 64, 69, 89, 293

リグ・ヴェーダ 2, 50
リクシャー 47
リンガ 105, 110-111, 121, 185
ルクン・ワルガ 330
ルドラ 49, 55, 68, 72
ルドラジャヤ 66, 68, 72
ロガ 66, 72
ロロ・ジョングラン 169
ロンタル椰子 xii, 170, 362

[ワ行]
ワット・ナ・プラ・メール 142
ワット・プラ・ラム 139, 142-143
ワット・マハタート 126, 132, 139, 141
ワルナ 352→ヴァルナ

地名・国名・王朝明・民族名

[ア行]
アーグラ 256, 263
アーリヤ 14-16, 49-50, 67, 72, 94, 100, 336
アーリヤハンクラム 105
アーンドラ 146
アヴァ xviii, 103, 144-145, 154→インワ
アグン山 345, 376
アジメール 260, 263, 282
アチャルヤ 45-47, 55, 57, 61-62, 69-70, 73, 76, 78, 83, 204
アッカド 5
アフガニスタン 3, 16
アブダビ 5
アマラヴァーティー 106-107, 146
アマラプラ xviii-xxi, 61, 103, 145, 150, 156-157, 160-161, 164-165
アユタヤ xxi, 103-104, 119, 124-125, 128-134, 136-137, 139, 141-142, 155, 375
アヨードヤ 130, 151
アラカン 146→ラカイン
アラビア海 3, 6
アラブ 323-324
アリカメードゥ 104, 178
アルジュナ 167
アンコール xv, xviii, xxi, 55, 104-105, 107, 109-112, 114-118, 121, 123, 126, 142-143, 165, 226, 369
アンコール・トム xv, 55, 111, 114-116, 126, 142-143, 369
アンコール・ボレイ 105
アンコール・ワット xviii, 111-112, 118
アンベール 263
アンペナン 323-324
イラーブリタ 19
イラン 3, 5, 15-16, 105
インダス xv, 2-3, 5-8, 10, 14-17
インド ix, xi-xiii, xv-xvii, xxi-xxii, 1-3, 8, 15-17, 19, 26-28, 31, 34, 40, 43-46, 50, 53, 65, 84-85, 87, 100-109, 112, 114, 122-123, 128, 130, 135-136, 145-146, 150-152, 154, 157, 167, 170, 174-177, 179-181, 183, 191, 194, 220, 225, 251, 255-256, 258, 260, 262, 268, 274, 278, 285, 296, 311, 319, 336, 352, 367-368, 376, 378
インドネシア ix-xi, xvi, 65, 100, 103, 175, 315-316, 323-324, 330, 343, 358, 362
インドラプラ 107
インワ xviii, 103, 143-144, 154-157
ウートン 124
ヴァーラーナシー 261
ヴァイハイ 105, 175, 177, 183-184, 189-190, 194-195, 208
ヴァサヴァサムドラム 105
ヴァンジ 177, 191, 195-198
ヴィーラプラ 107
ヴィエンチャン 114, 124
ヴィジャヤ 107

ヴィジャヤナガル 87, 96, 174, 181-182, 201, 205, 217
ヴィヤーダプラ 105, 109
ヴェサリ 146
ウジャイン 261
ウライユール 177, 198
ウンム・アン・ナール 5
エーヤーワディ xviii, 104, 123, 125, 143-144, 146, 150-151, 155
オーストロアジア 100
オケオ 105
オマーン 5
オランダ ix, 137, 322-324, 338, 341
オリッサ 95, 146, 152

[カ行]
カーヴェーリパッティナム 85, 105, 191, 198, 227
カーリーバンガン 3, 6, 11, 13
カインホア 107
カウターラ 107
カスピ海 15
カトゥマンズ 9-10
カマラ 105→カーヴェーリパッティナム
カラブラ 179-180
カランガスム xi-xiii, xvi, 255, 314-315, 318, 320-322, 332, 339, 357
カルール 177, 191, 195→ヴァンジ
カルナータカ 85, 96, 181
ガンウェーリーワーラー 3
ガンガ 95
ガンガイコンダチョーラプラム 87
カンチープラム 84, 104-105, 177, 191, 197
カンペンペット 124
カンボジア xvi, 104, 108-109, 115, 118
ギアニャール 357, 370
クアンナム 106-107
グエン（阮）108
クシャーナ 105
グジャラート 3, 6, 84, 214, 221
クディリ 169-170, 338, 357-358
グプタ 17, 27-28, 101, 106, 260
クメール 104-105, 108-111, 115, 118, 123-124, 148, 165
クルンクン xvii, 357, 359, 370
グレシク 358
クンターシー 6
ケーララ 181
ケヴァラ 83, 92

ゲルゲル 358
元 102, 107, 124, 357→大元ウルス
阮 108→グエン
コーケル 111, 116
コーラート 104, 116, 118, 122-123, 130
ゴア 170, 262
紅河 104, 108
黒海 15
コロマンデル 104, 178
コング・チョーラ 223
コンジェーヴェラム 105, 191, 197-198→カンチープラム
コンバウン xx, 143-145, 156, 161, 380

[サ行]
サールナート ix
サガイン 144, 154
ササック 316-317, 319-324, 329, 342-345
サバルマティ 13
サマルカンド 261-262
サラスヴァティー 6
サルウィン 124
サンボール・プレイ・クック 109
シー・サッチャナーライ 124
シー・サマラート 125
シェンジ 182
シカラ 150
シャージャハナバード 261
ジャイナガル 255→ジャイプル
ジャイプル xiii-xv, xix, xxi-xxii, 55, 65, 101, 253, 255-266, 268, 272-276, 278-279, 285, 287, 289, 291, 293, 304, 307-312, 314, 325, 369, 375, 379
シャイレーンドラ 103, 107-109, 169
ジャワ xii, 103-104, 107-108, 148, 165, 167, 169-170, 182, 314-315, 319, 323-324, 331, 345, 348, 357-359, 361-363, 367-368, 373
シュエボー 145, 156
シュメール xvii, 5, 7
シェムリアップ xxi
シュラーヴァスティ 17
シュリーヴィジャヤ xvi, 103, 108, 124
シュリークシェートラ 143, 145-146, 149, 337
シュリーランガム xv, 64, 87, 94-96, 98-99, 101, 174, 177, 204, 246
昇竜 108→タンロン
ジョクジャカルタ 359, 361, 373
シルカップ 17, 101

シンガサリ 169-170, 357-358
シンガラージャ 357
シンド 2-3→インダス
シンハプラ 106
スールコータダー 3, 6
スコータイ xxi, 104, 123-128, 130, 132, 142, 151
スチンドラム 87
スラウェシ 344-345, 358
スラカルタ 359, 361, 373
スラバヤ xii, 169, 358
スラパラン 316, 319-320
スリ・マホソート 124
スリランカ 124, 157, 181
スロン 324
スンバ 319
スンバワ 316, 320-321, 323-324, 344-345
セイロン 128, 175, 180
セレウコス 17
占城 106-107→チャンパープラ, チャンパーナガラ

[タ行]
タ・ブローム 114
タイ xvi, xxi, 102-105, 108-109, 116, 118, 122-126, 128-130, 132-134, 160, 170, 382
タイェーキッタヤー 143→シュリークシェートラ
大元ウルス 102, 124, 151, 357
タウングー 143-144, 152, 154, 156
タキシラ 17
ダゴン xviii, 151
タトーン 149-152
ダニヤワディ 146
タバナン 357
タミル 15, 87, 105, 174-175, 177, 179-180, 182, 185-187, 190-192, 194, 196, 198, 205, 207, 213, 216, 218, 220-222, 228-229, 248, 250-251
タミル・ナードゥ 87, 174, 177, 179, 213
タンジャーヴール 96, 182
タンロン 102
チェーラ 177, 191, 195, 198
チェンナイ 177
チェンマイ xxi, 104, 125-128, 130, 134, 151
チェンライ 124
チグリス・ユーフラテス 7
チダンバラム 87
チャーキュウ 106
チャールキヤ 181
チャウセー 146

チャオプラヤー 104-105, 112, 116, 122-123, 128-129, 131, 133, 142-143
チャクラヌガラ ix-xvi, xix, xxi-xxii, 55, 65, 101, 170, 256, 313-316, 318, 321-326, 329-333, 335, 337-339, 341, 347, 349, 353, 355, 357, 369-371, 375-379
チャヌフ＝ダーロ 3
チャンディ・ボロブドゥール 169
チャンディ・ロロ・ジョングラン 169
チャンパー 103-104, 106-107, 112, 116
チャンパーナガラ 107→占城, チャンパープラ
チャンパープラ 107
チョーラ 85, 87, 95, 105, 108, 112, 174, 177, 179, 181, 186, 191, 198, 223
長安 376
陳 108
ティルパンナーマライ 87
ティルマライ・ナーヤカ 190
デリー 3, 95, 256, 260, 263
デリー・サルタナット 260
テルグ 15, 221
デンパサール 357
ドーラヴィーラー 3, 6-7, 14
ドヴァーラヴァティー 123, 143
ドゥヴァダラパタナ 85
トゥパン 357-358
トゥングー 155
ドラヴィダ 15, 45, 179
トロウラン xii, 170, 357-358, 368-369
ドンズオン 106-107→インドラプラ
ドンソン 100
トンブリー 132

[ナ行]
ナーヤカ 88, 174, 182-183, 186, 205, 207, 218, 221, 248-249
ナガパッティナム 85
ナコンサワン 123
ヌガラ xvi, 357

[ハ行]
パータリプトラ 17, 101, 198
バーラタ 2, 19, 68, 90, 94
バーレーン 5
パンジャブ 3, 15, 256
パーンディヤ 88, 95-96, 105, 174-175, 177, 179-187, 191-192, 209, 219, 223, 249
ハイデラーバード 96

441

バイヨン 111, 114-115, 126
パガサンガン 321, 324, 347
パガン／バガン xviii, 124, 143-146, 148-151, 155
パキスタン 17
パグダン 321, 324, 347
バゴ xviii, 103, 124, 151, 154 → ペグー
パッラヴァ 85, 104, 106, 174, 177, 180-181, 191, 223
バナーワリー 3, 7
バプーオン 111, 118 → アンコール
バヤン 345-346
ハラッパー 3, 5-6, 8, 11
バリ xi-xiii, xvi-xvii, 55, 104, 170-171, 178, 255, 264, 273, 282, 285, 314-324, 330-334, 339-345, 347, 351-353, 355, 357-359, 362, 368-371, 375-376, 378
ハリハラーラヤ 110-111
ハリプンジャヤ 124
ハリプンチャイ 128 → ランプーン
ハリンジー 143, 146
バルーチスターン 5
パレンバン 103, 108
バンコク 128, 130, 132-134, 141
ハンサワディ／ハンサワティ 143, 151-152, 161
バンテアイ・クデイ 114
パンデュランガ 107
バンリ 357
ピマーイ xxi, 114, 116, 118-119, 121-122, 124
ピミヤナカス→アンコール 111, 115
ピュー 123, 143, 146, 148-151, 337
ビルマ xvi, xviii, xxi, 103-104, 124, 128, 130, 132, 143-146, 148, 150-152, 154, 156-157, 161, 175, 319, 337 → ミャンマー
ファンラン 107
フエ 108
ブギス 323, 344-345 → マカッサル
ブダ 320, 322
フナン 103-108, 122, 143
プノム・クレン 110
プノム・クロム 111
プラーチーンブリー 123
プラサート・ヒン・ピマーイ 118-119
プラヤ 324
ブランタス 169, 358
プリスヴィパッラヴァパタナ 85
プリヤ・カーン 114
平安京 xii, xv, xxi, 378
ベイタノ 143, 146

ペグー xviii, 103, 124-125, 143, 145, 151-152, 154-156, 337
ベトナム xvi, 103-104, 106-108, 157, 319
ペルシア 2, 135, 274
ヘレニズム 17
ベンガル 103-105, 128, 146, 262
ホー・チ・ミン 123
ホアライ 107
ホイサラ 95-96
ポドゥーケー 104
ボロブドゥール xviii, 169
ポンディシェリー 104, 178

[マ行]
マーマッラプラム 104, 177
マインモー 143, 146
マウリヤ xiv, 17, 27, 101
マカッサル 319-320, 323-324
マクラーン 5
マジャパヒト xii-xiii, xvi, 169-171, 255, 314-315, 319-320, 351, 357-359, 362-363, 368-369, 375
マタラム xvi, 167, 169, 316, 321, 324, 357, 373
マトゥラー 175, 256, 261 → マドゥライ
マドゥライ xv, xxi-xxii, 55, 64, 87, 96, 101, 105, 173-187, 189-195, 197, 200, 202, 204-205, 207-208, 210, 213, 216, 218-224, 226-228, 230, 236, 240, 246-251, 255, 311, 369, 375, 379
マハーバリプラム 104, 178 → マーマッラプラム
マハーラーシュトラ 221
マヒトーラプラ→マヒーダラプラ 118
マヘンドラパルヴァタ 110
マラータ 96, 256, 264
マラッカ 103, 108-109
マレー xvi, 104-105, 114, 124-125, 323, 358
マンダレー xviii-xxi, 55, 103-104, 127, 145, 150, 157, 161-162, 164-165
ミーソン 106
南シナ海 103, 105-107
ミャンマー xviii, xxi, 61, 103, 143, 146, 162, 337
ムーン川 116, 118-119, 123
ムガル 182, 189, 255, 258, 260-261
ムラウー 146
ムンバイ 3
メコン 103-105, 108, 116, 118, 123, 125
メソポタミア 5-6
メダン 167
メナム 128, 151

メルッハ 5
モーソーボー→シュエボー 156
モエンジョ・ダーロ 3, 5-10, 13-14
モン 123, 128, 148, 150-152, 154, 156, 161
モンゴル 102, 107, 116, 124, 144, 148, 382

[ヤ行]
ヤショーダラプラ 55, 110-111
ヤンゴン xviii
ユーラシア 102, 124, 382

[ラ行]
ラージプート 260
ラージャグリハ 17
ラージャスターン xiii, 3, 256, 258, 260, 268, 274, 289
ラヴォ 123-124
ラカイン 146
ラトブリ 123
ランガナータ 87
ラングーン 151→ダゴン
ランナータイ 124, 128
ランプーン 124, 128
リ（李）107, 108
リンジャニ 316, 318, 320, 331, 333, 335, 338, 347, 353, 378
林邑 106-107→チャンパー
レ（黎）107
ロージュディ 6
ロータル 3, 5-8, 13
ロッブリ 112, 123-124, 130→ラヴォ
ロリュオス 110
ロンボク ix, xi, xiii, 65, 255, 314-324, 331-333, 339, 342-347, 362

[ワ行]
ワクトゥ・ティガ 322→ワクトゥ・テル
ワクトゥ・テル 320, 322, 342
ワクトゥ・リマ 320, 322, 342

人名

[ア行]
アウラングゼーブ 255
アショーカ ix, 179
アチャルヤ 45-47, 55, 57, 61-62, 69-70, 73, 76, 78, 83, 204
アチュタッパ 96
アノーヤター 143, 148-150
アラウンパヤー xx, 143, 154, 156-157, 380
イーシャーナヴァルマン 108-109, 116
イーシャーナヴァルマン II 世 116
インドラヴァルマン I 世 107, 110
インドラヴァルマン II 世 107
ウートン 124, 129, 131, 143
ヴァスヴァンドゥ 22
ヴァルダマーナ 16→マハーヴィーラ
ウィジャヤ 357→クルタラージャサ
ヴィシュヴァナサ・ナーヤカ 182, 186, 204, 249
ヴィシュヌグプタ 28→カウティリヤ
ヴィディヤダール 262-263, 274, 295
ウォーレス 318
ウダヤーディティヴァルマン I 世 116
ウルグ・ベグ 262
エカート 124

[カ行]
カウティリヤ xiv, 28, 101
ガジャ・マダ 358, 366
ガムムアン 126
クテシアス 2
クビライ・カーン 151, 357
クルタラージャサ 357
ゴータマ・シッダールタ ix, 16→釈尊

[サ行]
シー・インサラシット 124-125
ジャイ・シン II 世 255, 258, 260, 262-264, 274-275, 309, 311, 314
ジャヤヴァルマン I 世 109-110, 380
ジャヤヴァルマン II 世 109-110, 116, 379-380
ジャヤヴァルマン III 世 110
ジャヤヴァルマン VI 世 114, 116-117
ジャヤヴァルマン VII 世 111-112, 114-116, 118-119, 121
ジャヤヴィラヴァルマン I 世 116
釈尊 ix-x, 16-17
シンハヴィシュヌ 180
シンビューシン xx, 157, 380

443

スーリヤヴァルマンⅠ世 111, 116
スーリヤヴァルマンⅡ世 107, 111-112, 114, 118
世親 22→ヴァスヴァンドゥ

[タ行]
タークシン 132
ダーラニンドラヴァルマンⅠ世 117
タビンシュエーディ 152
チャーナキア 28→カウティリヤ
チャンドラグプタ xiv, 17, 27, 101
ティムール 262
ティルマライ・ナーヤカ 182, 187, 189-190, 205-210, 215-216, 219-222, 224, 249-250
トライローク 130, 132

[ナ行]
ナーヤカ 96
ナレースエン 130, 154
ニャウンヤン 154

[ハ行]
バインナウン 143, 152, 154
バドラバルマンⅠ世 106
ハリヴァルマンⅠ世 107
ハルシヤヴァルマンⅢ世 116
プトレマイオス 104, 179
ボードーパヤー xx-xxi, 154, 157, 380
ボロマチャⅡ世 132

[マ行]
マド・シン 265-266, 296
マハーヴィーラ 16
マルコポーロ 95, 181
マン・シンⅡ世 278
マンラーイ 124, 126-128
ミンチーニョウ 152
ミンドン 157-158, 161, 380
ムハンマド 323
メガステネス 2, 17, 179

[ヤ行]
ヤショヴァルマンⅠ世 110-111, 123

[ラ行]
ラージェーンドラⅠ世 181
ラージェーンドラヴァルマン 111
ラージャマヘンドラ 96
ラージャラージャⅠ世 181
ラーマⅣ世 132
ラーマⅤ世 133, 141
ラームカムヘーン 124-126
ラム・シン 257, 265, 289, 297
ラメスエン 142

[ワ行]
ワサフ 18

[著者紹介]

布野　修司（ふの　しゅうじ）

滋賀県立大学大学院環境科学研究科教授
1949年, 松江市生まれ. 工学博士. 都市計画, 建築学専攻. 1991年, 『インドネシアにおける居住環境の変容とその整備手法に関する研究』で, 日本建築学会賞を受賞. 京都大学大学院工学研究科助教授を経て現職.
著書に
『カンポンの世界』パルコ出版, 1991年
『戦後建築の終焉』れんが書房新社, 1995年
『住まいの夢と夢の住まい―アジア住居論』朝日新聞社, 1997年
『裸の建築家―タウンアーキテクト論序説』建築資料研究社, 2000年
『近代世界システムと植民都市』(編著) 京都大学学術出版会, 2005年　など
訳書に
ロクサーナ・ウオータソン著『生きている住まい：東南アジア建築人類学』(布野 (監訳)・アジア都市建築研究会訳) 学芸出版社, 1997年
ロバート・ホーム著『植えつけられた都市：英国植民都市の形成』(布野・安藤 (監訳)・アジア都市建築研究会訳) 京都大学学術出版会, 2001年　など

曼荼羅都市
―ヒンドゥー都市の空間理念とその変容　　　ⓒShuji Funo 2006

2006年2月25日　初版第一刷発行

著者　　布　野　修　司
発行人　　本　山　美　彦
発行所　　京都大学学術出版会
京都市左京区吉田河原町 15-9
京　大　会　館　内　（〒606-8305）
電　話（075）761-6182
FAX（075）761-6190
URL http://www.kyoto-up.gr.jp
振替　01000-8-64677

ISBN 4-87698-673-8
Printed in Japan

印刷・製本　㈱クイックス東京
定価はカバーに表示してあります